LE CIDRE

TRAITÉ RÉDIGÉ

d'après les documents recueillis, de 1864 à 1872,

PAR LE

CONGRÈS POUR L'ÉTUDE DES FRUITS A CIDRE

PAR

L. DE BOUTTEVILLE ✱, **D.-M.**,

Président honoraire de la Société centrale d'Horticulture de la Seine-Inférieure.
Membre correspondant de la Société d'Agriculture et de Commerce de Caen, et des Sociétés d'Horticulture du Calvados, de l'Orne, de Beauvais, etc.,

ET

A. HAUCHECORNE,

Pharmacien à Yvetot, Lauréat de l'École de Médecine et de Pharmacie de Paris, Vice-Président de la Société d'Horticulture de l'arrondissement d'Yvetot, Membre honoraire de la Société d'Horticulture de Beauvais, etc.

Illustré de Figures sur bois et de Chromolithographies.

ROUEN

LÉON DESHAYS, IMPRIMEUR-ÉDITEUR,

Rue Saint-Nicolas, 28 et 30.

1878

La **Société des Agriculteurs de France**, dans sa séance du 3 février 1875, a accordé à ce Traité le **Prix** proposé par elle pour le meilleur ouvrage sur les Arbres à fruits à cidre, la Préparation et la Conservation du Cidre.

LE CIDRE

Chacun des Exemplaires doit être revêtu de la signature du Secrétaire du Conseil d'Administration du Congrès.

L. de Bauttenville

LE CIDRE

TRAITÉ RÉDIGÉ

d'après les documents recueillis, de 1864 à 1872,

PAR LE

CONGRÈS POUR L'ÉTUDE DES FRUITS A CIDRE

PAR

L. DE BOUTTEVILLE ✱, D.-M.

Président honoraire de la Société centrale d'Horticulture de la Seine-Inférieure.
Membre correspondant de la Société d'Agriculture et de Commerce de Caen, et des Sociétés d'Horticulture du Calvados, de l'Orne de Beauvais, etc,

ET

A. HAUCHECORNE,

Pharmacien à Yvetot, Lauréat de l'Ecole de Médecine et de Pharmacie de Paris, Vice-Président de la Société d'Horticulture de l'arrondissement d'Yvetot, Membre honoraire de la Société d'Horticulture de Beauvais, etc.,

Illustré de Figures sur bois et de Chromolithographies.

ROUEN

LÉON DESHAYS, IMPRIMEUR-ÉDITEUR

Rue Saint-Nicolas, 28 et 30.

1873

INTRODUCTION.

La Société centrale d'Horticulture de la Seine-Inférieure, dans sa séance du 2 février 1862, décida, sur la proposition de sa Commission de pomologie, qu'elle entreprendrait l'étude des fruits de pressoir, pommes et poires, afin d'en constater les qualités et de pouvoir recommander la culture dans les pépinières et par suite dans les champs et les vergers des variétés reconnues les meilleures.

En conséquence de cette décision, la Société, persuadée qu'elle ne pouvait mener à bonne fin l'utile mais difficile travail qu'elle entreprenait, avec ses seules ressources et les seules lumières de ses membres, résolut de faire appel à la collaboration de tous les comices agricoles, sociétés et particuliers intéressés à la culture des pommiers. Par une circulaire datée du 12 avril 1862, elle sollicita de la part des sociétés l'apport à son Exposition, qui devait ouvrir le 1er octobre, de collections de fruits de pressoir et l'envoi de délégués, lesquels, réunis aux membres de sa Commission de pomologie devaient étudier les fruits exposés, et de la part des individus isolés l'envoi de semblables collections et leur participation personnelle aux conférences.

Cet appel fut entendu; de très-nombreux lots de fruits à cidre vinrent ajouter à l'intérêt habituel des expositions de la Compagnie et fournir de nombreux matériaux d'étude à ses membres et aux étrangers qui s'étaient réunis à eux et parmi lesquels se trouvaient les délégués des Sociétés d'Horticulture de Paris et de Caen.

En 1863, à l'occasion de la réunion à Rouen du Congrès pomologique de France, les mêmes recherches furent continuées, dans les mêmes conditions, sur de nouvelles collections de fruits de pressoir présentées à l'Exposition de la Compagnie. — Les travaux exécutés dans ces deux années, au sein de la Société d'Horticulture de Rouen, sont résumés dans le *Catalogue général de tous les fruits adoptés ou renvoyés à l'étude par le Congrès pomologique de France*; Lyon, 1864, in-8°, p. 31 à 38, et dans le tome second de la *Pomologie* de la Seine-Inférieure, publiée par la Société d'Horticulture, p. 169 à 220.

L'étude des fruits à cidre fut poursuivie, en 1864, à Caen, sous les auspices de la Société d'Agriculture et de Commerce de cette ville et de la Société centrale d'Horticulture de Caen et du Calvados.

Dans cette réunion à laquelle assistaient les représentants de plusieurs Sociétés agricoles et horticoles, furent rédigés et votés, sur le rapport de M. Michelin, délégué de la Société centrale d'Horticulture de France, les statuts du *Congrès pour l'étude des fruits à cidre*, dont la constitution se trouva dès lors arrêtée.

Ces statuts portent en substance ce qui suit :

1° Le but de l'association est l'étude des pommes et des poires de pressoir dans tous les départements producteurs; l'examen de toutes les questions d'intérêt général se rattachant au choix et à la culture des arbres à cidre et à la préparation des boissons alimentaires qui en proviennent; l'appréciation et la publication, s'il y a lieu, des travaux qui lui seront communiqués;

2° Le Congrès tient ses séances, chaque année, dans une des villes des contrées où s'étend son action;

3° Pour la gestion de ses intérêts, la préparation des programmes de ses travaux et leur publication, le Congrès nomme un Conseil d'administration dont le siége est à Rouen et dont le Président est de droit le Président de la Société centrale d'Horticulture de la Seine-Inférieure.

Le Congrès ainsi organisé a tenu sept sessions, de 1864 à 1872, savoir :

1864....	1re	session à	Caen (Calvados).
1865....	2e	—	Rennes (Ille-et-Vilaine).
1866....	3e	—	Alençon (Orne).
1867....	4e	—	Beauvais (Oise).
1868....	5e	—	Saint-Lô (Manche).
1869....	6e	—	Bayeux (Calvados).
1871....	7e	—	Yvetot (Seine-Inférieure.)

Les procès-verbaux de ces réunions et plusieurs des mémoires qui y ont été lus ont été publiés, chaque année, par les soins du Conseil d'administration et adressés à tous les souscripteurs. Plusieurs exemplaires restant ont été réunis sous ce titre : *Congrès pour l'étude des fruits à cidre ; procès-verbaux* ; 1864 à 1872.

Tel était l'ensemble des matériaux réunis, lorsque dans ses séances du 7 août 1871 et du 17 juillet 1872, le Conseil d'administration du Congrès décida qu'il y avait lieu d'entreprendre la publication d'un travail d'ensemble sur le cidre et les fruits à cidre résumant méthodiquement les documents recueillis par le Congrès et nous chargea du soin de rédiger le traité dont il votait l'impression.

On pensait alors que l'ouvrage projeté pourrait être publié dans les premiers mois de 1873, mais la récolte des pommes à cidre ayant été très-mauvaise en 1872, beaucoup de variétés qu'il était important de soumettre à de nouvelles études ou de reproduire par le dessin, firent totalement défaut. Force a donc été de différer d'une année, afin d'attendre une récolte nouvelle.

Ce délai obligé n'a d'ailleurs pas été perdu, car il a permis aux rédacteurs de prendre connaissance de fruits nouveaux de bonne qualité qui n'avaient pu être présentés au Congrès, d'étudier des fruits dont la maturité ne coïncide pas avec l'époque ordinaire de ses réunions, d'examiner encore une fois des fruits déjà connus (1) et enfin de poursuivre des recherches commencées sur plusieurs points de science et d'érudition.

Les travaux exécutés ainsi, depuis deux années et plus, en dehors du Congrès, n'ayant été ni lus dans les réunions ni acceptés par lui, pourraient donner à penser à quelques-uns des membres que les rédacteurs du présent traité sur le cidre se sont placés en dehors du rôle de metteurs en ordre des procès-verbaux de l'Association; mais le désir de présenter au public un ouvrage aussi complet et aussi utile que possible, les a déterminés à ne pas s'arrêter à des considérations de cette nature. — Il est des travaux qui demandent de longues recherches, des manipulations multipliées, délicates et scientifiquement coordonnées, lesquelles ne peuvent être exécutées ou contrôlées dans des réunions passagères. En les poursuivant après la clôture des sessions, ils ont eu constamment pour but unique de laisser moins imparfaite l'œuvre d'utilité publique que s'est proposé le Congrès, et ils comptent bien que ses membres le comprendront ainsi.

Quoiqu'il en soit, tout ce qui, dans les pages qui suivent, ne ressort pas directement des procès-verbaux publiés par le Congrès, les auteurs déclarent en accepter l'entière responsabilité.

(1) *Congrès pour l'étude des fruits à cidre. — Supplément aux procès-verbaux. — Liste alph. des fr. de pressoir de la récolte de* 1872, *étudiés par L. de Boutteville et Hauchecorne;* 1873, br. in-8° de 37 pages.

On est porté à croire que les figures au trait, représentant la coupe verticale des fruits décrits, ne sera pas sans utilité pour faire saisir quelques caractères qu'on ne saurait montrer autrement, mais on s'est surtout appliqué à donner une grande exactitude aux figures coloriées qui accompagnent ce volume, dans la persuasion qu'elles aideront considérablement à reconnaître les variétés dont il est question. Elles suppléeront aux descriptions, les rendront même souvent superflues. C'est pourquoi on a fait reproduire de cette manière les fruits de première qualité.

Bien que peu étendue, notre collection de dessins coloriés de fruits de pressoir est la plus nombreuse qui ait été publiée en France, de même qu'elle est la seule qui y ait été uniquement consacrée. — A. Poiteau, dans sa *Pomologie française* (1), a donné la figure de huit pommes à cidre, mais celles-ci appellent peu l'attention au milieu de cette splendide collection de fruits de table reproduits par son pinceau; le très-haut prix de l'ouvrage le rend d'ailleurs peu accessible à ceux qui voudraient le consulter.

Nous avons eu recours pour nos aquarelles au talent consciencieux et fidèle de M. A. Buquet, de Rouen, qui les a toutes exécutées sous notre direction, à l'exception de trois représentant les pommes Blanc-Mollet et Paradis et la poire de Souris.

Les propriétaires et les cultivateurs qui croiraient devoir suivre, sur le choix des variétés à planter, les indications données plus loin, seront souvent embarrassés pour se procurer les arbres qu'ils désireront introduire dans leurs cultures. Déjà bien des fois on nous a dit: Qu'importent vos listes, si on ne peut trouver ce qu'elles mentionnent? — Nous n'avons ni mission, ni possibilité de lever ces diffi-

(1) Paris et Strasbourg, 1838 à 1848, 4 vol. petit inf°.

cultés ; qu'on nous permette cependant quelques explications, car, dans notre désir d'aider à la propagation de ce qu'il y a de meilleur, ce point d'une importance très-grande n'a pas été sans nous préoccuper.

Il est parmi les variétés de grand mérite, nombre de fruits assez généralement cultivés pour qu'il soit aisé de s'en procurer des sujets dans les pépinières ou, tout au moins, des rameaux pour la greffe dans les plantations de son voisinage. Dans ce dernier cas, a-t-on des doutes sur l'identité de l'arbre sur lequel on se propose de cueillir les greffons, doutes surabondamment légitimés par la confusion excessive des dénominations, on les lèvera aisément, au moment de la récolte des fruits, ceux-ci tenant encore à l'arbre, à l'aide des descriptions et surtout des figures.

Pour les sortes déjà dans le domaine commun, mais peu répandues encore, nous avons eu soin d'indiquer le nom et la demeure des personnes qui nous les ont communiquées. Nous sommes persuadés qu'elles ne se refuseront pas à remettre quelques rameaux aux propriétaires de leur région.

La même observation s'applique aux nouvelles variétés obtenues par des particuliers.

Quant aux gains qui sont la propriété des pépiniéristes, leur intérêt demandant qu'ils les mettent au commerce aussi promptement et aussi largement qu'il se peut, on ne saurait éprouver de difficultés de ce côté.

Enfin, en dehors du dernier groupe de fruits dont il vient d'être question, et dont on ne pourrait songer à enlever aux obtenteurs le légitime profit, nous avons aidé, par la distribution des greffons qu'on a bien voulu nous remettre, à créer, en divers lieux, des collections d'arbres des meilleurs fruits de pressoir, avec l'espérance que de là ils se répandront dans les plantations des départements producteurs de cidre.

La première en date et en importance de ces collections,

est celle qui a été formée par la Société d'horticulture de l'arrondissement de Beauvais, et placée par elle sous la direction de M. Delaville, professeur d'horticulture. Six cents pieds d'arbres environ, destinés à recevoir nos variétés d'élite, devront dans un temps proche, garnir un herbage au chef-lieu de chacun des cantons sur lesquels la Société étend son action.

Tout récemment, deux collections ont été formées aux environs d'Yvetot, l'une par M. Morissé, juge au tribunal civil, et l'autre par M. Hauchecorne. Elles sont destinées en même temps à des études ultérieures et à la propagation.

M. Desbordeaux, trésorier de la Société d'agriculture de Caen, a aussi reçu quelques greffons de nos bons fruits, dont il fera profiter les propriétaires de son département.

Deux collections ont encore été confiées à des propriétaires disposés à en faciliter l'introduction dans les vergers de la contrée qui les environne. L'un est M. Bayvel, propriétaire, à Bernay (Eure), l'autre M. Dieusy, négociant, à Rouen, qui en a commencé la culture dans sa propriété de Saint-Laurent, commune de Beauvoir-en-Lyons (Seine-Inférieure).

Enfin, M. A. Damour, pépiniériste, à Roncherolles, arrondissement de Rouen, et MM. Baltet frères, pépiniéristes, à Troyes (Aube), ont aussi reçu plusieurs des variétés qui faisaient défaut dans leurs cultures.

Un devoir de reconnaissance nous oblige, avant de clore cette introduction, à adresser nos plus vifs remercîments à tous nos correspondants, propriétaires, cultivateurs, pépiniéristes, instituteurs, qui ont bien voulu faciliter nos recherches par leurs communications. Nos demandes de fruits, de rameaux et de renseignements de toutes sortes, bien des fois renouvelées, dans ces dernières années surtout, ont toujours été accueillies avec bienveillance et il y a été répondu avec empressement. Si l'œuvre laborieuse entreprise pour le Congrès a pu être menée jusqu'au point où nous la laissons, c'est grâce à l'assistance qui nous a été prodiguée de toute part.

Novembre 1874.

A. HAUCHECORNE. L. DE BOUTTEVILLE.

LISTE DES MEMBRES

DU CONGRÈS POUR L'ÉTUDE DES FRUITS A CIDRE ET DES SOCIÉTÉS ADHÉRENTES.

Sociétés qui ont prêté leur concours aux travaux du Congrès :

La Société centrale d'Agriculture de la Seine-Inférieure.
La Société d'Agriculture et de Commerce de Caen (Calvados).
La Société d'Agriculture de l'arrondissement du Hâvre (Seine-Inférieure).
La Société centrale d'Horticulture de France, Paris (Seine).
La Société centrale d'Horticulture de la Seine-Inférieure.
La Société centrale d'Horticulture de Caen et du Calvados.
La Société d'Horticulture de Chartres (Eure-et-Loire).
La Société d'Horticulture, de Botanique et d'Apiculture de Beauvais (Oise).
La Société d'Horticulture de l'arrondissement de Saint-Lô (Manche).
La Société d'Horticulture de l'arrondissement d'Yvetot (Seine-Inférieure).

Membres du Congrès :

MM.

Angot, propriétaire, rue du Pré, 71, à Rouen.

Baltet frères, pépiniéristes, à Troyes (Aube).

Bayeux, président de la Société centrale d'Horticulture du Calvados, à Caen.

Berjot (F.), membre des Sociétés d'Agriculture et d'Horticulture de Caen.

Bertrand, ancien maire de la ville de Caen.

Blin (l'abbé), à Saint-Aubin-sur-Mer, près Caen.

Bochet, propriétaire et ancien notaire, à Forges-les-Eaux (Seine-Inférieure).

Bonnechose (A. de), propriétaire, à Monceaux, près Bayeux (Calvados).

Boutteville (L. de), D.-M., président honoraire de la Société d'Horticulture de la Seine-Inférieure, à Rouen.

Chatel (Victor), propriétaire, à Valcongrin (Calvados).

Courcelles (H.), vice-président de la Société centrale d'Horticulture de la Seine-Inférieure, à Rouen.

Cussonnière (Edouard de la), propriétaire, à Alençon (Orne).

Cussy de Jucoville (le marquis de), propriétaire, au château de Jucoville-la-Jacande (Calvados).

Damour (Alexandre), pépiniériste, à Roncherolles, près Darnétal (Seine-Inf.).

Daufresne, receveur municipal, à Lisieux (Calvados).

Delaplace, instituteur municipal, à Beaumesnil (Eure).

Desforges, propriétaire, à Fouchérolles, par Courtenay (Loiret).

Douesnel, président de la Société d'Agriculture de Bayeux.

Dufèrage (A.), membre de la Société centrale d'Horticulture du Calvados, à Caen.

Elie, président de la Société d'Horticulture de Saint-Lô (Manche).

Estaintot (Comte d'), propriétaire, à Fultot (Seine-Inférieure).

Fontaine, vice-président de la Société centrale d'Horticulture du Calvados, à Caen.

Formigny de la Londe (A. de), secrétaire de la Société d'Agriculture et de Commerce, à Caen.

Ganne de Beaucoudrey, propriétaire, à Beaucoudrey, près Villebaudon (Manche).

MM.

Gravel de Sulez, archiviste du département de l'Orne, à Alençon.

Hambaux (des), propriétaire, à Bayeux (Calvados).

Hauchecorne (A.), vice-président de la Société d'Horticulture de l'arrondissement d'Yvetot, à Yvetot (Seine-Inférieure).

Hellouin (V.), maire de Néville (Seine-Inférieure).

Herche (A. de la), rue de l'Ecu, 79, à Beauvais (Oise).

Hoguais, pharmacien, à Granville (Manche).

Huet, ancien notaire, membre du Conseil général de l'Eure, à Gaillon (Eure).

Jourdain, professeur à la Faculté de Montpellier, à Montpellier (Hérault).

Kergorlay (comte de), député, au château de Canisy, près Saint-Lô (Manche).

Laisné (A.-M.), président du Cercle horticole d'Avranches (Manche).

Légrand, pépiniériste, à Yvetot (Seine-Inférieure).

Leguay (baron Léon), ancien président de la Société d'Horticulture de l'Orne, secrétaire général au Ministère de l'Intérieur.

Leprou, propriétaire, rue du Champ-des-Oiseaux, 80, à Rouen.

Lesueur (Constant), pépiniériste, rue Verte, à Rouen.

Létot (Charles), propriétaire, à Caen.

Louvel, chef d'institution, à Rémalard (Orne).

Malherbe (A.), horticulteur, à Bayeux (Calvados).

Marabot (J.), commerçant, rue Beauvoisine, 19, à Rouen.

Marténé de Saint-Paterne (comte de), membre des Sociétés d'Agriculture et d'Horticulture de Caen, rue Leroy, à Caen.

Maupeou (comte de), au château de Parisis-Fontaines, par Noailles de l'Oise.

Michelin, propriétaire, rue du 29 juillet, 3, à Paris.

Ouin, membre de la Société centrale d'Horticulture de la Seine-Inférieure, rue du Nord, 1, à Rouen.

Paulmier (Ch.), président de la Chambre de Commerce, à Caen.

Pitou du Gault (A.), au château de Bogle, commune de Montmirail (Sarthe).

Pouyer-Quertier, député, président d'honneur de la Société centrale d'Horticulture de la Seine-Inférieure, à Rouen.

Quevilly (Henri), à Beaumesnil (Eure).

Sicotière (Léon de la), avocat, à Alençon (Orne).

Villers (G. de), secrétaire de la Société d'Agriculture, à Bayeux (Calvados).

Membres du Congrès décédés :

MM.

ACHER, propriétaire, à Yvetot (Seine-Inférieure).

AUVRAY, ancien maire de Saint-Lô.

DAMOUR (A.), pépiniériste, à Roncherolles, arrondissement de Rouen.

DUPONT père, propriétaire, à Alençon (Orne).

GUERNON-RANVILLE (comte de), à Ranville, près Caen.

HAVIN, ancien député de la Manche, à Saint-Lô.

LONDE DU THIL (de la), ancien président de la Société d'Agriculture de l'arrondissement du Hâvre, à Tocqueville-Bénarville (Seine-Inférieure).

NICOLLE père, propriétaire, à Rouen.

RÉFUVEILLE, M.-P., à Rouen.

ROBINOT DE SAINT-CYR (A.), ancien maire de Rennes (Ille-et-Vilaine).

TAROUILLY (Le), ancien président de la Chambre de Commerce, à Rennes.

THIERRY, conservateur du Jardin Botanique de Caen.

TABLE ANALYTIQUE.

Introduction. — Organisation et travaux du Congrès pour l'étude des Fruits à cidre, page v.

Liste des Sociétés qui se sont associées aux travaux du Congrès, XIII.

Liste des Membres du Congrès, XIV.

Chap. I. — Du Poirier et du Pommier, 1.

Espèces de poiriers et de pommiers fournissant des fruits propres à l'alimentation, 1.

Habitat et origines du pommier et du poirier, 2.

Ancienneté de leur culture en Europe, 4.

Chap. II. — Histoire du Cidre et du Poiré, 7.

Etymologies, 7.

Le cidre chez les Hébreux, 9.

Le cidre chez les Romains, 18.

Le cidre en Asie-Mineure et en Grèce, 20.

Le cidre en Afrique, 22.

Le cidre en Espagne, 27.

Le cidre en France, 35 et suiv. — Anciennes boissons des Gaulois, 35. — Usage du cidre par les religieux, 39. — Par la population laïque, 42. — En Normandie, 44. — Etat statistique de la production du cidre en France, 53; en 1829, 54; en 1840 et 1841, 55.

Chap. III. — Coup-d'œil sur les modes de préparation du Cidre en divers pays, 57.

SECTION Ire. — Choix des fruits, 58.

Etats-Unis d'Amérique, 58.

Ile de Jersey, 61.

Allemagne, 63.

Analyses des fruits par Fresenius et le Dr Graeger, 66.

France, 70.

Poires de pressoir, 70.

Pommes sauvages, 71.

Pommes de table au point de vue de la fabrication du Cidre, 73.

Pommes à Cidre, 74.

Pommes considérées d'après l'époque de maturité pour le pressurage, 76.

SECTION II. — Degré de maturité des fruits, 78.

Poires, 79.

Pommes, 81.

SECTION III. — Procédés de fermentation, 83.

1° Fermentation en vaisseaux ouverts, 84.

A. Fermentation après pressurage, le jus étant séparé de la pulpe, 84.

Opinion de M. Bidard, 84.

Objections, 85.

Applications en France, 87.

Applications en Angleterre, 88.

Opinion de Liebig, 89.

Expériences comparatives sur le vin, 89.

Opinion du chimiste allemand Delarue, 89.

Conclusions, 90.

Conduite de la fermentation à Jersey, 90.

Comparaison entre les Cidres de Jersey et ceux de Normandie, 92.

B. Fermentation avant pressurage, le jus non séparé de la pulpe, 93.

Procédé du professeur Schlipf, 93.

Procédé de M. E. Frémont, 95.

2° Fermentation en vaisseaux clos, 96.

Procédé du professeur Schlipf, 96.

Théorie du Dr Graeger, 97.

Opinion de M. Vergnette-Lamotte, 98.

Procédé de M. Mimard, 98.

3° Fermentation en futailles, 100 et suiv.

A. Fermentation après pressurage, le jus étant séparé de la pulpe, 100.

Procédé très-ancien, très-répandu, 100.

B. Fermentation avant pressurage, le jus non séparé de la pulpe, 102.

Procédé inusité, 102.

Il rappelle le mode de préparation de la dépense de pommes, 102.

4° Appendice. — Pratiques diverses, 103.

Addition d'eau-de-vie, à Jersey, 103.

Addition de rhum, aux Etats-Unis, 103.

Addition d'eau-de-vie de cidre, en Angleterre, 104.

Addition de vin au poiré ou de poiré au vin, en Allemagne, 104.

Addition de sucre et d'acide tartrique, en Allemagne, 105.

Addition de sucre et de betteraves, en France, 105.

Chap. IV. — Qualités que doivent présenter les Fruits de pressoir. — Analyse des Moûts, 109 et suiv.

Appréciation du mérite des fruits au moyen des sens, 109.

Appreciation du mérite des fruits par l'analyse chimique, 110 et suiv.

Composition moyenne du jus des pommes, 110.

Principes utiles des fruits. — Sucre, 112.

Le sucre et l'alcool, principes conservateurs des cidres, 112.

Dosage du sucre, 115.

Tannin, 116.

Action hygiénique du tannin, 116.

Action du tannin sur les moûts, 117.

Le tannin n'est pas l'agent direct de conservation des cidres, 118.

Conditions dans lesquelles le tannin manifeste sa présence dans les cidres, 119.

Quantité de tannin contenu dans les vins et les bons cidres, 119.

Proportion de tannin que doivent contenir les moûts de pommes et de poires, 120.

Dosage du tannin, 121.

Mucilage, 122.

Le mucilage concourt à la conservation du cidre, 122.

Dosage du mucilage, 125.

Acides malique et tartrique, 125.

Dosage de l'acidité totale des moûts, 126.

Parfum et amertume, 127.

Conclusion, 127.

Pommes spéciales pour cidres d'amateurs, 128.

Essai pratique des moûts, 129.

Tableau indicatif du sucre contenu dans un moût de pommes et du volume d'alcool qu'il produira, 130.

Tableau indicatif de la marche de la fermentation, 131.

Mode de confection des tableaux précédents, 132.

Usage des tableaux, 133.

Les gros fruits sont-ils préférables aux petits, 134.

Poires à boisson. — Poires à eau-de-vie, 136.

Tableau indicatif du poids du sucre contenu dans un jus de poires et du volume d'alcool qu'il produira, 138.

Tableau indicatif de la marche de la fermentation d'un moût de poires. 139.

Résumé, 140.

Chap. V. — Description des meilleures variétés de Fruits de pressoir, 141.

Observations préliminaires, 141.

Classification des Pommes, 143.

Classification des Poires, 145.

Description des Pommes, 147 à 242.

Description des Poires, 243 à 250.

Chap. VI. — Du Semis considéré comme moyen d'obtenir de nouvelles variétés de Fruits à cidre, 251.

Nécessité de rechercher des fruits de pressoir perfectionnés, 251.

Procédés d'exécution, 255.

Choix des semences, 256.

Education des égrains, 256.

Semis répétés, 257.

Hybridation, 258.

Conclusion, 259.

Moyen d'obtenir hâtivement des fruits des jeunes arbres de semis, 260.

Concours pour fruits à cidre de semis, à Yvetot, 261.

Chap. VII. — Influence du sol et des milieux sur la qualité des boissons, 263.

Influence du sol, 263.

Influence de l'exposition, 266.

Influence prépondérante des variétés cultivées, 267.

Chap. VIII. — Préparation du Cidre, 271.

Considérations générales, 271.

Récolte des fruits; leur conservation jusqu'au pressurage, 271.

Différence des fruits suivant leur saveur, 274.

De l'assortiment des variétés, 275.

Degré de maturité des fruits, 276.

Division des fruits ou pilage, 278.

Moulin de Leblanc ou moulin à noix, 279.

Ecraseur Salmon, 280.

Concasseur Berjot, 280.

Tour à auge, 280.

Doit-on écraser ou ne pas écraser les pépins ?, 281.

Cuvage des pulpes, 282.

Pressurage, 283.

Cidre pur des grandes exploitations ou cidreries industrielles, 283.

Cidrerie de l'institution ecclésiastique d'Yvetot, 287.

Des diverses méthodes usitées pour la fermentation du cidre pur, 293.

Procédé ordinaire, 293.

Méthode usitée à Jersey, 293.

Procédé Mimard, 296.
Notre procédé, 296.
Avantages de notre procédé, 297.
Les moûts sucrés, 297.
Mélange des cidres provenant des fruits de chaque saison, 298.
Cidre de ménage, 298.
La qualité de l'eau ajoutée est-elle indifférente? 301.
Cidres gracieux et cidres mousseux, 302.
Préparation de la colle, 304.
Petit cidre de presse, 304.
Boisson de ménage par la méthode de déplacement ou lixiviation, 305.
Coupage du cidre pur dans les villes où il existe un octroi, 308.
Coupage du cidre pur dans les ménages, 308.
Poirés, 309.
Cidresse, 310.

Chap. IX. — Conservation du Cidre, 311.

Soutirage, 311.
Opportunité du soutirage, 313.
Collage ou clarification des cidres, 314.
A quelle époque convient-il de coller le cidre, 315.
Etat et contenance des tonneaux destinés à la fermentation et à la conservation du cidre, 316.
Soufrage et flambage des fûts, 317.
Fermeture des fûts, 319.
Cidres renourris, 320.
Cidres en bouteilles, 320.
Cave et cellier, 321.
Le cidre commerçable, 322.
Cidres d'exportation, 322.
Chauffage des cidres, 322.
La fabrication défectueuse des cidres nuit à leur conservation, 328.
De l'acidité, 329.
Du cidre trouble, 330.

De la viscosité ou graisse, 330.

Du noircissement, 330.

Chap. X. — Produit des plantations de pommiers, 333.

Place de ces arbres dans les cultures, 333.

Nombre de pommiers par hectare, 334.

Choix des variétés, 335.

Assortiment des variétés, 336.

Produit moyen des pommiers, 338.

Eau-de-vie de cidre, 340.

Analyse chimique des fruits de pressoir, présentés au Congrès, en nombre suffisant pour être étudiés au moment de leur maturité, 343.

Table alphabétique, 353.

LE CIDRE

SON HISTOIRE, SA FABRICATION.

CHAPITRE I

DU POIRIER ET DU POMMIER.

Espèces de Poiriers et de Pommiers fournissant des fruits propres à l'alimentation. — Les poiriers dont les fruits sont utilisés en Europe, soit pour la table, soit pour la préparation du poiré, paraissent appartenir à deux, trois ou plusieurs espèces botaniques, sans qu'on puisse rien affirmer avec certitude à cet égard, et encore moins reconnaître les descendances de chaque espèce particulière, à raison des modifications considérables introduites dans nos très-nombreuses variétés par la culture, par le métissage et par l'hybridation.

Le botaniste Spach admet trois types principaux : le Poirier commun, *Pyrus communis*, Linn.; le Poirier à fruits durs, *Pyrus achras*, Gartn.; le Poirier Sauger, *Pyrus Salvifolia*, De Cand. (1).

(1) *Hist. des Végétaux phanérog.*, t. II, p. 122, 123 et 124; comp. : Pyrame de Candolle, *Prodromus systematis nat. regni vegetabilis.* Paris, 1825, in-8, t. II. *Rosaceæ*, genre LVIII, *Pyrus*, et F.-J. Dochnahl, *Der sichere Führer in der Obstkunde.* Nürnberg, 1856, in-12, t. II, p. 11.— Ces auteurs donnent d'autres noms d'espèces.

Semblablement, les pommiers qui fournissent dans les régions tempérées de l'Ancien et du Nouveau-Monde les fruits de table et de pressoir sont issus de plusieurs types dont la distinction est infiniment difficile, incertaine même, pour les motifs allégués en parlant des poiriers. Les espèces principales admises par Spach sont les suivantes : Pommier commun, *Malus communis,* De Cand.; Pommier à fruits acides, *Malus acerba*, Mérat et De Cand.; Pommier paradis, *Malus (Pyrus) paradisiaca,* Linn. (1).

On peut y ajouter le Pommier à cerises, *Malus cerasifera*, Spach (Yellow Siberian Crab des Anglais), lequel a donné à Knight, par hybridation avec le pollen de la Golden Harvey et de l'Orange Pippin, deux variétés de pommes à cidre des plus riches en principes utiles et dont les arbres sont des plus rustiques. (2)

Habitat et origine du Pommier et du Poirier. — Les poiriers et les pommiers sont généralement répandus, depuis bien des siècles, dans les régions tempérées de l'Ancien-Monde; le poirier s'étendant un peu plus vers le Midi et le pommier s'élevant davantage vers le Nord. Assez fréquemment on les rencontre à l'état sauvage dans les forêts de la France, de la Belgique et d'autres parties de l'Europe, et il en était ainsi dès le temps des écrivains de l'antiquité grecque et latine (3), ce qui a donné à penser, il semble avec raison, qu'ils étaient indigènes de ces pays. Cependant, un professeur de botanique de l'Université de Berlin, M. Ch. Koch, après de nombreuses investigations, a révoqué en doute cette opinion généralement admise.

Voici, d'après le *Gardener's Chronicle* du 5 septembre 1868, comment il a résumé ses conclusions à ce sujet dans une des séances de l'*Association britannique pour le progrès des sciences :*

(1) *Hist. des Végétaux*, t. II, p. 139 à 149; comp.: de Candolle, *loc. cit.* et Dochnahl, *die Obstkunde*, t. I, p. 3 et 4.

(2) Knight, *Pomona herefordiensis*, tab. XIV et XXIII. — Hogg, *The Apple*, p. 183.

(3) Pline cite le Pommier sauvage, XXIII, 55.

« Il y a longtemps que je m'occupe de rechercher l'origine de nos arbres fruitiers, et, dans ce but spécial, j'ai parcouru pendant plusieurs années le Caucase, la Perse et l'Asie Mineure, et j'y ai récolté une immense quantité de matériaux. Quoique je ne puisse pas affirmer que j'ai trouvé nos divers arbres fruitiers tout-à-fait à l'état sauvage, je n'en suis pas moins venu à penser que les poiriers, les pommiers....... sont étrangers à nos climats.......

« Je ne suis pas encore en mesure d'indiquer avec certitude la souche première des arbres fruitiers, mais je puis au moins exprimer ma conviction que nos poiriers descendent *probablement* de deux et peut-être de trois espèces. L'une d'elles est sauvage en Arménie et en Perse; elle se distingue à ses feuilles allongées et duveteuses; l'autre est de la Perse orientale, peut-être aussi de l'Asie centrale ou des provinces occidentales de l'Empire Chinois; elle a pour caractères des feuilles rondes et glabres. Nos prétendues espèces européennes, telles que les *Pyrus salvifolia, nivalis*, etc., ne sont que de simples variétés issues des précédentes et qui se sont naturalisées sous nos climats.

« Nos pommiers ne sont pas plus indigènes en Europe que les poiriers; ils viennent comme eux de l'Asie, mais de régions plus septentrionales, telles que la Mongolie, la Tartarie, la province de Tchè-Kiang en Chine, peut-être aussi de l'extrémité orientale du Caucase. Les types sauvages sont au nombre de trois, dont deux sont de véritables arbres; l'autre n'est qu'un simple buisson. (1) »

Depuis lors, ce savant professeur a dit, dans sa *Dendrologie* (1re partie, p. 206), « qu'il regardait le *Malus sylvestris* comme « étant *probablement* originaire de la Sibérie méridionale ou de « la Chine septentrionale (2). » Cette douteuse question aurait besoin d'être contrôlée par de nouvelles recherches, et, puisqu'elle est loin d'être résolue, il aura suffi de la signaler ici.

(1) *Revue horticole*, 1er novembre 1868, p. 408 et 409.

(2) M. André Leroy, *Dictionn. de Pomologie*, t. III, p. 5, en note.

Ancienneté de leur culture en Europe. — On n'a pas l'intention de refaire l'histoire plus ou moins légendaire de la pomme, histoire qu'on trouve un peu partout, et qui ne repose que sur des données ou inexactes ou fort hypothétiques (1); il nous suffira de constater que, si les poiriers et les pommiers ne sont pas indigènes de l'Europe, ils y ont été introduits dès les siècles les plus reculés; soit que les nations qui devaient la peupler les aient transportés avec eux dans leurs migrations, soit que les plus anciens navigateurs, qui fréquentèrent les côtes de la Méditerranée, les y aient introduits.

On sait, en effet, que très-longtemps avant notre ère, ces fruits étaient cultivés en Grèce et en Italie. Bien que Pline, Columelle et Macrobe n'énumèrent, parmi les fruits cultivés de leur temps, que trente-huit variétés de poires et vingt-quatre variétés de pommes, on doit supposer que celles-ci étaient en beaucoup plus grand nombre.

Pour ce qui est de notre patrie, Strabon nous fournit un précieux renseignement qui confirme toutes les conjectures que l'on pourrait former sur la richesse de sa pomologie au Ier siècle de l'ère chrétienne. « La Gaule narbonnaise entière, écrit-il, donne les mêmes fruits que l'Italie. Cependant, à mesure qu'on avance vers le Nord et les Cévennes, l'olivier et le figuier disparaissent, quoique tout le reste y croisse. Il en est de même de la vigne, elle réussit moins dans la partie septentrionale de la Gaule. (2) » Il va de soi que les pommes et les poires sont comprises parmi les fruits auxquels il est ici fait allusion.

La très-nombreuse collection de débris d'anciennes poteries rencontrées dans les fouilles du sol de la ville de Rouen, et réunies avec une grande persévérance par J. Thaurin, lui ont

(1) Notons seulement, et pour exemple, que la Bible ne mentionne nullement le nom de l'arbre du paradis terrestre dont le fruit était interdit à nos premiers parents, arbre dont on a fait un pommier; que les fruits du jardin d'Alcinoüs, désignés dans Homère par les mots μηλέαι ἀγλαόκαρποι paraissent bien être des oranges (ou des citrons), et non des pommes; que la loi de Solon, au rapport de Plutarque, prescrivait aux nouveaux époux de manger non une pomme seulement, mais du coing, comme le texte grec qui porte μῆλον κυδώνιον en fait foi, etc.

(2) Strabon. *Geogr.*; *Trad. de De la Porte du Theil et Coray*, Paris, 1805, in-4, t. II, p. 5 et p. 178 de l'édit. de Casaubon.

fourni l'occasion d'une observation curieuse sur l'histoire du pommier. « On ne saurait douter, dit-il, que la connaissance du pommier fut grandement répandue dans ce pays dès le commencement du IIe siècle. Je trouve, en effet, la figure de cet arbre en relief sur les poteries anciennes, rouges, de ma collection d'antiquités locales, fabriquées par les Gallo-Romains de Rouen, vers l'an 120 à 140 de l'ère vulgaire. (1) »

Si cette observation était sûrement constatée, il faudrait en conclure que dès lors les fruits du pommier étaient non-seulement abondants, mais encore tenus en grande estime par nos ancêtres.

Les peines édictées par les lois saliques contre ceux qui causeraient du dommage aux plantations de poiriers et de pommiers, en enlevant frauduleusement des greffes ou en mutilant les écorces (2), nous est un précieux témoignage de l'importance que l'on attachait, au Ve siècle, à la culture de ces arbres fruitiers; c'est d'ailleurs la première mention écrite qu'on rencontre sur cette culture, dans un document local. A partir de cette époque les renseignements deviennent toujours plus nombreux, et l'histoire des arbres se confond pour nous, avec celle des boissons que fournissent leurs fruits.

(1) *Le Pommier, Alm. du pays à cidre*; 1868, p. 97.

(2) *Si quis impotos* (*surculos*, dit Ducange,) *de melario aut de pirario tulerit CXX denarios, qui faciunt soldi* 3, *culp. jud. ll. sal*, *tit.* 29 § 8.

Si quis melarium aut pirarium decorticaverit CXX denarios... Ibid. § 10.

CHAPITRE II

HISTOIRE DU CIDRE ET DU POIRÉ.

Au début de cette histoire, nous avons besoin de réclamer l'indulgence de nos lecteurs pour l'étendue et l'aridité des détails dans lesquels nous serons forcés d'entrer. Une étude attentive de ce qui a été écrit sur l'usage du cidre et du poiré par les anciens habitants de la Palestine, de l'Afrique, de la Grèce et de l'Ibérie, nous a fait reconnaître plusieurs erreurs graves, lesquelles, échappées aux premiers écrivains qui ont traité ce sujet, ont été invariablement reproduites, en totalité ou en grande partie et jusqu'à nos jours, par ceux qui les ont suivis. Les textes d'abord cités ont été admis trop souvent sans vérification de leur exactitude, sans discussion de leur signification véritable. Or, comme un examen sérieux nous a conduit à adopter, dans le plus grand nombre des cas, une opinion différente de celle qui est généralement acceptée, il est indispensable d'exposer avec quelque étendue les raisons qui nous font rejeter les conclusions auxquelles sont arrivés des auteurs dont nous respectons le mérite et la science.

Cela dit, pour notre excuse, nous entrons en matière.

Etymologies. — La boisson extraite des poires est désignée dans les ouvrages latins du moyen âge sous les noms de *Piracium* ou *Piratium*, de *Piraticum* et de *Vinum piraceum* (1), mots

(1) Voy. Ducange, *Dictionarium med. et infimæ latinitatis.*

dérivés de *pirum*, poire, et qui se sont transformés dans notre langue en péré et en poiré, dénomination généralement employée aujourd'hui.

La boisson extraite des pommes, que le latin du moyen âge appelle *Pomacium*, *Pomagium* et *Pomata* (1), n'a pas tiré son nom français actuel de ces mots. L'expression *pomata*, usitée principalement dans l'ancienne coutume de Bayonne, se conserve encore aujourd'hui dans le basque et le gascon qui disent *Pomada* (2). On trouve le mot *Pommé* au XIVe siècle (3). Ducange, au mot *Pomata* de son dictionnaire, écrit : *citre*, vulgairement *pomade;* Hardouin dit : *Pommé*, le cidre qu'on fait avec des pommes (4); mais ni l'un ni l'autre de ces mots n'ont prévalu dans l'usage habituel, bien que fort convenables, le dernier surtout, lequel, d'après Le Grand d'Aussy, était usité chez les Normands, au XVIe siècle (5).

Il faut remonter beaucoup plus haut pour trouver l'origine de l'appellation du cidre. Ce nom, en effet, est une dérivation du latin *sicera*, en grec σίκερα, reproduction légèrement altérée de l'hébreu *shêcar*, qui se rencontre plusieurs fois dans l'Ancien Testament avec la signification très-large de boisson enivrante autre que le vin, et qui a été conservée sous les formes ci-dessus, faute de mot correspondant (6), par les traducteurs de la Bible et les auteurs ecclésiastiques (7).

On voit que, par une coïncidence singulière, de même que

(1) Ducange, ouv. cité.

(2) Louis Dubois, *Arch. annuelles de Normandie*, 1826, t. II, p. 62. — Dans le département de l'Aube, on désigne sous le nom général de *Pommattes* toutes les pommes à cidre produites par des sauvageons rencontrés dans les bois.

(3) Girard de Ross, v. 2039, cité par Littré, *Dict.*

(4) Edit. de Pline, t. I, p. 742.

(5) *Vie privée des Français*, t. II, p. 359.

(6) Tertulien, *De jejuniis*, *cap. IX*, emploie avec la même acception le mot nouveau *Ebriamen*, qui paraît lui être resté particulier jusqu'à ce que Meibomius l'ait introduit dans son traité, *De Cervisiis, potibusque et ebriaminibus extra vinum aliis*, Helmstadt, 1668.

(7) C'est à tort que Couverchel, *Traité des fruits*, 1839, p. 423, dit que le cidre était connu des Romains sous le nom de *sicera*, mot qu'on ne trouve chez aucun écrivain classique de l'antiquité latine.

des mots de l'ancienne langue latine *pomum* et *pomarium* signifiant fruit et verger, dans l'acception la plus large, nous avons fait pomme, pommier et pommeraie, avec une acception tout-à-fait spécialisée, des mots *shêcar*, *σίκερα* et *sicera*, signifiant toute boisson enivrante en général autre que le vin, nous avons fait cidre, nom auquel Amyot, s'inspirant des traditions de l'antiquité, donnait encore au XVIe siècle une signification très-étendue, puisqu'il l'appliquait aussi aux breuvages faits de dattes (1). — A Paris, en Picardie et dans d'autres provinces de la France, notamment dans la Haute-Normandie, ce substantif a été d'abord appliqué indifféremment aux boissons préparées avec des pommes ou des poires (2); mais, se spécialisant davantage, il ne désigne plus aujourd'hui que la boisson extraite des pommes (3); c'est du moins sa signification la plus générale, car, d'après L. Dubois (4), il est d'usage dans une partie du Bas-Maine et dans les contrées limitrophes de la Normandie, de désigner le cidre sous le nom de pommé, et le poiré sous celui de cidre.

Le Cidre (5) chez les Hébreux. — Les Romains qui savaient extraire des pommes et des poires des liqueurs vineuses (6), n'avaient aucun nom particulier pour les désigner; ils disaient vin de pommes, vin de poires, *vinum ex malis, vinum ex piris*. Les Hébreux, auxquels nous avons emprunté le nom de l'une de ces boissons, connaissaient-ils la chose? C'est fort douteux, nous croyons même pouvoir nous prononcer pour la négative. Ce-

(1) Plutarque, *Des propos de table*, liv. III, question 2e. Paris, 1675, in-fol., p. 381.

(2) Le Grand d'Aussy, t. II, p. 359.—Julien le Paulmier, *Traité du vin et du cidre*. Caen, 1583, in-12, fol. 33.

(3) Voici les principales formes qu'a revêtues ce mot: XVe siècle, Olivier Basselin, sildre; Berry, citre; espagnol, sidra; ancien espagnol, sizra; italien, sidro, cidro. — Littré, *Dict. étymolog.*

(4) *Arch. ann. de Normandie*, t. II, 1826, p. 83.

(5) Il nous arrivera souvent, dans la suite de cet ouvrage, de réunir sous cette dénomination unique la liqueur extraite des pommes et celle que fournissent les poires. Nous pensons qu'il n'en résultera aucune confusion dans notre exposition.

(6) Pline, liv. XIV, 19. — Palladius, liv. III, p. 171 et 175 de l'édit. de Panckoucke.

pendant plusieurs auteurs graves ont adopté un sentiment contraire; il convient donc d'examiner quels textes ils invoquent à l'appui de leur opinion.

« Les Hébreux, dit Louis Dubois, paraissent avoir connu le cidre (Exode, 29). C'est ce qui résulte de divers passages du Deutéronome, des Juges, des Proverbes et de l'Evangile de saint Luc. » (1).

Dans une lettre, sur l'origine des pommes et du cidre, adressée à M. Jules Oudin, président de la Société d'horticulture du centre de la Normandie, et insérée dans le Bulletin de la Société de Clermont (Oise), Alexandre Dumas écrit que « saint Jérôme constate que les Hébreux faisaient du cidre une de leurs boissons habituelles. » (2).

Parmi les mémoires envoyés à la Société d'horticulture et de botanique de Beauvais, en réponse aux questions posées par cette Compagnie savante dans le concours qu'elle a eu l'heureuse idée d'ouvrir en 1867, sur la culture du pommier et sur la fabrication et les qualités hygiéniques du cidre, il s'en trouvait deux qui affirmaient l'existence du cidre chez les Israélites. « Quelques passages des livres saints, lit-on dans l'un d'eux, attestent que les Hébreux en faisaient usage déjà du temps des Juges. Dans sa jeunesse, Samson, dit l'écriture, « ne buvait ni vin, ni cidre, *Nec vinum, nec siceram.* »

(1) *Arch. ann. de Normandie*, t. II, 1826, p. 65. — Louis Dubois était, à notre avis, mieux inspiré lorsqu'il écrivait dans un précédent ouvrage : *Du Pommier, du Poirier*, etc., 1804, t. I, p. 2. «Les Juifs ne connaissaient pas le cidre, et le mot *sicera* lui-même signifiait, chez les latins, toute espèce de boisson fermentée qui n'était pas le vin. »

Dans sa deuxième lettre sur l'histoire du cidre, adressée à M. le comte de Gasparin, membre de l'Institut, en date du 25 juillet 1844, M. Girardin écrivait : « Les Hébreux ont connu cette boisson, comme le témoignent plusieurs passages des livres saints : « *Panem non comedistis, vinum et siceram non bibistis*, Exode XXIX. » Depuis, notre savant chimiste a modifié sa manière de voir : « Les Egyptiens et les Hébreux, dit-il, dans ses *Leçons de Chimie élémentaire*, 1873, t. III, p. 485, passent pour avoir fait connaître cette boisson aux autres nations de l'antiquité. Mais sous quel nom était-elle désignée chez eux? C'est ce que je ne saurais dire, car c'est à tort qu'on a traduit par cidre le mot hébreu *shêkar* qui s'appliquait d'une manière générale à toute boisson fermentée autre que le vin. » — Les citations faites par Louis Dubois et M. Girardin sont tirées du Deutéronome, XXIX, 5, et non de l'Exode.

(2) A. Dumas dit, dans ce même passage de sa lettre, que « saint Jérôme est le premier qui parle du cidre. » Il oublie que Pline en avait parlé plus de deux siècles avant ce grand docteur.

Si l'on admettait l'exactitude de cette traduction, le fait ne saurait être mis en doute, mais cette exactitude est fort contestable, ainsi que nous allons essayer de le démontrer.

Le texte hébreu se sert, dans les passages cités, du mot *schéchar* ou *schécar*, dont il faut chercher la signification.

Parfois la Vulgate le traduit par le mot *vinum*, vin, (Nombres, XXVIII, 7), ce que paraît autoriser, jusqu'à un certain point, l'emploi alternatif, dans les parties des écrits poétiques parallèles des prophètes et des sentences des moralistes, des mots vin et *schécar*, pris comme synonymes, ou du moins comme présentant une grande analogie, par exemple dans les passages suivants, dans lesquels on conserve la forme primitive du mot en discussion.

Isaïe, V, 11 : « Malheur à ceux qui de bon matin courent après le *schécar*, et qui tard dans la soirée sont enflammés par le vin. »

Idem. XXIV, 9 : « Accompagné de chant on ne boit plus de vin, le *schécar* est devenu amer aux buveurs. »

Idem. XXIX, 9 : « .... faites attention et vous frissonnerez, ils sont ivres sans vin, chancellent, mais point de *schécar*. »

Proverbes, XXXI, 4 à 7 : « Ce n'est pas aux rois à boire du vin, ni aux princes à boire du *schécar*, — de peur que le roi en buvant n'oublie ce qui est fixé et qu'il ne change le droit de tous les fils du malheur. — Donnez du *schecar* à celui qui périt et du vin à ceux qui ont l'amertume dans l'âme. — Que le malheureux boive et oublie sa pauvreté, et ne se rappelle de sa misère. »

D'après les rapprochements qu'offrent ces textes et d'autres que l'on pourrait y ajouter, les traducteurs ont pensé, avec juste raison, il semble, que le *schécar* des Hébreux avait beaucoup d'analogie avec le vin.

On est induit à rapprocher encore plus le *schecar* du vin par le passage des Nombres VI, 2, 3 et 4, relatif aux abstinences imposées aux Nazirs : « Un homme ou une femme qui feront un vœu de Nazir, pour se vouer à l'Eternel, — s'abstiendra de vin et de *schecar*, il ne boira ni vinaigre (*homets*) de vin, ni vinaigre (*homets*) de *schécar*, ne boira aucune liqueur de raisins, et ne mangera ni raisins frais ni raisins secs. — Tout le temps de son Naziréat, il ne mangera rien de ce qui est fait (d'une provenance) de la vigne, depuis les pépins, jusqu'à la pellicule (du raisin). » (1)

Cette ordonnance qui interdit au Nazir, en même temps que le vin et le *schêcar*, toutes les parties du raisin d'où provient la première de ces boissons, sans faire mention d'aucun autre fruit, autorise à penser que la seconde était également le produit de la vigne. (2).

Enfin, on doit ajouter, pour compléter les analogies entre les deux liquides, que les offrandes de *schecar*, pour les libations accompagnant les sacrifices, sont quelquefois prescrites par la législation hébraïque, aussi bien que celles de vin. — Dans le chapitre XXVIII des Nombres, le verset 7 ordonne, pour le sacrifice d'un agneau offert à l'Eternel, une libation d'un quart de hine de *schêcar*, (3) tandis que le verset 14, revenant sur les libations qui doivent accompagner chaque nature d'offrandes, prescrit un quart de hine de vin pour un agneau.

L'équivalence ne saurait être plus complète; aussi ne faut-il pas s'étonner si, dans la version chaldaïque du passage ci-dessus des Juges, les mots vin et *schêcar* sont rendus pour vin nouveau et vin vieux, tandis que les commentateurs croient qu'il s'agit de vin pur et de vin mélangé d'eau, (4) ou de substances étrangères, d'aromates par exemple. Peut-être aussi s'agit-il de vin ordinaire opposé au vin de raisins secs que les Arabes appellent *Sakaroun*, nom qu'ils donnent aussi au vin de dattes (5).

Des citations qui précèdent, on est en droit de conclure que

(1) Traduction de Cahen. — *Ab uvâ passâ usque ad acinum*, d'après la traduction de saint Jérôme.

(2) Même remarque sur Juges XIII, 14.

(3) Nous avons déjà noté que la Vulgate rend ici ce mot pour vin; les septantes conservent le nom primitif *σίκερα*. — Cahen dit liqueur forte.

(4) Cahen, *la Bible*, note sur Juges XIII, 4.

(5) Voy. Gesenius, *Thesaurus linguæ hæbraicæ et Chaldææ*. — De nos jours, en Babylonie on prépare beaucoup de raisins secs « dont les Musulmans se servent pour faire leur sorbet, et dont les chrétiens retirent par la fermentation et la distillation, une eau-de-vie excellente. » F. Hoefer. *Phénicie, Babylonie*, etc., p. 336.

le *schêcar* des Hébreux était une boisson enivrante, ainsi que le confirmerait au besoin la racine *shâcâr*, enivrer, dont il est un dérivé, et les mots arabes et syriaques qui ont une même origine; qu'il était *très-probablement*, *en certains cas*, un produit de la vigne, aussi bien que le vin ordinaire; mais les textes ne fournissent pas de renseignements suffisants pour préciser la nature de cette boisson. On ne saurait même admettre qu'elle fût toujours identique, puisque saint Jérôme qui, vivant en Palestine à la fin du IVe siècle, s'est enquis avec soin de tout ce qui concerne les antiquités hébraïques, nous apprend que le mot *schêcar* doit s'entendre de toute liqueur enivrante, autre que le vin, qu'elle soit produite par la fermentation des céréales, du jus des fruits *(pomorum)* ou du miel (1). C'est le sens qu'attachent à ce mot et à leurs équivalents grec et latin les dictionnaires hébraïques, grecs et latins, Isidore dans ses Origines, liv. XX, ch. 3, etc. C'est en partant de cette donnée que, dans l'incertitude de la signification précise à donner dans chaque cas particulier au mot hébreu, les interprètes de l'Ancien Testament se sont bornés le plus ordinairement à reproduire celui-ci, sous la forme grecque σίκερα ou bien la forme latine *sicera*, en lui conservant le sens le plus large.

De même, les traductions en langues modernes s'accordent à peu près toutes à maintenir la signification générique de liqueur forte, de boisson enivrante, sans chercher à particulariser. C'est à tort, par conséquent, que la Bible de David Martin emploie en plusieurs endroits le mot de cervoise (2) et ce n'est

(1) *Sicera, hæbreo sermone omnis potio nuncupatur, quæ inebriare potest, sive illa quæ frumento conficitur, sive pomorum succo, aut cum favi decoquuntur in barbaram et dulcem potionem, aut palmarum fructus exprimuntur in liquorem, coctisque frugibus aqua pinguior coloratur.* » *Epist.* XXXIV, *ad Nepotianum, de vita clericorum,* » t. IV, 2e part., p. 263. Edit. Martianay.

(2) Il convient de dire, toutefois, pour être juste, que cette interprétation est fournie par le texte de la version des Septante (Isaïe, XIX, 10), suivi dans l'édition de l'Ancien Testament donnée par J.-N. Jœger, d'après l'exemplaire original du Vatican, t. II, p. 412. Mais le ζῦθον (bière, cervoise) du texte grec paraît être le résultat d'une leçon fautive du mot hébreu, dont les points-voyelles auront été mal placés. Ni Genesius, ni Cahen, ni Le Maistre de Sacy ne suivent cette leçon, laquelle, d'ailleurs, constaterait une fois de plus l'existence de la bière dans l'ancienne Egypte, et rien davantage. — Saint Jérôme relate les deux textes grecs.

pas un moindre tort aux auteurs cités plus haut d'employer celui de cidre.

Les remarques qui précèdent s'appliquent directement, on le conçoit, à la valeur que Louis Dubois attache au mot *sicera* (σίκερα) de l'Evangile de saint Jean (I, 15); il n'y a donc pas lieu de s'y arrêter d'une manière particulière.

Notons enfin que le latin *sicera* se rencontre encore dans les capitulaires de Charlemagne avec le sens de boisson fermentée en général, ainsi que le dit M. Léopold Delisle, et qu'il est employé avec cette signification primitive, jusque dans un acte de 862 (1).

Deux erreurs portant l'une et l'autre sur des textes de saint Jérôme ont concouru bien certainement pour une bonne part à répandre et à accréditer l'opinion qui affirme l'usage habituel du cidre chez les Hébreux. La première est une interprétation fautive du fragment reproduit ci-dessus. — Dans la traduction de Benoit Matougues, le mot *pomum* de ce passage est rendu par *pomme*, ce qui donne tout naturellement cidre pour le jus de ce fruit. Mais si l'on consulte les auteurs latins, tels que Pline, XV, 11 et 14; Columelle, V, 10, et XII, 15, et Macrobe (2), *Saturnales*, II, 15, ainsi que les lexiques latins, on se convain-

(1) *Pro CCCIX modiis bracii ad siceram componendam, cart. blanc de Saint-Denis*, t. I, p. 19, c. 2. — Cité par M. Léopold Delisle, *Etudes sur la condition de la classe agricole*, etc., p. 471, en note.

(2) Notez que Macrobe écrivait au commencement du ve siècle, et par conséquent postérieurement aux auteurs dont on invoquera un peu plus loin le témoignage, en donnant comme ici la signification de *pomme* au mot *Pomum* de leurs écrits. Nous voulons parler de Tertullien dont les ouvrages sont de la fin du IIe et du commencement du IIIe siècle; de saint Augustin et de saint Jérôme, qui appartiennent au IVe siècle. Notez encore que, au VIIe siècle, Isidore de Séville écrit *Pomum* pour *fruit* : *Orig.* V. *Mala Cidonia.*

Au XIIe siècle, Guillaume Le Breton emploie dans ses vers *Pomum* avec le sens de pomme (*Philippeis*, lib. VII). Ainsi font les rédacteurs des chartes. Ce mot a du être usité avec cette signification dès le XIe siècle et peut-être plus tôt, puisqu'elle a dû précéder l'admission dans la langue française du mot pomme qui remonte jusqu'à cette époque (voir ce mot dans le *Dict.* de Littré), mais nous n'en connaissons aucun exemple ni du temps de saint Jérôme et de saint Augustin, ni dans les siècles qui suivirent immédiatement.

La loi salique dit *melarium* pour pommier, tit. XXIX, § 10. — On trouve encore *melarium, pomarium, pirarium* dans le tit. XXVII de la même loi. *Recueil des hist.*, t. IV, p. 130. — Au VIIIe siècle, le capitulaire de *Villis* se sert encore de *malum* dans le sens de pommier : « *Malorum nomina : Gormoringa, Geroldinga, etc.* »

cra que *pomum* est un terme très-général servant à désigner tous les fruits comestibles fournis par les arbres, et comprenant en même temps : 1° ce qu'on appelait *mala*, fruits dont la substance pulpeuse, édule, était extérieure et la partie dure intérieure, c'est-à-dire les poires, les pommes, les grenades, les prunes, les pêches, les cerises, les sorbes, les figues, etc., et 2° ce qu'on appelait *nuces*, chez lesquels la partie comestible était interne et la partie solide extérieure, comme les noix, les châtaignes, etc.

On voit à quel point l'expression si large de saint Jérôme, *pomorum succo*, jus des fruits, a été déviée de sa signification par le traducteur, qui, partant d'une idée préconçue, ne s'est souvenu que d'une espèce particulière de fruit, comme ont fait ceux qui ont suivi en cela son opinion.

La seconde erreur n'est pas moins grave. Elle montre combien il est facile de s'égarer en prenant, de seconde main, des citations qui peuvent être incomplètes.

Dans son savant et curieux ouvrage intitulé : *De cervisiis, potibusque et ebriaminibus extra vinum aliis commentarius*, Meibomius, à l'appui de cette assertion que « les boissons extraites des poires s'appellent (en latin) *pyratia* et *pyratica* », cite ce fragment de phrase extraite des œuvres de « Jérôme, livre II, contre Jovinien : *Paulus... Timotheo dolenti stomachum vinum suadet bibere, non pyraticum.* » Saint Paul conseille à Timothée, qui souffrait de l'estomac, de boire du vin et non du poiré (1). — Le glossaire de la moyenne et basse latinité, rédigé d'abord par Ducange et réédité par les Bénédictins, reproduit cette citation, qui suffit pleinement pour établir, ce qui était l'unique but de nos auteurs, l'emploi du mot *piraticum* au IVe siècle, et, par suite, l'existence du poiré à cette époque, mais qui, si on ne complétait pas le passage entier de saint Jérôme et si on ne le contrôlait avec le texte de saint Paul, pourrait faire croire à l'usage habituel du poiré, par Thimothée, au milieu du Ier siècle de l'ère chrétienne, dans l'Asie-Mineure, à Ephèse, qu'habitait

(1) Ouv. cité. Helmstad, 1578, in-4, ch. XVIII, n° 16.

ce disciple de l'apôtre des Gentils, et c'est en effet la notion qu'on a prétendu en tirer.

Ainsi, au moment où Huet écrivait cette phrase étrange : « Lorsque saint Paul conseille à Timothée de boire du vin, pour remédier à la débilité de son estomac, saint Jérôme (*adv. Jov.*, lib. I, c. 4) prétend qu'il usait de poiré au lieu de vin (1) », il faut bien penser qu'il n'avait sous les yeux ni le texte de saint Jérôme, ni surtout celui de saint Paul, mais seulement le fragment donné par Meibomius, puis par Ducange, autrement, il ne leur aurait pas fait dire ce qu'ils ne disent nullement.

Pour comprendre à quel point est erronnée la déduction que l'évêque de Coutances tire d'une portion de phrase qui n'est pas de saint Jérôme, mais une citation faite par lui, il suffit de voir comment celle-ci s'est introduite dans ses écrits, et de la compléter.

Jovinien, qui avait passé plusieurs années dans un monastère de Milan, puis séjourné à Rome, écrivit à la fin du IVe siècle, un traité dans lequel il émettait l'opinion que l'abstinence de certains aliments était indifférente en soi. A l'appui de sa thèse, il citait quelques faits empruntés au Nouveau Testament : « Après sa résurrection, disait-il, le Christ a mangé du poisson et un rayon de miel, non du sésame, des noix et quelques légères boissons (*sorbitiunculas*). .... Paul, sur son navire, mange (*frangit*) du pain et non des figues ; à Timothée, qui souffre de l'estomac, il conseille de boire du vin, non du poiré (*piracium*). (2) » Dans ce fragment, Jovinien cherche uniquement à établir que les personnages les plus vénérés du Nouveau Testament ne croyaient pas devoir s'astreindre aux seuls aliments de qualité inférieure. Si la boisson fournie par les poires, connue des Romains depuis plusieurs siècles, se présente sous sa plume, c'est bien plutôt à raison du peu de cas qu'on en faisait autour de lui, dans l'Italie, à la fin du IVe siècle, que comme indication d'une boisson habituelle dans le milieu où vivait Timothée, à Ephèse, dans le Ier siècle de l'Eglise. — Quoiqu'il en soit, le texte

(1) *Les origines de Caen*. Rouen, 1702, 2e édit, p. 110.

(2) Saint Jérôme ; *loco citato*.

de saint Paul ne mentionne nullement le poiré : « Cessez, dit l'apôtre, de boire de l'eau, mais usez d'un peu de vin à cause de votre estomac et de vos fréquentes indispositions (1). » En disant à Timothée : « Cessez, de boire de l'eau, » Paul indique bien, ajoute saint Jérôme, dans sa réponse, qu'auparavant celui-ci buvait de l'eau (2). »

Concluons que les textes mis en avant, ne constatent en aucune façon l'usage habituel des boissons tirées des pommes ou des poires chez les Hébreux, soit dans les temps antérieurs à l'ère chrétienne, soit au temps de saint Paul.

Pour compléter cette partie de l'histoire, on pourrait dire négative, du cidre, au fera remarquer que la Palestine, la Syrie en général, sont peu favorables à la culture du pommier. « Le pommier, dit M. Ferd. Hoefer, étant un arbre de la zone tempérée froide, donne des fruits de très-mauvaise qualité dans des régions plus chaudes, telles que l'Egypte, l'Arabie, la *Palestine*, la Mésopotamie, etc. Il y prospère même fort peu, et jamais ses fruits n'y attirent, ni par leur odeur ni par leur saveur, l'attention des voyageurs. (3) »

L'orientaliste Munck, très-versé dans la connaissance des antiquités juives, nous dit que « la boisson ordinaire des Hébreux était l'eau ou le vin mêlé d'eau. Il est vrai, ajoute-t-il, que la Bible n'offre guère de traces de cette dernière boisson... Mais le Thalmud parle souvent du vin mêlé d'eau comme de la boisson habituelle, et le nom de *mézeg* qu'on lui donne ordinairement, se trouve déjà dans le Cantique (VII, 2). Ceux qui ai-

(1) Ne pourrait-on pas supposer avec quelque vraisemblance que le poiré n'est cité en cet endroit par Jovinien, que parce que l'usage qu'on en fit au VIe siècle, dans les monastères de la Gaule, en était déjà introduit, à titre d'abstinence, dans quelques couvents de la Haute-Italie, au temps de notre auteur ?

(2) Voy. Ire *Epître de saint Paul à Timothée*, v. 23, et *Sti Eus. Hieronimi opera*, édit. J. Martianay, Paris, 1706, t. IV, p. 210, col. 1re. *Adversus Jovinianum*.

(3) *Univers pittoresque*; *Phénicie*, *Babylonie*, etc. p. 25.—Suivant M. Hoefer, le mot *tappouakh* qui dérive de *nappakh*, exhaler une bonne odeur, doit s'entendre non du pommier, mais de l'oranger ou du citronnier. « C'est à lui, dit-il, qu'il faut appliquer ces paroles du Cantique des Cantiques, VII, 9 : « Et l'odeur de « votre bouche sera comme celle des orangers, » dont les traducteurs disent : « comme celle des *pommes*. » — Gesenius traduit le substantif hébreu par *pomum*, *malum*, en général. *Thesaurus*, p. 896. — Cahen, incertain sur la valeur du mot, dit : Pommes et Oranges.

maient les boissons fortes (Is. V. 22), non contents de boire le vin pur, y mêlaient des aromates (Cant. VIII, 2) pour lui donner plus de force (1). » — « On buvait quelquefois le vin doux ou le *moût* (Hos. IV, 11), mais ordinairement on le mettait dans des outres (Job. XXXII, 19) ou des vases de terre (Jér. XIII, 12), afin de le faire fermenter. (2) » — « Outre le vin, dit encore Munk, nous trouvons le *schechar* (*sicera*), mot qui désigne plusieurs espèces de boissons fortes ou de vins factices que l'on préparait avec du blé ou des fruits (3). » — Parmi ces liquides étaient, selon toute vraisemblance, des boissons préparées avec de l'orge, à l'imitation de celle dont les Egyptiens faisaient usage au rapport d'Hérodote (Liv. II, 77), ou avec les fruits du dattier, sorte de vin dont on faisait un grand commerce dans les pays entourant l'Euphrate, d'après Hérodote (I, 193) et Xénophon (4).

Enfin, dans le Cantique des Cantiques (VII, 2), il est fait mention d'une boisson tirée des grenades (5), mais on ne trouve nulle part cité le jus fermenté des fruits du pommier ou du poirier chez les Hébreux ou chez les peuples de la Palestine en général, au temps de la nationalité israélite.

Le cidre chez les Romains. — Si l'on sort de la Palestine pour se transporter en Italie, on rencontre, immédiatement après l'époque de la destruction de Jérusalem, des témoignages incontestables de l'existence du cidre chez les Romains. Pline le naturaliste, dans son grand ouvrage publié l'an 80 de l'ère chrétienne, mentionne (XIV, 19) le vin de poires et celui que donnent toutes les espèces de pommes (6). Ailleurs

(1) *Univers pittoresque*; *Palestine*, p. 374.

(2) *Ibidem.*, p. 361 et 362.

(3) *Ouvrage cité*, p. 374.

(4) *Anabase*, liv. I et II. — Le vin de dattes, dit Pline, est en usage dans tout l'Orient. XIV, 19.

(5) Pline nomme ce vin, Rhoïte; *Ibidem*.

(6) *Vinum fit... et e piris, malorumque omnibus generibus.* — Pline emploie souvent le mot *malum* avec la signification restreinte de pommes, mais en cet endroit on peut croire qu'il entend parler non-seulement des pommes proprement dites, mais en

(Liv. XV, ch. 17), il dit encore : « On tire des pommes (1) et des poires une espèce de vin que les médecins interdisent aux malades comme le vin ordinaire. »

« D'après Pline, dit Louis Dubois (2), on mettait le fruit (les pommes) macérer dans l'eau, ainsi que les indigents en usent encore dans quelques contrées de la France. » Nous n'avons rien rencontré de semblable dans notre auteur latin.

Palladius, qui vivait à une époque incertaine, comprise entre le milieu du IIe et le IVe siècle, nous fait savoir comment, de son temps, on préparait le cidre et le poiré.

« Pour faire du vin de poires, écrasez ces fruits, mettez-les dans un sac à mailles serrées, et comprimez-les avec des poids ou à l'aide du pressoir. Cette boisson se conserve en hiver, mais s'aigrit au printemps. »

Puis : « Voici la manière d'obtenir avec les poires une liqueur rafraîchissante (plus exactement propre à conserver la chasteté, *castimoniale*). Ecrasez tout entières, avec du sel, des poires très-mûres. Dès qu'elles seront broyées, renfermez-les dans des bassins ou des vases de terre poissés. Au bout de trois mois, au moyen d'une légère pression, elles rendront une liqueur savoureuse, mais blanchâtre. Pour lui donner de la couleur, vous mêlerez un peu de vin noir aux fruits quand vous les salerez (4). »

Notre auteur indique également le procédé pour faire du

général des fruits compris sous le nom de *mala*. Il emploie les mêmes expressions, ch. 14 du livre XV, qu'il commence par ces mots : *Malorum sunt plura genera*, et dans lequel il traite de suite des citrons, du ziziphe (jujube), etc. — C'est dans le même sens qu'il se sert (XV, 17) des mots *cætera mala*, les autres fruits qui portent le nom de *mala*.

(1) *Pomis proprietas, pirisque vini*. — Je conserve la traduction de l'édition de Panckoucke, mais je dois faire observer que *poma* est ici pris dans un sens général, puisque l'auteur comprend nominativement sous ce nom deux espèces de coings, lorsque, sans aucune interruption, il continue ainsi : « *Ac vino et aqua coquuntur, atque pulmentarii vicem implent : quod non alia præter cotonea, et struthia.* »

(2) Ouv. cité, p. 66.

(3) Le texte latin ne parle pas de pression, mais de l'écoulement du liquide par le fait seul de la suspension (dans un sac) des pulpes broyées et macérées : « *Suspensæ eæ carnes liquorem demittunt.* »

(4) Palladius, *De re rustica*, liv. III, page 171 de l'édit. de Panckoucke.

vinaigre avec les poires, et il ajoute un peu plus loin : « On fait du vin et du vinaigre avec les pommes par les mêmes procédés que j'ai indiqués en parlant des poires (1). »

Il semble que, jusqu'à l'époque où nous sommes arrivés, le poiré a plus d'importance que le cidre. C'est la manipulation des poires que Palladius expose lorsqu'il veut nous faire connaître le mode de préparation de ces boissons. Lorsque Pline en parle, il nomme séparément le vin de poires et ne mentionne le vin de pommes que collectivement avec celui des fruits connus de lui sous les noms de *mala* et de *poma*. De même encore nous verrons tout à l'heure Artémidore citer la boisson extraite des poires, non celle que fournissent les pommes.

Le cidre en Asie-Mineure et en Grèce. — Huet, dans ses *Origines de la ville de Caen*, dit avec raison que « Artémidore, qui vécut dans l'Asie-Mineure, sous l'empereur Adrien, parle du poiré qui se faisait de son temps (2). » Mais, il ne paraît pas que Thaurin soit suffisamment autorisé à ajouter à cette indication qu'on en faisait « dans ce pays (3), » c'est-à-dire en Asie. Artémidore qui a écrit, comme on sait, un long et grave traité sur l'interprétation des songes, traité plusieurs fois traduit, parce qu'il s'est trouvé, pendant bien des siècles, en rapport avec les goûts et les croyances des populations, après avoir indiqué ce que présagent d'heureux et de malheureux les poires vues pendant le sommeil, ajoute cette courte phrase : « Je sais que quelques nations préparent une boisson avec les poires (4). »

De ces paroles on peut conclure qu'on ne fabriquait pas de poiré dans la province d'Asie qu'habitait Artémidore; mais les peuples chez lesquels il sait qu'on en préparait appartenaient-

(1) Ouv. cité, p. 175.

(2) Ouvrage cité. Rouen, 1706, 2e édit., p. 110.

(3) *Le Pommier, almanach du pays à cidre*. Rouen, 1863, p. 101.

(4) « *Scioque ex ipsis (Piris sativis) aliquas gentes etiam potum preparare.* » Artemidorus, *De somniorum interpretatione*. Trad. de Cornarius. Basles, 1544, in-8, p. 127.

ils, oui ou non, à l'Asie-Mineure? C'est une question qu'il paraît impossible de résoudre d'après ce seul document.

Un homme dont les ouvrages ont une bien plus grande valeur que celui qui nous reste d'Artémidore, le médecin Galien, également natif de l'Asie-Mineure, a aussi, dit-on, parlé d'un breuvage tiré des poires. D'après Le Grand d'Aussy, Galien accusait le cidre de ne pouvoir se conserver (1).

Nous avons le regret de n'avoir pu, faute d'indications, rencontrer le passage auquel il est fait allusion, de sorte que, pour nous, l'usage du cidre en Asie-Mineure, dans les temps anciens, demeure problématique (2).

Il paraît encore moins prouvé qu'il fût adopté en Grèce. « Le vin fait de pommes n'était pas inconnu de Plutarque, dit Huet (3), et écrivent après lui M. Girardin (4) et J.-M. Thaurin (5). »

L'évêque d'Avranches cite le passage sur lequel il fonde son assertion : Plutarque, *Propos de table*, livre III, question 2e. En recourant à ce passage, on trouve en effet, dans la traduction d'Amyot : « ... Ceux qui aiment le vin, quand ils n'en peuvent avoir de celui de la vigne, usent de bière, breuvage contrefait d'orge, ou bien de cydre fait de pommes, ou de dattes. » Mais si on remonte jusqu'au texte primitif, les mots rendus par cydre de pommes sont remplacés par ceux-ci : μηλίτας τινας, que le *Trésor de la langue grecque*, d'Henri Estienne (6), traduit par *vinum ex malis cotoneis*, vin de coings, en citant pour exemple cette

(1) Le Grand d'Aussy, *Vie privée des Français*, t. II, p. 354.

(2) Le médecin grec Dioscoride, originaire d'Anazarba en Cilicie, qui vivait au commencement de l'ère chrétienne, parle d'un vin de poires (ἀπίτης οἶνος), mais ce n'était autre chose qu'un vin ordinaire dans lequel on faisait infuser des quartiers de poires, non mûres, pour lui communiquer des propriétés astringentes. — *Dioscoridis libri octo*, Paris, 1549; lib. V, cap. XXXII, fo 270, vo. — La même préparation se lit fo 37, vo des XX livres de Constantin César, 1543.

(3) *Origines de Caen*, p. 110.

(4) *Lettre à M. le comte de Gasparin*, juill. 1864 : « Les Grecs..... avaient du vin de pommes et de poires. »

(5) *Le Pommier*, 1863, p. 101.

(6) *Thesaurus græcæ linguæ ab H. Stephano constructus.... ediderunt C.-B. Hase, G. et L. Dindorfii.* Paris, Didot, 1831 à 1862.

phrase même de Plutarque. Le même dictionnaire, qui fait à bon droit autorité, nous dit ailleurs que les coings étaient par les Grecs appelés par excellence μῆλα, d'où μηλίτης οἶνος synonyme de Κυδωνίτης οἶνος (1).

Les deux textes cités ne sont donc pas suffisants pour établir que les anciennes populations de langue grecque, qui habitaient soit l'Asie-Mineure, soit l'Europe, aient fait usage des boissons fournies par les pommes ou par les poires; le dernier n'en fait pas même mention, comme l'ont cru quelques écrivains modernes, d'après une traduction peu exacte (2).

Nos investigations sur l'Afrique nous donneront-elles un résultat plus positif? C'est ce que nous allons voir.

Le Cidre en Afrique. — Plusieurs des écrivains qui ont traité de l'histoire du Cidre, admettent sans hésitation que les habitants de l'Afrique en faisaient un usage habituel, dans les premiers siècles de l'ère chrétienne. Ceux d'entre eux qui ont cité les autorités sur lesquelles ils fondent leur opinion, mettent en avant deux textes empruntés aux écrivains ecclésiastiques de cette contrée, lesquels ne semblent pas avoir, pour trancher la question, toute la valeur qu'ils leur attribuent.

Le passage suivant, que Falle a consacré au cidre, dans son histoire de l'île de Jersey (3), et dont la traduction est donnée par MM. Girardin et Morière, dans leur *Excursion agricole dans l'île de Jersey*, 1857, p. 75, résume tout ce qui a été dit à l'appui de l'assertion qu'il nous faut examiner.

« La boisson ordinaire dans cette île (Jersey) est le *cidre*, ancien breuvage mentionné à la fois par Tertullien et par saint Augustin. Ce dernier, écrivant contre les Manichéens qui reprochaient aux catholiques de boire du vin, tandis qu'eux-mêmes s'abstenaient complétement de cette boisson, répond, non pas

(1) *Ibid.* V° ὑδρομηλον.

(2) Ce que Hippocrate appelle ὕδωρ απο μήλων (eau de pommes), n'est qu'une tisane préparée par macération de pommes (ou de coings) dans l'eau, et dont il conseille l'usage dans les maladies aiguës, lorsqu'il n'y a pas de fièvre. *Du régime des maladies aiguës*, trad. par de Mercy, in-12, p. 207.

(3) *An account of the Island of Jersey*, by the Rev. Phillip. Falle ; Jersey, 1837.

en niant le fait, mais en rétorquant à ces hérétiques qu'à la vérité il reconnaissait qu'ils ne buvaient pas de vin, mais qu'ils faisaient un fréquent usage *nonnullorum pomorum expressos succos, vini speciem satis imitantes, atque id etiam suavitate vincentes* (1), ce qui signifie : « une liqueur extraite des pommes, « ressemblant beaucoup au vin, et même le surpassant en dou- « ceur. » Et Tertullien parle de pommes dont lui et d'autres *Montanistes* ne voulaient pas même goûter dans leurs *Xerophagias*, à cause du jus trop généreux et trop capiteux de ces fruits, *ne quid vinositatis, vel edamus vel potemus* (2). »

De ces passages des deux pères de l'Afrique, le cardinal du Perron conclut que le cidre fut connu d'abord en Afrique (3); Huet (4), M. Girardin (5) et J.-M. Thaurin (6) adoptent cette opinion.

Pour plus d'exactitude, rétablissons dans la citation de saint Augustin trois mots qui compléteront l'idée qu'on doit se faire des liqueurs qu'il mentionne, nous aurons alors : « *Mulsum, carœnum passum et nonnullorum pomorum expressos succos*, etc. » Indépendamment de ce qu'on a communément compris être du cidre, il y a aussi du *Mulsum* ou de l'eau miellée, c'est-à-dire bouillie sur le miel, et du *Carœnum*, c'est-à-dire du moût de raisin, cuit jusqu'à réduction au deux tiers du volume, ainsi que nous l'apprend Palladius (7). Quant aux autres boissons indiquées dans le membre de phrase qui suit, nous en demandons pardon au cardinal du Perron et aux savants qui se sont rangés à son opinion; mais il nous semble que le texte ne dit pas pré-

(1) *De Moribus Manichæorum*, cap. XIII.

(2) *De Jejuniis adversus Psychicos*, cap. I.

(3) *Perroniana, in voce* Cidre, p. 56 et 206.

(4) *Les origines de la ville de Caen*, p. 111.

(5) *Lettre à M. le comte de Gasparin.*

(6) *Le Pommier*, 1863, p. 101

(7) Voy. Pallad. XI, 18, et pour plus de détails : *Totius latinitatis lexicon*, V° *Carœnum*. Le mot *passum*, n'est probablement qu'un adjectif qui modifie peu la signification de *Carœnun*, mais pris seul et substantivement il désignerait un autre vin de liqueur dont Palladius, XI, 19, donne la recette en notant que « tous les Africains l'épaississent et lui donnent un goût agréable. »

cisément ce qu'ils y voient. D'après la remarque déjà faite sur le sens que les auteurs latins ont attaché au mot *Pomum*, on ne saurait admettre que les paroles de saint Augustin : *nonnullorum pomorum expressos succos*, soient correctement traduites pour « *une liqueur extraite des pommes.* » Nous croyons qu'il faut entendre d'une manière plus générale, des liqueurs extraites de *quelques fruits*. Ce sens semble seul conforme au génie de la langue latine à cette époque.

Veut-on d'ailleurs savoir quelles espèces de fruits saint Augustin pouvait avoir en vue? Il est très-facile de se satisfaire en consultant les anciens auteurs, lesquels nous apprennent qu'on préparait des liqueurs spiritueuses avec plusieurs sortes de fruits bien mieux appropriés que les pommes au climat de l'Afrique.

En effet, au livre XIV, ch. 19 de son *Histoire naturelle*, le grand compilateur romain cite, parmi ses soixante-six espèces de vins artificiels, le vin de dattes qu'on fait en jetant trois conges d'eau sur un muid de dattes mûres ou chydées, qu'ensuite on pressure (1). Le vin sycite, autrement palmiprime ou catorchite, vin de figues que l'on fait de la même manière; enfin, le vin qu'on prépare avec les grenades et qu'on appelle Rhoïte. Palladius (IV, 10) parle aussi de ce vin, dont il indique le mode de fabrication. Ajoutons le Lotos, qu'on pense être le *Ziziphus lotus*, Desfont., dont les voyageurs exaltent le fruit comme la plus délicieuse production des côtes de Tunis et de Tripoli, et dont on exprime, au dire de Pline (2), un vin semblable au vin miellé; mais qui, selon Népos, ne se garde pas plus de dix jours (3).

Certes, il y a là plus de boissons spiritueuses qu'il n'en faut,

(1) Voir aussi *Athénée*, liv. XIV, et *Discoridis Libri octo*, ch. I, cap. 150. — Le Coran mentionne cette boisson en même temps que le vin. Ch. XVI, 69.

(2) Voy. la note de Fée sur le Lotos de Pline, édit. de Panckoucke, t. IX, p. 136 et suiv. Desfontaines, *Acad*. Par. 1788, nous apprend que de nos jours encore les habitants de la petite Syrte et du voisinage du désert recueillent les fruits du *Ziziphus lotus*. « Ils les vendent, dit-il, dans les marchés, les mangent comme autrefois; ils en font aussi une boisson, en les broyant et les mêlant avec de l'eau. » — M. Marcel, *Tripoli et Tunis*, p. 82 et 83.

(3) *Athénée*, liv. XIV, p. 651, Paris, 1549, dit que le goût du vin de Lotos est aussi agréable que celui du meilleur vin miellé.

même en omettant le *mulsum* et le *carœnum passum*, pour justifier les paroles de saint Augustin : « Jus de quelques fruits ressemblant beaucoup au vin et même le surpassant en douceur » (1), sans y chercher l'indication du cidre, dont on ne voit de trace, pour ce qui est de l'Afrique ancienne, dans aucun auteur contemporain.

Le passage de Tertullien mis en avant demande aussi à être complété, afin qu'on en apprécie bien la portée.

Devenu partisan des montanistes, Tertullien, répondant aux reproches que faisaient à ces rigides sectaires les chrétiens orthodoxes qu'il appelle charnels *(psychicos)*, leur dit : « On nous accuse d'observer des jeûnes qui nous sont particuliers, de prolonger le plus souvent nos stations (abstinences) jusqu'au soir, de pratiquer des Xérophagies (de faire usage d'aliments secs), retranchant de notre nourriture toute chair, tout jus et tous fruits trop pleins de sucs, de peur que nous ne mangions ou ne buvions quelque chose de vineux, et enfin de nous abstenir des ablutions, conséquence de notre alimentation sèche (2). »

Tertullien, en parlant de fruits dont le suc, en même temps qu'il est abondant, peut avoir quelque chose de vineux, *quid vinositatis*, vient tout-à-fait à l'appui de notre manière de voir. Ces caractères, en effet, ne conviennent guère aux pommes, surtout à celles de l'Afrique, le climat s'opposant à ce qu'elles acquièrent toutes leurs qualités (3), tandis qu'ils ont été positivement attribués, par les anciens, à certaines variétés des fruits dont nous venons de parler.

C'est ainsi que Pline, en traitant des différentes espèces de dattes, dit de celles qu'il nomme Patètes : « Elles sont si abon-

(1) Le cardinal du Perron exagère la pensée de saint Augustin lorsqu'il le fait parler d'un suc tiré de pommes, qui était plus délicieux que tous les vins et que tous les breuvages du monde. — *Peroniana*, art. Cidre.

(2) *Arguunt nos quod.... Xerophagias observemus siccantes cibum ab omni carne, et omni jurulentia, et uvidioribus quibusque pomis, ne quid vinositatis vel edamus vel potemus, lavacri quoque abstinentiam, congruentem arido victui.* » *Tertuliani opera*, édit. de Nic. Rigault, Paris, 1664, in-fol. p. 544

(3) D'après le capitaine Lyon, les pommes du Fezzan (Etats Tripolitains) sont rares, cotonneuses et sans goût. — *L'Univers pittoresque*, Tripoli et Tunis, par M. Marcel, p. 86.

dantes en suc qu'elles crèvent et rendent, même sur l'arbre, une liqueur enivrante comme si elles avaient été foulées (1), » Dioscoride nous dit la même chose des dattes en général : « Fraîches elles donnent des douleurs de tête, et mangées en trop grande quantité elles enivrent (2). »

Le naturaliste latin, parlant des grenades, les divise en cinq espèces, parmi lesquelles les vineuses (*vinosa*) (3). « La nature, écrit-il encore, nous donne dans ce fruit du raisin, et je ne dirai pas du moût, mais du vin tout fait (4). »

De son côté, Martial, dans une de ses épigrammes, loue de la sorte les figues de Chio : « La figue de Chio, semblable au vieux vin de Sétie, porte avec elle son vin et son sel (5). »

Voilà, on en conviendra, des fruits qui, plus que les pommes, contiennent quelque chose de vineux et qui, plus qu'elles encore, par l'abondance de leurs sucs, peuvent salir les doigts et nécessiter des ablutions après le repas.

Si nous ne nous trompons, on est en droit de conclure de ce qui précède : 1° Que c'est à tort qu'on a cru trouver le cidre mentionné dans le passage cité de saint Augustin, en attribuant au substantif *pomum* une signification qui n'est pas la véritable (6) ; 2° qu'il est très-probable que ce père avait en vue diverses boissons fabriquées depuis une haute antiquité en Afrique avec plusieurs fruits dont les sucs fermentescibles, abondants et vineux, qui éveillaient la susceptibilité du rigide Tertullien et des montanistes, avaient déjà été notés par des écrivains qui lui étaient antérieurs. — Donc, nulle trace, jusqu'à présent, de l'usage ancien du cidre en Afrique, contrairement à une opinion trop facilement admise.

(1) *Rumpitque se pomi ipsius, etiam in suâ mâtre, ebrietas calcatis similis*, XII, 9. Notez dans le texte l'emploi du substantif *Pomum*, dont la signification prime toute cette discussion.

(2) *Dioscoridis Libri octo, grèce et latine*, Paris, 1549, in-8, fol. 58, ver. Lib. I, cap. 149. — Voy. aussi, Pline, XXIII, 51.

(3) — XIII, 34.

(4) — XXIII, 57.

(5) « *Ipsa merum secum portat, et ipsa Salem.* » Lib. XIII, 23.

(6) Voy. ci-dessus, p. 14.

Le cidre en Espagne. — De nos jours et depuis plusieurs siècles, le cidre est la boisson ordinaire des habitants des provinces basques, provinces peu favorables à la culture de la vigne, et qui représentent à peu près l'ancienne *Cantabria*. On fait aussi du cidre dans les Asturies et la Galice, mais depuis moins longtemps, il paraît. « Il existait, disent MM. Lavallée et Gueroult, il y a un demi-siècle, des bosquets d'orangers dans les Asturies et dans la Galice.... Mais depuis qu'on en a beaucoup planté en Portugal, ceux de la Galice et des Asturies ont été remplacés par des champs de pommiers, et la consommation du cidre s'est beaucoup accrue dans ces deux provinces (1). »

A quelle époque remonte l'usage de cette boisson? De qui les populations de ces contrées en ont-elles appris le mode de préparation? Diverses opinions ont été émises sur ces questions et ont encore leurs partisans.

Dans l'histoire de Jersey, déjà mentionnée, il est dit que « des passages des deux pères de l'Afrique (Tertullien et saint Augustin), cités plus haut, le cardinal du Perron conclut que le cidre fut connu d'abord en Afrique et de là bientôt introduit dans la Biscaye, » puis, en note : « Probablement par les Carthaginois, qui firent un grand commerce dans toutes les parties de l'Espagne (2). » Huet, qui fait également venir l'usage du cidre d'Afrique en Espagne, semble croire qu'il y fut introduit par les Basques eux-mêmes, lesquels « étaient gens de mer, et pratiquaient souvent les côtes d'Afrique (3). »

M. Girardin, après avoir dit qu'il est à peu près certain que ce sont les Maures qui ont fait connaître, dans la Navarre et la Biscaye, l'art d'extraire du poirier et du pommier des boissons salutaires (4), a abandonné cette opinion, par suite de plus amples recherches (5).

(1) *L'Univers pittoresque*. Espagne, 1844, p. 19.

(2) Citation de MM. Girardin et Morière. *Excursion agricole à Jersey*, 1857, p. 76.

(3) *Orig. de la ville de Caen*, p. 111.

(4) *Observ. sur le poirier saugier, etc. Extrait des trav. de la Soc. d'Agr. de la S.-Inf.*, 1834, p. 36.

(5) *Sur l'ancienneté du cidre en Normandie, lettre à M. le comte de Gasparin.* — *Extrait des trav. de la Soc. d'Agr. de la S.-Inf.*, 1844, p. 72.

Couverchel affirme l'intervention des Arabes (1). De même, Alexandre Dumas, mais avec une variante. Suivant lui, voici comment le cidre a traversé, avec les Maures, le détroit de Gibraltar : « Mahomet, l'an 609 de l'ère chrétienne, publie son Coran. Sans défendre positivement le vin aux Arabes, il le leur présente comme une liqueur pernicieuse qu'il ne leur conseille de boire qu'à titre de médicament.... Pour obéir à Mahomet, les Arabes alors imitèrent les Hébreux, et du fruit des pommiers et des poiriers firent du cidre. Appelés en Espagne par la trahison du comte Julien, ils y transportèrent leur science agriculturale. Ce fut en Biscaye que se firent les premiers essais de ce genre (2). »

Pour les personnes qui, avec nous, ne trouvent pas dans les passages que l'on invoque et qui ont été discutés ci-dessus, la preuve de l'existence du cidre soit en Palestine, soit en Afrique, il devient extrêmement difficile ou plutôt impossible d'admettre que l'Espagne ait appris la fabrication et l'usage de cette boisson ou des Carthaginois ou des Arabes, instruits eux-mêmes par les Hébreux.

Les Carthaginois et les Arabes étant mis à l'écart, on pourrait croire à une introduction des boissons qui nous occupent, en Espagne, à une époque reculée, par une voie ignorée, ou par les Romains, pour peu qu'on rencontre des traces de l'existence du cidre, durant l'occupation de la péninsule ibérique par ce peuple, mais c'est chose qu'aucun témoignage ancien n'autorise à admettre. Avant l'occupation des contrées de l'Espagne qui font aujourd'hui usage du cidre, durant celle-ci et longtemps après, tous les historiens parlent de la bière comme de la boisson ordinaire des habitants; aucun ne mentionne parmi eux l'emploi d'une boisson extraite des pommes ou des poires.

La nature de la boisson habituelle des anciens habitants des contrées septentrionales de l'Espagne est attestée par ce passage de Florus, parlant du siége de Numance par Scipion (l'an 133 av. J.-C.) : « Avant de courir à un dernier combat, préludant à

(1) *Traité des fruits*, 1839, p. 428.

(2) *Lettre à M. J. Oudin*, déjà citée.

leurs funérailles par des festins, les habitants s'étaient gorgés de viandes à demi-crues et de *celia* : ils nomment ainsi une boisson de leur pays, qu'ils tirent du froment (1). » Cette même circonstance est rapportée par Orose (2), dont on peut lire le texte dans Meibomius (3).

Strabon, né cinquante ans avant l'ère chrétienne, et dont le témoignage a d'autant plus de poids qu'il avait voyagé en Espagne, écrit que « tous les peuples qui bornent l'Ibérie du côté du Nord, tels que les Gallœques (Galiciens), les Astures (Asturiens), les Cantabres (Biscayens), jusqu'au pays des Vascons (Navarrois) et aux Pyrénées, se ressemblent par la manière de vivre (4)..... Ils se servent d'une espèce de bière; pour du vin, ils n'en ont guère, et le peu que produit leur pays est bientôt consommé dans leurs festins de famille (5). »

De même, Pline, né l'an 23 de J.-C., et mort en 79, dont les paroles relatent un état de choses postérieur de plus de deux siècles à la prise de Numance : « On compose (des céréales) différentes boissons : le *zythum* en Egypte, le *celia* et le *ceria* en Espagne, le *cervisia* et autres espèces de bière dans les Gaules et dans diverses autres contrées (6). »

De même encore, le médecin-naturaliste Dioscoride, qui vivait au commencement de l'ère chrétienne, et, ainsi que Strabon avait visité l'Espagne, nous apprend qu'on faisait de son temps une sorte de bière dans les provinces occidentales de l'Ibérie (7).

Nous verrons bientôt que la même boisson s'est conservée, dans les provinces de l'Espagne, jusqu'au VIIe siècle, mais il

(1) Florus, *Abrégé de l'hist. romaine*, trad. par F. Rayon. Panckoucke, 1826, liv. II, p. 159.

(2) Liv. V, ch. VII.

(3) *De cervisiis, potibusque et ebriaminibus extra vinum aliis, commentarius.* — Helmestadii, 1668, liv. VIII.

(4) *Géographie de Strabon.* Paris, 1805, in-4, t. I, p. 450.

(5) *Ibidem*, p. 448.

(6) Liv. XXII, 82.

(7) « Fit et ex hordeo potus quem curmi nominant, eoque sœpe potu, pro vino utuntur.... Consimilia etiam potus genera ex tritico fieri solent, in Iberia, quæ occidentem spectat, et.... » — *Discordii libri octo, græce et latine.* Paris, 1549, lib. II, cap. CX, p. 100.

convient d'abord d'examiner les dires des auteurs qui croient pouvoir constater l'existence du cidre dès les temps dont nous parlons.

Voici, en premier lieu, un géographe distingué de nos jours, M. d'Avezac, lequel dit, en parlant du mauvais cidre appelé *Pittura* (1) que boivent les Basques : « C'est la même liqueur sans doute que Strabon a désignée sous le nom de *Zythos* (2). » Mais, cette conjecture ne peut se soutenir, en présence du grand nombre des passages des auteurs anciens, qui s'accordent pour constater que le *Zythos* des Grecs, le *Zythum* des Latins, était une boisson extraite par fermentation des céréales. A ceux que nous avons déjà cités, on peut ajouter : Athénée, X, 16; Hérodote, II, 74, qui donne à la bière égyptienne, faite avec de l'orge, les noms de ζῦθος (Zythum) et de *Xurmi* (3).

Casaubon, dans les commentaires de son édition de Strabon, s'appuyant sur l'autorité des grammairiens et de Diodore de Sicile (liv. IV) (4), dit que, par le ζῦθος de son auteur, il faut entendre une boisson faite d'orge. De la Porte du Theil et Coray, dans leur traduction de Strabon, éditée en 1805 par l'imprimerie impériale, attribuent le même sens au terme grec qui nous occupe.

En même temps que l'autorité de Strabon, on a invoqué celle de Martial, admirablement placé pour être bien renseigné puisque, né à Bilbilis, ville de Celtibérie, aujourd'hui Calayatud, en Aragon, l'an 40 ou 41 de l'ère chrétienne, il passa les premières années de sa vie à Calagurris, chez les Vascons.

(1) Ce mot paraît une forme un peu différente du substantif basque *Patsura* que Bullet, *Dict. celtique*, traduit par piquette, boisson. — MM. Gust. Doré et Ch. Davilliers apprécient très-différemment le cidre qu'ils ont bu en Espagne. « Le cidre *(Zagardua)* qui se fabrique dans les provinces basques en assez grande quantité, ne vaut pas assurément, disent-ils, celui d'Isigny ou du Devonshire; nous en avons cependant bu quelquefois qui était fort agréable, notamment à Saint-Sébastien. » — *Le Tour du Monde*, 1873, p. 378.

(2) *La France, Dict. encyclop.*, par Ph. Lebas, 1840. Didot frères, t. II, p. 179, art. Basques.

(3) Voyez Fée, notes sur Pline, XIV, 29. Edit. Panckoucke, t. IX, p. 335; saint Jérôme, in Es., XIX, 10, et le *Thesaurus græcæ linguæ*.

(4) ... *Potum quoque (Dionysius) ex hordeo conficiendum invenit quen Xithum aliqui vocant.— Diod. siculi biblioth. hist.* Didot, t. I, p. 189, lib. IV, 2.

Huet nous paraît être le premier qui ait fait intervenir l'autorité de ce poète dans cette question : « Quelques cantons d'Espagne, dit-il, étaient fort fertiles en pommes, comme Martial (Liv. I. épig. 50) l'assure de la Celtibérie (1). » — Louis Dubois reproduit la même assertion, à peu près dans les mêmes termes et avec renvoi au même passage (2). — M. Girardin cite Martial au nombre des auteurs qui mentionnent l'usage du cidre (3). — J.-M. Thaurin est plus explicite encore : « Suivant Martial, écrit-il, l'Espagne et la Celtibérie produisaient une grande quantité de pommes, et il s'y faisait beaucoup de vin de ce fruit, c'est-à-dire de cidre, dont les Basques, habitants modernes de cette contrée, ont toujours fait un grand usage (4). »

Les deux plus anciens écrivains qui font intervenir Martial dans nos recherches, se contentent de l'appeler en témoignage de l'abondance des pommes en Espagne, à son époque, et s'accordent sur l'épigramme qu'ils invoquent. Que dit celle-ci? Adressée à Licinianus partant pour l'Espagne, elle vante beaucoup les belles campagnes qu'il y rencontrera : « Tu verras... le Caunus, blanchi par les neiges, le Vadaveron sacré, séparé des autres montagnes; *les délicieux bosquets du charmant Botrode, séjour chéri de l'heureuse Pomone* (5). » Rien que ce dernier membre de phrase qu'on puisse considérer comme ayant un rapport éloigné avec le sujet en question; mais est-il vraiment possible d'y trouver ce que Huet et Louis Dubois y aperçoivent, à moins qu'on ne réduise la déesse des fruits à n'être plus que la déesse des pommes?

Les écrivains venus plus tard paraissent avoir adopté de confiance l'opinion de leurs prédécesseurs, et tirant la conséquence

(1) *Origines de la ville de Caen*, p. 111.

(2) *Mémoire sur l'orig. et l'hist. du pommier, du poirier et des cidres.— Arch. ann. de la Normandie*, t. II, 1826, p. 66.

(3) *Deuxième lettre à M. le comte de Gasparin.*

(4) *Le pommier et la pomme chez les anciens*, dans *Le Pommier, almanach du pays à cidre*, 1863, p. 101.

(5) « . . . . . . *Et delicati dulce Botrodi nemus,*
Pomona quod felix amat. »

Nous empruntons la traduction de MM. Verger, N.-A. Dubois et J. Mangeart.

de leurs dires, ils ont parlé de cidre, là où les premiers n'avaient parlé que de pommes. On est du moins tenté de le croire, après avoir parcouru les œuvres du poète de Bilbilis. A plusieurs reprises, il parle avec complaisance de son pays natal (Liv. I, 50; IX, 62; X, 16, 20, 65, 96, 103); mais nulle part un mot qui ait rapport au jus de la pomme.

On voit d'ailleurs par le témoignage de Strabon que, en vantant l'abondance des fruits dans sa patrie, Martial ne fait que constater un fait véritable : « Pour l'olivier, la vigne, le figuier et autres arbres de cette espèce, on en trouve en grande abondance sur la côte qui borde la mer Méditerranée, ainsi que sur une bonne partie des côtes de l'Océan (1). »

L'existence du cidre dans la péninsule ibérique à cette époque reculée, n'est attestée par aucun document et le doute sur ce point est parfaitement légitimé par le silence des contemporains. Mais ce doute même, doit, il semble, disparaître, pour faire place à une négation absolue, en présence du renseignement que nous fournit un fragment d'Isidore de Séville, sur les boissons dont usaient de son temps les Espagnols. En parlant de ce qu'il nomme *celia*, sorte de bière ou de cervoise fabriquée avec une céréale germée et réduite en farine, il nous apprend qu'elle était confectionnée « dans les parties de l'Espagne qui ne sont pas propres à la culture de la vigne, *Potio... quæ fit in iis partibus Hispaniæ, cujus ferax vini locus non est* (2). »

Ainsi donc au rapport d'Isidore de Séville, comme à celui de Pline, de Strabon et de Florus, au VIIe siècle de notre ère, comme au Ier et plus anciennement, le vin et le *celia* constituaient les boissons ordinaires des Espagnols. Quant au cidre, il n'en est fait mention dans tout cet espace de temps par aucun auteur contemporain de nous connu, comme d'un breuvage consommé en Espagne (3). D'où l'on est en droit de conclure que

(1) *Geogr. de Strabon.* 1805 ; imprim. imp^le, in-fol., t. I, p. 480.

(2) *Originum libri* XX, v° *Celia.*

(3) On peut d'ailleurs croire, avec Meibomius, (*de Cervisiis*, cap. XVIII, 4 et 5), que le savant évêque de Séville parle du cidre, lorsqu'il écrit : *Pomatium, mollis el liquidus potus ex pomis*, sans qu'on soit obligé d'en conclure qu'on en fabriquait de son temps en Espagne. . . . . . .

Quant à l'*hydromelum*, breuvage fait d'eau et de *malis matianis*, mentionné par

ce n'est ni aux Carthaginois ni à l'intervention directe des Romains, que les Espagnols sont redevables de son usage. De même, on ne saurait admettre que les Arabes de la conquête aient été, sous ce rapport, les initiateurs du peuple espagnol, qui leur doit d'ailleurs de précieuses pratiques agricoles, puisqu'eux-mêmes arrivaient de pays où rien ne prouve que cette boisson fût connue et que la répugnance pour les boissons fermentées que leur inspirait le mahométisme s'opposait impérieusement à ce qu'ils propageassent des pratiques que condamnaient leurs opinions religieuses, exaltées alors jusqu'au fanatisme. On en a pour preuve le *Livre de l'agriculture* d'Ibn-al-Awam. Dans cet ouvrage, écrit à Séville, dans le XIIe siècle de notre ère, l'auteur traite longuement de la culture de la vigne, mais évite de parler de la préparation du vin. Après avoir traité de la culture du pommier, il se contente d'ajouter : « La pomme est employée comme aliment et comme médicament (1). » Cette réserve n'est pas d'ailleurs particulière à cet auteur. « Si les Orientaux, dit le traducteur d'Ibn-al-Awam, M. Clément-Mullet, cultivèrent la vigne dans de vastes proportions, nos Arabes, auxquels l'usage du vin était interdit, ne disent rien de sa préparation. Abou-Thaleb, qui paraît avoir été l'éditeur d'Ibn-Wahschiah, rapporte que, dans l'exemplaire original, ce dernier avait laissé en blanc ce qui avait rapport à la préparation du vin (2). »

Nous verrons bientôt, en étudiant l'histoire du cidre en France, que les boissons extraites des poires et des pommes y étaient

Isidore, il faut se garder de le confondre avec le cidre; c'était la boisson nommée par les Grecs ὑδρομῆλον; c'est-à-dire une préparation de coings. — Les *Mala matiana* d'Isidore ne sont pas les pommes désignées sous ce nom par Pline et les auteurs latins, mais la variété de coings (très-probablement originaire de la province de Médie, appelée ματιανή, (Matiane) dont parle Athénée (*). — La composition de cette boisson *en Espagne*, était celle-ci : une partie de jus de coings, deux parties de miel, trois parties d'eau, le tout bouilli convenablement (**).

(*) Liv. III, p. 82, de la traduction latine, Lyon, 1612.

(**) *Cassii Dionysii uticensis, de agriculturâ, libri XX, Jano Cornario interprete.* Lyon, 1542.

(1) *Le livre de l'Agricult.* d'Ibn-al-Awam. Paris, 1864, t. Ier, p. 311.

(2) *Ibidem*, t. I, p. 27 et 28.

fabriquées longtemps avant l'époque où Isidore de Séville ne constate encore que l'usage de la bière dans les parties septentrionales de l'Espagne. En tenant compte de ce fait, et en ayant égard aux points du territoire sur lesquels on rencontre d'abord ces liqueurs, on acquiert la conviction que, contrairement à l'assertion du cardinal du Perron (1), la France n'est pas redevable aux Basques de l'art de préparer le cidre.

Les recherches de M. Girardin l'ont conduit à la même conclusion (2). Pour lui, comme pour nous, les relations commerciales que nos aïeux entretenaient par mer avec les provinces septentrionales de la péninsule ibérique ont bien pu leur fournir, en même temps qu'un supplément de boissons (3), quelques variétés des fruits qui les produisaient : le *Marin-Onfroy* (4) et la *Greffe de Monsieur* (5), par exemple, voire même la *Pomme de Biscaye*, la *Pomme de Barbarie* (6), et quelques autres peut-être, mais rien de plus.

(1) *Perroniana*, au mot Citre.

(2) *Lettres à M. le comte de Gasparin.*

(3) « A la date du 22 janvier 1610, au journal BB, on trouve une délibération autorisant la décharge sur le quai de Rouen « de 32 tonneaux de sildre de Biscaye. » *Archiv. de la ville de Rouen.* — D'après de Beaurepaire, *Notes et Documents sur l'état des campagnes*, etc., p. 60.

(4) Moisant de Brieux (lettre 8e à Prémont-Graindorge), s'exprime ainsi sur le Marin-Onfroy : « On appelle ainsi les pommiers et les cidres que planta et que fit le premier « un gentilhomme qui s'appelait Marin-Onfroy, seigneur de Saint-Laurent, Vairet et « autres lieux, bisaïeul de Du Quesné, conseiller d'Etat, et qui apporta de Biscaye des « greffes de cette sorte de pommiers. » Louis Dubois, *Mémoire sur l'orig. et l'hist. du pommier, du poirier et du cidre*; *Arch. ann. de la Normandie*, t. II, 1826, p. 79, en note — Suivant Fréd. Pluquet, *Contes populaires, préjugés*, etc., *de l'arrondissement de Bayeux*, 1834, p. 97, « la pomme de Marin-Onfroy fut introduite dans le Bessin, au commencement du XVIIe siècle.

(5) Julien Le Paulmier (fo 53, vo et 54 de son *Traité du vin et du sidre*, publié en 1588 et 1589) dit que les greffes de cette pomme ont été naguère apportées de Biscaye et entées en premier lieu par M. de l'Estre, qui demeurait à deux lieues de Valognes. — Il nous apprend aussi que, dans l'année même où il écrit, il a été apporté par mer à Coutances et autres lieux maritimes circonvoisins, une bonne quantité de cidre provenant de Biscaye. — fo 38.

(6) Julien Le Paulmier écrit : « Barbarie de Biscaye, grosse pomme verde, etc., » fo 54, et plus loin, fo 58, vo « Barberic ou Barberie, pomme grosse... et verde, etc. » — On serait tenté de conclure de là que le vénérable et savant doyen des écrivains qui ont traité du cidre ne connaissait pas la pomme de Biscaye comme sorte distincte de Barbarie.

Veut-on à une conjecture invraisemblable en substituer une autre? On pourrait, il semble, admettre que de la Gaule, où elles étaient en usage, comme nous allons le montrer, très-longtemps avant le commencement du VIIe siècle, époque à laquelle écrivait Isidore, les boissons tirées des poires et des pommes se sont propagées dans les cantons contigus de l'Espagne. A l'appui de cette hypothèse, on peut faire remarquer que leur usage, dans les provinces pyrénéennes de la France, est fort ancien et subsiste encore aujourd'hui (1). Mais, en l'absence de preuves directes, il convient de s'abstenir.

Le Cidre en France. — Les Gaulois, nous l'avons vu, possédaient déjà, au temps de la conquête par les Romains, indépendamment de la vigne, presque tous nos arbres fruitiers. S'appliquait-on dès lors à en extraire les boissons usitées de notre temps? La chose reste très-douteuse.

Anciennes boissons des Gaulois. — Tacite nous apprend que « la boisson des Germains était une liqueur extraite de l'orge ou du blé, que la fermentation rapproche du vin (2). » Pline dit pareillement que « dans les Gaules on fait un breuvage avec certaines espèces de blé (3). » « Les nations occidentales, dit-il ailleurs, s'enivrent à leur façon avec des boissons de grains trempés, dont la composition varie dans l'Espagne et dans les Gaules; des noms différents n'indiquent qu'une boisson analogue.... L'Egypte a fait aussi de ces breuvages. Ainsi, la terre entière s'enivre, car ils avalent ces boissons pures, sans les tempérer ni les affaiblir par l'eau, comme on le fait pour le vin. La terre semblait n'avoir donné que des grains à ces peuples, admirez le génie du vice, il a trouvé le moyen de

(1) Prendre en considération le statut de Suavius (an 1,100 environ) qui constate la consommation du cidre par les habitants de Saint-Sever (Landes), et la fabrication actuelle de cette boisson dans les Basses-Pyrénées, fabrication évaluée à 2,400 hectolitres, en 1829, par Odolant-Desnos, p. 166.

(2) *Germania*, cap. XXIII.

(3) XVIII, 12.

rendre l'eau enivrante (1). » Ailleurs encore, il nous apprend que les Gaulois faisaient avec les céréales non-seulement la cervoise (*cervisia*), dont le nom existait déjà, mais encore d'autres espèces de boissons (2).

Isidore de Séville confirme le dire de Pline, lorsqu'il écrit qu'on fabrique la cervoise avec la graine des céréales traitée de différentes manières.

Une autre espèce de boisson en usage dans la Gaule septentrionale, concurremment avec la bière, est celle dont il est question dans Diodore de Sicile (3). On la préparait en lavant les gâteaux de cire, après en avoir exprimé le miel, afin de se servir ensuite de ce lavage soit seul, soit mêlé avec de la cervoise.

Le vin, dans ces temps reculés, était infiniment moins répandu que la cervoise et le bochet, et n'était guère récolté au-delà des provinces du littoral de la Méditerranée. Nos ancêtres, pour sa préparation, empruntèrent sans doute beaucoup aux grecs, et ces emprunts ne semblent pas avoir été très-heureux, si nous en jugeons par la réputation de leurs produits.

Quelques mots à ce sujet feront voir quels immenses progrès la France a fait depuis dans la vinification.

« Entre les Pyrénées et les Alpes, écrit Pline, Marseille produit deux vins, dont l'un plus épais, et, comme on le dit, succulent, sert à confectionner les autres. Bétère n'a de réputation

(1) XV, 29.

(2) XXII, 82. « *Ex iisdem (frugibus) fiunt et potus... cervisia et plura genera in Gallia.* » — Fée fait observer avec raison que le vieux mot gaulois *cervisia* et les deux anciennes expressions espagnoles *ceria* et *celia*, désignant toutes trois des sortes de bière, avait sans doute une même origine étymologique. — *Note sur le passage ci-dessus.*

(3) Liv. V, ch. 26, édit. de 1805. Note de De la Porte du Theil et Coray, t. I, p. 449. — Cette boisson économique, ou mieux l'une de ses variétés, l'hydromel, aujourd'hui fort rare, figure encore dans la liste des liqueurs soumises aux droits fiscaux. Préparée comme l'indique Diodore de Sicile, le bochet, c'était son nom, a cessé d'être d'un usage populaire en France, seulement au milieu du XVIe siècle, par suite de l'extension de la fabrication du cidre qui l'a remplacée. Huet, *Les origines de la ville de Caen*, deuxième édit. Rouen, 1706, p. 113. — Elle rappelle l'*hydromeli* des Grecs, l'*aqua mulsa* des Romains. — *Le Menagier de Paris*, composé vers 1393, donne plusieurs recettes pour la préparation du bochet. L'une d'elles, à l'usage des gourmets, admet force gingembre, poivre long, graine de paradis et clous de girofle. Edit. de 1847, t. II, p. 238 à 240.

que dans les Gaules. Je ne dirai rien des autres vins de la Narbonnaise, où l'on a établi des fabriques dans lesquelles on charge le vin de fumée, et ce qui est pis, d'herbes et d'ingrédiens funestes, puisque l'on achète de l'aloès pour en déguiser la couleur et le goût (1). »

Posidonius, philosophe stoïcien, qui visita Marseille et la Gaule narbonnaise, vers 102 avant Jésus-Christ, nous apprend comment ces boissons se partageaient les différentes classes de la population. « Les riches, dit-il, boivent du vin apporté d'Italie ou des environs de Marseille, et le boivent pur ou mélangé d'un peu d'eau; les hommes d'une condition inférieure boivent de la cervoise (*zythum*) de céréales préparée avec du miel; le peuple, au contraire, fait usage de cervoise pure, qu'on appelle *corma* (2). »

Telle était d'ailleurs, l'avidité des Gaulois pour le vin que les marchands de l'Italie, qui en trafiquaient avec eux en retiraient d'énormes bénéfices, recevant un esclave en échange d'un amphore de vin (3).

Constatons ici qu'aucun des auteurs anciens que nous venons de citer, en traitant des breuvages consommés par les peuples de la Gaule, au commencement de l'ère chrétienne, ne fait mention d'une boisson extraite des poires ou des pommes. Leur silence à cet égard ne nous autorise pas à nier d'une manière absolue l'existence d'une pareille boisson, mais il suffit pour nous convaincre que, si elle y était connue, elle était très-peu répandue. Nous ne saurions donc admettre, avec M. A. Du Breuil (4), que « cette liqueur a dû être d'un usage presque

(1) Liv. XIV, 8. — Martial parle à diverses reprises des vins de Marseille, comme de mauvais vins. Liv. III, 82; X, 36; XIII, 123.

(2) *Hist. Celtar.*, citée par Athénée, liv. IV. — Le *corma* de Posidonius est le *curmi* des Egyptiens.

(3) *Pro cado* (οἴνου κεράμιον) *puerum recipiunt.* — Diod. de Sicile, liv. V, 2 liv. Edit. Didot, p. 270 et 271.

(4) *Cours élément. d'Arboriculture*, 2e édit. Paris, 1851, 2e partie, p. 394. — M. Ludovic Rabot, dans un mémoire sur le Cidre, imprimé dans les *Annales d'hygiène publique et de méd. lég.*, 2e série, t. XVI, juillet 1861, avait déjà exprimé cette opinion d'une manière très-positive : « Il est certain, écrit-il, qu'à l'époque de la conquête des Gaules par les Romains, le cidre était une boisson favorite des Gaulois et plus tard des Francs. » p. 113.

général dans les Gaules, jusqu'au moment où la culture de la vigne, introduite par les Romains, est venue fournir une boisson plus agréable. Mais que dès que le déboisement successif du sol priva les vignobles de leur abri contre la rigueur du climat, la vigne disparut progressivement des parties les plus froides du territoire, et fut remplacée de nouveau par les arbres à fruits à cidre; il en fut ainsi des nombreux vignobles qui existaient encore en Normandie, au moyen âge. »

Ce point établi, il reste à étudier comment l'usage du cidre s'est introduit parmi des populations qui avaient l'habitude d'autres consommations.

Sous la double influence du goût des indigènes pour le vin et de l'émigration des Romains dans la Gaule conquise, la culture de la Vigne, qui du temps de Strabon ne dépassait pas les montagnes des Cévennes, avait atteint Autun, quand des ordres de Domitien, dictés par une politique fausse, firent arracher les vignobles dans nos provinces. Plus tard, lorsque sur la fin du IIIe siècle l'empereur Probus permit de les replanter, elles durent promptement reconquérir une large place sur notre sol, mais on doit croire que l'interdiction, qui persista près de deux cents ans, en retarda beaucoup l'extension, puisque telle était encore au milieu du IVe siècle, le peu d'importance de cette culture, dans le centre du pays du moins, que Julien qui résida longtemps à Lutèce, dit que la nation gauloise manque de vignes et constate la continuation de l'usage habituel de la cervoise (1).

(1) Voici en quels termes peu flatteurs pour la bière il s'exprime dans une épigramme ainsi traduite en latin :

Undè qui es liber? Hic sit mihi liber amicus?
Non mihi tu natus, sed puer ille Jovis.
Ille ut nectar olet; tu ceu caper : an fera te gens
Ex spicâ genuit celtica, vitis egens?
Hic cerealis eras meliori jure vocandus.
Non satus ex semela matre, sed ex simila.

D'après Fée, note sur Pline, t. IX, p. 335.

Le comte de Gasparin, dans un rapport fait à l'Académie des sciences, le 10 juin 1844, dit que « sous Julien la vigne *se montrait* aux environs de Paris. » Mais les termes même dont il se sert indiquent qu'elle y était rare, et dès lors n'infirment pas l'appréciation du futur empereur.

Les mesures qui s'opposèrent pendant si longtemps au développement des vignobles durent indirectement favoriser l'introduction et l'extension de la culture des pommiers et des poiriers et l'adoption des boissons qu'on savait, en Italie, extraire de leurs fruits. La constante habitude des Romains de faire profiter les peuples soumis de tous les avantages de leur civilisation, doit nous le faire croire. Aussi, ne sommes-nous pas surpris de rencontrer dans la loi salique des prescriptions légales édictées en vue de protéger les plantations de pommiers et de poiriers (1), prescriptions dont on retrouve, en 630, les analogues dans le troisième capitulaire du roi Dagobert dit *Lex Baiwariorum, tit.* XXI, § 1 et 5, et en 798 dans un capitulaire de Charlemagne.

Toutefois, quelque raison qu'on ait de supposer que, dès les premiers temps, ces plantations étaient faites en vue, non-seulement des fruits qu'elles produisaient, mais encore des boissons qu'on en pouvait tirer, l'absence de documents positifs nous empêche de rien affirmer sur ce point.

Usage du Cidre par les religieux. — La première mention de l'usage du cidre en Gaule se rencontre dans la vie de saint Guenolé. Ce saint, né en 464, mort le 3 mars 532, habitait avec ses compagnons, près de la rivière de Châteaulin, dans le vallon où fut construite plus tard l'abbaye de Landevec. « Il prenait sa boisson avec amertume. Il ne prit jamais aucune liqueur tirée du raisin ou du miel, ni lait ni cervoise. Le seul breuvage de ses moines et de lui était composé d'eau et de la sève des arbres ou de pommes sauvages (2). »

La seconde fois que nous trouvons mentionné l'usage de nos boissons, c'est en Poitou, et encore dans un monastère. Sainte Radegonde, née vers 519, en Thuringe, de race royale, après avoir été d'abord la prisonnière, puis l'épouse de Clotaire, se retira à Poitiers où elle fonda un monastère, vers l'an 544. Or,

(1) Voy. ci-dessus, p. 5, en note.

(2) « *Potus... talis erat qualis ex aquâ et arborum succis malorumve agrestium condiri potest.* » — Extrait des actes manuscrits de saint Guenolé, dans Lobineau, *Hist. de Bretagne*, t. II, p. 25. — *Vie des Saints de Bretagne*, par le même, p. 45.

« depuis le moment où elle reçut le voile des mains de saint Médard.... elle ne but d'autre breuvage que de l'eau miellée et du poiré (1), » s'abstenant également de cervoise et de vin; bien que la règle de saint Cœsaire, que suivait sainte Radegonde, permit l'usage journalier du vin (2), dans certaines conditions de santé, elle ne voulut pas profiter de cette tolérance (3).

Nous entrons dans ces détails pour montrer que les liqueurs tirées des poires et des pommes n'étaient pas alors en haute estime. Suivant une judicieuse remarque de M. Léopold Delisle, « il est permis de supposer qu'à ces époques reculées, le cidre était d'une qualité très-inférieure et d'un usage très-restreint. En effet, pour les légendaires, l'emploi de cette boisson par leurs héros est une preuve de leur austérité et de leur mortification (4). » Il est donc peu probable qu'elle fut servie sur les tables royales, concurremment avec le vin et comme liqueur de choix, ainsi qu'on a voulu l'inférer du fait de la vie de saint Colomban, que voici :

Saint Colomban, irrité contre Théodoric (Thierry, roi de Bourgogne) et contre Brunehault, s'étant mis en route pour aller trouver le roi (an 607 à 609), celui-ci « ordonna de préparer tout avec une pompe royale et d'aller au-devant du serviteur de Dieu. Ils vinrent donc, et, selon l'ordre du roi, offrirent leurs présents. Colomban, voyant qu'on lui présentait des mets et des coupes avec la pompe royale, demanda ce qu'ils voulaient. On lui dit : « C'est ce que t'envoie le roi. » Mais, les repoussant avec malédiction, il répondit : « Il est écrit : le Très-Haut repousse le don des impies..... » A ces mots, les vases furent

(1) *Acta sanctorum*, t. III, p. 70. 19 août.

(2) « *Vini usus permissus pro infirmitate, ant qualitate conditionis delicatioris...* » *Acta sant.* t. III, p. 61.

(3) Voir les poésies de Fortunatus.

(4) *Etudes sur la condition de la classe agricole et de l'agriculture, en Normandie, au moyen âge*. Evreux, 1851, in-8, p. 471. — L'usage exclusif du cidre a conservé cette même signification jusqu'au XVIIe siècle, puisque nous apprenons par les *Mémoires de Fontaines*, t. I, p. 151, que : « A Port-Royal où la vie était ascétique et singulièrement laborieuse, les solitaires buvaient du cidre et de l'eau, un seul excepté. »

mis en pièces, le vin et la bière *(vinaque ac sicera)* répandus sur la terre, toutes les autres choses jetées çà et là... (1). »

Dans la traduction ci-dessus de la chronique de Frédégaire, empruntée à la collection des *Mémoires sur l'histoire de France*, publiée par M. Guizot, le mot *sicera* du texte original est rendu par bière. Le Grand d'Aussy le traduit par cidre, et il ajoute : « Il résulte de ce passage..... qu'on buvait alors à un même repas et du vin et du cidre, mais il en résulte encore que cette dernière boisson était servie sur la table des rois même (2). »

Louis Dubois et M. Girardin (3) acceptent ce dernier sens. Le premier nous dit que « parmi les présents offerts à saint Colomban on remarquait plusieurs flacons de cidre (4). » — De son côté, l'abbé de Marolles rend les mêmes mots *vinaque ac sicera* par les vins et les breuvages exquis (5).

De ces trois manières d'interpréter le mot *sicera*, quelle est, dans cette place et à cette époque, la véritable? Nous sommes portés à croire que la dernière mérite le plus de confiance. En effet, pour désigner la bière, la cervoise, le chroniqueur avait à sa disposition le terme ancien, généralement adopté, *cervisia*; celui qu'il emploie a, plus tard encore, et jusque dans les capitulaires de Charlemagne, une signification beaucoup plus large, celle de boisson fermentée en général (6). Enfin, il est infiniment peu probable que dans un repas ordonné avec recherche, à dessein de se rendre favorable le pieux moine, on lui ait précisément présenté la liqueur dont l'usage était admis dans les monastères à titre de mortification, au lieu des boissons de luxe dont les Mérovingiens devaient avoir appris l'usage des anciens dominateurs de la Gaule : vins miellés, cuits ou aromatisés de diverses manières. Autrement, on devrait croire que le cidre

(1) *Chroniq. de Frédégaire, coll. des mém. relatifs à l'hist. de France*, par Guizot. Paris, 1823, t. II, p. 182 et 183. — *Historiæ Francorum script.*, par Duchesne, 1636, t. I, p. 750.

(2) *Hist. de la vie privée des Français*, p. 361 et 362.

(3) *Deuxième lettre à M. le comte de Gasparin.*

(4) *Origine et hist. des Cidres.* — *Arch. ann. de la Normandie*, t. II, p. 67.

(5) *L'hist. des François*, de saint Grégoire, évesque de Tours, 1688, in-8, t. I, p. 777.

(6) Voir Léopold Delisle, p. 471, en note, et ci-dessus p. 14, en note.

avait alors toutes les qualités que le cardinal du Perron trouvait en celui qu'on lui avait envoyé de la Basse-Normandie en bouteilles, et qui lui faisaient dire : « Il passe en délices tous les vins et tous les muscats (1). »

Un témoignage beaucoup plus certain de l'usage des liqueurs dont nous essayons de retracer l'histoire nous est fourni, vers 759, par la vie de sainte Ségolène, abbesse de Troclar, sur les bords du Tarn, près d'Albi, laquelle, durant le carême, ne buvait que de l'eau et du poiré (2).

Usage du Cidre par la population laïque. — Jusqu'ici, il n'est fait mention du cidre ou du poiré que dans les monastères, mais la rareté, à cette époque, des documents sur tout ce qui n'est pas histoire ecclésiastique, ne nous permet pas d'en conclure que ces boissons ne fussent point entrées dans la consommation d'une partie de la population de la France. On doit croire, au contraire, que les habitants des contrées où les religieux usaient du cidre, l'admettaient pareillement, en une certaine proportion, dans leur alimentation, soit qu'ils les eussent précédés dans cette pratique, soit qu'ils l'aient reçue d'eux.

C'est ce que semblent confirmer les capitulaires par lesquels, vers l'an 800, Charlemagne, dont les domaines, dispersés dans toute l'étendue de ses états, devaient fournir à l'entretien et de sa cour et de tous les hommes vivant sur ses immenses possessions, recommande aux juges chargés de leur administration d'entretenir dans chacune d'elles des ouvriers brasseurs capables de préparer de la cervoise, du cidre, du poiré ou toutes autres boissons (3). Par malheur, nous ignorons en quels lieux en particulier le cidre et le poiré entraient dans les approvisionnements des domaines royaux, et dans quelle proportion ils y

(1) *Perroniana*, au mot Citre.

(2) *Acta sanctorum*, 24 juill., p. 683.

(3) « *Ut unusquisque judex in suo ministerio bonos habeat artifices, id est... Siceratores id est, qui cervisiam vel pomatium sive piratium vel aliud quodcumque liquamen ad bibendum aptum fuerit, facere sciant.* » — *Capitulare de Villis.* — Anno Christi, 800. — XLV.

entraient. Quant à ce dernier point toutefois, en parcourant les diverses prescriptions du capitulaire *de Villis*, on paraît être autorisé à en tirer cette conclusion, que nos boissons ne fournissaient qu'un appoint assez peu considérable dans les celliers impériaux, et, par suite, n'entraient pas en première ligne dans les préoccupations économiques du souverain et des officiers de sa maison.

En effet, en dehors du paragraphe ci-dessus, il n'est plus fait mention ni du cidre, ni du poiré; on ne trouve leur nom cité ni dans les §§ 34 et 48, qui prescrivent de grands soins de propreté dans la préparation du vin, du vinaigre, du moret, du vin cuit, de la cervoise, du medum (1), ni dans le § 61 concernant l'approvisionnement des palais en cervoise. Enfin, il n'en est pas fait mention au § 62, qui prescrit à chacun des juges de dresser chaque année, à Noël, et d'envoyer à l'empereur, un inventaire détaillé de tous les produits de ses domaines. Dans cet article qui énumère minutieusement une foule de produits, sans omettre les noix grosses et petites, qui cite nominativement toutes les boissons déjà énoncées : moret, vin cuit, medum, vinaigre, cervoise, vin nouveau, vin vieux, ni le nom du cidre, ni celui de poiré, ne viennent sous la plume du rédacteur.

En poursuivant nos recherches par ordre chronologique, nous constaterons l'usage du poiré, vers le milieu du IXe siècle, par les moines de l'abbaye de Ferrières, diocèse de Sens (2); puis un statut de Suavius, abbé de Saint-Sever, dans les Landes, remontant à l'an 1100 ou environ, lequel exempte de tous droits le vin et le cidre achetés des paysans et introduits dans les dépendances de l'abbaye (3), et nous apprend conséquemment que cette dernière liqueur entrait en partie dans la consommation habituelle de la population de cette contrée.

(1) *Medus* ou *Medo* est une boisson faite avec du miel. — *Acta sanctorum*, t. III, p. 70, en note.

(2) « *Folchricum et Mauricium cupimus cum fratre memorato redire, ut piratio, quo unice delectantur... Nobiscum fruantur.* » — *Lupi Ferrar. epist. CIX*, p. 161 de l'édit. de Baluze.

(3) Dom Martène, *Thesaurus anecdotorum*, t. I, col. 279.

Usage du Cidre en Normandie. — Dans cet exposé des indications qu'on a pu recueillir sur l'usage du cidre et du poiré en ces temps reculés, il n'a pas encore été question de la Normandie. C'est qu'en effet, on ne connaît, jusqu'à l'époque où nous sommes parvenus, aucun texte d'où l'on puisse induire l'usage du cidre dans cette province où il devait plus tard devenir tellement abondant. On constate, il est vrai, la fabrication de cette boisson par les Normands, au XIIe siècle, mais plus particulièrement à la fin du siècle, et seulement dans quelques lieux isolés de la Basse-Normandie. C'est ce dont on reste convaincu à la lecture d'une pièce de vers que Baudri de Bourgueil (mort en 1130) adresse à Guillaume de Lisieux.

« Guillaume m'a donc dit que Lisieux ne connaît point le vin, et que, pour préparer sa boisson, elle fait infuser de l'avoine dans de l'eau chaude. Le ferment de ce grain se communique à la liqueur, et la stérile avoine fait vider de larges coupes. Vous voyez donc que, chaque année, les Normands doivent leur boisson au chaume et non à la treille. »

« Si le cidre eût été généralement connu, fait remarquer avec raison M. Léopold Delisle, auquel nous empruntons cette citation, cet auteur n'eût pas manqué de le mentionner dans une épigramme sur la boisson des Normands (1). »

« La preuve la plus péremptoire, suivant M. de Beaurepaire, du peu d'importance de la fabrication du cidre dans les premiers siècles du moyen âge, c'est que, à la différence du vin, il n'a pas donné lieu à des droits seigneuriaux onéreux (2) et n'a formé aucun nom patronymique (3). »

(1) *Etudes sur la condition de la classe agric. et l'état de l'agricult. en Normandie, au moyen âge*. Evreux, 1851, in-8°, p. 471 et 478. — MM. Léopold Delisle et Ch. de Robillard de Beaurepaire, dont l'érudition est si étendue et si sûre, ont réuni un très-grand nombre de documents sur l'histoire du cidre en Normandie. Nous sommes heureux de pouvoir leur faire de larges emprunts qui faciliteront grandement notre tâche.

(2) « Du côté gauche de la Seine on peut citer un certain nombre de fiefs où, d'après les aveux, les vassaux devaient aider le seigneur à cueillir ses pommes et ses poires et à les piler ou cidrer. » — *Notes et documents concernant l'état des campagnes de la Haute-Normandie, dans les derniers temps du moyen âge*, par Ch. de Robillard de Beaurepaire. Rouen, 1865, in-8.

(3) Le pommier, sinon le cidre, a contribué à donner plusieurs noms propres. — *Note des auteurs*.

« Il ne faudrait pourtant pas se presser de conclure du témoignage de Baudri de Bourgueil que de son temps les Normands ne connussent pas d'autre boisson que celle dont l'avoine faisait la base.

« On ne peut douter, en effet, que le cidre ne fût connu dans la vallée d'Auge, puisque vers 1100, le comte de Mortain donnait aux chanoines de Saint-Evroul la dîme du cidre de Barneville; que dans la seconde moitié du XIIe siècle on en payait la dîme dans les paroisses d'Annebaut et de Saint-Pair près Troarn, et que vers la fin du même siècle, il figure dans le tarif de la vicomté de Pont-Audemer, non-seulement il y était en usage, mais dès-lors il formait une des principales productions de cette riche contrée, comme le prouve le vers de Guillaume-le-Breton dans sa *Philippide :*

« .....Sicere que tumentis
« Algia potatrix......... »

« Du côté de Caen, à la même époque, le cidre était parfaitement connu, il en est fait mention dans le tarif de la prévôté de cette ville, et l'on voit ailleurs que c'était un des meilleurs produits du fief de Simon de Beuville. L'exclamation de surprise et de dégoût que se permit Raoul Tortaire, au commencement du XIIIe siècle, lorsqu'on lui en servit à son passage à Bayeux (1),

(1) « Ingredior noti mediocria tecta sophistæ
« Tentatus quoniam, vina peto, fueram,
« Et succus pomis datus est extortus acerbis :
« Ori proposui, dum reor esse merum.
« Sed Bacchus minimè dominatur in hac regione;
« . . . .
« Aspernor Cyathum, dum sentio, non esse vinum;
« Fingo bibisse tamen, labraque sicco mea.
« Reddo scyphum puero, cui pronus in ore susurro :
« Cur propinasti, serve, venenum mihi? »

« Poussé par la soif, j'entre en un chétif cabaret et je demande du vin, on me présente un suc exprimé de pommes acerbes; croyant boire le jus du raisin, je l'approche de mes lèvres. Hélas! Bacchus est sans puissance dans ce pays.....

Je repoussai la coupe après avoir feint de boire et j'essuyai mes lèvres desséchées. En rendant le vase au garçon je me penchai vers son oreille et lui dis : « Malheureux valet, pourquoi m'as-tu présenté ce poison? » Pluquet, *Essai hist. sur la ville de Bayeux*, *Caen*, 1829, p. 160, 161 et 164.

ne suffirait pas pour légitimer un sentiment défavorable sur la qualité de cette boisson, puisque de nos jours encore, elle ne cause pas d'ordinaire une impression plus avantageuse à ceux qui n'y sont pas habitués (1). » (*De Beaurepaire*, *ouvrage cité*, p. 75 et 76.)

« M. Léopold Delisle n'a pu citer de textes d'une aussi haute antiquité concernant l'usage du cidre dans les autres contrées de la Normandie. On peut même remarquer que la plupart des textes des XIIIe et XIVe siècles qu'il a rapportés ne sont relatifs qu'aux vallées de Risle et de Touques. Il n'y en a pas un seul où il soit question d'une localité située sur la rive droite de la Seine. N'est-on pas dès-lors autorisé à supposer que ce fut en Basse-Normandie et surtout dans ces deux vallées, que s'est tout d'abord développé la culture des pommes à cidre? A ce propos, nous croyons intéressant de rapporter quelques lignes de la *Maison rustique* concernant l'origine du cidre : « Je ne « ferai icy recherche de l'inventeur premier de ce breuvage; « diray seulement que comme Noé, transporté du plaisant goût « du suc qu'il exprima du raisin de la vigne sauvage plantée

(1) Témoin cette boutade de Piron :

« D'un vignoble que Dieu maudit
« Ajoutez la liqueur infâme
« Qui ne sert non plus à l'esprit,
« Que l'eunuque sert à la femme.
« Le cidre remède anodin,
« Breuvage très-froid et peu sain
« Pour une muse moribonde.
« Mais je me reconnais enfin.... »

A ces vers on pourrait opposer, si les fantaisies des poètes devaient être prises en considération, ceux de Castel que voici :

« C'est toi, fils de la pomme, étincelant breuvage,
« C'est toi qui sus jadis enflammer le courage
« De ces fameux Normands dont le bras indompté
« Fit ployer d'Albion la rebelle fierté.
« Animé de son feu, le père de la scène
« Aux rivages françois amena Melpomène;
« Et ressuscitant Rome aux yeux du spectateur,
« D'Auguste et de Pompée atteignit la hauteur. »

Castel, *Poëme des plantes*, p. 469.

« par lui-même, fut le premier inventeur de faire et boire le vin, « aussi quelque Normand, affriandé de la saveur délicate du jus « des pommes et des poires, inventa la façon du cidre et poiré. « Je dis quelque Normand, car c'est en la Basse-Normandie, « appelée pays de Neux (?), où ce breuvage a pris commence-« ment (1). » De la Basse-Normandie, où les textes, sur ce point d'accord avec la tradition, placent les premiers développements de la culture du pommier à cidre, elle s'est étendue peu à peu au-delà de la Seine. De siècle en siècle, elle n'a cessé de gagner du terrain, et de nos jours encore on ne saurait affirmer qu'elle ait atteint ses limites.

« En 1484, aux Etats-Généraux de Tours, un député de la Haute-Normandie, Jean Masselin, eut à défendre cette contrée contre ses collègues des baillages de Caen et du Cotentin, qui, pour arriver à une diminution de leur quote-part des tailles, se faisaient plus misérables qu'ils ne l'étaient en réalité. Dans ce but, il exposa que presque tout le pays de Caux souffrait extrêmement du manque d'eau et était absolument privé d'une boisson naturelle, n'ayant pas, comme les deux baillages ses rivaux, des plants de pommiers et de poiriers (2). Cette allégation ne fut pas contestée. Personne n'ignorait que c'était de la Basse-Normandie qu'on tirait le cidre destiné à la consommation de presque toutes les villes situées sur la rive droite de la Seine, où commençait à s'en étendre le goût et l'usage.

« Ce n'est pas à dire cependant que la culture des pommiers à cidre fût absolument négligée dans la Haute-Normandie. En 1284, Michel Despinguet renonce, en faveur des religieux de Saint-Ouen de Rouen, au droit qu'il avait de prendre en leur prieuré de Sigy, à certaines fêtes de l'année, des redevances en vin, en cervoise et en cidre.

« A Fontaine-en-Bray, en 1302, nous voyons que le pressoir à pommes d'un malheureux paysan poursuivi pour dettes, fut estimé 5 sous tournois...... Mention en 1402, d'un fournil et

(1) *Maison rustique* d'Etienne et Liébaut.— Peut-être par pays de Neux a-t-on voulu désigner les Vés, près d'Isigny ?

(2) *Journal des Etats-Généraux de* 1484, p. 550 et 551.

d'un pressoir au manoir de Nicole, de Saint-Aubin, seigneur et curé de Saint-Aubin-sur-Cailly.

« A la fin du XIVe siècle, les religieux de Beaubec achetaient dans le pays de Bray des quantités considérables de cidre pour la provision de leur monastère. En 1400, leur fermier de l'Epinay, à Roncherolles-en-Bray, leur paye deux queues de *suidre* de 45 sous, et en 1403, huit queues de *sidre*. A Montivilliers, dès les premières années du XIVe siècle, le cidre entrait pour une part importante dans la consommation habituelle des religieuses et des gens qui étaient à leur service. Elles s'en procuraient à Auberville, la Cerlangue, Gaineville, Harfleur, Mélamare, la Remuée, Rogerville, Rolleville, Saint-Aubin, Saint-Eustache, Saint-Gilles-de-la-Neuville, Saint-Laurent, Saint-Martin-du-Manoir, Saint-Romain-de-Colbosc, Sainte-Marie-au-Bosc, Sandouvil et Sanvic, et il est à observer que très-souvent elles l'achetaient des curés des paroisses; ce qui prouve que la dîme des pommes dans les localités que nous venons d'énumérer avait pris de l'importance. Mais cependant, c'est encore d'au-delà de la Seine, du pays d'Auge, de Conteville-sur-Mer, de Routot et des environs, qu'elles tiraient principalement leurs approvisionnements.

« Des plants de pommiers se forment sur divers points du pays de Bray et du pays de Caux vers la fin du XVe siècle, mais surtout au siècle suivant, il est aisé d'en suivre les progrès.

« Ces citations pourraient être multipliées. Loin de les contredire, elles ne servent pour la plupart qu'à confirmer des témoignages nombreux et parfaitement authentiques, desquels il résulte qu'au XVe siècle encore la bière et la cervoise étaient les boissons les plus en usage en Haute-Normandie. Même à Rouen, on les préférait au cidre, vraisemblablement comme moins coûteuses, et il en fut ainsi jusqu'au XVIIe siècle, ou tout au moins jusqu'à la fin du XVIe siècle.

« Au grand banquet que l'archevêque Georges d'Amboise donna dans son palais archiépiscopal, à l'occasion de son avènement, en décembre 1513, banquet qui « dura trois jours entiers à « grande, joyeuse et somptueuse chère, avec accompagnement « de ménestrels, » on servit de l'hypocras blanc, vermeil et clairet, du vin blanc de Beaune, des vins d'Anjou, de Paris et de Gascogne, un poinçon, quatre demi-queues et quatre hambourgs de bière; mais de cidre il n'en fut pas question.

« Du côté d'Evreux, au contraire, dès le XIVe siècle, le cidre était d'un usage plus commun que la cervoise. On peut en juger par les comptes de l'Hôtel-Dieu de 1370-1372. La dépense en cervoise est insignifiante, et la dépense en cidre est assez considérable. Dans les comptes de 1442-1443, il est fréquemment question de bochet, de cidre et de vin, mais pas de cervoise. Dans ceux de 1453-1459, on ne voit encore mentionné que le vin, le cidre et le pommé (1). »

Ceci s'accorde avec ce qu'écrivait Julien le Paulmier, à la fin du XVIe siècle, que cinquante ans auparavant la bière était encore, à Rouen et dans tout le pays de Caux, la boisson commune du peuple, comme était de son temps le cidre (2); mais il faut se garder de donner à cette remarque plus d'extension qu'elle ne comporte. Si, en effet, le cidre n'était pas dès-lors la boisson commune de la population de Rouen et des environs, il est bien établi qu'il était cependant depuis longtemps admis dans la consommation locale. C'est ce qui ressort de l'ordonnance de Louis-le-Hutin, imposant, en juillet 1315 (3), un droit de dix deniers par *tonnel* de cidre transporté sur la Seine entre la mer et Pont-de-l'Arche, et de celle de Henri V, datée du Château de Rouen, le 11 mars 1420, prescrivant la perception du « quartage de tous breuvages, c'est-à-savoir, vin, cidre, cervoise et bochet, ainsi qu'il a été accoutumé avoir cours en notre dit pays (4). »

Le pommier étant infiniment mieux approprié au climat de la Normandie que la vigne, laquelle y a toujours donné des produits de qualité très-inférieure (5), et s'alliant d'ailleurs

(1) De Beaurepaire, ouvr. cité, p. 86.

(2) *Traité du vin et du cidre*, fol. 38.

(3) *Ordonnances des Rois de France*, t. I, p. 598.

(4) *Ibid.* t. XI, p. 116.

(5) La culture de la vigne ne se développa, dit avec raison M. Léopold Delisle, que sous l'influence passagère de différentes circonstances politiques. — « La circulation des vins de la Gascogne, du Poitou, de l'Ile-de-France et de la Bourgogne était entra-

beaucoup mieux que celle-ci avec les autres cultures de la contrée, celle des prairies en particulier, il n'est pas surprenant qu'il se soit substitué à elle lorsque la population se fut quelque peu habituée à la boisson nouvelle. Elle fut d'ailleurs incitée à cette substitution par les mauvaises récoltes, alors fréquentes (1), qui élevaient le prix des céréales et déterminaient l'autorité à édicter des mesures restrictives de l'emploi des grains pour la fabrication des boissons. C'est ainsi que, dans un temps de disette, saint Louis, considérant la cherté des grains, défendit de faire de la bière en Normandie (2), tandis que Philippe-le-Hardi, en 1272, dans une circonstance analogue, en vue de ménager le blé, ordonnait que le galon de cervoise ne pourrait se vendre en Normandie, plus de deux deniers tournois (3). En l'année 1304, Philippe-le-Bel revint à la mesure radicale de l'interdiction de la cervoise (4), qu'on trouve encore édictée en 1415, 1482 et 1493 (5).

Telles paraissent être les causes qui ont provoqué la rapide extension de la culture des pommiers, du XIIIe au XVIe siècle.

« Au XVIIIe siècle, la culture du pommier fit des progrès con-

vée par les exactions fiscales du roi de France et de ses vassaux (*). En temps de guerre, les Normands et les Anglais eûssent été sans cesse menacés d'une disette absolue de vin, si leur approvisionnement eût uniquement dépendu des caprices de leurs ennemis. Aiguillonnés par la nécessité, ils imitèrent en grand la conduite des moines, qui, pour n'être pas privés de la matière du divin sacrifice, avaient eux-mêmes planté des vignes sur les coteaux voisins de leurs églises. » — *Ouv. cité*, p. 418 et 419.

(*) ... Une mesure de vin, en passant de l'Orléanais dans la Normandie, devenait au moins vingt fois plus chère : valant un sou à Orléans, elle se payait vingt et même vingt-quatre sous en Normandie. — Forbonnais, *Rech. sur les finances*, t. I, p. 41.

(1) On a compté quatre grandes famines en France dans le XIVe siècle, sept dans le XVe et six dans le XVIe.

(2) Avant 1260, le roi avait défendu « *ne cerevisie fierent propter caristiam bladi.* » *Olim*, t. I, p. 522. La cherté du blé ayant cessé, la prohibition fut levée au parlement de la Pentecôte 1263. *Ibidem*, t. I, p. 554. — D'après Léopold Delisle, *ouv. cité*, p. 480.

(3) « *Placuit domino regi, ad instantiam multorum, quod cervisie fierent in Normandia usque ad voluntatem suam, et per eas minus consumatur de blado quod galonus vendatur ad duos denarios turonenses et non ultra.* » *Olim*, t. I, p. 904. D'après Léopold Delisle, *ouv. cité*, p. 480.

(4) *Ordonnances*, t. I, p. 425 et 426.

(5) Le Grand d'Aussy, *Vie privée*, t. II, p. 350.

sidérables au-delà du pays de Bray, du côté de la Picardie. En 1741, M. de Fulvy ayant demandé à M. de la Bourdonnaye, intendant de la généralité, son avis sur l'opportunité qu'il y aurait d'interdire l'exportation des cidres et des poirés de Normandie en quelque autre lieu que ce fût, en reçut cette réponse qui mérite d'être remarquée :

« Cette mesure, contraire à la liberté du commerce, ne doit point être adoptée pour la généralité de Rouen. Je vous observerai qu'il n'y a que deux élections, celles de Neufchâtel et de Pont-l'Evêque, dont il se transporte des boissons dans les provinces qui leur sont limitrophes. Encore ne s'en transporte-t-il guère de Pont-l'Evêque dans ces provinces, parce que c'est principalement de là que nos marchands de cidre les tirent pour la consommation de la ville de Rouen, et que l'on y fait d'ailleurs beaucoup d'eau-de-vie. Reste donc Neufchâtel, d'où, dans des années de disette comme celle-ci, on tire des cidres pour la Picardie. Mais que deviendra cette malheureuse élection dans de pareilles années, si on l'empêche de les y vendre. Elle n'a que cette ressource. Comme on a beaucoup planté en Picardie depuis vingt ans, cette province, qui tirait régulièrement tous les ans une assez grande quantité de cidre de Neufchâtel, n'en tire plus du tout dans les années qui sont bonnes, parce qu'elle en a assez (1). »

C'est seulement vers le milieu du XVIIIe siècle que la culture du pommier à cidre commença à se répandre dans le département de l'Aisne, dans les campagnes qui avoisinent Chauny (2), et ce n'est que plus tard encore qu'elle se propagea avec quelque abondance dans les fermes qui avoisinent Beauvais et Chaumont, et dans celles du ci-devant Vexin, où, jusque là, les arbres à fruits étaient rares (3). Enfin, dans les premières années de ce siècle,

(1) De Beaurepaire, *ouv. cité*, p. 87.

(2) Thierriat, *Observ. sur la cult. des arbres à haute tige et particulièrement des Pommiers*. Paris, 1760.

(3) Isoré, *Traité de la grande culture des terres*, an X (1802), in-12. — Ces deux ouvrages sont cités par François de Neufchateau dans ses notes sur le *Théâtre d'agricult.* d'Olivier de Serres. Paris, 1804, in-4, t. I, p. 426 et 464.

Piérard, membre correspondant de la Société d'agriculture de Verdun, introduisait la culture des fruits à cidre dans les environs de cette ville, où elle n'était pas encore connue (1).

« Le poiré n'eut jamais en Normandie qu'une très-médiocre importance. On en faisait à Beaubec dans les premières années du XVe siècle. A Rouen, on peut en constater l'usage à l'archevêché et dans les couvents de Saint-Lô et de Grandmont. Les lieux de production étaient Aclon, Angoville, Bourgtheroulde, Elbeuf, Flancourt. On peut juger par les prix d'achat que cette boisson, bien que plus rare, était beaucoup moins estimée que le cidre. A cet égard, il n'y a point eu de changement (2). » Il serait même plus exact de dire que la culture des poiriers est présentement en décroissance dans le nord-ouest de la France. On n'arrache pas ceux qui subsistent, mais on ne remplace qu'en partie ceux qui périssent. Ce n'est que dans les cantons où le poiré est employé à la distillation de l'eau-de-vie que les poiriers se rencontrent en quantités notables.

Le pommier et le cidre, au contraire, n'ont cessé de prendre une plus large place dans les cultures et dans la consommation. Le pommier, il est vrai, n'est plus aussi fréquemment planté dans les terres labourées de bonne qualité, parce que la diminution de récolte qu'il y occasionne est devenue relativement plus considérable depuis qu'on a abandonné l'assolement triennel et les jachères, et qu'on demande au sol des récoltes annuelles plus nombreuses et plus riches; mais, par contre, il est introduit plus généralement dans les herbages permanents qui prennent eux-mêmes, d'année en année, plus d'extension. Le perfectionnement des voies de communication a beaucoup accru, au profit du cultivateur, la valeur du produit des pommeraies; un bon choix des arbres (3) qu'on y introduit et un soin intel-

(1) Piérard, *Mém. sur la cult. des arbres à cidre dans un pays où elle n'est pas encore connue*, mémoire couronné par la Soc. d'agr. de Verdun, le 9 avril 1820. Paris, 1820, in-8.

(2) De Beaurepaire, *ouv. cité*, p. 87.

(3) M. Morière nous apprend que « certains crus du pays d'Auge et du Bessin ont une réputation parfaitement méritée qui fait vendre les fruits souvent le double de ce qu'on les paie partout ailleurs. » *Rapport au Comité départemental du Calvados sur l'exposition universelle de* 1867, p. 240.

ligent apporté à la préparation des boissons peuvent encore augmenter, dans une très-notable mesure, la consommation, et, par suite, la rémunération des producteurs.

Statistique du Cidre en France. — Le relevé suivant de la fabrication du cidre et du poiré en chacun de nos départements, exécuté à deux époques distantes l'une de l'autre de dix à douze années, donnera une idée de la manière dont le produit de ces boissons se distribue sur la surface du territoire français, de la quantité récoltée dans chaque contrée et de la progression suivant laquelle la production s'accroît d'année en année (1). *(Voir les tableaux ci-après.)*

(1) L'enquête sur l'état de l'agriculture, en 1862, aurait dû fournir un troisième terme de comparaison, mais une note du tome XVI, 1870, de la *Statistique de la France*, nous apprend que « les réponses au questionnaire ont été (sur ce point) si incomplètes qu'il n'a pas été possible de les enregistrer. »

PRODUCTION DU CIDRE EN FRANCE EN 1829

Statistique dressée par J. Odolant-Desnos, d'après des documents officiels, des annuaires des départements et d'après l'ouvrage de V. Cavoleau.

DÉPARTEMENTS.		FABRICATION	PRIX de l'Hectolitre.		PRODUIT EN ARGENT.	OBSERVATIONS
		hectolitres.	fr.	c.	francs.	
Ain		1.000	6	»	6.000	
Aisne		169.000	8	»	1.352.000	
Allier		1.400	7	»	9.800	
Ardennes		38.000	10	»	380.000	
Aube		4.000	10	»	40.000	
Aveyron		500	5	»	2.500	
Calvados		901.231	7	50	6.759.232	Y compris 118,449 hect. de poiré.
Cher		1.200	8	»	9.600	
Côtes-du-Nord		567.504	9	»	5.107.536	
Creuse		1.000	5	»	5.000	
Eure	cidre.	564.293	8	»	4.514.344	4.883.856.
	poiré.	92.378	4	»	369.512	
Eure-et-Loire		175.000	8	»	1.400.000	
Ille-et-Vilaine		748.966	6	»	4.493.796	
Loire-et-Cher		2.500	10	»	25.000	
Loire		488	8	»	3.904	
Loire-Inférieure		91.460	5	50	503.030	
Loiret		19.000	6	»	114.000	
Lot		200	12	»	2.400	
Maine-et-Loire		30.000	6 à 7	»	210.000	
Manche	cidre.	562.668	5	»	4.220.000	
	poiré.	281.332				
Marne		5.000	5	»	25.000	
Morbihan		502.500	5	»	2.512.500	
Moselle		100	7	»	700	
Nièvre		1.200	6	»	7.200	
Oise		722.854	7 à 8	»	5.886.624	
Orne	cidre.	472.334	8	»	5.657.002	3.778.672 pommé.
	poiré.	375.666	5	»		1.878.330 poiré.
Pas-de-Calais		35.675	8	»	249.725	
Basses-Pyrénées		2.400	4	»	9.600	
Bas-Rhin		2.000	7	»	14.000	
Sarthe		224.362	7	»	1.570.534	
Seine		4.212	16	»	67.424	Y compris l'octroi.
Seine-Inférieure		1.621.921	9	»	15.467.370	
Seine-et-Marne		23.610	6	50	153.465	
Seine-et-Oise		130.000	9	»	1.170.000	
Somme		202.520	9	»	1.886.640	
Yonne		3.000	5	»	15.000	
		8.582.474			64.220.438	

PRODUCTION DU CIDRE EN FRANCE

D'après la Statistique générale de la France, 1840 et 1841.

DÉPARTEMENTS.	FABRICATION		PRIX MOYEN PAR HECTOLITRE.		PRIX EN ARGENT.		
	FORT CIDRE.	PETIT CIDRE.	fort cidre.	petit cidre.	FORT CIDRE.	PETIT CIDRE.	TOTAL.
	hectolitres.	hectolitres.	fr. c.	fr. c.	francs.	francs.	francs.
Aisne	272.349	»	11 95	»	»	»	3.254.466
Allier	710	»	6 15	»	»	»	4.380
Ardennes	50.480	»	8 30	»	»	»	418.388
Aube	24.312	444	9 »	5 10	217.830	2.264	220.094
Aveyron	1.150	»	6 »	»	»	»	6.900
Calvados	784.909	444.548	13 »	6 45	10.210.690	2.869.840	13.080.530
Cantal	580	»	15 70	»	»	»	9.100
Côtes-du-Nord	732.594	81.686	4 85	0.95	3.543.440	79.292	3.622.732
Creuse	5.038	»	10 20	»	»	»	51.432
Eure	192.000	895.700	9 20	5 80	1.765.000	5.213.770	6.978.700
Eure-et-Loir	80.787	129.960	11 10	5 45	897.559	709.680	1.607.239
Finistère	79.774	9.340	8 50	2 20	632.588	20.530	653.118
Ille-et-Vilaine	395.072	130.008	8 20	2 70	3.232.307	349.264	3.581.571
Indre-et-Loir	1.210	»	12 »	»	»	»	14.520
Loir-et-Cher	15.042	2.000	10 »	5 »	150.420	10.000	160.000
Loire-Inférieure	84.800	»	5 10	»	»	»	432.480
Loiret	12.767	»	12 »	»	»	»	153.204
Maine-et-Loire	27.014	»	15 »	»	»	»	405.210
Manche	1.322.606	455.000	3 30	1 10	4.343.161	493.000	4.836.161
Mayenne, cidre et eau-de-vie de cide	220.000	3.000	8 »	50 »	1.760.000	150.000	2.281.000
Idem, poiré	»	70.000	»	5 30	»	371.000	
Morbihan	»	363.000	»	9 15	»	3.326.788	3.326.788
Nièvre	8	»	15 »	»	»	»	120
Oise	578.200	567.700	12 05	»	»	»	6.958.700
Orne	959.581	424.911	13 25	6 20	12.732.129	2.671.466	15.403.595
Sarthe	273.000	»	7 »	»	»	»	1.793.000
Seine	13.888	»	20 »	»	»	»	277.760
Seine-Inférieure	200.890	1.015.276	10 »	6 »	2.008.900	6.091.656	8.100.556
Seine-et-Marne	81.678	»	10 »	»	»	»	816.780
Seine-et-Oise	31.104	»	10 »	»	»	»	311.060
Somme	326.192	54.092	15 »	10 »	4.892.880	540.920	5.433.800
Vienne (haute)	5.003	»	9 55	»	»	»	47.717
Yonne	22.234	10.000	8 80	4 »	195.542	40.000	235.542
	6.794.972	4.656.665					84.473.343
	11.451.637						

Comme on a déjà eu occasion de le dire (1) « en pareille matière, même avec les enquêtes les mieux dirigées, on ne peut arriver qu'à des approximations, et les chiffres constatés sont plutôt au-dessous qu'au-dessus de la réalité. On comprend, en effet, la difficulté de se procurer des déclarations exactes sur la production de boissons soumises à un droit fiscal. Il n'y a donc aucune exagération à porter à 12 millions d'hectolitres le chiffre total de la production du cidre en France », à l'époque à laquelle se rapportent les documents statistiques de 1840 et 1841. Tenant compte du mouvement de progression qui ressort de la comparaison entre les chiffres de 1829 et ceux de 1841, progression qui se trouve en rapport avec l'extension des plantations dans les pays producteurs, on est disposé à porter le chiffre moyen annuel de la production actuelle du cidre et du poiré à plus de 12 millions et demi d'hectolitres, d'une valeur totale de 100 millions et davantage.

Un coup-d'œil jeté sur le tableau officiel de 1840-1841 montre que les 11/12es de la production totale de la France, en cidre et poiré, reviennent à la région nord-ouest, soit en nombres ronds, 10,400,000 hectolitres, d'un prix de 79,400,000 fr., sur un total de 11,400,000 hect., évalués ensemble à 84,500,000 fr., et que la part que peuvent revendiquer, dans la production générale du pays, les cinq départements normands, en forme plus de la moitié : 6,695,000 hectolitres, d'un prix de 46,400,000 fr.

(1) *Procès-verbaux du congrès*, p. 197 et 198.

CHAPITRE III

COUP-D'ŒIL SUR LES MODES DE PRÉPARATION DU CIDRE EN DIVERS PAYS.

Bien que la description des opérations qui paraissent les mieux appropriées à l'obtention d'un cidre de bonne qualité doive être donnée un peu plus loin, avec tous les développements propres à en faire apprécier le mérite, nous pensons que nos lecteurs ne regarderont pas comme tout à fait superflu l'exposé succint que nous présentons ici des opinions qui ont cours en divers lieux, sur les opérations qui se rattachent à la production de cette boisson et des procédés qui y sont usités.

De toutes ces théories, de toutes ces pratiques divergentes, opposées, chacun pense posséder la meilleure, bien souvent sans les avoir comparées, souvent aussi sans même les connaître. En les réunissant, notre intention est de susciter chez ceux qu'intéressent ces questions, le désir de les examiner, de les discuter, de constater, au moyen d'expériences comparatives, leur valeur relative avec l'espoir de provoquer par là des perfectionnements ultérieurs.

Dans cette revue sommaire, on se bornera d'ailleurs à signaler les différences concernant trois points principaux choisis parmi les opérations dont l'influence est la plus considérable sur la qualité des produits obtenus ; c'est à savoir : le choix des fruits employés, le degré de maturité de ceux-ci, le mode suivi pour la conduite de la fermentation.

SECTION I

CHOIX DES FRUITS.

États-Unis. — Plusieurs des États de l'Amérique du Nord font du cidre leur principale boisson. Les fruits qu'on y emploie sont de deux sortes : ou bien ce sont des pommes cultivées uniquement pour la fabrication du cidre et peu propres à d'autres usages, ou bien ce sont des pommes également recherchées comme fruits de table. Parmi les premières, les meilleures, pour ne citer que celles qui sont natives de l'Amérique, sont la *Harrison* originaire du comté d'Essex dans le New-Jersey, dont les cidres sont en très-grand renom; la *Hewe's virginia crab*, et la *Newark sweeting*, fruits sucrés, ou sucrés et astringents parfumés, à jus pesant, et par conséquent riches en matières utiles. Concurremment avec ceux-ci, les américains emploient encore à la fabrication du cidre plusieurs fruits de table, soit parmi ceux qu'ils ont empruntés à la Grande-Bretagne : *Downton Pippin*, *Orange Pippin*, etc., soit parmi ce qu'eux-mêmes ont obtenu de plus délicat dans leurs semis. C'est ainsi, par exemple, que le propriétaire d'une ferme située à Esopus sur l'Hudson, M. Pell, qui possède un verger planté de 2,000 pieds en rapport de la Reinette appelée *Newtown Pippin*, vend une partie de sa récolte pour être expédiée en Angleterre, une autre partie sur les marchés de New-York et fait avec le rebut un cidre dont il tire un parti avantageux (1).

Quant au poiré consommé dans quelques États de l'Union, il est préparé comme partout, avec des variétés spéciales; les

(1) Voy. William Kenrich, *The new american Orchadist*; Boston, 1841, in-8°, p. 62, 265 et 227. — A.-J. Downing, *The fruits and fruit trees of america*; New-York, 1857, in-8°, p. 82, 83 et 109.

poires de table et les poires fondantes en particulier étant généralement reconnues impropres à cet usage (1).

Notons encore que les deux auteurs américains que nous venons de citer reconnaissent la supériorité des cidres fournis par les pommes cultivées uniquement pour la confection de cette boisson (2), et que, d'après Downing, les pommes douces et très-parfumées sont généralement préférées pour cet emploi (3).

Angleterre. — Le botaniste Ray, dans son *Histoire des plantes*, publiée en 1693, recommande, pour obtenir un cidre en même temps généreux et doux, de choisir des pommes d'un bon jus (*boni succi.*) Il fournit lui-même une liste de vingt variétés qu'il regarde comme étant plus particulièrement propres à faire de bonne boisson.

Parmi ces pommes, dont plusieurs probablement ne se rencontreraient plus aujourd'hui, figurent quelques fruits de table, entr'autres la fameuse *Golden Pippin*, l'orgueil des anglais, et dont un français, Angrand de Rueneuve, a dit « qu'elle doit être la reyne des pommes et que la Reynette ne doit marcher qu'après elle, car elle est d'un plus fin relief que toutes les autres pommes ; » et dont le cardinal Dubois, soit par flatterie, soit par conviction, dans sa correspondance avec lord Stanhope, déclare préférer le cidre à notre gros cidre de Normandie (4).

Mais on y trouve aussi plusieurs pommes destinées uniquement à la préparation du cidre, telles que la *Moil* et la *Red-Streak*, que malgré leurs excellentes qualités on ne cultive plus de nos jours, les arbres ayant perdu leur vigueur première. — « La *Red-Streak*, ou *Rayée-Rouge*, dit Ray, est considérée comme la meilleure de toutes, bien quelle soit moins agréable au goût et qu'elle approche de la nature des pommes sauvages (5). »

(1) W. Kenrick, p. 145.

(2) Voir les passages cités.

(3) Page 58.

(4) Correspondance du cardinal Dubois, p. 174.

(5) Raii, Joannis, *Historia plantarum.* — 1693. — in-f°, t. II, p. 1447 et 1448.

A la fin du siècle dernier, la *Red-Streak* était devenue peu productive ; la *Stire Apple* était considérée comme la plus excellente pomme pour le brassage. Telle était la supériorité de la liqueur qu'elle fournissait, que Marshal (1788) nous apprend qu'elle se vendait, au sortir du pressoir, de 25 à 75 fr. l'hectolitre, le prix du cidre ordinaire étant à cette époque de 6 fr. 25 à 10 fr. 60 l'hectolitre. C'est-à-dire que le cidre de la *Stire Apple* obtenait sur les marchés un prix quatre à sept fois plus élevé que les cidres communs.

Des différences de prix analogues ont été notées pour le poiré, selon la nature du fruit employé. Ainsi, le prix ordinaire du poiré étant de 2 fr. 70 à 2 fr. 80 l'hectolitre, le poiré de *Squash* était rarement vendu moins de 10 fr. 60 l'hectolitre; soit près de quatre fois aussi cher. — Il est vrai qu'il tenait alors la place du vin de Champagne (1).

On relate ces chiffres, afin de constater jusqu'à quel point la qualité du fruit peut augmenter la qualité du produit et, par suite, le profit du cultivateur. — Comme d'ailleurs nous savons que la pesanteur spécifique du moût des pommes de *Stire* est d'environ 1081, soit 10°8 Baumé, tandis que celle des pommes anglaises fournissant le cidre ordinaire est d'à peu près 1065 (= 8°8 B.) (2), nous en tirerons dès à présent cette conséquence qu'il y a un très-grand intérêt à introduire dans les cultures des fruits donnant un moût de haute densité.

De ce qui précède, il ressort que les cidres les plus hautement prisés sont ici comme aux États-Unis, fournis par des pommes spéciales et non par celles qu'on cultive pour la table, remarque déjà faite par Marshal (3).

Toutefois, depuis le XVIIe siècle, il ne paraît pas que l'opinion générale des agriculteurs anglais se soit fixée sur les qua-

(1) M. Marshal, *Agricult. pratique des différentes parties de l'Angleterre*; trad. française, Paris, an XI, p. 252.

(2) Lettre de A. Knight, relatée par MM. J. Girardin et J. Morière, *Excursion agricole à Jersey, en* 1856 ; *Extrait des trav. de la Soc. d'agricult. de la Seine-Inf^{re}*. 1857, t. XIX, p. 483.

(3) *Agricult. pratique*, etc. ; t. III. p. 230, en note.

lités spéciales que l'on doit rechercher dans les fruits de pressoir; car, de nos jours encore, on recommande simultanément les fruits acidulés propres à la table et les fruits doux et amers propres uniquement à la fabrication du cidre. C'est ce dont on peut se convaincre en parcourant les ouvrages des pomologistes de ce pays (1) et plus particulièrement la publication faite, en 1811, par la Société d'agriculture du comté de Hereford, sur les fruits anciens et nouveaux de cette région (2). Dans ce dernier ouvrage rédigé par le célèbre Th.-And. Knight, alors président de la Société d'horticulture de Londres, qui traite de 24 pommes et de 5 poires, (les anglais, de même que les américains, ne donnent toujours que de très-courtes listes de fruits de pressoir,) on trouve 5 pommes nouvellement obtenues de semis par le rédacteur; 2 desquelles la *Foxley Apple* et la *Grange Apple* avaient été primées par la Société pour leurs bonnes qualités. Or, de ces deux fruits, le premier est propre seulement à la fabrication du cidre, tandis que le second est en même temps une pomme de table estimée.

Ile de Jersey. — Dans l'île de Jersey, on trouve simultanément les meilleures pommes anglaises empruntées au Here-

(1) Consultez : Miller, *Dict. des jard. et des cultiv.*; trad. française, Bruxelles, 1788, au mot *Malus*. — Bliss, *The fruit Grower's Instructor*, 1841, in-12.; — Robert Hogg, *The apple and its varieties*, 1859.

(2) *Pomona herefordiensis*; London, 1811, in-4°. — Le grand mérite de cet ouvrage, en dehors de ses 29 magnifiques planches coloriées, qui reproduisent chacune des variétés dont il est parlé, consiste dans l'indication de la pesanteur spécifique du jus des fruits; précieuse indication pour l'appréciation de leur valeur dans la fabrication d'une liqueur fermentée que nous rencontrons là pour la première fois, sans que nous puissions dire si l'idée en appartient à Knight.

Les 24 pommes admises dans cette liste d'élite se décomposent ainsi :

Pommes utilisées uniquement pour le cidre.	18
Pommes employées en même temps comme fruits de table et de pressoir. .	6
	24
Pommes fournissant un moût dont la pesanteur spécifique reste au-dessous de 1070.	3
— dont la pesanteur spécif. s'élève de 1070 à 1079.	14
— — de 1080 à 1091.	6
Pomme dont on ne donne pas la densité du jus.	1
	24

fordshire et au Devonshire, plusieurs de nos variétés normandes et d'autres obtenues de graines dans le pays même (1). De même qu'en Angleterre, on emploie pour la préparation du cidre des pommes spéciales et en même temps des pommes de table. « Les fruits qui se vendent plus facilement sur le marché anglais, et qui sont propres en même temps à faire du cidre, sont, au rapport de MM. Girardin et Morière, multipliés de préférence par le cultivateur jersiais, qui exporte les plus beaux fruits et fait du cidre avec les autres (2). »

« M. le colonel Le Couteur, disent ces Messieurs, nous a affirmé que les pommes à couteau peuvent faire de très-bon cidre (3). »

Une lettre de M. J. Gautier, de Jersey, publiée dans les *Procès-verbaux du Congrès*, nous a fait connaître qu'un mélange d'un cinquième de pommes acides avec les fruits sucrés était considéré comme utile à l'obtention d'une bonne boisson (4). — Si l'on en croit le correspondant du Congrès, ce mélange de sucs différents fait fermenter le cidre plus fortement et plus vite et par conséquent développe plus d'esprit.

« Les pommes aigres, disent MM. Girardin et Morière (5), sont regardées comme excellentes, et l'on cite comme le meilleur cidre celui qui résulte d'un mélange de pommes aigres et de pommes amères; la boisson se conserve plus longtemps que celle dans laquelle entrent des pommes douces, mais il ne faut pas se presser de la boire; ce n'est guère qu'un an après sa fabrication qu'elle est dans toute sa qualité (6) »

« Les pommes aigres sont considérées comme contenant un principe astringent qui favorise le dépôt des parties solides et

(1) MM. Girardin et J. Morière. *Excursion agricole à Jersey*, en 1856 : *Extrait des travaux de la Société centrale d'agriculture de la Seine-Inférieure*. Rouen, 1857, t. XIX, p. 407.

(2) *Ibidem*, p. 415.

(3) p. 413.

(4) Ouv. cité, p. 147.

(5) Ouv. cité, p. 416.

(6) Ceci ne s'accorde guère avec ce que dit le révérend Durell que « le vieux cidre (ou celui qui a plus d'un an) est toujours vendu à plus bas prix, comme étant d'une qualité inférieure. » — *Excursion à Jersey*, p. 483.

donne à la boisson un piquant recherché. Les pommes douces sont peu estimées, leur jus qui est fade, fournit un cidre disposé à filer et qui se conserve mal. Assez souvent on fait un mélange de pommes amères, douces et acerbes, dans la proportion d'un tiers pour les pommes acerbes, et de deux tiers pour les deux autres (1). »

L'abondance du mucilage est considéré, par quelques personnes, comme une circonstance défavorable. — Le révérend Durell « ayant observé dernièrement à un distillateur du plus haut mérite qu'il devait y avoir quelque différence essentielle entre le jus de la pomme et celui du raisin, puisque le premier devient raide et d'un goût désagréable, tandis que le second s'améliore généralement en vieillissant, il lui fut répondu que cela provenait de l'excès du mucilage dans les pommes, et que par le déplacement ou la précipitation de ce mucilage, il devenait susceptible de se conserver aussi longtemps que le jus du raisin. Il lui fit voir plusieurs échantillons qui prouvaient la complète efficacité de son procédé, mais il ne lui fit pas connaître sa recette (2). »

« A Jersey, comme en Normandie, on a remarqué que les sujets *francs de pied* donnent plus régulièrement du fruit que les arbres greffés, et qu'ils sont beaucoup moins sensibles aux influences atmosphériques (3). » — MM. Girardin et Morière, qui nous fournissent ce renseignement, ne nous disent pas si la qualité des produits est aussi satisfaisante que la quantité. Or, c'est là un point de la plus haute importance que l'on aura occasion de traiter plus loin.

Allemagne. — Les contrées de l'Allemagne dans lesquelles le cidre et le poiré sont préparés sur une grande échelle sont : la Franconie, la Hesse rhénane, le Wurtemberg, le duché de Nassau, la Haute-Autriche, la Carinthie et la Styrie.

Comme dans les pays déjà cités, le poiré est ici plus particu-

(1) Ouv. cité, p. 416 et 417.

(2) Ouv. cité, p. 483.

(3) *Excursion agr.*, p. 408.

lièrement le produit de variétés cultivées uniquement en vue de cette boisson, ou parfois encore pour quelques usages économiques, mais non pour la table, comme fruits de dessert. Parmi ces poires, qui semblent inconnues chez nous, il suffira de citer la *Bratbirne*, surnommée *champenoise (champagner)*, parce qu'elle sert à fabriquer un poiré mousseux auquel on attribue quelque ressemblance avec le vin de Champagne, et qui, dit-on, même lorsqu'il n'a pas été mis en bouteille, est encore très-bon au bout de 6 à 7 années (1), tandis que le bon poiré ordinaire se conserve de 1 à 3 années seulement; la *Gelber Madelbirne*, la *Kummelterbirne*, la *Weinbirne von Bodensee*, etc. (2). — Le Dr Graeger ajoute à la liste des poires spécialement destinées au pressoir quelques noms de fruits de table, tels que Bergamotte d'automne, Bési de la Motte, Besi d'Héry, etc. (3).

Les pommes les plus communément employées à la préparation du cidre sont en même temps des fruits de table de premier mérite : la Reine des Reinettes *(Goldparmaine)* qui donne un cidre de garde, la Reinette de Champagne, la Reinette dorée d'Allemagne *(Gold-Pepping,)* excellent fruit de table du parfum le plus délicat, le Pépin gris de Parker (*Parkers graue Pepping*), la *Ribston Pippin* des Anglais (*Englich granat Reinette*), la Reinette du Canada, etc.; puis d'autres de beaucoup inférieures en qualité, telles que le *Fleiner*, le *Bohnapfel*, etc. Toutes ces pommes, disent les auteurs allemands, donnent un cidre particulièrement bon et susceptible d'une longue conservation. Préparé avec tous les soins convenables, dit J. Schlipf, un cidre semblable, conservé en cave, deviendra en 4 ou 6 ans comparable à beaucoup de vins, et souvent leur sera préféré (4).

(1) Dornfeld, *Die Wein und Obst-Producenten Deutschlands*. Stuttgart und Tubingen, 1852, p. 529.

(2) Voy. Schlipf, *Rathschlage zur Zweckmassigen Bereitung des Obstmostes*; Ravensburg, p. 9.

(3) *Die Obstweinkunde, oder Bereitung aller Arten Weine aus Beeren, Stein-und Kernobst*, Weimar, 1872, in-8, p. 107.

(4) Voy. Schlipf, *Rathsclage zur zweckmassigen Bereitung des Obstmostes*, Stuttgart 1860, et J. Dornfeld, *ouvrage cité*, p. 468 et 469. Voyez aussi le *Traité* du Dr Graeger, p. 105 et 106.

Plusieurs variétés de pommes fournissent, brassées séparément, un cidre très-estimé qui se vend en détail de 18 à 35 centimes par pot de plus que le cidre habituel provenant de variétés mélangées (1).

D'ordinaire cependant, on brasse ensemble les variétés de même saison, en ayant soin de mélanger avec les fruits doux ou aigre-doux, des poires âpres ou des pommes acidulées. Facilement on accepte le mélange des pommes avec les poires et des poires avec les pommes, un tiers ou un quart des unes sur deux tiers ou trois quarts des autres (2). « La proportion entre l'acide et le sucre, dit le Dr Graeger, est dans les poires tout autre que dans les pommes, et si ces dernières très-souvent contiennent trop d'acide pour une quantité donnée de sucre, le contraire se trouve souvent chez les poires. Ceci a conduit à préparer, comme on fait le plus souvent, le cidre avec un mélange de pommes et de poires, mélange dans lequel les poires fournissent le sucre manquant dans les pommes, et où celles-ci servent à donner plus d'acidité au moût... Mais, il est encore une autre raison pour laquelle on associe souvent ces deux fruits. Les poires contiennent, particulièrement les espèces les plus petites et les moins propres à l'alimentation, une certaine quantité de substance tannique, qui procure la séparation d'une portion des matières albumineuses qui sont en excès dans les fruits (3). »

Cette explication ne paraît pas rendre suffisamment raison d'une pratique dans laquelle le goût, l'habitude et la nécessité quelquefois doivent avoir une influence déterminante. Les très-nombreuses analyses publiées par le Congrès, prouvent en effet, qu'on peut rencontrer dans les pommes aussi bien que dans les poires tous les éléments d'une bonne boisson, en quantités appropriées, sans en excepter le tannin (4).

(1) Schlipf, *Ratheschläge*, p. 10.

(2) *Ibid.* p. 10 et 11.

(3) *Die Obstweinkunde*, p. 106.

(4) Voyez à ce sujet, indépendamment de ce qui est dit ci-après ch. IV, les nombreuses analyses contenues dans les Mémoires communiqués par M. Hauchecorne, au Congrès, et publiées dans les *Procès-Verbaux*, pages 135, 145, 202, 204, 206, 215, 238, 248 et 263.

Dans les régions où l'on récolte encore un peu de raisin ne fournisant qu'un vin de peu de qualité, on conseille un mélange de quelque peu de petit vin rouge ou seulement du marc de raisins (*von Trollinger Trauben*), avec le poiré, pour obtenir une boisson claire, bonne et durable (1). Par contre, on ne se fait pas faute de relever avec le poiré les vins défectueux, opération qu'on se permet ailleurs qu'en Allemagne.

Ce que nous appelons en France pommes à cidre, ne se rencontre en Allemagne que par exception. Assez récemment on y a fait quelques plantations de pommiers directement obtenus de semis et non greffés, dont on a constaté la vigueur et la fertilité, et qu'on dit aussi mieux appropriés au climat sous lequel ils sont nés. Mais nous ne voyons pas que le Congrès des producteurs de vin et de cidre se soit prononcé sur la qualité de leur produit (2). Schlipf écrit à ce sujet que les fruits sauvages donnent un cidre acerbe dans la première année, saveur qu'il perd la seconde année (3). Suivant le Dr Graeger, « des producteurs de cidre expérimentés prétendent avoir remarqué que les fruits des arbres non greffés, soit poires soit pommes, fournissent une boisson plus odorante, plus riche en bouquet que les espèces les plus délicates (4). »

Analyses de fruits. — Ni dans la publication de Schlipf, ni dans celle de Dornfeld, qui analyse et résume les procès-verbaux du Congrès des producteurs de vin et de cidre de l'Allemagne, on ne rend compte des résultats fournis par l'aréomètre pour constater la densité du moût des fruits à cidre; Dornfeld nous dit même qu'on n'a pu fournir aucun renseignement sur le poids spécifique des moûts des diverses variétés, parce qu'on brasse très-rarement l'une d'elles séparément (5).

Cette lacune est comblée dans l'ouvrage plus récent du Dr

(1) Schlipf, *Ratheschläge*, p. 10.

(2) Dornfeld, p. 153.

(3) *Ratheschläge*, p. 5 et 10.

(4) *Die Obstweinkunde*, p. 107.

(5) Ouvrage cité, p. 320.

Graeger qui donne un tableau indicatif des quantités de sucre contenu dans un moût, d'après son poids spécifique, et reproduit les analyses faites par Fresenius de cinq variétés de pommes et d'une variété de poire (1).

L'intérêt qui s'attache à ces analyses nous engage à transcrire ici les tableaux qu'en a dressés le Dr Graeger :

a. Grosse Reinette d'Angleterre (1 pomme = 207 gram.); 1853.
— — (1 pomme = 138 gram.); 1854.
— — (1 pomme = 209 gram.); 1855.

b. *Weisser-Tafelapfel*, pomme d'hiver, d'un vert-jaunâtre, juteuse, acidulée, de très-bon goût, de longue conservation, (1 pomme = 141 gram.); 1854.

c. *Borsdorfer*, (1 pomme = 103.9 gram.); 1853.

d. *Weisser-Matapfel*, (1 pomme = 104.6 gram.); 1853.

e. Englische Winter-Goldparmäne (2), (1 pomme = 134 gram.); 1853.

(Voir les tableaux ci-après.)

(1) *Die Obstweinkunde*, 1872, p. 21 à 25.

(2) Reine des Reinettes des jardins français. Voy. *Illustrirtes Handbuch der Obstkunde*, Stuttgart, 1859, t. I, p. 165, et R. Hogg, *The Apple*, p. 99.

	a			b	c	d	e
	1853	1851(1)	1854	1854	1853	1853	1853
Sucre concrescible et de fruit.	9.25	5.96	6.83	7.58	7.61	8.98	10.36
Acide libre, considéré comme acide malique hydraté	0.53	0.39	0.85	1.04	0.61	1.01	0.48
Substances albuminoïdes	1.80	0.52	0.45	0.22	6.85	3.35	5.11
Principes pectiniques solubles, gomme, matières colorantes, matières grasses en suspension, acides organiques en combinaison.		7.61	6.47	2.72			
Principes constituants des cendres		0.22	0.36	0.44			
Total des substances solubles.	11.58	14.78	14.96	12.00	15.07	13.34	15.95
Pépins.	»	0.07	1.95	0.38	»	»	»
Epiderme et cellulose. .	»	1.71		1.42	»	»	»
Pectose	»	0.49	1.05	1.16	»	»	»
Principes constituants des cendres	»	(0.06)	(0.03)	(0.03)	»	»	»
Total des substances insolubles	2.39	3 27	3.00	2.96	2.44	4.53	2.18
Eau.	86.03	82.03	82.04	85.04	82.49	82.13	81.87
	100.00	100.00	100.00	100.00	100.00	100.00	100.00

(1) L'année inscrite dans cette colonne n'est pas celle qui est indiquée ci-dessus. Il y a aussi une très-légère erreur de chiffres qu'on laisse subsister, ne sachant où doit porter la correction.

Rothbirne (poire rouge). — Douce, très-recommandable pour les usages domestiques.

a. 1854 (une poire = 57.8 grammes.)
b. 1855 (une poire = 78.7 grammes.)

	1854	1855
Sucre concrescible et de fruit.	7.000	7.940
Acide libre considéré comme acide malique hydraté . . .	0.074	des traces.
Substances albuminoïdes	0.260	0.237
Principes pectiniques solubles, gomme, matières colorantes, matières grasses en suspension, acides organiques en composition.	3.281	4.409
Principes consistants des cendres.	0.285	0.284
Total des substances solubles.	10.900	12.870
Pépins.	0.390	3.518
Epiderme et cellulose	3.420	
Pectose	1.340	0.605
Principes constituants des cendres.	(0.050)	(0.049)
Total des substances insolubles.	5.150	4.123
Eau.	83.950	83.007
	100.000	100.000

Le Dr Graeger a fait lui-même le dosage en acide et en sucre du moût de deux variétés de pommes. Il donne pour chacune d'elles la proportion de l'acide au sucre, proportion qu'il considère comme tout particulièrement importante à connaître pour apprécier la bonne composition d'un moût, telle qu'il la comprend. Voici ces rapports :

Muscat Reinette, acide 1 sur 31.61 de sucre,
Granat Reinette, acide 1 sur 22.51 de sucre (1).

Les différences ressortant des analyses des chimistes alle-

(1) Les analyses de Fresenius relatées ci-dessus, fournissent des chiffres très-différents, soit en moyenne : 1 d'acide pour 11.16 de sucre. *Obstweinkunde*, p. 104.

mands dans la proportion des principes constituants de certaines pommes, voire même d'une même variété, étudiée par le même chimiste, dans deux années différentes, sont tellement considérables qu'elles ont fait dire au Dr Graeger « qu'il ne peut être question d'adopter une moyenne (1).... Que notre expérience ne va pas assez loin pour que nous puissions dire quelles espèces sont les meilleures (2).... Que dans la pratique, on tient d'ailleurs d'autant moins de compte de ces différences, que, règle générale, il ne dépend pas de notre volonté d'employer telle ou telle sorte, mais que nous sommes plutôt forcés d'employer la sorte ou les sortes qui nous sont offertes (3). »

France. — ***Poires de pressoir.*** — L'*Agriculture et Maison rustique* de Charles Estienne et Jehan Liébault, docteurs en médecine, publiée en 1586, nous dit que « le péré se fait... quelquefois de poires franches, tendres et délicates, quelles sont : poires de Bon-Chrétien, de Notre-Dame, de Rosette, de Hastiveau, de Renault, de Mollart, de Verdelet, de Beurré, etc....; et tel péré est plaisant pour quelque temps, mais quand il a passé cinq mois, il devient trop insipide et esventé, le meilleur et plus excellent de tous se fait de poires cirettes jaunes et bien cultivées, quelles sont les poires Musquettes, à deux têtes, Robert, de Fin-Or, Bergamotte, Tahau, Escuyer et autres telles poires qui ont la chair solide et la cotte dure (4). »

Depuis une époque éloignée de nous de près de trois siècles, l'expérience a surabondamment constaté le peu de convenance des poires fondantes pour la préparation du poiré et, en France, comme dans tous les pays déjà mentionnés, on cultive pour cet objet des variétés spéciales.

(1) *Obstweinkunde*, p. 104.

(2) *Ibid.* p. 108.

(3) *Ibid.* p. 105

(4) Julien le Paulmier, dont l'ouvrage a été publié très-peu après cette édition de Ch. Estienne, dit qu'on trouve du poiré « qui n'a non plus d'astriction, ni d'austérité que bon vin blanc, lequel se fait de poires bien meures et bonnes à manger, qui n'ont austérité, ains douceur notable, comme sont celles de Cailloüet en Costentin. » *Traité du vin et du sidre*, 1589, fol. 788.

Parmi celles-ci quelques-unes sont sucrées et peu ou pas astringentes, le plus grand nombre, au contraire, possèdent une saveur fortement astringente, en même temps qu'un principe sucré plus ou moins développé. Pour les poires propres au pressoir, il n'existe donc pas une divergence d'opinions pareille à celle qu'on constate d'un pays à l'autre pour le choix des pommes à cidre.

Pommes sauvages. — Les documents historiques nous apprennent que, aussi longtemps que la France fut couverte de vastes forêts, on fit emploi pour la préparation du cidre de pommes récoltées dans les bois sur des arbres non cultivés. Le même fait se retrouve jusqu'à la fin du XVe siècle. « Les religieux de Jumiéges avaient, aux termes du coutumier des « forêts, droit de cueillir en celle de Bretonne des pommes pour « le boire de leur hôtel de Saint-Philbert-du-Torp (1). »

« En 1486, l'archevêque de Rouen fit cueillir dans ses bois « de Déville 70 boisseaux de pommes de Bosquet, qu'il envoya « au pressoir de Saint-Gervais pour faire du verjus de pommes, « dont on hâta la fermentation par l'addition de sel (2). »

En 1560, F. Dany, religieux de l'abbaye de Saint-Vincent, près du Mans, disait encore qu'on peut faire bon cidre de toutes pommes, soit franches, soit sauvages (3), mais l'expérience eut bientôt détrompé à cet égard nos ancêtres, et la *Maison rustique* de 1680 nous avertit que si « l'on peut faire du pommé de pommes sauvages, tel pommé, encore qu'il soit de meilleure garde que celui qui est fait de pommes franches, toutefois n'est pas tant gracieux, ny tant profitable pour l'estomach (4). » Par suite, l'usage de multiplier par la greffe les variétés reconnues bonnes, s'est répandu de très-bonne heure et en tous lieux.

(1) De Beaurepaire, *ouvrage cité*, p. 62.

(2) *Ibid.*, p. 81.

(3) *La manière de semer et faire pépinière*, par F. Dany, f° 87. — Cet ouvrage se trouve réuni à d'autres traités sur l'agriculture, sous ce titre : *Quatre traictez utiles et délectables de l'agriculture*. Paris, 1560, in-12.

(4) Page 72.

Toutefois, si, de nos jours, on ne va plus chercher de pommes sauvages dans les bois, qui n'en fourniraient guère, on va encore, par exception, dans quelques endroits, y prendre des greffons sur des pommiers que le hasard y a fait naître, pour les propager par la greffe dans les cultures.

Lors de la septième session du Congrès pour l'étude des fruits à cidre, tenue à Yvetot, au mois d'octobre 1871, MM. Baltet frères, de Troyes, nous ont fait connaître plusieurs variétés de pommes, qui leur avaient été remises par un propriétaire de la commune de Saint-Mards (Aube). Ces fruits, dont les pieds-mères avaient été rencontrés dans les bois, portaient le nom générique de *Pommates*, « sous lequel on désigne, dans le pays, toutes les pommes issues de sauvageons des bois et qui sont âpres et astringentes (1). » L'étude qui a été faite de quatre variétés de ces fruits a permis de constater que la pesanteur spécifique de leur jus varie de 1,052 à 1,070, que l'acide malique y existe chez tous dans la proportion de 7 sur 1,000, et que, par conséquent, « leur acidité égale souvent sept fois celle que l'on rencontre habituellement dans les fruits de pressoir employés dans le pays de Caux (2). »

Quant à la qualité de la boisson que fournissent de pareils fruits, les procès-verbaux du Congrès nous la font suffisamment connaître. « M. Baltet, y est-il dit, présente, au nom de M. Noël, de Saint-Mards, trois échantillons de cidres préparés avec les variétés de pommes envoyées par le même exposant. Le premier échantillon a été fabriqué en 1869 avec la *Pommatte à Boudon*. C'est une boisson très-pâle, beaucoup moins colorée qu'aucun cidre de Normandie, et très-maigre. L'acidité du fruit se retrouve dans le cidre en beaucoup trop grande quantité. La saveur rappelle plus celle du poiré que celle des cidres ordinaires de notre pays. »

(1) *Congrès pour l'étude des fruits à cidre*; *procès-verbaux*, p. 289, 290; et 306, analyses par M. Hauchecorne. — On tire également des bois des poiriers sauvages dont les fruits sont employés à la confection du poiré. — *Lettre de M. Léon Mérat, de Vaudes.*

(2) *Ibidem*, p. 306.

« On reproduit ici textuellement la note qui accompagnait l'envoi de M. Noël, afin qu'on puisse juger combien l'habitude peut faire trouver de mérite à une boisson dont personne, en Normandie, ne consentirait à faire usage :

« Cidre de qualité extra-supérieure, dépassant et de beaucoup « tous les cidres réputés excellents.... La culture (de la *Pom-* « *matte à Boudon*) prend beaucoup d'extension, bien que l'arbre « laisse à désirer sous le rapport de la fertilité; mais ce défaut « est atténué par le grand rendement du fruit et la qualité vrai- « ment hors ligne du cidre (1). »

« Les deux autres échantillons du cidre de l'Aube ont été trouvés, comme le premier, infiniment trop acides, et on peut croire que l'usage habituel n'en doit pas être trop salubre (2). »

Pommes de table au point de vue de la fabrication du Cidre. — Contrairement à ce qui a été noté précédemment pour quelques pays, les pommes de table ne sont pas recherchées en France pour la préparation du cidre. Ce n'est que par exception qu'on fabrique parfois, comme boisson de fantaisie, une petite quantité de cidre avec quelques-uns de nos meilleurs fruits de table, le Pigeon, par exemple; mais ce cidre, trouvé excellent pendant quelques mois, ne paraît pas susceptible de conservation (3).

Au milieu des huit ou neuf expositions de fruits de pressoir, réunissant toutes de très-nombreux spécimens, que nous avons pu examiner, nous avons une seule fois rencontré une collection, considérable d'ailleurs par la quantité des variétés, dans laquelle les fruits propres à l'alimentation en même temps qu'à

(1) Lorsqu'ils ont l'occasion de goûter les boissons de la Normandie, les habitants de l'Aube reconnaissent cependant leur supériorité, si nous en pouvons juger par une lettre de M. Amb. Decoing, propriétaire à la Docattelle. — « Je ne doute pas, écrit-« il, que, chez vous, vous n'ayez de très-utiles procédés pour la bonne confection des « cidres. J'en juge par les qualités exquises que j'ai eu occasion de goûter dans un « voyage que je fis, il y a quelque temps, dans le département de la Sarthe. Je « croyais boire du vin de Champagne au lieu de cidre. »

(2) Congrès... *Procès-Verbaux*, p. 271 et 272.

(3) Congrès... *Procès-Verbaux*, p. 264. — Société d'horticulture de la Somme, *Bulletin*, 1847, p. 471.

la confection du cidre étaient en grande majorité. Cette collection, envoyée de Suisne (département de Seine-et-Marne), à la Société d'horticulture de la Seine-Inférieure, en 1863, contenait grand nombre de fruits acidulés, qui se vendent sur les marchés des villes, sur ceux de Paris en particulier, dans les années où les pommes de meilleure qualité font défaut. Le Congrès n'a pas été à même d'apprécier la qualité de la boisson qu'on en extrait.

Pommes à Cidre. — Quant aux fruits spécialement cultivés pour le pressoir, leurs qualités ont été et sont encore différemment appréciées dans les divers centres de production.

Voici l'opinion qu'exprimait sur ce point, au XVIe siècle, le Dr Julien le Paulmier : « Qui veut avoir bon sidre, le doit faire de pommes douces ou amères, parce que les sures ne le peuvent faire autre que verd et crud.

« Toutes sortes de pommes douces meslées ensemble font bon sidre, mais il s'en trouve plusieurs espèces, lesquelles, séparément sidrées, le font très-excellent.

« Davantage, plusieurs ont observé certaine proportion de meslange en quelques espèces, qui rend le sidre admirable.

« Le sidre fait de pommes sures et douces meslées ensemble n'est si excellent que celui qui est fait de bonnes pommes d'eslite toutes douces, mais il ne laisse pour cela d'être bon pour les serviteurs et manouvriers. Il est certain que, mettant quelque peu de pommes sures avec grande quantité de douces, on empêche le sidre de s'aigrir et de noircir au voirre, ce qui se pratique en certaines espèces de pommes douces, qui font sidre sujet à tels vices (1). »

Dans le département d'Ille-et-Vilaine, les pommes acides sont considérées comme devant entrer nécessairement dans les mélanges de fruits, si on veut obtenir une bonne boisson (2).

(1) *Traité du Vin et du Sidre*, 1589, f° 36.

(2) « ... Je suis loin de partager toutes les opinions du Congrès; il recommande trop exclusivement les pommes douces et proscrit d'une manière trop absolue les pommes aigres (je parle non le langage de la science, mais celui du pays). Ce sont cependant ces dernières qui donnent à nos cidres ce piquant et cette finesse de goût qui les rend si agréables. » — *Lettre de M. Androüin, de Rennes.*

Dans l'arrondissement de Beauvais (Seine-et-Oise), elles entrent également pour une part notable dans les cultures et dans les assortiments faits en vue du brassage.

Les cidres préparés dans ces régions ne paraissent pas susceptibles d'une longue conservation. D'après ce qui a été dit à ce sujet dans les réunions du Congrès, ils doivent être bus dans la première année, et se maintiennent très-peu au-delà.

Dans la Somme, on admet qu'un mélange à parties égales de fruits à sucs doux et à sucs acides fait généralement un bon cidre (1).

D'après M. Delaville, les collections de pommes à cidre, présentées à l'exposition de la Société d'horticulture de Chauny (Aisne), en 1873, étaient composées « de fruits d'une astringence impossible, sauf quelques-uns, cependant, au jus doux et sucré, mais pas de fruits amers, ou très-peu peut-être.... Le cidre, qu'on disait bon dans cette contrée, ajoute le professeur d'horticulture de Beauvais, nous a paru détestable, et je puis dire que si on a besoin quelque part de nos pommiers greffés avec les bons fruits acceptés par le Congrès, c'est bien là (2). »

Dans les départements de la Manche, du Calvados (3), de l'Orne, de l'Eure, de la Seine-Inférieure, les pommes acides sont peu cultivées et, par exception seulement, employées pour la fabrication du cidre (4). Les pommes douces ou sucrées et parfumées ou douces-amères sont considérées comme devant suffire pour l'obtention d'un bon cidre (5). On pense, par un assortiment bien entendu, trouver dans l'ensemble une dose suf-

(1) Société d'horticulture de la Somme; *Bulletin* de 1847, p. 470.

(2) Compte-rendu de l'exposition régionale de la Société d'horticulture de Chauny (Aisne), ouverte le 30 août 1873. — *Bulletin de la Société d'horticulture de Beauvais*, novembre 1873, p. 168.

(3) « Dans le Calvados, écrit de Caumont, où le pommier est cultivé depuis si longtemps, on a mis de côté tout ce qui n'est pas sucré ou amer. » — *Lettre sur les cartes agronomiques, adressée à MM. Girardin et Du Breuil*, p. 10. — Congrès, p. 189.

(4) Congrès... *Procès-Verbaux*, p. 269.

(5) Congrès..., p. 264.

fisante d'acide malique pour assurer une bonne fermentation et une saveur convenablement acidulée (1).

Les études de M. Girardin sur le cidre ont semblablement conduit ce savant à proscrire l'emploi des fruits acides. « Il faut rejeter, écrit-il, de la formation d'un verger toute espèce d'arbres dont les fruits sont aigres ou acides. Quelque soit le sol, les pommes acides donnent toujours une liqueur d'une qualité fort inférieure, et qui gâte le jus des pommes douces et amères (2). »

Pommes considérées d'après l'époque de maturité pour le pressurage. — J. Leroux dit avoir remarqué que les pommes précoces et celles qui suivent, font de meilleur cidre que les tardives (3), mais c'est là une opinion personnelle qui fait exception, car dans tous nos départements producteurs de cidre on est généralement d'acord pour reconnaître que les pommes qui arrivent les premières en maturité, en août et septembre, sont inférieures aux autres; que si, à raison de leur précocité même, elles offrent l'avantage de fournir tôt une bois-

(1) Lors de l'enquête sur le cidre qui eut lieu en 1871, durant la session du Congrès à Yvetot, un membre déclara qu'ayant mêlé, l'année précédente, 5 hectolitres environ de pommes acides sur 100, son cidre a été moins bon que les années antérieures. Il avait, au bout de quelques mois, une tendance à tourner à l'aigre. — *Procès-Verbaux*, p. 264.

Voici d'autres essais dont nous empruntons le détail à une lettre adressée à la Société d'horticulture de la Seine-Inférieure par M. Dallier-Gosselin, de Blangy-sur-Bresle, le 21 avril 1874. — « Il y a une vingtaine d'années, on m'assura positivement qu'en ajoutant au pilage une petite quantité de pommes acides on obtenait, en très-peu de temps, un cidre parfaitement clair. J'en fis donc fabriquer une pièce avec addition d'un peu de ces pommes, mais quel résultat! Après plus de deux mois, elle était encore trouble, tandis que d'autres pièces, faites immédiatement avec des pommes du même tas, suivant les mêmes procédés, mais sans pommes acides, étaient claires après vingt à vingt-cinq jours, et furent, sous tous les rapports, de qualité supérieure.

« Depuis, une autre pièce, fabriquée uniquement avec des pommes acides, ne s'est clarifiée qu'à long terme, plus de quatre mois. Le cidre, très-gazeux, dont le moût portait 7° 3/4 Baumé, à la température de 15 degrés centigrades, n'ayant pas le goût de cette boisson (du cidre), n'était reconnu de personne, il devint excessivement mauvais avant la fin de l'année. »

(2) *Leçons de chimie élémentaire*, 5e édit., t. III, p. 488.

(3) *Annuaire agricole publié p. la Soc. d'agricult. de l'arrondt de Cherbourg*; année 1852, p. 87.

son lorsque les provisions sont épuisées, et de permettre de nourrir les cidres anciens avec un moût nouveau, elles donnent généralement un cidre moins fort, moins savoureux et de moindre conservation (1).

Mais on n'est pas également d'accord sur la préférence à donner aux pommes de deuxième saison (octobre-novembre) ou tardives, murissant en décembre et janvier. — Dans la Manche, on préfère les pommes de saison moyenne, dont le cidre, ordinairement moins fort, est, comme on dit, gracieux; de même dans l'arrondissement de Bayeux. Lors du Congrès, à Bayeux, l'opinion des membres présents a été résumée ainsi : « Les pommes de deuxième saison, dites pommes secondes, paraissent présentement les meilleures; autre fois on aimait mieux les pommes dures ou de troisième saison. L'opinion s'est modifiée à cet égard (2). » Dans la Seine-Inférieure on estime davantage les fruits tardifs qui donnent en général des cidres plus alcooliques et susceptibles d'une bonne conservation.

Depuis que les vins arrivent facilement dans toute la Normandie, notamment ceux du Bordelais, l'usage s'en est beaucoup répandu chez les propriétaires et les fermiers aisés, de sorte qu'on ne paraît plus apporter, comme on le faisait autrefois, une attention toute particulière à préparer de ces cidres de qualités exceptionnelles pour lesquels on n'employait que des pommes choisies et qu'on réservait pour les jours de fêtes et les réunions de famille (3). Aussi, ne rencontre-t-on guère aujourd'hui des cidres comme ceux dont nous entretiennent les auteurs anciens. Tel était, par exemple, l'*Écarlatin*, préparé avec la pomme nommée *Écarlate* dans le Cotentin, qui fournis-

(1) L'infériorité des pommes hâtives n'est d'ailleurs pas absolue. Nous possédons dans le *Blanc-Mollet* une très-bonne pomme, en même temps amère et riche en sucre autant que nos bons fruits d'hiver. Nous décrirons plus loin des fruits de nouvelle obtention, également très-recommandables, qui appartiennent à la catégorie des pommes de première saison. — En général, on se tromperait fort en appréciant le mérite des fruits d'après l'époque seule de maturité.

(2) *Procès-Verbaux*, p. 189.

(3) On trouve encore parfois de ces cidres à Yvetot et aux environs. — Voy. Congrès... *Procès-Verbaux*, p. 270 et 271.

sait un cidre excellent, rouge comme vin, doux et piquant, et en même temps aromatique comme s'il eût été additionné de sucre et de canelle (1). Tel encore, le *Muscadet*, qui rappelait par la couleur, l'odeur et le goût, le vin muscat, (*apiani vini*) appelé alors Muscadelle (2).

Citons encore le cidre fourni par « l'espèce de pommes, qu'ils appellent d'Espice (à Morsalines, près la Hogue, en Costentin), desquelles on fait un cidre si excellent qu'il est par-dessus les autres, comme le vin d'Orléans est par dessus le petit vin français. Le feu grand roi François, passant par là en l'an mil cinq cent trente-deux, en fit porter en barreaux à sa suite, dont il usa tant qu'il peut durer (3). »

SECTION II

DEGRÉ DE MATURITÉ DES FRUITS.

Les divergences qu'on peut signaler sur le moment où les fruits doivent être le plus profitablement mis au pressoir ne sont guère moins nombreuses que celles qui concernent la nature des fruits auxquels on doit donner la préférence. On s'accorde généralement, il est vrai, dans tous les pays que nous avons mentionnés, à reconnaître que les pommes destinées à la

(1) Julien Le Paulmier, *Traité du vin et du cidre*, Caen, 1589, in-12, f° 44. — « Fort jaune tirant sur le rouge comme petit vin d'Aï » est-il dit f° 54 v°. — Consultez sur la diversité de couleur des anciens cidres la *Maison rustique*, édition de 1680, IIe partie, p. 72.

(2) *Ibidem*, fol. 44, v°. — Olivier Basselin a chanté ce cidre dans son Vau-de-Vire intitulé *La guerre et le vin* :

> « Il vaut mieux, près beau feu, boire la *Muscadelle*
> Qu'aller sur un rampart faire la sentinelle. »

(3) Julien Le Paulmier, f° 54.

préparation du cidre ne doivent être récoltées que lorsqu'elles ont atteint toute la maturité qu'elles peuvent acquérir sur l'arbre. Partout ce point est jugé de la plus grande importance pour la bonne qualité des boissons, bien que, en fait, il ne soit peut-être pas partout pris en suffisante considération dans la pratique.

Poires. — Pour ce qui est des poires, on n'a pas toujours cru devoir agir de même. Ainsi, le premier écrivain qui ait traité spécialement de la préparation de nos boissons normandes, en même temps qu'il reconnaît qu'il est « tousiours meilleur que les pommes ayent leur saoul de l'arbre... Voire qu'elles tombent de soy-mêmes (1) », émet l'avis « qu'il n'est tousiours expédient de laisser les poires en l'arbre tant qu'elles tombent de soy-mêmes, comme il a été dit des pommes. Car, au contraire, il s'en treuve de plusieurs especes, qui deviennent plustost molles que meures, et qui, par cette raison, font le poiré si petit, si aqueux et de si peu de durée, si on les laisse trop longtemps en l'arbre attendant leur maturité, qu'il semble y avoir plus de moitié d'eau. Il y en a donc qu'on doit cueillir incontinent qu'elles commencent à meurir et à tomber de l'arbre, et les prendre plustost sur le verd que sur leur trop grande meureté, et de l'arbre les porter au pressoir pour les piller, et en tirer le jus (2). »

Ch.-G. Porée, dans un avis économique sur le cidre, lu à la séance publique de l'Académie des belles-lettres de Caen, en 1758, exprimait aussi l'opinion que « les poires demandent moins de précaution que les pommes, qu'on peut les transporter au pressoir et les piler sans intervalle; qu'elles sont moins bonnes lorsqu'elles ont été mises en monceau (3); » mais cette manière de voir n'a pas prévalu, et si ce que dit un auteur américain (4),

(1) Julien Le Paulmier, Caen, 1589, f° 35.

(2) *Ibidem*, f° 77.

(3) Cité par François de Neufchateau dans ses notes sur le *Théâtre d'agriculture* d'Olivier de Serres, t. I, p. 412.

(4) Downing, *ouv, cité*, p. 409.

que les poires doivent être broyées aussitôt après avoir été cueillies, est conforme à la pratique de son pays et s'applique à toutes les variétés, même tardives, on ne peut voir là qu'une exception à l'usage aujourd'hui partout adopté.

En effet, on regarde, en général, comme essentiel d'attendre avant de les brasser que les fruits, poires ou pommes, mis en tas, aient acquis un deuxième degré de maturité devant compléter, dans leur intérieur, le développement des principes utiles à la meilleure réussite de l'opération projetée.

Mais, étant admis qu'il faut attendre cette deuxième maturation, à quel degré doit-elle être portée? Ici commencent les dissidences dans les pratiques usitées en des lieux différents et parfois dans un même lieu. Ainsi, le Dr Graeger nous dit qu'en Allemagne « on n'est pas complètement d'accord sur le degré de maturité auquel les fruits, pommes et poires, doivent être employés à l'extraction du jus ou moût. Les uns attendent la complète maturité, tandis que les autres croient devoir employer les fruits à peine à moitié mûrs, s'appuyant sur ce que, pendant le broiement et le pressurage, la fécule, contenue encore en grande quantité dans les fruits non mûrs, se trouve changée en sucre, sous l'influence des acides. » Lui-même, s'appuyant sur les recherches faites par Fremy sur la maturation des fruits, blâme cette dernière pratique et admet que le moment le plus favorable pour le pressurage est peu avant ou peu après la maturation des fruits (1). »

Citons un exemple de ces divergences pris dans une même province, dans la confection d'un même produit.

Voulez-vous savoir en quel état on emploie, dans le Wurtemberg, les poires de *Bratbirne* pour la préparation du poiré, de grand renom parmi les Allemands qui le disent analogue au vin de Champagne? L'administrateur des finances, Beck, vous dira que les poires récoltées tardivement sont laissées étendues sous l'arbre, à l'air libre, durant dix à quatorze jours, jusqu'à ce qu'elles soient devenues entièrement blettes et noires

(1) *Die Obstweinkunde*, p. 108.

(ganz teig, ja schwarz) (1), tandis que le professeur Schlipf veut que ces mêmes poires, portées dans un endroit sec et aéré, demeurent sous une légère couverture, durant huit à dix jours, jusqu'à ce que les fruits verts et durs soient devenus jaunes et tendres *(gelb und weich)* (2); rien de plus.

En France, des agriculteurs emploient les poires parvenues à l'état blet, mais cet usage, qui s'applique surtout aux fruits précoces qui s'altèrent promptement, est loin d'être général, voire même dans une seule région.

Pommes. — Pour ce qui est de l'état dans lequel il convient d'employer les pommes, il y a près de trois siècles que le médecin Julien Le Paulmier donnait sur ce point les conseils les plus sages. « C'est une règle générale, disait-il, que les pommes sont prestes à sidrer, lorsqu'elles sont en leur perfection d'odeur et de maturité. Si on attend davantage on en trouve grand nombre de pourries, qui rendent le sidre plus debile, plus aqueux et plus enclin au vice de sureur (3). » Et un peu plus loin : « Il est bien requis que les pommes soyent bien meures et en bonne odeur, lorsqu'on en tire le sidre, mais si serait-il plus tollerable de les prendre au commencement de leur maturité que d'attendre qu'elles commencent à se pourrir et corrompre, parce que le sidre rend grande quantité de lie, et en est plus faible et moins de garde, encores qu'il soit peu délicat (4). »

Antérieurement à l'époque de Le Paulmier, le P. Dany avait déjà critiqué les Manceaux qui admettaient les pommes pourries dans le pressurage (5), mais ces avertissements n'eurent pas le résultat qu'on devait en attendre.

C'est encore en vain que la *Maison rustique* recommandait, en

(1) Dornfeld, p. 529.

(2) Schlipf, p. 23.

(3) *Traité du Vin et du Cidre*, Caen, 1589, f° 35, v°.

(4) *Ibidem*, f° 36. — Notre auteur proscrit également les pommes gelées qui ont perdu leur odeur et vertu, comme si elles étaient pourries.

(5) *Ouvrage cité*, f° 87.

1680, d'éviter de tels fruits (1), et que ces conseils ont été bien des fois renouvelés depuis (2); cette pratique vicieuse, qui a d'ailleurs pour elle l'approbation de quelques écrivains agronomes (3), ne s'est pas moins conservée jusqu'à nos jours en quelques lieux. Dans le département de la Manche, à Saint-Lô particulièrement, aussi bien que dans l'arrondissement de Bayeux (Calvados), la présence d'un tiers ou d'une moitié de pommes arrivées à ce commencement de décomposition où, sans avoir encore contracté ni mauvais goût ni mauvaise odeur, elles ont pris intérieurement et extérieurement une couleur de pain d'épice ou de feuille morte, est regardée générale-

(1) Liv. X, page 70.

(2) Voir notamment: Girardin, *Observ. sur le poirier saugier... suivies de consid. générales sur la fabrication du cidre.* — *Extrait des trav. de la Soc. d'agricult. de la Seine-Inférieure*, t. VIII, 1837, p. 48 à 51.

(3) De Brébisson, *Observat. sur les pommiers à cidre.* — *Mémoires de la Soc. d'agricult. et de commerce de Caen*, t. I, p. 138. Cité par M. Girardin dans le mémoire ci-dessus et dans une note de Fr. de Neufchateau, *Théâtre d'agriculture* d'Olivier de Serres, t. II, p. 462. — Nous transcrivons ici le passage du *Cours complet d'agriculture*, Paris, 1809, t. IV, p. 70 et 71, dans lequel Brébisson a de nouveau développé son opinion, nous bornant à faire remarquer que si la pratique qu'il conseille était aussi répandue qu'il le dit, au moment où il écrivait, elle a perdu depuis considérablement de terrain, circonstance qui ôte beaucoup de force à son argumentation.

« Quelques écrivains célèbres prétendent que cette époque (du brassage) doit précéder immédiatement celle où il se trouverait des pommes pourries, et que ce dernier état des pommes est très-préjudiciable à la qualité du cidre. Il y a bien quelques apparences, même quelques probabilités qui semblent venir à l'appui de cette assertion. Il semblerait encore qu'on ne peut la révoquer en doute, puisque quelques-uns assurent qu'elle est le résultat d'expériences réitérées et suivies avec le plus grand soin. Cependant, comment croire aussi que les mêmes essais n'ont pas été faits dans le pays d'Auge, dans le Bessin, le Cotentin, l'Avranchin, une partie de la Bretagne, le Bocage, le pays de Caux, le pays de Bray, le Roumois, la Picardie, etc., où l'on est dans l'usage de ne faire écraser les pommes que lorsqu'il y en a au moins un dixième, un quart et souvent la moitié de pourries. En effet, outre ma propre expérience, je pourrais citer celle de plus de trente propriétaires riches et instruits, de différentes contrées que je viens de nommer, qui regardent comme indispensable, lorsqu'ils font piler leurs pommes, qu'il y en ait une quantité de pourries, laquelle est relative à la différence des crus et à l'espèce des pommes. Celles d'un mauvais cru, ainsi que les tendres, exigent presque moitié de pommes pourries; les moyennes un peu moins. Quant aux bons crus, et surtout les pommes dures, il suffira qu'il y en ait un quart et souvent un peu moins qui soient pourries. »

Le même article blâme le séjour des pommes écrasées dans la cuve et l'éliage ou soutirage du cidre de dessus sa lie; il admet comme constant que les pommiers dont les fruits mûrissent les premiers fleurissent avant les autres, et que les pommiers à fruits tardifs fleurissent nécessairement très-tard.

ment comme indispensable à la préparation de la bonne boisson (1).

Cependant dans la région même où nous rencontrons cette pratique, Porée, chanoine du Saint-Sépulcre, de Caen, avait publié dans le mémoire déjà cité, les expériences faites à plusieurs reprises, par lui-même et par d'autres personnes, en vue de répondre à ceux qui lui assuraient que, pourvu que les pommes pourries n'excédassent pas le quart, les cidres n'en souffriraient point et qu'ils en seraient au contraire améliorés, expériences par lesquelles il fut démontré que les pommes gâtées devaient être séparées des saines pour obtenir un cidre de première qualité (2).

SECTION III

PROCÉDÉS DE FERMENTATION.

Dans la préparation des liqueurs alcooliques la fermentation est indubitablement de toutes les opérations la plus importante et la plus délicate, puisque c'est durant cette phase du travail que se produisent dans les principes constituants des jus, les modifications intimes qui développeront dans les boissons la force, la saveur, l'arôme et qu'elles acquièrent cette précieuse constitution qui assurera leur conservation.

(1) Congrès... *Procès-verbaux*, p. 193 et 194.

(2) Voyez Fr. de Neufchateau, notes sur le *Théâtre d'Agriculture* d'Olivier de Serres, t II, p. 412.

En opposition à la pratique vicieuse dont il est ici question, on recommande en Angleterre et dans les États-Unis d'écarter les fruits meurtris et de prendre, lors de la récolte, afin d'éviter la meurtrissure ou le brisement des fruits qui amènent facilement leur décomposition, des précautions qui nous paraîtraient sans doute excessives. — Voyez Mortimer, *Agriculture complète*, Londres, 1772, traduction française, 2 vol in-12, t. II, p. 380 et 386; W. Kenrick, p. 110; Downing, p. 68.

A raison même de l'importance de cette opération, bien des modes sont ou conseillés ou pratiqués en vue de la conduire à bien. On se bornera à en donner un aperçu sommaire.

La fermentation des moûts peut avoir lieu :

1° En vaisseaux ouverts, livrant librement accès à l'air ;

2° En vaisseaux clos, n'admettant que la quantité d'air indispensable à la fermentation ;

3° En futailles.

Chacun de ces procédés peut être mis en usage, après ou avant pressurage, c'est-à-dire, sur le jus séparé ou non séparé de la pulpe.

1° FERMENTATION EN VAISSEAUX OUVERTS.

A. *Fermentation après pressurage, le jus étant séparé de la pulpe.*

Opinion de M. Bidard. — « Il n'est plus douteux maintenant, écrit M. Bidard, que pour qu'une fermentation s'accomplisse dans de bonnes conditions, il faut au liquide le contact de l'air. Dans les tonneaux qui n'ont pour seule ouverture que la bonde, il y a à la surface du jus en fermentation, une atmosphère d'acide carbonique pur qui doit avoir un effet nuisible. Dans ma pratique comme brasseur, j'ai constaté les différences suivantes entre les bières fermentées en vases clos et celles fermentées à ciel ouvert :

« En vase clos, la bière est plate de goût, fort difficile à clarifier, d'une conservation très-difficile, passant facilement à l'aigre, et enfin, ne contenant jamais plus de 3 p. 0/0 d'alcool. Les bières ainsi préparées supportent difficilement le transport sans s'altérer dans leur goût ;

« Dans la fermentation à vase ouvert, la bière se clarifie bien plus facilement ; le goût est plus aromatique, plus prononcé, le produit est beaucoup plus stable et se conserve des mois entiers sans subir la plus petite altération ; enfin, chose plus positive, la bière ainsi obtenue, quoique employant les mêmes quantités de matières premières, donne en alcool jusqu'à 5 et 6 p. 0/0.

« .... Dans nos vignobles, la fermentation du jus de la vigne a lieu dans de grandes cuves exposées au contact de l'air, et ce n'est que quand la fermentation est terminée que l'on soutire en barrique. Pourquoi ne pas appliquer le même système au cidre? Il est simple, économique et je ne doute pas à l'avance, qu'il ne fournisse des produits de toute autre qualité que ceux que l'on obtient par le procédé ordinaire.

« .... On place tout simplement les jus dans de vastes cuves, ou plus économiquement, dans des fûts défoncés. Il suffit pour bien opérer, de quatre précautions principales : 1° laisser la cuve découverte; 2° ne mettre de liquide que la quantité nécessaire pour former une couche de 50 centimètres au plus; 3° opérer à une température qui n'excède pas + 9°, et qui ne descende pas au-dessous de + 4°; 4° enfin, aérer autant que possible la cave et le cellier dans lequel on opère (1). »

Objections. — A l'opinion émise par M. Bidard, on peut objecter le résultat des curieuses expériences de Gay-Lussac, remontant à l'année 1810, et desquelles il ressort que si l'air atmosphérique, et spécialement l'oxygène qu'il renferme, est nécessaire au début des fermentations alcooliques, il n'est nécessaire qu'à ce moment.

« J'ai pris, dit Gay-Lussac, une cloche, dans laquelle j'ai introduit de petites grappes de raisin parfaitement intactes, et après l'avoir renversée sous le mercure, je l'ai remplie cinq fois de suite de gaz hydrogène, pour chasser les plus petites portions d'air atmosphérique; après cela, j'ai écrasé le raisin dans la cloche au moyen d'une tige de fer et je l'ai exposé à une température de 15 à 20°. Vingt-cinq jours après, la fermentation ne s'était pas manifestée, tandis qu'elle s'était déclarée le jour même

(1) M. Bidard, *Observations sur la fabrication du cidre. Extrait des travaux de la Société centrale d'agriculture de la Seine-Inférieure*, t. XVIII, 1856, p. 373 et 374. — Voyez aussi, J. Morière, *Résumé des Conférences agricoles sur la préparation et la conservation du cidre*, Caen et Rouen, 1860, in-18, p. 86 à 90.

dans du moût auquel j'avais ajouté un peu d'oxygène. Pour m'assurer que c'était à cause de l'absence de ce gaz que la fermentation ne s'était pas manifestée dans la première cloche, j'y ait introduit un peu d'oxygène, et peu de temps après elle a été très-vive. J'ai remarqué dans ces deux dernières expériences que le gaz oxygène était absorbé presque complètement, mais je ne puis affirmer s'il s'est combiné avec le carbone ou avec l'hydrogène. J'ai observé un volume de gaz acide carbonique cent vingt fois plus considérable que celui du gaz oxygène que j'avais ajouté au moût de raisin; d'où il est évident que, si l'oxygène est nécessaire pour commencer la fermentation, il ne l'est point pour la continuer, et que la plus grande partie de l'acide carbonique produit est le résultat de l'action mutuelle des principes du ferment et de ceux de la matière sucrée (1). »

On peut encore objecter à notre chimiste rouennais, que les procédés habituels de préparation du vin, qu'il invoque, ne sont guère en sa faveur.

« Si l'on considère l'ensemble des pratiques de la vinification, on reconnaîtra que l'air atmosphérique en est pour ainsi dire exclu.

« Les raisins sont jetés dans la cuve de vendange. Quelques-uns sont détachés de leur grappe, ou écrasés, un peu de jus s'écoule, l'air est présent, mais c'est en quantité bien faible comparativement au volume des raisins. Bientôt la fermentation se déclare, alors plus d'oxygène du tout et le liquide est constamment saturé d'acide carbonique. Le vin est soutiré rapidement, à gros jet, et on remplit sur-le-champ des tonneaux. Le contact avec l'air pendant le soutirage ne dure qu'un instant. Une fermentation alcoolique lente continue dans les tonneaux, pendant laquelle le liquide est toujours sursaturé de gaz acide carbonique. Arrivent les soutirages, alors le vin passe dans l'air en jet plus ou moins volumineux, suivant le volume de la can-

(1) Gay-Lussac. *Annales de chimie*, t. LXXVI. p. 245.— D'après Pasteur, *Etudes sur le vin*, p. 80 et 81. — M. Pasteur pense « que c'est le ferment qui exige la présence de l'oxygène pour passer de l'état de germe à la forme cellulaire adulte, propre à se multiplier ensuite par bourgeonnement en dehors de toute influence de ce gaz. » *Ibid.* p. 81.

nelle, pour être immédiatement transporté dans un autre tonneau. Il n'y a pas de temps d'arrêt, et en Bourgogne le soutirage se fait même à l'abri de l'air autant que possible (1). »

Applications en France. — La méthode dont nous nous occupons en ce moment, n'a encore été mise que bien rarement en usage en France, « toutefois, écrit M. Morière, déjà quelques personnes commencent à faire fermenter leurs cidres à l'air libre et s'en trouvent parfaitement. Tout dernièrement encore, l'honorable président de la Société d'agriculture de Pont-l'Evêque, M. Conrad de Witt, me disait qu'après avoir lutté contre les observations des gens de son exploitation, qui déploraient qu'on changeât *ce qu'ils avaient l'habitude de faire*, il avait enfin obtenu qu'on fît fermenter les moûts de cidre à l'air libre, et que jamais, au dire des connaisseurs, on n'avait bu de meilleur cidre que celui qu'il avait ainsi obtenu (2). »

Cette pratique n'était d'ailleurs pas tout à fait nouvelle.

Au milieu du siècle dernier, nous apprend un mémoire envoyé à l'Académie des Belles-Lettres de Caen, qui avait proposé un prix sur le meilleur mode de préparation du cidre, après que le jus des pommes avait été exprimé, les uns le mettaient dans des tonneaux ou dans des vaisseaux plus grands encore, pour l'y laisser fermenter, tandis que d'autres le laissaient trois jours en fermentation dans de grandes cuves, après quoi ils l'entonnaient en futailles. « Quoique ces deux méthodes aient chacune leurs partisans, ajoute notre auteur, je ne crois pas

(1) Pasteur, *Etudes sur le vin*, 2e édit., 1873, p. 82. — Il ne suit pas de là qu'il faille systématiquement et absolument priver le vin et les liqueurs fermentées en général, de l'action de l'air. « Il faut, dit un peu plus loin M. Pasteur, distinguer avec un très-grand soin l'action brusque et l'action lente de l'oxygène de l'air sur le vin. En outre, il n'est pas difficile de démontrer que les pratiques de la vinification, si ennemies qu'elles paraissent être de l'introduction du gaz oxygène dans le vin, sont éminemment propres à soumettre ce liquide à une aération progressive et lente, en même temps qu'elles s'opposent à une aération brusque et prolongée. » p. 86.

(2) *Résumé des Conférences agricoles sur la culture du Pommier, la préparation et la conservation du cidre, etc.*, par M. J. Morière, 15e édition, 1868, p. 40. Voyez aussi, *Rapport au comité départemental du Calvados, sur l'Exposition universelle de 1867, à Paris.* Caen, 1869, p. 339.

qu'il faille balancer à choisir la première » (1), et c'est en effet, l'avis qui a prévalu, avec le temps, car nous ne sachons pas que la pratique de la fermentation en cuves se soit maintenue, jusqu'à nos jours dans le Calvados.

Applications en Angleterre. — Dans le Herefordshire, dit Marshal, qui écrivait vers la fin du siècle dernier, la fermentation en tonneaux est appliquée à 99 hogsheads sur 100. « Il y a cependant quelques personnes, dans différentes parties de ce district, qui font fermenter dans des cuves ou d'autres vaisseaux découverts. »

« J'ai vu dans la vallée de Glocester un exemple de cette méthode. La liqueur se met dans une cuve ou dans des tonnaux défoncés par un côté. Elle y reste jusqu'à ce que la première fermentation soit bien passée; on a grand soin d'en enlever l'écume, dans l'idée que c'est son mélange avec la liqueur qui la fait travailler après le soutirage. Dès que la fermentation a cessé et que la lie est déposée, la liqueur est soutirée dans des tonneaux frais..... Suivant cette pratique le cidre n'est jamais soutiré deux fois. »

« Un autre exemple de fermentation dans des vaisseaux ouverts se rencontre dans une pratique..... qui mérite la plus grande attention. J'en parle généralement, et je le pense toujours, comme d'une des premières pratiques du pays. Dans cette méthode la liqueur est fermentée dans de grandes cuves peu profondes, de cinq pieds au moins de diamètre sur guère plus de deux pieds de haut chacune..... On y laisse la liqueur jusqu'à ce que la fermentation ait cessé ou à peu près; alors on la soutire sans l'écumer, en saisissant le moment critique où l'écume commence à s'abattre, la totalité diminuant graduellement à mesure que la liqueur baisse. Dans cette pratique, comme dans la précédente, la liqueur, nonobstant sa qualité supérieure, est rarement soutirée une seconde fois (2). »

(1) Olivier de Serres, *Théâtre d'agr.*, édit. de 1804, in-4°, t. I, p. 423. — Notes de François de Neufchateau.

(2) *Agricult. pratique de l'Angleterre*, t. III, p. 226 et 227. — Ray, *Historia plantarum*, 1693, t. II, p. 1447 et 1448, décrit un procédé de préparation du cidre très-analogue.

Opinion de Liebig. — Longtemps avant la publication des *Observations sur la fabrication du cidre*, par M. Bidard, le chimiste allemand Liebig, s'inspirant de la supériorité de la bière bavaroise, préparée par fermentation basse (*Untergährе*), dans des vaisseaux ouverts, larges et peu profonds avait appelé l'attention des vignerons sur ce procédé.

Par suite, le Congrès des producteurs de vin et de cidre de l'Allemagne s'occupa de cette question dans plusieurs de ses sessions. Les propriétaires de vignobles furent invités à faire des expériences comparatives, et une commission fut nommée à cet effet. On espérait par la fermentation opérée en vaisseaux donnant un libre accès à l'air, arriver aisément à une plus complète élimination des principes fermentescibles du moût, et se mettre par là à l'abri de toutes les maladies du vin qui résultent de la présence du mucilage non décomposé resté en suspension, et aussi obtenir un liquide plus riche en alcool.

Expériences comparatives sur le vin. — Or, toutes les expériences exécutées comparativement et pour la plupart, avec les soins les plus minutieux, en 1844 et 1845, par plusieurs personnes et en des lieux différents, sur des vins sortant en même temps de la presse et mis en fermentation simultanément, partie en vases largement ouverts et peu profonds, et partie en tonneaux à la manière ordinaire, ont donné des résultats contraires à ce qu'on en attendait. Les vins fermentés à l'air libre ont été reconnus moins riches en alcool, plus fournis en acide que ceux dont la fermentation s'était opérée dans les tonneaux; de plus leur arôme était ou nul ou peu prononcé (1).

Opinion du chimiste allemand, Delarue. — En présence de ces résultats, « le chimiste Delarue soutint, dans la session de Heilbronn, que la fermentation de la bière est très-différente de celle du vin, puisque le moût de la bière ne contient aucun principe mucilagineux et aucuns acides. Il exprima également l'opinion que la fermentation en vaisseaux ouverts

(1) Dornfeld, *Die Wein-und Obstproducenten Deutschlands*, pages 315 à 329.

et particulièrement avec le contact de la râfle du raisin, facilite une plus prompte décomposition et formation d'acides. En tous cas, suivant lui, la fermentation en vaisseaux ouverts ne peut être menée à fin qu'avec les plus grandes précautions (1). »

Nonobstant tout ce qui précède, le baron von Babo a déclaré, dans cette même session, que, « sur les cidres, la fermentation en vaisseaux ouverts a pour effet de rendre la boisson plus droite en goût et de lui faire perdre presque totalement la saveur souvent trop forte du fruit; que le cidre de pommes traité par cette méthode, reste à l'abri de toute fermentation ultérieure et est recherché et acheté de préférence à toutes autres boissons de même nature (2); » mais son opinion est en désaccord avec la supériorité que les traités allemands sur le cidre les plus récents attribuent à la fermentation en vases clos, ainsi qu'on le verra dans le paragraphe suivant, qui parle de ce mode de fermentation.

Conclusion. — Par suite des opinions différentes qui précèdent (3) et des résultats des expériences comparatives tentées sur le vin, lesquelles sont peu propres à faire admettre la supériorité des produits obtenus par la fermentation en vaisseaux ouverts; prenant d'ailleurs en considération les résultats de pratiques tout opposées, dont il va être parlé, on pense être en droit de conclure que, malgré le succès annoncé de l'essai tenté par l'honorable M. de Witt, et la pratique de quelques cultivateurs isolés du Herefordshire, la prudence exige qu'on s'abstienne de se prononcer sur le mérite de cette méthode, avant qu'elle ait été soigneusement expérimentée.

Conduite de la fermentation à Jersey. — Le procédé de fermentation à l'air libre est usité dans l'île de Jersey,

(1) Dornfeld, p. 326.

(2) *Ibidem.* p. 327.

(3) On peut rapprocher des théories différentes exposées par de Liebig et M. Bidard d'un côté et Delarue de l'autre, sur la fermentation en vaisseaux ouverts, celle du Dr Graeger, en faveur de la fermentation en vaisseaux clos. Voy. ci-après.

mais avec des modifications considérables ayant surtout pour effet d'interrompre la fermentation dans sa dernière période, au moyen de soutirages réitérés et du soufrage.

« Une fois le jus obtenu, on le fait arriver dans de larges cuves placées dans des celliers dont la température est uniformément de 12 à 15 degrés. Une assez grande surface de jus étant en contact avec l'air dans les cuves, la fermentation ne tarde pas à se développer ; des matières se précipitent, d'autres viennent s'accumuler à la surface du liquide, où elles forment une espèce de chapeau. Au bout de quatre ou cinq jours, une semaine au plus, cette fermentation tumultueuse est achevée ; on enlève le chapeau et on fait passer la liqueur dans des futailles bien nettoyées et soufrées, où une fermentation lente continue. On laisse toujours du vide dans les futailles ; et, lorsque le dégagement d'acide carbonique est tel qu'une bougie allumée introduite par la bonde dans ce vide s'éteint, on se hâte de faire passer la liqueur dans une seconde futaille qui a été soufrée comme la première. S'il se produit encore assez d'acide carbonique pour éteindre la bougie, on procède à un second transvasement, et ainsi de suite, jusqu'à ce que le dégagement d'acide carbonique n'ait plus lieu, c'est-à-dire jusqu'à ce que la fermentation soit achevée. Le cidre ainsi préparé se conserve parfaitement pendant plusieurs années, il supporte facilement le transport par mer, et il possède une saveur piquante très-agréable, que l'on rencontre bien rarement dans nos cidres de Normandie..... Le nombre des soutirages dépend de la manière dont marche la fermentation ; plus les pommes sont mûres, moins la fermentation est tumultueuse, et moins il y a de soutirages (1).

(1) MM. Girardin et Morière : *Excursion agricole à Jersey, faite en sept.* 1856, par ordre de la Soc. cen. d'agr. de la S.-Infre. — *Extraits des travaux*, etc. t. XIX p. 419 et 420. — A. Knight parle d'une fermentation conduite d'une manière analogue dans le Herefordshire, mais comme d'une exception, « Lorsque la quantité de cidre à fabriquer est faible, » et il conclut en disant que « le cidre qui a besoin d'être ainsi fréquemment soutiré, n'est jamais bon, selon lui, car il contient toujours, quoique doux, quelque levain acide. » *Excursion agricole*, etc. p. 12.

— « Le but qu'on se propose par des soutirages réitérés, dit W. Kenrick, est de restreindre la fermentation ; mais il semble généralement reconnu qu'ils affaiblissent la liqueur. Ce n'est pas une pratique générale, bien que le cidre le plus délicat soit souvent obtenu par cette méthode. » — *New american Orchadist*, p. 12.

« On voit par ce qui précède, ajoutent MM. Girardin et Morière, que la fermentation du cidre est, à Jersey, une opération tout à fait rationnelle, tandis qu'avec le procédé suivi en Normandie, il y a lieu de s'étonner qu'on obtienne quelquefois une bonne boisson. »

« La méthode jersiaise est une pleine et entière confirmation de l'opinion qu'émettait notre collègue, M. Bidard, dans ses *Observations sur la fabrication du cidre* (1). ».

Pour nous, il nous semble que le procédé de fermentation recommandé par l'honorable M. Bidard ne comportant ni soufrages, ni soutirages réitérés, s'éloigne assez de la pratique suivie à Jersey et se rapporte tout à fait à celle que nous fait connaître Marshal, comme employée par quelques cultivateurs du Herefordshire, au siècle dernier, et essayée tout récemment en France par M. de Witt.

Comparaison entre les Cidres de Jersey et ceux de Normandie. — Dans l'appendice à leur *Voyage agricole à Jersey*, MM. Girardin et Morière ont donné quelques détails d'analyse et de dégustation de cidres préparés à Jersey et en Normandie. Or, de la comparaison des uns avec les autres, il ne ressort nullement une supériorité *nécessaire* pour la méthode jersiaise de fermentation.

Des deux cidres de Jersey n°s 1 et 2, l'un contient 40$^{c.c.}$,7 d'alcool absolu par litre, l'autre 11$^{c.c.}$,7 seulement, la fermentation insensible n'en etant d'ailleurs pas achevée, puisqu'il renferme encore 44^{gr},39 de sucre.

Parmi les cidres français fermentés en tonneau qui ont été essayés, on rencontre dans le n° 3, 30$^{c.c.}$,0; dans le n° 4, 35$^{c.c.}$,0; n° 5, 59$^{c.c.}$,0; n° 6, 65$^{c.c.}$,0; n° 7, 31$^{c.c.}$,0; n° 9, 46$^{c.c.}$,0; n° 10, 30$^{c.c.}$,0. Aucun des douze échantillons de cidres normands ne descend jusqu'à 11$^{c.c.}$ d'alcool; deux seulement, dont un cidre vendu à Rouen, comme *boisson de ménage*, n'en contiennent que 12$^{c.c.}$.

La dégustation également ne témoigne guère en faveur de

(1) *Excurs. agricole*, p. 421.

l'excellence des cidres de Jersey. L'un d'eux, n° 1, est caractérisé : un peu trouble, à peine mousseux, saveur aigre ; le second : un peu mousseux, saveur très-sucrée.

Au nombre des cidres normands, il en est deux, n°s 5 et 6, de saveur amère, ce qui tient sans doute à la nature des pommes employées, mais il en est un de la récolte de 1852 (les dégustations sont de 1857) qui est dit de saveur acidule agréable (n° 7) ; un autre (n° 10), de 2 à 3 ans, saveur aigrelette agréable ; le n° 12, vieux cidre recoupé avec 1/10e de jus de pommes de Bédan, saveur acidule, parfumée, très-agréable (1).

On peut regretter, avec les savants auxquels nous empruntons ces précieux détails, que leurs essais n'aient pas porté sur les boissons obtenues de quelqu'une des meilleures variétés de fruits à cidre de l'île de Jersey, le *Coccagee*, par exemple ; mais, on aurait alors dû tenir compte, en même temps que de la différence dans le mode de fermentation, de l'influence de la qualité supérieure des fruits employés, influence qui se révèle dans le vieux cidre normand (n° 12), lequel, sans nul doute, est redevable de sa supériorité à l'addition d'un dixième de jus de pommes de Bédan, l'une de nos plus précieuses variétés, dont le moût dense (1,075 à 1,080) et parfumé est en même temps riche en sucre et en tannin.

B. *Fermentation avant pressurage, le jus non séparé de la pulpe.*

Procédé du professeur Schlipf. — Le professeur Schlipf, de Hohenheim, décrit comme suit un procédé de fermentation usité en quelques parties de l'Allemagne, et aussi, dit-il, en Normandie, mais que nous ne savons pas y être mis en pratique.

« On emploie en France (Normandie), dans les environs du Mein, et aussi çà et là dans notre pays, un procédé remarquable de traitement du moût. Il consiste en ce que la pulpe, après

(1) *Ouv. cité*, p. 496 à 500.

trituration, est portée non sous la presse mais immédiatement dans des cuviers qui en sont remplis jusqu'à 4 à 5 pouces du bord, et où commence la première fermentation tumultueuse. La masse de la pulpe reste dans cet état, suivant le degré de la température extérieure, et, de fait, dans les temps chauds, 5 à 6 jours, dans les temps plus froids, 10 à 12 jours; dans tous les cas, assez longtemps pour qu'il se soit développé à sa surface une croûte ou couverture (chapeau), connue sous le nom de levure *(Aufnehmen)*. ».... Lorsque la pulpe a éprouvé le degré nécessaire de fermentation, on opère le soutirage en enlevant la bonde placée à la partie inférieure de la cuve et on soumet à la presse la pulpe qui y reste et qui fournit une boisson légère, mais encore bonne pour la consommation domestique.

« On emploie cette pratique pour les poires d'automne dures et âpres, aussi bien que pour les pommes acidulées, parmi lesquelles il faut ranger toutes les variétés sauvages. On ne doit pas la recommander pour les fruits précoces et pour tous ceux qui deviennent promptement farineux ou blets. Elle est la condition essentielle d'une bonne réussite dans la préparation des boissons mousseuses qu'on destine à être mises en bouteilles.

« Mais son emploi exige beaucoup de précaution pour que la fermentation ne dure pas trop longtemps par un temps chaud, car, dans ce cas, par suite du libre accès trop prolongé de l'air, la pulpe passe de la fermentation vineuse à la fermentation acide, et on obtient, au lieu de vin, du vinaigre de fruits. »

« Ce procédé procure les avantages suivants :

« *a*. La liqueur soutirée conserve une couleur plus belle, plus claire et plus de brillant, parce que la plus grande quantité des parties mucilagineuses restent dans le marc.

« *b*. La liqueur traitée de la sorte gagne aussi du côté du goût, parce que l'arôme contenu dans l'épiderme des fruits, par une fermentation prolongée, peut se communiquer plus complètement à la boisson.

« *c*. On obtient une plus grande quantité de boisson, parce que la pulpe restée dans le cuvier se laisse exprimer plus facilement et plus complètement (1). »

(1) Schlipf, *Rathsclage*, p. 17 et 18.

Procédé de M. E. Frémont. — Dans une brochure publiée en 1873 (1), M. E. Frémont, pépiniériste à Rouen, recommande chaleureusement un procédé de fabrication du cidre, dans lequel se trouve associée à la méthode de macération ou de déplacement, dite aussi *à l'alambic*, la fermentation à l'air libre sur la pulpe. L'extrait qui suit en donnera une idée suffisante.

« Une cuve.... est disposée sur un trépied solide, une chantepleure en bois y est adaptée pour le soutirage.

« Le fond de la cuve est disposé de la même façon que les lessivières le font pour une cuve à lessive.

« Un treillage en bois recouvre ce drainage.

« Sur ce treillis on dispose quelques poignées de paille gluée...., l'épi convergeant au centre, le chaume appuyé contre les parois de la cuve.

« L'addition d'une plus ou moins grande quantité d'eau est subordonnée aux convenances particulières de chaque individu.

« Il est une des conditions principales du succès de l'opération de s'abstenir de mettre rien sur la cuve, après qu'elle est remplie par l'eau qu'on y a mise.

« On ne doit rien faire, ni remuer ni peser. On doit laisser la fermentation se développer librement; au bout de quatre ou six jours, selon l'état de la température, on observe de petits bouillonnements à la surface; on laisse fermenter au moins pendant quarante-huit heures et jusqu'à quatre jours si l'on veut, davantage ne nuirait pas, mais cela serait tout-à-fait inutile. Puis, on soutire et l'on entonne, après avoir garni l'entonnoir d'un tamis de crin. On laisse égoutter douze heures. »

On voit que ce mode de préparation du cidre ne diffère de celui qui vient d'être exposé que par l'addition de l'eau avant la fermentation et le non emploi du pressurage, conformément à la pratique suivie dans la méthode de macération.

(1) *Fabrication du cidre. Indications pratiques*, Rouen, 1873.

2° FERMENTATION EN VAISSEAUX CLOS.

Procédé du professeur Schlipf. — « Tout récemment, écrivait en 1860 le professeur Schlipf, on s'est servi, pour la fermentation du vin, de cuves très-convenablement disposées. Ces cuves de fermentation, dont un dessin a été publié dans le *Calendrier agricole du Wurtemberg*, de 1858, sont munies d'un fond plongeant *(senkboden)* percé de trous et d'un couvercle; elles ont été utilisées avec un aussi heureux succès pour la fermentation du cidre et de tous les jus de fruits. ».....

« Une cuve semblable est remplie, à l'ordinaire, jusqu'à 4 à 6 pouces du bord, de pulpe sortant du moulin, et le fond plongeant est posé dessus et assujetti; puis, on place aussitôt sur l'ouverture un couvercle, laissant à l'air aussi peu de passage que possible, et on ajuste sur ce couvercle une bonde hydraulique.

« Aussitôt que la fermentation tumultueuse commence, le moût s'élève au-dessus de la pulpe, à travers le fond percé, et forme couverture au-dessus de cette dernière.

« L'usage de cet appareil non-seulement procure au plus haut degré les avantages indiqués ci-dessus (p. 94) sous les lettres *a*, *b*, *c*, mais encore il est supérieur à celui qui est pratiqué... sur les bords du Mein, etc., en ce que :

« 1° La pulpe conserve sa couleur naturelle, ce qui a une influence favorable sur la couleur de la boisson;

« 2° L'arôme de la peau et des pépins est extrait plus complètement que lorsque la pulpe nage au-dessus du liquide, car, lorsqu'elle s'est élevée pendant longtemps, elle n'est plus que peu en rapport avec le fluide;

« 3° La partie du liquide exprimé de la pulpe par la presse se rapproche beaucoup du jus simplement soutiré, quant à la faculté de conservation, parce que la pulpe, retenue sous le diaphragme, ne contracte ni acidité ni moisissure ni mauvaise odeur d'aucune sorte;

« 4° Le liquide est plus tôt et plus complètement séparé de

son mucilage que lorsque la pulpe se soulève dans la fermentation en vaisseaux ouverts, puisque, dans la fermentation en vaisseaux clos, le mucilage se rassemble sur les bords du fond inférieur et y forme bientôt une masse consistante (la lie) qui ne se réunit plus au liquide soutiré ou exprimé et qui, si elle vient à s'écouler du tonneau ou de la presse avec le cidre, se dépose bientôt de nouveau (1). »

Théorie du Dr Graeger. — Tout autant que le professeur Schlipf, le Dr Graeger se montre partisan convaincu de la fermentation en vaisseaux clos parce que le contact prolongé du moût avec la pulpe entière des fruits favorise une plus complète extraction du sucre, et l'introduction dans le cidre d'une plus grande portion des substances tanniques contenues dans l'épiderme et dans les pépins (2). Voici comment il justifie cette préférence, au point de vue théorique :

« D'après la nature des produits qui se forment pendant la fermentation, nous avons considéré celle-ci comme une opération dans laquelle avait lieu une combustion interne aux dépends de l'oxygène en combinaison. Par suite, des nouveaux corps formés, les uns doivent être d'autant plus riches en oxygène que les autres en sont plus pauvres. Très-évidemment nous rencontrons ici, dans le groupement des éléments, un changement tel, que du sucre décomposé se forment l'alcool et l'acide carbonique. La somme des molécules d'oxygène dans les deux est égale au nombre des molécules d'oxygène du sucre (3). Alcool et acide carbonique, comme produits de la décomposition du sucre, sont dans une dépendance réciproque, sans alcool pas

(1) Schlipf, *Rathschläge*, p. 19.

(2) *Die Obstweinkunde*, p. 110

(3) « On sait aujourd'hui, par les résultats du mémoire publié en 1860, par M. Pasteur, sur la fermentation alcoolique, que ce phénomène chimique n'est pas aussi simple que Lavoisier et Gay-Lussac l'avaient cru et que le sucre, en se décomposant sous l'influence du ferment, ne donne pas seulement naissance à de l'acide carbonique et à de l'alcool, mais qu'il fournit en outre de la glycérine, de l'acide succinique, de la cellulose, des matières grasses, et probablement de petites quantités de beaucoup d'autres principes. » — Pasteur, *Etudes sur le vin*, 2e édit. 1873, p. 294 et suivantes. — C'est d'ailleurs ce que reconnait, le Dr Graeger, p. 42 et 43.

d'acide carbonique, et sans acide carbonique pas d'alcool; néanmoins, dans le cas seulement où l'oxygène de l'air est empêché de prendre part à ces changements. Dans de semblables conditions, dans l'hypothèse d'exclusion de l'air, se produit également le principe odorant qui donne aux vins leur bouquet. L'alcool et le bouquet sont précisément les principes constituants des vins, ce sont eux qui font d'un liquide ce qu'on nomme un vin. Notre intention ne peut donc être de s'opposer à leur formation; au contraire, nous cherchons de toutes manières à la favoriser, et dès lors nous ne devons pas permettre le libre accès de l'air sur le moût en fermentation; la fermentation doit s'opérer à l'abri de l'air atmosphérique (1). »

Opinion de M. Vergnette-Lamotte. — Un œnologue éminent de la Bourgogne, M. Vergnette-Lamotte, donne également la préférence à la fermentation en vase clos, comme il nous l'apprend par ce fragment d'une lettre qu'il adressait, le 27 avril 1864, à M. Pasteur.

« Mlle Gervais avait recommandé le cuvage en vases clos, en indiquant qu'on arrivait ainsi à empêcher une grande déperdition dans le bouquet et l'alcool. On reconnut bien vite que l'appareil Gervais ne servait à rien à cet endroit, et on l'abandonna. Je fis comme tout le monde, et cependant plus tard, je suis revenu au cuvage en vases clos, mais cette fois, parce que je reconnus qu'avec ce procédé le chapeau n'était jamais altéré, et aussi que ce procédé me permettait de prolonger de beaucoup la durée du cuvage. M. Landrey dit, avec raison, qu'on a trouvé de grands inconvénients dans le Jura et ailleurs aux longs cuvages, il n'en serait pas de même si l'on eût opéré en vases clos (2). »

Procédé de M. Mimard. — Le 14 novembre 1864, M. Mimard, viticulteur à Villeneuve-sur-Yonne, présentait à

(1) *Die Obstweinkunde*, p. 68 et 69.

(2) Pasteur, *Etudes sur le vin*, 1873, p. 326.

l'exposition de la ville de Beaune une cuve de son invention, destinée à la fermentation des vins et autres liqueurs alcooliques. L'appareil de M. Mimard a obtenu, après expériences comparatives sur les vins, plusieurs médailles de 1re classe et des rapports très-favorables dans les concours régionaux d'Auxerre, de Chaumont, du Mans, en 1865 et 1866 (1). Une commission de la Société d'agriculture de Joigny a reconnu que les vins fermentés d'après ce système étaient plus riches en couleur, en arôme et en alcool que ceux qui avaient fermenté à l'air libre, dans des cuves de même dimension, remplies le même jour de raisin du même cru (2).

Dans une lettre adressée, en septembre 1866, au Congrès pour l'étude des fruits à cidre, l'inventeur déclare que « le cidre ainsi fabriqué a des qualités incomparables avec le même cidre préparé par les procédés en usage. Il est clair, il est vif, et possède un arôme agréable (3). » — Bien que nous n'ayons pas été à même de constater ces faits, nous dirons quelques mots de l'appareil de M. Mimard.

L'auteur, dans la construction de sa cuve, s'est proposé : 1° de n'admettre au contact du moût que la quantité d'air atmosphérique qu'il pense indispensable à la fermentation, afin d'éviter le développement des acides, et 2° de rendre au liquide la portion d'alcool et de principes aromatiques que la chaleur développée par la fermentation tumultueuse volatilise et que l'acide carbonique entraîne avec lui.

Pour obtenir les résultats auxquels il tend, M. Mimard introduit le moût dans une cuve remplie jusqu'à 17 centimètres de son bord supérieur et dans laquelle, si le jus doit fermenter avec la pulpe, celle-ci est retenue dans le liquide par un diaphragme percé de trous. La cuve est fermée par un couvercle fortement assujetti et lutté avec des bandes de toile enduites de pâte de farine.

(1) Voir la brochure publiée par M. Mimard, sous ce titre : *Système rationnel de cuvage des vins et autres liqueurs fermentescibles*, Auxerre, 1866.

(2) M. Mimard, brochure citée, p. 9.

(3) Congrès, *Procès-verbaux*, p. 46.

Le gaz acide carbonique et les vapeurs qu'il peut entraîner, traversent un serpentin qui s'ouvre dans l'espace resté vide au-dessous du couvercle, et se replie, en plusieurs circuits, dans une caisse remplie d'eau froide placée au-dessus de ce couvercle pour rentrer par son autre extrémité dans la cuve et s'ouvrir vers la partie inférieure du moût. Les vapeurs, en passant par le réfrigérant, se condensent et sont ramenées dans le liquide en fermentation, tandis que le gaz acide carbonique s'échappe par un tube soudé latéralement à la dernière portion du serpentin et recourbé vers le sol.

L'air est introduit sur le moût par un tube vertical dont l'orifice supérieur est plus élevé que le serpentin et dont l'orifice inférieur ouvert dans la partie vide de la cuve comprise entre le diaphragme et le couvercle, est plus bas que l'ouverture du tube de sortie du serpentin. Par suite de cette disposition, aussitôt que la fermentation a développé une quantité suffisante d'acide carbonique, celui-ci s'élève dans la partie inférieure du tube d'aération et s'oppose à l'entrée ultérieure de l'air atmosphérique.

On peut croire qu'au moyen de ces dispositions, M. Mimard a atteint le double but qu'il se propose, mais l'expérience prolongée en pourra seule constater les avantages.

3° FERMENTATION EN FUTAILLES.

A. *Fermentation après pressurage, le jus étant séparé de la pulpe.*

Procédé très-ancien, très-répandu. — L'usage de faire fermenter le cidre dans les tonneaux qui doivent plus tard le renfermer, paraît remonter aux temps les plus anciens. C'est le seul procédé indiqué dans l'ouvrage de Julien le Paulmier, écrit de 1573 à 1577 et publié en 1588 (1); c'est celui que préconise

(1) F° 34 de la traduct. française, publiée à Caen, en 1589, in-12, sous ce titre : *Traité du vin et du sidre,* par Julien le Paulmier, docteur en la Faculté de Médecine de Paris. Cette traduction est due à un autre médecin, Jacq. de Chaygnes, de Caen.

notre ancienne *Maison rustique*. Marshal dit : « qu'à la fin du siècle dernier on l'employait 99 fois sur 100 en Angleterre. » Il a été conseillé par M. Knight, en 1811 (1), et depuis par beaucoup d'écrivains de tous pays. C'est le procédé à peu près universellement suivi aujourd'hui dans tous les départements français producteurs de cidre.

Sans nous étendre sur un mode opératoire bien connu de nos lecteurs, et dont on devra s'occuper plus loin, on se contentera de faire remarquer ici que le procédé dont il est question remplit d'une manière satisfaisante les conditions suivantes, dont l'utilité a été constatée par l'expérience :

1° Aération du moût, en vue de favoriser la fermentation et de développer la matière colorante, d'abord par l'acte même du broyage des fruits, puis par le cuvage, pendant un temps suffisant, de la pulpe dont un pelletage réitéré renouvelle la surface (2);

2° Fermentation à l'abri d'un excès de gaz oxygène, l'acide carbonique, incessamment développé à la surface du liquide et accumulé dans la partie de la futaille restée vide, s'opposant efficacement au contact de l'air atmosphérique (3).

Ajoutons que ces avantages sont obtenus avec le moins de frais possible, sans matériel spécial, les tonneaux, dans lesquels a fermenté une portion du moût, pouvant être employés immédiatement après soutirage et lavage, à conserver partie de la boisson.

On regrettera peut-être, dans ce système, que la pulpe des pommes soit séparée du moût avant la fermentation et que les principes volatils que M. Mimard se propose de réintégrer dans le liquide, avec son appareil, soient laissés s'évaporer en pure

(1) *Pomona herefordiensis*; *Prelim.*, *observ.* VI.

(2) Ces opérations ont pour analogues, dans la vinification, l'écrasement des raisins par des cylindres cannelés et le brassage de la vendange dans la préparation de ce qu'on appelle, en Lorraine, *vin de pelle*. — Pasteur, p. 282 et 283.

(3) « Dans le Jura, du moins dans le vignoble d'Arbois, la fermentation de la vendange a lieu dans des foudres couchés, sans que l'air ait le moindre accès, parce que la portion vide du foudre est constamment remplie de gaz acide carbonique. » — Pasteur, p. 89.

perte dans l'atmosphère. Mais il y a là des pratiques en faveur desquelles l'expérience ne s'est pas suffisamment prononcée pour qu'on puisse, sans imprudence, en conseiller l'adoption. La valeur réelle de semblables procédés ne peut être établie que par de nombreuses expériences comparatives exécutées avec grand soin. Il appartient aux producteurs de cidre et aux propriétaires ruraux de les entreprendre.

B. *Fermentation avant pressurage, le jus non séparé de la pulpe.*

Procédé inusité. — On pourrait, sans doute, faire fermenter le moût des pommes dans les tonneaux, sur la pulpe, comme on le fait quelquefois dans des cuves. Il suffirait pour cela de disposer, dans le fond des futailles, un trou de bonde ou une soupape, qui permît de vider les résidus après fermentation et soutirage, mais nous n'avons pas connaissance qu'un pareil procédé ait été employé, à moins qu'on ne croie devoir en rapprocher le mode très-anciennement usité pour préparer ce qu'on appelait dépense de pommes, mode que nous rappelons ici simplement à titre de curiosité historique.

Il rappelle le mode de préparation de la Dépense de pommes. — La dépense de pommes, faite avec des fruits entiers (aussi bien que la dépense de prunelles), mis dans les barils avec de l'eau « était surtout d'usage à Paris, où les habitants, n'ayant point de pressoir pour faire du cidre, préféroient d'employer leurs fruits à une boisson qu'ils pouvoient composer eux-mêmes. *Le Journal de Paris, sous Charles VI et Charles VII*, décrivant une disette qu'éprouva la Capitale, en 1420, dit que *ceux qui, en yver, avoient fait leurs buvaiges, comme despence de pommes ou de prunelles, jettèrent, au printemps*, ces fruits dans la rue, *pour que les porcs de Saint-Antoine* (des religieux de Saint-Antoine) *les mangeassent*, mais les pauvres les disputaient aux cochons et les dévoraient avec avidité, trop heureux encore de trouver un aliment (1). »

Cette pratique s'est conservée en Espagne jusqu'à la fin du XVIe siècle. « La manière de faire le sidre en Biscaye, dit Julien Le Paulmier, est encores fort rude (*rudis*, grossière), car les uns concassent les pommes seulement, puis les mettent dans un vaisseau (*dolium*, tonneau, suivant le texte latin) avec bonne quantité d'eau, laquelle ayant prins quelque force et vertu des pommes concassées, et s'étant purifiée par ébullition, ils l'appellent pommade (pommé) et en boyvent (2). »

Inutile de relever les vices d'un semblable procédé.

APPENDICE. — PRATIQUES DIVERSES.

Nous ne croirions pas avoir fourni des renseignements suffisants sur les différents procédés usités dans l'importante opération de la fermentation des cidres, si nous ne disions, à cette occasion, quelques mots de pratiques accessoires employées en vue d'améliorer les produits. La connaissance de celles-ci ne saurait être inutile dans la comparaison qu'on peut faire entre les cidres préparés en divers lieux.

Addition d'eau-de-vie, à Jersey. — Le Congrès a appris par une lettre d'un propriétaire de Jersey, que les cultivateurs de cette île jettent un litre d'eau-de-vie dans un fût de 300 litres de cidre, avant de le soutirer pour la deuxième fois (3).

Addition de rhum, aux Etats-Unis. — Les citoyens des Etats-Unis d'Amérique ne s'en tiennent pas là. Ainsi, l'excel-

(1) Legrand d'Aussy, ouvr. cité, t. II, p. 374 et 375.

(2) *Traité du Vin et du Sidre*, f° 38. — La *Maison rustique*, édit. de 1680, dit que « au pays de Neuz (Neustrie?) quelques-uns écrasent les pommes avec un maillet ou dans un mortier, les mettent en tonneau, puis le remplissent d'eau, les laissent fermenter, bouillir et écumer jusqu'à ce que l'eau ait acquis la vertu des pommes. » 2e partie, p. 70.

(3) Congrès, *Procès-verbaux*, p. 147.

lent cidre présenté par J. Rice, de Marlboroug, à Concord, Massachussetts, où il avait été primé et fortement admiré, avait été additionné, aussitôt fait, de deux gallons de rhum par baril *(barrel)*; puis, lors du soutirage du printemps, de deux quartes *(quart)* encore de rhum par baril, en tout 11 litres 356 par baril de 163 litres, soit plus simplement 7 litres de rhum par hectolitre de cidre (1).

Addition d'eau-de-vie de cidre, en Angleterre.—Les journaux anglais du siècle dernier ont fait grand bruit autour d'un certain cidre nommé Royal, qu'on disait aussi bon et même meilleur que du vin de France. Au nombre des vertus exagérées qu'on lui attribuait, celle-ci n'était certes pas la moindre ou la moins appréciée : « Qu'un homme pourrait fort bien s'enivrer deux fois par jour de cette liqueur, sans altérer sa santé, parce qu'elle était éminemment diurétique. » Or, tout le secret de cette boisson fameuse, consistait dans l'addition à un baril de cidre de l'alcool extrait par distillation d'un autre baril semblable (2).

Addition de vin au poiré ou de poiré au vin, en Allemagne. — Le professeur Schlipf, de Hohenheim, recommande dans beaucoup de cas, comme condition essentielle d'une bonne fermentation, un mélange de poires et de pommes, et lorsque ces mélanges n'ont pu être opérés, comme il arriva en 1843, par suite du manque de récolte de pommes, il conseille l'addition au poiré de petits vins rouges, pour augmenter sa qualité et sa facilité de conservation. Par contre, il nous apprend, que le poiré préparé avec la *Champagner Bratbirne* ou la *Gelber Madelbirne* est fréquemment mélangé en automne avec de petits vins rouges, qui sont rendus de la sorte plus agréables à boire (3).

(1) W. Kenrick, p. 111 et 113.

(2) *Journal économique*, juillet 1853, p. 168, décembre 1858, p. 540. — Cité par F. de Neufchateau, notes sur le *Théâtre d'agriculture* d'Olivier de Serre, édit. de 1804, t. I, p. 427.

(3) *Rathschläge*, etc., p. 8 à 11.

Addition de sucre et d'acide tartrique, en Allemagne. — En vue d'obtenir le moût normal renfermant 7 p. 1000 d'acide et 20 à 24 p. 100 de sucre (1), qu'il juge nécessaire à la confection d'une bonne boisson, le Dr Graeger, que nous avons déjà cité plusieurs fois, ne se fait pas faute d'ajouter du sucre de fécule, le titre d'acide d'après les analyses qu'il donne étant d'ordinaire suffisamment élevé dans les pommes et devant être corrigé, en cas d'excès, par l'addition d'eau.

On appréciera le mode de faire qu'il conseille par cet extrait qui termine l'article consacré par lui au cidre :

« Prix de revient d'un Ohm, de 140 litres, équivalant à 180 bouteilles de cidre.

« 200 kilog. de fruits (pommes ou poires) (2), à 2 thalers les 100 kilogr.	4 thal.	» silbg.	» pfen.
« Extraction du moût.	»	15	»
« Loyer du tonneau et du cellier. .	»	15	»
« Sucre (d'après le titre du moût qui doit en contenir 24 p. 0/0) 22 1/2 kilogr. à 10 thalers les 100 kil. . . .	2	7	6
« 1 Ohm de cidre coûtera donc.	7 thal.	7 silb.	6 pfen.

« Ajoutant 10 p. 0/0 pour dépenses imprévues, le Ohm revient à 8 thalers (soit 30 fr. à raison de 3 fr. 75 cent. pour 1 thaler). C'est une boisson forte et de garde avec 10 ou 11 p. 0/0 d'alcool. Est-elle destinée à la consommation du ménage, on peut convenablement l'étendre d'un volume égal d'eau. Pour cela encore 1/2 kilog. d'acide tartrique à 30 silb., et la bouteille revient à à 3/4 silb. ou 9 pfennings (= 0 fr. 09 cent.) (3). »

Voilà certes une boisson suffisamment coûteuse, mais surtout un jus de pommes bien adultéré. Ce n'est pas tout pourtant. « Le moût ou jus des fruits à pépins, dit notre auteur, contient un excès de matière azotée en dissolution, de laquelle, parce que la quantité de sucre de ce jus n'est pas à beaucoup près

(1) *Die Obstweinkunde*, p. 104 et 112, et aussi 56 et 71.

(2) 200 kilog. de pommes correspondent à 4 hectolitres 21 litres environ.

(3) Page 112.

suffisante pour la transformer et la rendre insoluble, une grande partie reste dans la boisson et est cause qu'elle est d'une moins bonne conservation qu'elle ne serait sans cela. Il reste même encore une grande portion de cette matière fermentescible dans le cidre qu'on a fait fermenter après avoir porté le dosage du sucre à 25 p. 0/0.... Pour se débarrasser de l'excès de matière fermentescible, le mieux, à mon avis, serait d'étendre directement le moût avec un volume d'eau égal au sien, de porter de nouveau à 6 ou 8 p. 1000 (1) son titre en acide par l'addition d'acide tartrique, et son titre en sucre de nouveau de 20 à 25 p. 0/0 et alors de laisser fermenter. Il ne peut en résulter de préjudice d'aucune sorte, tandis que les avantages attachés à ce procédé sont évidents, puisqu'on obtient un cidre, non-seulement en quantité double, mais encore de beaucoup meilleure conservation et vraisemblablement sans qu'il possède moins d'arôme. On étend le moût du raisin avec trois fois, en France même avec cinq fois son volume d'eau, sans que l'arôme en souffre (2). »

Tout cela ne demande aucun commentaire. Une boisson ainsi fabriquée peut être du goût de certaines personnes, mais ce n'est plus du cidre.

Addition de sucre et de betteraves, en France. — En France, on a quelquefois recours à l'addition de sucre *(glucose)*, à raison de 3 à 4 kilog. par tonneau de 12 à 16 hectolitres, lorsque le moût fourni par des pommes peu riches en sucre, surtout dans les années froides et pluvieuses, n'annonce pas devoir fermenter convenablement. On a aussi, dans les mêmes circonstances, ajouté aux pommes, pendant la trituration, une certaine quantité de betteraves cuites (3).

Bien que ces expédients n'aient rien de nuisible à la santé (4),

(1) Le texte porte pour cent *(proc.)*, par erreur certainement.

(2) *Die Obstweinkunde*, p. 109.

(3) J. Morière, *Résumé des Conférences agricoles*, etc., p. 46.

(4) *Rapport sur le vinage des vins*, par M. Bergeron. — *Bulletin de l'Académie de Médecine*, du 31 mai 1870, p. 411 et 412. — Une note de M. le Dr Guyot, insérée dans ce rapport, blâme fortement l'addition de sucre au moût du raisin, le vin par là étant rendu lourd et indigeste.

on doit s'efforcer d'échapper à l'obligation d'y avoir recours, et rechercher, dans des fruits soigneusement choisis, tous les éléments indispensables à la préparation d'une bonne boisson et en proportions suffisantes, même dans les années défavorables. Nous avons la conviction qu'on pourrait arriver aisément à un pareil résultat.

Nos pommeraies sont plantées de variétés de fruits à cidre dont le jus n'est pas en moyenne, et dans une année normale, au-dessus de 1065 à 1070, et reste bien souvent au-dessous de ces chiffres; qu'on cesse d'y admettre indifféremment tout ce qui se présente sous la main, pour n'y introduire aucun arbre dont le fruit ne donne pas un jus pesant normalement de 1070 à 1080, soit 1075 en moyenne, davantage encore s'il est possible, et les intempéries ne feront que ramener les moûts au taux moyen actuel des années favorables; peut-être même ne descendront-ils jamais aussi bas. Or, de tels choix sont aujourd'hui possibles, faciles même.

CHAPITRE IV

QUALITÉS QUE DOIVENT PRÉSENTER LES FRUITS DE PRESSOIR. — ANALYSE DES MOUTS.

Il est aisé de se convaincre combien il importe d'être fixé sur les qualités que doivent réunir les pommes et les poires de pressoir, puisque de leur choix judicieusement fait, dépendent, en partie, la bonté et la longue conservation des cidres et des poirés.

Appréciation du mérite des fruits au moyen des sens. — Au début de ses travaux, le Congrès se contentait, pour apprécier les fruits, de les soumettre à la dégustation : « Le meilleur fruit, disait-il, est celui qui sans le concours d'aucun autre peut servir à fabriquer le cidre d'une qualité supérieure, et pour être classé au premier rang ce fruit doit être sucré, amer et parfumé.

« Sucré, parce que le sucre est le principe qui, dans la fermentation, se transforme en alcool et donne au liquide une de ses précieuses qualités;

« Amer, parce que ce principe contribue à la conservation du cidre, et lui communique des propriétés hygiéniques;

« Parfumé, cette qualité rendant la boisson agréable au goût et à l'odorat (1). »

(1) *Congrès pour l'étude des fruits à cidre.* — *Procès-verbaux*, p. 12.

Appréciation du mérite des fruits par l'analyse chimique. — Quelques années plus tard, l'un de nous se demandait si le mode sommaire d'appréciation que suivait exclusivement encore le Congrès en 1868, bien qu'exercé par des hommes expérimentés, pouvait suffire, dans la plupart des cas, à déterminer la nature des principes utiles disséminés dans la chair des fruits, quand des essais nombreux, ayant pour but de découvrir la cause de la supériorité incontestable de certaines variétés anciennes, lui démontrèrent que si cette épreuve révélait avec assez d'exactitude la présence de plusieurs de ces principes, entre autres l'acidité, l'amertume et le parfum, il lui fallait de toute nécessité le concours de l'analyse chimique pour arriver à préciser les rapports de quantité qui notamment existent à l'égard du sucre, du tannin et du mucilage; car la qualité bonne ou mauvaise d'un fruit ne tient pas à la prédominance d'un élément unique, elle repose, au contraire, sur l'harmonie des proportions dans lesquelles se trouvent associés plus particulièrement ses principaux éléments constitutifs (1).

La preuve de ce fait lui fut acquise, lorsque cherchant à expliquer les motifs de la préférence accordée par les fabricants de cidre pur à un très-petit nombre de variétés, telles que : le Bédan, le Marin-Onfroy ou Ameret, la Peau-de-Vache, l'Argile, le Rouge-Bruyère, le Fréquin, la Germaine, etc., il procédait à l'analyse de ces fruits dont on a constaté depuis longtemps les excellentes qualités, et qui, de l'avis du Congrès et du sien, devaient servir de types pour juger à l'avenir le mérite des vieilles comme des nouvelles espèces.

Composition moyenne du jus des pommes. — Le jus de ces pommes, à de légères variantes près dans les proportions de ses éléments, offrait une densité oscillant entre

(1) A. Hauchecorne. *Des qualités que doivent réunir les pommes à cidre pour être classées au nombre des meilleures;* mémoire honoré d'une médaille d'or. Saint-Lô, 1869.

1067 et 1080, soit 9 à 10°6 de l'aréomètre de Baumé, et voici quelle était sa composition moyenne pour 1000 parties :

Eau.	800
Sucre alcoolisable.	173
Acide tannique ou tannin.	5
Mucilage ou pectosine (pectine soluble, gomme)..	12
Acides libres (malique, tartrique, etc.), rapportés au type de l'acide sulfurique monohydraté.	1.07
Albumine et ferment.	5
Matières salines : chaux, malates de potasse et de chaux, phosphate de chaux.	1.75
Acide pectique, matière colorante, huiles grasse et volatile, substance non-soluble en suspension.	2.18

Opérant ensuite sur des fruits connus pour faire de mauvais cidre, il trouvait les mêmes substances, mais en proportion très-différente, sauf l'albumine, le ferment, les sels de potasse et de chaux, lesquels se présentaient dans des conditions sensiblement identiques; ainsi, les jus n'accusaient plus au densimètre que 1040 à 1060, soit 6 à 8° Baumé, en perte d'un tiers de la quantité de sucre; le tannin y figurait à peine pour 1 millième, au lieu de 4 à 6 millièmes que l'on extrait des fruits d'élite, et le poids du mucilage tombait de 12 à 4 millièmes.

Malgré la signification des résultats obtenus sur les fruits de pressoir cultivés en Normandie, on résolut d'étendre les recherches à ceux qui jouissent d'une grande réputation dans les contrées où l'on s'occupe également de la fabrication du cidre; cette enquête scientifique poursuivie durant plusieurs années, avec le concours de notre collaborateur, M. de Boutteville, et menée à bonne fin grâce à la connaissance qu'il possède des langues modernes, vint nous confirmer ce que déjà nous avions appris :

Que *les pommes qui*, de notoriété populaire en France, en Angleterre, en Allemagne et aux Etats-Unis, *produisent le meilleur cidre, ne sont point redevables de leur supériorité à l'existence d'un élément particulier dont seraient dépourvus les mauvais fruits;*

Et que *celles qui méritent à bon droit d'occuper le premier rang sont les variétés parfumées, légèrement amères et peu acides, qui joignent à une quantité notable de tannin ou principe astringent et de mucilage ou principe onctueux, une très-forte proportion de sucre.*

Avant d'examiner à quels titres se recommandent chacun de ces éléments, disons de suite que si l'analyse chimique nous a rendu de grands services en nous facilitant les moyens d'établir une classification rationnelle des fruits anciens basée sur leur mérite réel, elle a eu de plus l'éminent avantage, appliquée aux fruits d'obtention récente, de nous fixer sur leur compte, 15, 20, 25 ans même avant l'époque où le brassage eut pu nous renseigner, et de permettre, pendant ce temps, de multiplier, en quantité considérable, les fruits nouveaux riches en éléments utiles.

Principes utiles des fruits. — Sucre — On sait que de tous les principes constitutifs des fruits, le *sucre* est le plus essentiel, et celui qu'il convient de rencontrer en plus forte proportion, car il se transforme pendant l'acte de la fermentation en acide carbonique qui se degage pour une partie, et en alcool qui se fixe dans le liquide donnant au cidre, en même temps que sa faculté enivrante, sa force, sa chaleur, sa conservation et la possibilité de supporter de longs voyages sans fatigue, en un mot, d'être commerçable (1).

C'est pour cette raison qu'on devra toujours accorder la préférence aux variétés de haute densité; car, plus le densimètre accusera de degrés, plus la richesse saccharine sera grande, l'alcool abondant, la boisson généreuse et durable.

Le sucre et l'alcool, principes conservateurs des cidres. — Le sucre et l'alcool, en effet, sont au premier chef les principes de la vie et de la durée des cidres, comme ils sont

(1) M. Pasteur a établi, en 1859, par de nombreuses analyses, que 100 parties de sucre de fruits ou directement alcoolisable donnent :

Acide carbonique	46,67
Alcool	48,46
Glycérine	3,23
Acide succinique	0,61
Matières cédées au ferment	1,03
	100,00

les éléments par excellence de la conservation des fruits ; l'alcool, parce qu'il tue les organismes de la fermentation ; le sucre, parce qu'il reproduit de l'alcool et nourrit le cidre. L'expérience en ce cas, comme en beaucoup d'autres, a devancé la science, et de temps immémorial le buveur émérite, qui chaque année tire du tonneau des jours de fête, — et cela pendant un quart de siècle et plus, — quelques seaux de cidre qu'il remplace par du jus nouveau destiné, par le sucre qu'il contient, à créer de l'alcool ; la ménagère qui prépare ses liqueurs en jetant des cerises, des framboises, des cassis ou des prunes dans de l'eau-de-vie sucrée, ne nous indiquent-ils pas assez clairement l'un et l'autre quels sont les éléments précieux des fruits ? Et d'ailleurs, le cidre est-il autre chose qu'une conserve des principes nutritifs et désaltérants de la pomme dans de l'eau-de-vie presque toujours trop faible (1) ?

Le cidre, dit-on partout, ne peut ni voyager loin ni se transvaser sans perdre de sa qualité, ce qui est vrai le plus souvent, dans l'état actuel de sa fabrication ; mais ce que l'on ne dit pas, et tout le monde aurait cependant grand intérêt à le savoir, c'est que la cause de cette infirmité réside à peu près uniquement dans la basse densité des fruits employés, c'est-à-dire dans l'insuffisance première du sucre et de l'alcool, témoin à cet égard nos études sur les fruits tardifs de la récolte de 1869, et sur ceux des trois saisons de l'année 1870 (2).

A cette époque, des épreuves réitérées et portant sur des échantillons fort nombreux nous permettaient de constater ce fait regrettable, que les variétés introduites dans nos vergers depuis 30 ou 40 ans, en vue de remplacer celles devenues maladives et peu fertiles, sont issues, pour la plupart, d'arbres végétant avec vigueur, il est vrai, et produisant des fruits en abondance, mais des fruits chez lesquels la proportion des éléments qui concourent à la formation des bons cidres fait généralement défaut.

(1) A. Hauchecorne, *le Cidre*, mémoire couronné par le Comice agricole de Dinan. — Prix de 300 fr., septembre 1872.

(2) *Procès-verbaux du Congrès pour l'étude des fruits à cidre*, p. 207 et 208.

Or, ce qu'il importe d'avoir avant tout, ce sont des fruits de qualité supérieure.

Quel parti peut-on espérer tirer, par exemple, de pommes ou de poires dont la densité moyenne n'a guère dépassé 1050, à peine 7° Baumé, promettant 6 p. 0/0 d'alcool, lorsque nos meilleures variétés anciennes, qui titrent en mélange 9 1/2 p. 0/0 de cette matière, ne donnent pas encore de boissons à l'abri de tout reproche, et qu'en outre, l'expérience nous a démontré la nécessité d'arriver à 12 0/0 d'alcool, accompagnés de 2 à 3 centièmes de sucre non-réduit, pour obtenir des cidres commerçables d'une solidité parfaite?

Il ressortait donc de nos premières études sur la densité des moûts et sur leur composition chimique cet enseignement, que nos plantations d'arbres à cidre sont encombrées d'une multitude de variétés défectueuses qu'il faut éviter de multiplier, malgré la fertilité exceptionnelle de quelques-unes, et que les nouvelles que l'on crée avec des pommiers obtenus de semis sans les avoir épurés par un choix très-scrupuleux, ne donneront à leur tour que des produits très-médiocres et constamment inférieurs à ceux qui proviennent d'arbres greffés en bonnes variétés anciennes.

En présence d'un état de choses qui semblait présager la ruine d'une des plus intéressantes industries agricoles du nord-ouest de la France, il nous paraît opportun de signaler à l'attention des hommes compétents les effets désastreux dus au système tant vanté de nos jours, lequel consiste à planter, sans les greffer et sans connaître leur mérite, les jeunes pommiers de semis qui, dans la pépinière, présentent des indices dits de bon augure, persuadé que si l'on ne remédiait, dès à présent, à l'abaissement considérable du niveau de la qualité des fruits amené par ce système, l'usage du cidre, au lieu de se propager, irait fatalement en se restreignant, et que l'on verrait, dans un temps peu éloigné, cette industrie, pleine d'avenir aujourd'hui, réduite à la fabrication d'un produit de simple consommation locale; aussi ne saurions-nous trop recommander aux pépiniéristes, aux fermiers, aux propriétaires, à tous ceux, en un mot, qui s'occupent de la culture des arbres à cidre, de ne planter que des variétés qui fournissent des fruits de premier mérite; aux brasseurs, de ne jamais oublier que s'ils payent une pomme dont la densité du moût est de 1,036 à 1,044, 5 à 6° Baumé, sans tannin, très-acide et peu parfumée, le même prix qu'ils accorderaient à un fruit marquant 9, 10 ou 11°, chargé de tannin, de mucilage et de parfum, ils en éprouveront un préjudice énorme, car ils débourseront la valeur de 100 hectolitres de pommes pour ne recevoir, en réalité, que les principes utiles de 60, en estimant à 1,075 ou 10° la densité moyenne du moût des bons fruits.

Dosage du sucre. — La détermination de la quantité de sucre contenue dans un moût, a pour base la réaction qu'exerce le sucre de fruits sur une solution alcaline de tartrate cupro-potassique dont la composition a été donnée par M. Fehling.

Pour préparer cette liqueur, on fait dissoudre 130 gr. de soude caustique dans 500 gr. d'eau distillée et on y ajoute une solution de 160 gr. de tartrate neutre de potasse dans 100 gr. d'eau distillée; ces deux solutions doivent être faites à l'aide d'une douce chaleur et mélangées chaudes. On verse peu à peu, et en agitant, une solution de 40 gr. de sulfate de cuivre cristallisé dans 160 gr. d'eau distillée. A chaque addition il se forme un précipité bleu qui disparaît promptement, et la liqueur garde une belle couleur bleue. On complète le volume à l'aide de l'eau distillée, de façon à obtenir 1,155$^{c.c.}$ cubes de liquide. 10$^{c.c.}$ de cette liqueur sont réduits par 5 centigrammes de sucre de fruits, ce qui est manifesté par la décoloration de la liqueur.

Voici comment on doit opérer pour doser le sucre : on mesure un volume connu de moût de pomme ou de poire et on commence par le décolorer en y versant une solution très-concentrée de sous-acétate de plomb, tant qu'il se forme un précipité. On filtre, on lave le filtre et on reconstitue le volume primitif du moût, puis on introduit ce liquide dans une burette divisée en dixièmes de centimètre cube.

On verse alors 10$^{c.c.}$ de liqueur de Fehling dans un ballon en verre ou même dans une capsule de porcelaine; on y ajoute 40$^{c.c.}$ d'eau distillée et on porte à l'ébullition.

On mêle d'autre part 10c.c. de moût et 190c.c. d'eau distillée. On verse goutte à goutte le moût étendu dans la liqueur bouillante, que l'on remue sans cesse au moyen d'un agitateur en verre, si l'on opère dans une capsule, ou que l'on agite à la main, si l'on fait usage d'un ballon. On observe avec attention la coloration de la liqueur, et quand elle paraît avoir à peu près passé du bleu au jaune rougeâtre, on laisse reposer le vase à l'abri du feu. La liqueur s'éclaircit; si elle paraît encore verdâtre, on porte de nouveau à l'ébullition et on ajoute du moût avec une grande lenteur, jusqu'à ce que la décoloration ait lieu.

Il est bon de vérifier cet essai par un ou deux autres.

Supposons que 6c.c.,20 de moût dilué au 20e, qui égalent 0c.c.,31 de moût pur, aient été nécessaires, il résulte de la composition de la liqueur que ces 0c.c.,31 de moût renferment 0gr,05 de sucre alcoolisable.

La proportion suivante donne la quantité de sucre contenue dans un litre :

0c.c.,31, moût employé : 0gr,050, titre de la liqueur :: 1,000c.c. : x — x = 161gr,29.

Le moût essayé contenait donc 161gr,29 de sucre par litre.

Tannin. — S'il est nécessaire de se servir de fruits qui contiennent une proportion très-élevée de sucre, il n'est pas moins utile de constater, au nombre de leurs éléments, la présence en assez grande quantité du *tannin* ou principe astringent.

Le tannin, appelé aussi acide tannique, est une substance particulière, de nature végétale, ayant une saveur âpre et astringente, et dont le type existe dans la noix de galle et l'écorce de chêne; son nom lui vient de ce qu'il est l'agent de tannage des peaux d'animaux.

Action hygiénique du tannin. — Le tannin est cette matière dont quelques millièmes dissous dans nos boissons suffisent à en fixer la saveur, à tempérer leur action excitante et à leur communiquer des propriétés toniques, parce qu'en pénétrant les tissus de l'économie, ils en resserrent soudain les fibres et que cette modification fibrillaire des organes rend tout à la fois leur texture plus solide et leurs mouvements plus énergiques et plus forts.

L'action salutaire du tannin dans les boissons fermentées en général est aujourd'hui si bien établie qu'une Commission de l'Académie de Médecine, lors de la discussion sur le vinage des vins, la définissait en ces termes (1) :

« Le tannin.... mêlé dans l'estomac, en faible proportion, aux matières albuminoïdes, s'y combine sans les coaguler et pénètre avec elles dans les vaisseaux sanguins, exerce sur la contractilité organique une action stimulante qui est évidemment précieuse. Mais, avant tout, il exerce sur la muqueuse gastrique une action styptique dont le premier effet est de ralentir l'absorption de l'alcool, et qui, en se continuant dans tous les tissus qu'il traverse avec lui, contribue certainement à atténuer les conséquences immédiates de son action catalytique sur les tissus hépatique et cérébro-spinal. Le *tannin* serait, en résumé, comme le correctif ou, plus exactement le *modérateur de l'alcool*, et c'est à lui principalement que le vin devrait d'être une boisson salutaire, en tout cas inoffensive, et dont l'usage à dose modérée peut être indéfiniment prolongé. Or, en fait, quel est le caractère qui, abstraction faite du bouquet et de la couleur, établit une démarcation tranchée entre les diverses espèces de vins... ? N'est-ce pas précisément la faible proportion de tannin que contiennent tous ceux qui se font remarquer par leurs propriétés excitantes, les vins blancs, en général, par rapport aux vins rouges, les vins de Bourgogne par rapport aux vins de Bordeaux ? »

Action du tannin sur les moûts. — A ses qualités hygiéniques, le tannin en joint deux autres également favorables : il est le *principe clarifiant* et *antiseptique* des cidres et le *régulateur de l'acte fermentatif*, car c'est lui qui, en contact avec l'albumine, le ferment et la pectine, forme, en se combinant à

(1) *Rapport sur le vinage des vins*, par M. le Dr Bergeron, au nom d'une Commission composée de MM. Béclard, Bergeron, Bouchardat, Gubler et Wurtz. — *Bulletin de l'Académie de Médecine*, 31 mai 1870, p. 408 et 409.

ces matières, une sorte de réseau filtrant qui enveloppe non-seulement les corps tenus en suspension mais encore ceux qu'ils tenaient dissous; il s'oppose ainsi à la maladie connue sous le nom de *graisse*, puis, diminuant la masse des substances fermentescibles, il les empêche d'exciter au sein des jus certaines perturbations dont le résultat final est souvent la production de l'acide butyrique, cette matière infecte qui se dégage parfois des lies du cidre et toujours des excréments de l'ivrogne.

Le tannin n'est pas l'agent direct de conservation des cidres. — Beaucoup de personnes voient dans le tannin *l'agent direct* de la conservation du cidre comme de toutes les boissons fermentées, du reste, ce qui n'est pas exact.

Il est bien vrai que, par suite de son action sur l'albumine et le ferment, il permet aux principes constitutifs des jus de subir une élaboration plus complète qui favorise la conservation ultérieure du liquide, mais on ne saurait trop se pénétrer de cette vérité que les principes auxquels le cidre doit sa durée sont le sucre d'abord, et l'alcool ensuite, qui seul jouit de la faculté de paralyser l'action du ferment et de maintenir l'équilibre entre tous les éléments végétaux ou minéraux en dissolution dans cette boisson, ce dont il est facile de fournir la preuve.

Ainsi, les grands vins de Sauterne et de Barsac, qu'on boit excellents partout, à Saïgon comme à New-York et à Saint-Pétersbourg, contiennent seulement, *le premier 0^{gr},080 de tannin* par kilog., *le second 0^{gr},085*, mais, en revanche, *ils titrent 15 °/$_{o}$ d'alcool absolu.*

Les cidres de Jersey, dépourvus de tannin et riches de 10 °/$_{o}$ d'alcool, sont expédiés dans les Indes où leur débit comme médicament est des plus suivis à cause de leurs propriétés excitantes peut-être (1)?

(1) *Procès-verbaux du Congrès*, p. 147. Lettre de M. James Gautier, propriétaire à Jersey, adressée à M. Elie, président de la Société d'horticulture de Saint-Lô. « ..... quand le cidre a eu six mois de bouteille, les fermiers ne craignent pas d'en déboucher une bouteille avec un ami et lorsque à deux, ils en ont vidé une, les oreilles sont assez chaudes. En le mettant en bouteilles, ils jettent un raisin sec dans la bouteille, ce qui donne un petit ferment au cidre, le rend pétillant et mousseux comme le champagne; aussi, *un seul verre fait autant d'effet sur le cerveau que quatre verres de cidre de Normandie.* »

Enfin, les cidres renommés de Francfort fabriqués de préférence, d'après le professeur Schlipf, de Hohenheim (Wurtemberg) à l'aide de deux variétés de la Reinette de Cassel, qui donnent à la boisson « de la force, de l'agrément et de la durée », offrent en moyenne 11 °/₀ d'alcool et pas un atôme de tannin!

Conditions dans lesquelles le tannin manifeste sa présence dans les cidres. — Malgré cette circonstance, les différents avantages attachés à la présence du tannin, *principe clarifiant, antiseptique et tonique des cidres, modérateur de l'action de l'alcool sur le foie et le cerveau*, nous ont engagé à rechercher en quelle proportion doit exister cette précieuse substance dans les moûts pour communiquer au cidre les mêmes propriétés salutaires que, d'un commun accord, les hygiénistes modernes attribuent au vin.

A cet effet, il a été préparé plusieurs assortiments de fruits de 1re, 2e et 3e saison, dont les moûts titraient par kilogramme depuis 1 jusqu'à 5 gr. de tannin; la fermentation tumultueuse étant achevée, on procéda au soutirage, puis à l'analyse, quand les jus furent arrivés au clair fin (juin 1870). A ce moment, les cidres issus des fruits renfermant primitivement 1, 2, 3 millièmes de tannin, ne contenaient plus de ce principe; ceux dans lesquels on en avait constaté 4 millièmes devenaient très-louches par l'addition de la liqueur d'épreuve, mais ne laissaient, au bout de 24 ou 30 heures de repos, qu'un léger précipité; enfin, le cidre provenant des fruits à 5 millièmes, lesquels étaient Bédan, Marin-Onfroy ou Ameret et Peau-de-Vache, offrait seul 1gr,377 de tannin, aussi en fîmes-nous réserve d'un certain nombre de bouteilles qu'on eut soin de bien boucher, ficeler et placer le goulot en bas.

Quantité de tannin contenu dans les vins et les bons cidres. — Ces jours derniers (fin juin 1874), il nous parut intéressant de savoir si ce cidre, aujourd'hui d'une diaphanéité parfaite, tenait encore du tannin après l'achèvement de sa clarification naturelle; nous en trouvâmes *1gr,033*.

Combien donc les vins rouges de la Gironde, remarquables entre tous sous le rapport hygiénique, renferment-ils eux-mêmes de ce principe? C'est ce que vont nous apprendre les travaux de M. Fauré, de Bordeaux, auquel on est redevable de l'analyse de 234 vins rouges et de 33 vins blancs choisis parmi les crûs les plus renommés des six arrondissements du département de la Gironde (1).

« Tous les *vins rouges* de notre département, écrit ce savant chimiste, contiennent une quantité de tannin qui peut être évaluée pour les plus chargés à 17 ou 18 centièmes, soit *1gr,700* à *1gr,800* par kilogramme et pour les plus faibles à 6 ou 8 centièmes, soit *0gr,600* à *0gr,800*; tandis que dans les *vins blancs* où ce principe se trouve le plus, la quantité doit en être exprimée par *1* ou *2 centièmes* seulement. »

De son côté, M. Delarue résumant ses analyses relatives aux vins rouges de la Bourgogne porte le poids moyen du tannin à 0gr,790.

Proportion du tannin que doivent contenir les moûts de pommes et de poires.—Or, si l'on rapproche des résultats obtenus par ces habiles chimistes, cette donnée, que les raisins rouges des meilleurs cépages possèdent de 4 à 6 et rarement 8 millièmes de tannin et les raisins blancs de 2 à 4 millièmes; puis cet autre, que le travail de la fermentation et de la clarification naturelle des moûts de pommes et de poires exige d'ordinaire 2 à 3 millièmes d'acide tannique, pour précipiter les matières pectiques et albuminoïdes échappées à l'action de l'alcool et des acides, quantité variable toutefois d'un millième à peu près, en plus ou en moins, selon que la maturation des fruits a eu lieu sous une constitution atmosphérique pluvieuse ou sèche, car l'humidité favorise singulièrement le développement des principes gommeux comme la chaleur et la sécheresse aident à la formation d'une plus grande propor-

(1) *Analyse chimique et comparée des vins du département de la Gironde*, par M. Fauré, pharmacien à Bordeaux. — Nouvelle édition. — 1860. — 2e et 6e tableaux et page 48.

tion de sucre; connaissant enfin les propriétés physiologiques du tannin, n'est-on pas autorisé à conclure que les pommes et les poires destinées à produire des boissons franchement salutaires et dont l'usage à dose modérée peut être indéfiniment prolongé, suivant les expressions du rapporteur de la Commission académique, devront offrir des moûts contenant 5 à 6 millièmes de tannin, si l'on veut faire bénéficier les cidres des heureuses qualités dont la nature a si largement doté ce précieux astringent.

Dosage du tannin. — On procède au dosage du tannin à l'aide d'une liqueur d'épreuve préparée avec 1gr,30 centigr. de sulfate de cinchonine pur, dissous dans 250 gr. d'eau distillée, acidulée par 5 gouttes d'acide sulfurique.

On verse tout d'abord 25 gr. de cette solution (sauf à en ajouter si besoin est) dans 50 gr. de jus filtré étendu de 40 gr. d'eau distillée; une fois le dépôt formé et le liquide surnageant éclairci (six heures environ), on filtre sur un papier séché et pesé à l'avance; on fait dessécher le tout (c'est-à-dire le papier et le dépôt resté à la surface) à une douce chaleur; on pèse de nouveau, on déduit le poids du papier et la différence constitue celui du tannate qui, multiplié par 20, représente le tannate renfermé dans 1 kilog. de suc frais.

Admettons, par exemple, qu'un moût de pomme ou de poire ait fourni 7gr,20 centigr. de tannate de cinchonine par kilogramme; pour connaître alors le poids réel du tannin on établira l'équation suivante :

1452 milligr. tannate de cinchonine type sont à 1000 milligr. tannin, comme 7,200 milligr. tannate trouvé sont à X poids réel du tannin; soit :

$$1452 : 1000 :: 7200 : x. — x. = 7,200 \times \frac{1000}{1452} = 4^{gr},958 \text{ milligr.}$$

Le kilogramme de moût renfermait, par conséquent, 4 grammes 958 milligrammes de tannin.

Ce procédé indiqué par Vagner en 1867 est d'une grande sensibilité, il a, de plus, l'avantage de séparer seul le tannin de ses dissolvants.

Mucilage. — Il est encore avantageux de rencontrer en proportion notable, dans les fruits de pressoir, ce principe doux et onctueux qui porte le nom de *mucilage* ou *pectosine* et qui résulte de la dissolution d'une matière amylacée dans l'eau de végétation des pommes à laquelle elle communique une certaine viscosité.

Cette matière composée de cellulose mucilagineuse et de pectine, n'est point totalement inerte ; état intermédiaire, pour une partie, de l'amidon du fruit vert et du sucre du fruit mûr, le mucilage opère lentement sa transformation ; il donne au liquide de l'onctuosité et du corps.

Le mucilage concourt à la conservation du cidre. — Comme le sucre, il participe aussi à la conservation du cidre, dans une mesure restreinte, il est vrai, puisque son poids ne dépasse guère un centième de la masse des jus, mais il s'oppose néanmoins à la conversion de l'alcool en acide acétique ou vinaigre, qui est la seconde phase de la décomposition des jus de fruits (1).

Notre conviction, à l'égard des propriétés du mucilage n'est pas de date récente : elle était née de l'observation de certains faits et notamment de la préférence exclusive accordée par les brasseurs de profession à cinq ou six variétés de fruits de deuxième et de troisième saison, telles que Rouge-Bruyère, Fréquin, Argile, Marin-Onfroy, Bédan, Germaine et Peau-de-Vache. L'opinion de ces praticiens était elle-même doublée de l'autorité scientifique d'hommes très-compétents, entre autres MM. de Courdemanche, Gervais et Thierry de Caen, qui, dès 1841, portaient en ces termes leur jugement sur les fruits de première et de troisième saison, ainsi que sur les cidres qui en proviennent : « Les cidres obtenus de pommes précoces sont généralement médiocres et ne peuvent se conserver longtemps ; cela tient à la mauvaise nature des fruits ; on fait, au contraire, avec les

(1) A. Hauchecorne ; *Cidre et Boisson, comment on doit les fabriquer et les conserver.* — Bayeux 1869. — *Congrès pour l'étude des fruits à cidre.* p. 199 et suiv.

pommes tardives, du cidre plus riche en alcool et qui se garde conséquemment plus longtemps. »

Or, nous avions cherché quelle pouvait être la cause de la faveur constante dont les pommes tardives étaient l'objet. Contenaient-elles plus de sucre que les fruits de la première saison ? Etaient-elles plus chargées de tannin? Le principe amer y dominait-il? Des essais comparatifs nous apprirent que les pommes des trois saisons appartenant aux variétés d'élite jouissaient d'avantages égaux sous ce rapport; mais nous fîmes la remarque que les variétés préférées étaient précisément les plus riches en mucilage parmi celles qu'on cultive dans les vergers français. En effet, la quantité de ce principe, lors de la maturité des fruits, s'élève, par kilogramme de jus, de 14 à 19 grammes, tandis que les meilleurs fruits précoces en donnent au plus 8 grammes.

La même particularité se présenta lorsqu'on soumit à l'analyse les variétés anglaises et allemandes qui, dans leur pays respectif sont employées à la fabrication des cidres les plus estimés; le mucilage s'y trouvait également en proportion très-élevée comme le démontre le tableau suivant (1) :

POMMES FRANÇAISES.

Poids du mucilage par kilogramme de moût :

Bédan	14	grammes.
Peau-de-Vache ancienne.	14	—
Germaine.	14	—
Argile (Rouge-Bruyère des environs de Rouen).	15	—
Argile grise.	15	—
Marin-Onfroy ou Ameret.	19	—
Ameret à cul gris.	20	—

(1) *Procès-verbaux du Congrès pour l'étude des fruits à cidre*; pages 135 à 138; 202 à 204; 238 à 248.

POMMES ANGLAISES.

Orange pippin	12	grammes.
Noir Binet	12	—
Romril	14	—
Downton pippin	15	—

POMMES ALLEMANDES

Casseler Reinette petite	12	—
Kleiner Fleiner	12	—
Parker's Pepping	12	—
Casseler Reinette grosse	13	—
Carpentin	14	—
Deutscher Goldpepping	18	—

En présence de résultats aussi concordants, fournis par des variétés anciennes et de provenances diverses, dont l'expérience de plusieurs siècles a établi la supériorité en dehors de toute idée théorique préconçue, n'est-il pas logique d'attribuer au mucilage une efficacité réelle dans la qualité des boissons, et de considérer comme favorable la rencontre de ce principe en certaine quantité chez les fruits destinés à fabriquer des cidres de longue durée?

Maintenant, est-ce à la pectosine mucilagineuse qui se convertit partiellement en matière sucrée, ou à la pectosine modifiée sous l'influence des combinaisons lentes qui s'opèrent dans les cidres, après la fermentation tumultueuse, que les fruits de prime abord très-riches en mucilage doivent les propriétés caractéristiques qui les font rechercher instinctivement des brasseurs?

Nous ne saurions l'affirmer, malgré la vraisemblance des deux hypothèses.

Toujours est-il que le fait de l'efficacité de la matière onctueuse des fruits existe; qu'il est incontestable que les pommes le plus amplement pourvues de cet élément fournissent des cidres plus moelleux, plus corsés et de meilleure garde que celles qui en renferment peu et qu'enfin à défaut d'une explication scientifique satisfaisante, il serait injuste de refuser au mucilage le rang auquel il a droit parmi les principes utiles des fruits de pressoir.

Dosage du mucilage. — On détermine le poids du mucilage en faisant évaporer dans une assiette de porcelaine, sur un feu très-doux et jusqu'à réduction de moitié, 50 gr. de jus filtré, on laisse refroidir et la liqueur étant introduite dans un flacon de verre, on la mélange avec 75 gr. d'alcool à 80° cent., le mucilage se précipite aussitôt; une demi-heure après, on jette le tout sur un filtre de papier séché et pesé et le précipité lavé à deux reprises avec chaque fois 30 gr. d'alcool à 80° cent. est ensuite soumis à l'action d'une douce chaleur jusqu'à siccité complète. On pèse alors le filtre tout gommé, on déduit le poids du papier et l'on a pour différence celui du mucilage qu'il faut multiplier par 20 pour obtenir la quantité renfermée dans 1 kilog. de moût.

Acides malique et tartrique. — Un point fort intéressant, est celui de savoir dans quelle proportion se trouvent les acides malique et tartrique libres ou combinés dans les moûts de pommes et de poires.

En France, les boissons acidules et piquantes, qui doivent surtout leurs qualités rafraîchissantes à de légères quantités d'acides malique, tartrique, citrique ou carbonique, plaisent généralement; mais les boissons où l'acidité domine sont loin d'être du goût du plus grand nombre, et si l'on employait des fruits très-chargés de ce principe comme on en cultive dans certaines localités, on s'exposerait à restreindre singulièrement la consommation du cidre.

Les Anglais et les Allemands admettent volontiers, il est vrai, des fruits acidulés dans la composition de leurs cidres, mais les Américains, tout en utilisant des fruits d'origine anglaise, leur font subir un temps assez long de cuvage qui a pour effet de les désacidifier sensiblement, et de les ramener à peu de chose près, au type de saveur le plus répandu en France.

L'acidité normale des pommes à cidre françaises les plus estimées, rapportée au type de l'acide sulfurique monohydraté, est de 1 à 1 millième 1/2 du poids des moûts, pour les fruits mûrs à point; celle des pommes de table du genre Calville. atteint 2 à 2 millièmes 1/2; celle des Reinettes, 3 à 3 millièmes 1/2, tandis que celles des pommes sauvages, connues sous le nom de Pommattes dans le département de l'Aube, ailleurs sous le nom de Surets, s'élève jusqu'à 7, 8 et même 13 millièmes.

L'acidité des poires de table se trouve presque toujours dans des conditions analogues à celles des pommes à cidre, mais les poires à brasser offrent d'assez larges écarts; le plus grand nombre contient 2 à 3 millièmes d'acide, les Saugiers 5, et quelques autres 8 millièmes.

Dosage de l'acidité totale des moûts. — L'acidité des moûts de pommes et de poires n'est pas très-facile à préciser, rigoureusement parlant, car elle est due à plusieurs acides tels que l'acide malique, l'acide tartrique et l'acide tannique, qui se trouvent en proportions très-différentes dans chaque espèce comme dans chaque variété des fruits de pressoir, l'acide malique toutefois, étant prépondérant dans les pommes, pour laisser dominer à son tour l'acide tartrique dans les poires; si bien que si l'on choisit l'un ou l'autre de ces acides pour type, on ne peut arriver à des chiffres exacts, leur capacité de saturation n'étant pas la même; aussi, nous a-t-il paru plus convenable, à cause de la fixité du résultat, de rapporter l'acidité de ces fruits à la capacité de saturation d'un acide connu, l'acide sulfurique monohydraté, par exemple.

Quant au mode opératoire, il est des plus simples.

On garnit d'une solution titrée de potasse caustique une burette graduée, dont chaque division représente 1 dixième de centimètre cube, on verse cette solution goutte à goutte dans 10 centimètres cubes de moût filtré, on s'arrête dès que le papier bleu de tournesol plongé dans le liquide n'éprouve aucun changement, et la lecture faite avant et après sur le tube gradué indique la quantité de solution alcaline employée.

Cette dernière se prépare, en introduisant $4^{gr},70$ de potasse caustique dans un flacon jaugé à 1 litre qu'on remplit d'eau distillée, on agite jusqu'à dissolution complète.

On titre cette solution de potasse au moyen de $4^{gr},90$ d'acide sulfurique (équiv. 49) dilués dans un litre d'eau distillée.

Si, dans 10 centimètres cubes de la solution acide, on verse goutte à goutte la solution de potasse jusqu'à saturation, on arrive à reconnaître qu'il faut un certain nombre de centimètres cubes de celle-ci, 16 par exemple, pour neutraliser la première. Cette quantité 16 devient donc le titre de la solution de potasse.

Maintenant, si pour saturer les 10 centimètres cubes de moût de pommes ou de poires, on a employé 3 centim. cubes 5 de la solution de potasse, ce qui arrive très-fréquemment pour les pommes mûres à point, on détermine le poids de l'acidité du moût par la proportion suivante :

$16^{c.c.}$ titre de la solution de potasse : 0,049 équivalent de l'acide sulfurique :: $3^{c.c.}5$ quantité de solution alcaline employée : x — x = 0,01071 pour 10 centimètres cubes, soit $1^{gr}071$ par litre. Ce qui signifie que 1 litre du moût analysé est acide, comme le seraient $1^{gr}071$ d'acide sulfurique monohydraté étendus de la quantité d'eau nécessaire pour avoir le volume d'un litre de moût.

Parfum et amertume. — A l'égard du *parfum* et du *principe amer*, ne suffit-il pas de rappeler ce que tout le monde sait déjà ? C'est qu'ils accroissent notablement les qualités hygiéniques des boissons, en rendant celles-ci plus savoureuses et plus digestives.

Conclusion.—Ici se termine l'examen des principes dont la réunion en d'heureuses proportions constitue les fruits d'élite ou fruits complets tels que : Blanc-Mollet, Muscadet, Amer-Doux, Martin-Fessard, Paradis, Rouge-Bruyère, Fréquin, Argile, Germaine, Bédan, Peau-de-Vache, Marin-Onfroy ou

Ameret, ou Roquet, qui de l'assentiment de tous les brasseurs doivent être classés au premier rang.

Aussi les prîmes-nous pour base de nos études, lorsque nous résolûmes de substituer l'analyse chimique à la dégustation, comme moyen de déterminer d'une façon plus certaine la nature et la proportion des éléments utiles à la constitution des bons fruits de pressoir.

Si l'on compare, en effet, ces variétés aux raisins des cépages en renom, on s'aperçoit bientôt qu'elles ont avec eux de nombreux points de ressemblance; car on y retrouve à peu près les mêmes principes, bien qu'en moindre quantité généralement, ce qui explique la nécessité, suivant nous, de recourir aux semis pour arriver à se procurer tout à la fois, des arbres sains et fertiles et des fruits similaires aux bons raisins, c'est-à-dire capables de produire des boissons commerçables, trois qualités que l'on ne trouve jamais réunies dans les variétés anciennes.

Pommes spéciales pour cidres d'amateurs. — En conseillant aux cultivateurs d'accorder dans les plantations une très-large place aux variétés à fruits complets, qui donneront des cidres renfermant de l'alcool et du tannin en quantités suffisantes pour constituer des boissons hygiéniques, et en même temps propres à être transportées et conservées, nous sommes loin de penser qu'on doive bannir de nos pommeraies ces quelques arbres à fruits parfumés et savoureux comme : Doux-à-Laignel ou Vagnon-Rouge, Gros-Fréquin d'Avranches, Rouge-Jérôme, Bedan-Hellouin, Gros-Œil, etc., auxquelles on est redevable des cidres légers, moelleux et vifs *qui rappellent leur buvéur,* par le bouquet agréable et fin qui les caractérise et les rend d'une facile digestion.

Ces pommes, à la vérité, font presque toutes, des cidres qui, semblables aux petits vins, manquent de solidité, supportent mal les voyages et demandent à être consommés sur place, et autant que possible au bout d'une année; cependant, si l'on a pris soin de surveiller la fermentation, d'opérer le soutirage en temps utile et de loger le produit dans des fûts de petite capacité, on arrive à prolonger leur existence d'une année encore.

Essai pratique des moûts. — Après avoir donné les moyens d'apprécier les moûts de pommes et de poires par l'analyse qualitative et quantitative de leurs éléments principaux, nous indiquerons un procédé d'essai tout pratique à l'aide duquel les personnes peu familiarisées avec les manipulations chimiques pourront néanmoins se rendre compte du mérite des fruits.

Voici comment on devra opérer :

On commencera par écraser ou râper une douzaine de fruits mûrs à point, en exprimer le jus et le filtrer au papier.

Veut-on connaître la *densité*, c'est-à-dire la quantité approximative de *sucre* que renferme ce jus ? Il suffit pour cela de le verser dans une éprouvette à pied, d'y plonger un densimètre, de lire sur l'échelle le nombre de degrés et de jeter un coup d'œil sur le tableau ci-après ; on y trouvera tout à la fois, abstraction faite, bien entendu, de la matière extractive et des sels, le poids du sucre et le volume en centième d'alcool qu'il produira par la fermentation (1).

L'*acidité*, l'*amertume* et le *parfum* seront jugés par l'odorat et par le goût.

On dosera le *tannin* en suivant les indications formulées précédemment, à la page 121.

Enfin l'abondance ou la rareté du *mucilage* sera décelée en versant une cuillerée de moût dans une soucoupe à laquelle on imprime un mouvement lent de rotation ; le liquide suit l'impulsion donnée avec d'autant moins de promptitude qu'il est plus onctueux et par conséquent plus chargé de mucilage.

Voilà certes des procédés d'essai que leur grande simplicité doit contribuer à vulgariser ; ils aideront, sans aucun doute, les pépiniéristes dans leur tâche difficile de multiplicateurs, car ils les mettront à même de distinguer positivement les variétés médiocres ou mauvaises qu'il faut exclure de nos vergers, de celles de premier mérite qu'il convient seules de répandre à profusion.

(1) Le densimètre ou mustimètre, comme le pèse-sels de Baumé, est un instrument fort simple, peu dispendieux et facile à employer par tout le monde.

TABLEAU INDICATIF

du poids du sucre contenu dans un litre de moût de pommes (suc frais) et du volume en centième d'alcool absolu qu'il produira par la fermentation.

1

Densimètre ou mustimètre	Aréomètre de Baumé	Poids du sucre par litre de moût	Alcool absolu en volume	Densimètre ou mustimètre	Aréomètre de Baumé	Poids du sucre par litre de moût	Alcool absolu en volume	Densimètre ou mustimètre	Aréomètre de Baumé	Poids du sucre par litre de moût	Alcool absolu en volume
	degr.	gram.	centilit.		degr.	gram.	centilit.		degr.	gram.	centilit.
1036	5	69	4,22	1061		135		1086		202	
37		71		62		138		87		205	
38		74		63		141		88		207	
39		77		64		143		89		210	
40		79		65		146		90		213	
41		82		66		149		1091	12	215	13,41
42		85		1067	9	150	9,14	92		217	
43		88		68		153		93		221	
1044	6	90	5,49	69		157		94		223	
45		93		70		159		95		226	
46		95		71		162		96		229	
47		98		72		165		97		231	
48		101		73		167		98		234	
49		103		74		170		99		237	
50		106		1075	10	173	10,54	1100	13	239	14,57
51		109		76		175		101		242	
1052	7	111	6,76	77		178		102		245	
53		114		78		181		103		247	
54		117		79		183		104		250	
55		119		80		186		105		253	
56		122		81		189		106		255	
57		125		82		191		107		258	
58		127		1083	11	194	11,83	108	14	261	15,91
59		130		84		197		109		264	
1060	8	133	8,41	85		199		110		266	

Poids du sucre contenu dans un litre de moût et volume en centilitre d'alcool absolu à produire.

Densimètre ou mustimètre	Aréomètre de Baumé	Poids du sucre par litre de moût	Alcool absolu en volume	Densimètre ou mustimètre	Aréomètre de Baumé	Poids du sucre par litre de moût	Alcool absolu en volume	Densimètre ou mustimètre	Aréomètre de Baumé	Poids du sucre par litre de moût	Alcool absolu en volume
	degr.	gram.	centilit.		degr.	gram.	centilit.		degr.	gram.	centilitr.
1000	0			1037		81		1074		170	
1	1	2		38		83		1075	10	173	10,54
2		4		39		86		76		175	
3		6		40		88		77		178	
4		8		41		90		78		181	
5		11		42		92		79		183	
6		13		43		95		80		186	
1007	1	15	0,91	1044	6	97	5,91	81		189	
8		17		45		99		82		191	
9		19		46		101		1083	11	194	11,83
10		22		47		103		84		197	
11		24		48		106		85		199	
12		26		49		108		86		202	
13		28		50		110		87		205	
1014	2	30	1,82	51		112		88		207	
15		33		1052	7	114	7,01	89		210	
16		35		53		117		90		213	
17		37		54		119		1091	12	215	13,11
18		39		55		121		92		217	
19		41		56		123		93		221	
20		44		57		125		94		223	
21		46		58		128		95		226	
1022	3	48	2,92	59		130		96		229	
23		50		1060	8	132	8,04	97		231	
24		53		61		134		98		234	
25		55		62		137		99		237	
26		57		63		139		1100	13	239	14,54
27		59		64		141		101		242	
28		61		65		143		102		245	
1029	4	64	3,90	66		145		103		247	
30		66		1067	9	148	9,12	104		250	
31		68		68		151		105		253	
32		70		69		154		106		255	
33		72		70		157		107		258	
34		75		71		161		1108	14	261	15,91
35		77		72		164					
1036	5	79	4,81	73		167					

Mode de confection des tableaux précédents. — Il est bon qu'on sache en vertu de quels principes nous avons procédé à la confection des tableaux précédents, afin de pouvoir contrôler nos chiffres et les redresser au besoin.

Le rapport des degrés de l'aréomètre de Baumé avec la densité des liquides, est celui qui figure dans la dernière édition de la *Pharmacopée française*.

On a calculé la quantité d'extrait sec contenu dans chaque kilogramme de moût d'après la formule de M. Dubrunfaut :

$$Q = D - \frac{1000 \times 1000}{1600 - 1000} \times 1,6.$$

Ce qui veut dire qu'ayant, par exemple, un jus marquant 5°, ou d'une densité de 1036 (D), on retranche de 1036 le nombre 1000, il reste 36 qui, multiplié par 1000, donne un produit de 36000 qu'on divise par 1600 moins 1000 ou 600, le quotient est 60 qui exprime la quantité de centimètres cubes de matière solide en volume, on le multiplie par 1,6 pour l'avoir en poids; le produit 96 indique que dans chaque litre de moût à 5°, il y a 96 grammes d'extrait sec (Q).

Les essais analytiques opérés à l'aide de la liqueur de Fehling, nous ayant appris que le rapport de la densité des fruits à celui de la matière non alcoolisable était en moyenne, de 27 gr. de cette dernière par litre de jus, il convient pour avoir le poids réel du sucre, de défalquer les 27 gr. de la quantité d'extrait sec, ce qui dans l'espèce ramène le chiffre de 96 à 69 gr.

A ce propos, nous ferons remarquer que le poids de la matière non-alcoolisable contenue dans les jus de pommes est assez sujet à varier; il ne dépasse guère 16 à 18 gr. par litre chez les fruits de première saison, s'élève de 25 à 28 chez ceux de la deuxième, pour atteindre de 26 à 32 chez les fruits tardifs. Il arrive aussi que les fruits récoltés sur de jeunes arbres, comme ceux qui proviennent d'arbres de semis sont beaucoup moins riches en sels minéraux que ceux venus sur des arbres âgés et surtout sur des variétés cultivées depuis fort longtemps.

Le rendement alcoolique a été établi en conformité des travaux de M. Pasteur, indiquant un produit net de 484 grammes

60 d'alcool absolu pour 1 kilog. de sucre de fruits ou directement alcoolisable; enfin on a suivi les données de Gay-Lussac estimant le litre d'alcool à 794,7 pour déterminer la relation du poids au volume de ce liquide.

Usage des tableaux ci-dessus. — L'usage de ces tableaux est très-simple, quelques exemples les rendront tout-à-fait familiers :

N° 1. — Un brasseur ou un pépiniériste, pèse un jus offrant au densimètre 1060 ou 8° B.; le tableau indique par litre 133 gr. de sucre et 8 centil. 11 d'alcool, cela veut dire qu'un hectolitre de ce jus renferme 13 kilog. 300 gr. de sucre et qu'après sa fermentation achevée, c'est-à-dire lorsque ce jus sera arrivé à ne peser que 1000 au densimètre ou 0° B., on trouvera dans cette quantité de cidre 8 litres 11 centilitres d'alcool absolu ou à 100° centésimaux.

Un autre jus marque 1083 au densimètre, 11° B., ce sera 19 kilog. 400 gr. de sucre par hectolitre de jus et 11 litres 83 centilitres d'alcool pour le cidre, et ainsi de suite; mais comme dans la pratique courante, il y a souvent quelque déperdition d'alcool, on sera en général dans le vrai, en estimant le produit alcoolique à un centième du liquide par degré accusé à l'aréomètre de Baumé, c'est-à-dire que d'un hectolitre de jus primitivement à 7°, 8°, 9° ou 10°, ou recueillera 7, 8, 9 ou 10 litres d'alcool absolu.

N° 2. — Si le brasseur a pris soin de noter la densité des jus au moment de les mettre fermenter, il lui sera toujours facile de s'assurer, pendant la marche du travail, de la quantité d'alcool obtenu et de celui à obtenir sans recourir à une distillation.

Il avait, par exemple, un jus à 1075 au densimètre, 10° B., devant fournir 10 centil. 54 d'alcool; plus tard le liquide pèse 1036 ou 5° B., avec promesse de 4,81 d'alcool; une soustraction lui apprend qu'il a en ce moment, 5 centil. 73 d'alcool, et qu'il reste une quantité suffisante de sucre pour en recueillir encore 4,81.

Mais s'il ne connaît pas la densité primitive des moûts, et

qu'il veuille néanmoins savoir le titre alcoolique d'un cidre, il lui faut de toute nécessité distiller le produit, ce qui lui sera très-facile en se servant de l'alambic Salleron; puis, la richesse alcoolique étant constatée, il restera à prendre la densité du cidre et en additionner le produit alcoolique présumé avec celui obtenu de la distillation, pour reconstituer la densité primitive des fruits employés.

Ainsi, on achète un cidre marquant au densimètre 1014 ou 2° Baumé, il donne 6 p. 0/0 d'alcool par l'alambic Salleron, promet 1,82, total 7,82 qui permettent de fixer très-approximativement la densité du moût à 1060 ou 8° B.

Il est aisé de voir, par ce qui précède, combien la détermination de la densité du liquide cheminant vers l'état de cidre, même entre les mains les moins exercées à se servir des instruments d'essai, offre un moyen facile et prompt d'apprécier, au besoin, jour par jour, la décroissance du sucre et par suite la marche de la fermentation.

Les gros fruits sont-ils préférables aux petits? — La plupart de ceux qui ont eu l'occasion d'employer alternativement des gros et des petits pommages se sont montrés plus disposés en faveur de ces derniers, ne trouvant pas dans les gros fruits toutes les qualités que l'on rencontre assez fréquemment réunies dans les petits ou dans les moyens.

Chaque fois aussi qu'en présence du Congrès la discussion s'est engagée sur ce sujet, les opinions bien qu'assez partagées se sont toujours ralliées plus nombreuses pour recommander l'emploi des petits fruits.

Lors de la session qui se tint à Caen, plusieurs membres firent ressortir l'avantage des petits fruits sous le rapport de l'abondance de la récolte, de l'attache plus solide aux arbres, qui a pour conséquence moins de perte, de la force alcoolique de la boisson qu'on en tire et enfin de la plus grande quantité d'épiderme à poids égal, ce qui est important, puisque la partie du fruit en contact avec l'épiderme contient la portion la plus précieuse pour la fabrication du cidre.

D'autres personnes firent observer que, dans le Pays-d'Auge, les fruits dominants sont les gros et que leur produit fournit un litre d'alcool par huit à neuf litres de cidre, ce qui prouve suffisamment la force de celui-ci.

Enfin, un membre se fondant sur les données rigoureuses de la géométrie et sans contester la qualité des petits fruits, rappela qu'il est bon de ne pas perdre de vue, pour ce qui est de l'abondance du produit et de la quantité de l'épiderme, qu'un fruit de même forme qu'un autre, mais d'un diamètre double, offre quatre fois autant de surface et huit fois autant de substance, et que s'il avait un diamètre triple, la surface vaudrait neuf fois la première et le volume vingt-sept fois autant.

A Saint-Lô, la préférence fut également accordée aux petits fruits et la question portée de nouveau au programme de la session de Bayeux reçut cette réponse : « Ne vous attachez pas aux fruits de gros volume ; préférez ceux de grosseur moyenne et même les petits; car vous avez entendu dire : *petites pommes, gros cidre*. Choisissez toujours des variétés qui ont peu de jus, parce que ce sont celles qui donnent le cidre le plus fort et qui se conserve le mieux. (1) »

Quant à nous personnellement, nous conseillerons, sans hésiter, l'usage des fruits moyens ou petits, parce que nos recherches sur ce point nous ont appris que si les gros fruits sont, en général, aussi parfumés, parfois même plus parfumés, en apparence, mais plus aqueux, que les petits, propriétés qu'ils doivent au tissu moins serré de l'épiderme et du parenchyme, leur richesse saccharine et tannique est presque toujours inférieure ; en outre, les petits fruits, à mesure égale, sont plus pesants que les gros et renferment par conséquent une plus grande somme de principes utiles, ce qui justifie l'exactitude du dicton populaire cité à la session de Bayeux.

Il n'est pas de brasseur, en effet, qui ne sache que si l'hectolitre de petites pommes (circonférence 0m,10 et au-dessous) pèse 50 à 52 kilogrammes, celui de pommes moyennes (circonférence 0m,11 à 0m,15) pèse 47k,500 à 50 kilog. et que la même

(1) Congrès pour l'étude des fruits à cidre, *Procès-verbaux*, pages 7, 68, 174 et 191.

mesure de grosses pommes (0^m,16 à 0^m,20) pèse seulement 45 à 47 kilog., inconvénient sujet à s'accentuer encore si les fruits ont le cœur largement ouvert ou déchiré.

Poires à boisson. — Poires à eau-de-vie. — L'habitude contractée depuis longtemps de considérer le cidre de poires comme une boisson peu salubre, a dû nuire dans beaucoup d'endroits au développement des plantations de poiriers.

En vain, des hommes d'une grande autorité scientifique, tels que MM. Du Breuil, Girardin, (1) Morière, auxquels se sont associés plusieurs membres du Congrès (2), ont-ils essayé de réhabiliter le poirier par l'énumération des avantages réels qui se rattachent à la culture de cet arbre; en vain, ont-ils fait ressortir que le poirier prospère aussi bien dans les terres légères et peu fertiles que dans les terres fortes et humides qui sont défavorables au pommier; que ses fleurs résistent mieux aux gelées printanières, et que ses fruits, plus abondants et plus sucrés, mûrissent plus tôt et fournissent d'emblée beaucoup plus de jus que ceux du pommier; qu'enfin, on peut trouver un débouché facile pour le poiré, soit chez les marchands de vin des grandes villes, soit chez les distillateurs, soit même chez les vinaigriers. Tous ces avantages s'évanouissent en face d'un préjugé qui condamne le poiré comme boisson de mauvaise nature, capiteuse, enivrante et troublant le système nerveux, préjugé d'autant plus fâcheux, qu'il vient frapper de discrédit une des meilleures et des plus agréables boissons désaltérantes, si l'on prend soin d'appliquer au choix des variétés de poires, les mêmes principes qui nous ont guidés dans le classement des pommes à cidre. Servez-vous en effet de fruits très-sucrés, parfumés, *riches en tannin* et modérément acides, et vous obtiendrez des poirés très-bienfaisants.

Certes, s'il est une boisson qui réclame une dose élevée de

(1) J. Girardin, *Observations sur le poirier Saugier et sur son produit*, lues dans la séance publique de la Société centrale d'agriculture de la Seine-Inférieure, tenue le 7 mai 1834.

(2) *Procès-verbaux du Congrès pour l'étude des fruits à cidre*, p. 57, 58, 74 à 78, 237 et 297.

tannin, dans le but d'amoindrir l'action de l'alcool sur le cerveau, c'est, à n'en pas douter, le poiré, puisque l'expérience a démontré la force spiritueuse de cette liqueur et la promptitude avec laquelle elle occasionne l'ivresse, aussi insisterons-nous vivement sur la nécessité d'assortir les fruits en vue de préparer des poirés franchement salutaires, résultat facile à atteindre par l'emploi de variétés d'élite, entre autres, Poire-de-Souris, de Navet, de Carizi-Blanc auxquelles on pourra joindre des fruits très-parfumés dont l'acidité ne dépassera pas, autant que possible, 3 millièmes du poids des moûts, car il est essentiel de se rappeler que les meilleures poires à cidre contiennent peu de mucilage ou principe onctueux et que les boissons à en provenir sont exposées, de ce fait, à présenter une saveur acerbe qui n'est pas prisée de tout le monde.

Quant aux poires dans lesquelles le titre acide est supérieur à 5 millièmes, il faut d'autant moins songer à les utiliser sous forme de boissons qu'elles offrent seulement des traces de tannin et qu'elles se trouvent alors dans les conditions défavorables qui justifient les reproches qu'on adresse aux poirés en général.

Il convient de réserver cette sorte de fruits pour la distillation, on en tire ainsi profit, par suite de l'eau-de-vie de très-bonne qualité qu'ils fournissent.

Les poires et les pommes admettant des éléments constitutifs semblables, nous ne reviendrons pas sur le mode d'essai particulier des moûts de poires, il nous suffira pour compléter l'étude de ces fruits de donner les deux tableaux suivants que motive le poids plus élevé de sucre contenu dans les poires.

En effet, la quantité de matière non alcoolisable que renferment ces dernières n'atteint pas à beaucoup près celle des pommes, elle est de 12 millièmes au plus bas et de 22 au plus haut, encore ces deux chiffres sont-ils exceptionnels; la quantité trouvée le plus fréquemment étant de 15 millièmes, on a réglé les tableaux sur ce chiffre.

TABLEAU INDICATIF

du poids du sucre contenu dans un litre de moût de poires (suc frais) et du volume en centième d'alcool absolu qu'il produira par la fermentation.

Densimètre ou mustimètre	Aréomètre de Baumé	Poids du sucre par litre de moût	Alcool absolu en volume	Densimètre ou mustimètre	Aréomètre de Baumé	Poids du sucre par litre de moût	Alcool absolu en volume	Densimètre ou mustimètre	Aréomètre de Baumé	Poids du sucre par litre de moût	Alcool absolu en volume
	degr.	gram.	centilit.		degr.	gram.	centilit.		degr.	gram.	centilit.
1036	5	81	4,93	1061		147		1086		214	
37		83		62		150		87		217	
38		86		63		153		88		219	
39		89		64		156		89		222	
40		91		65		158		90		225	
41		94		66		161		1091	12	227	13,83
42		97		1067	9	163	9,93	92		229	
43		100		68		166		93		233	
1044	6	102	6,22	69		169		94		235	
45		105		70		171		95		238	
46		107		71		174		96		241	
47		110		72		177		97		243	
48		113		73		179		98		246	
49		115		74		182		99		249	
50		118		1075	10	185	11,27	1100	13	251	15,30
51		121		76		187		101		254	
1052	7	123	7,50	77		190		102		257	
53		126		78		193		103		259	
54		129		79		195		104		262	
55		131		80		198		105		265	
56		134		81		201		106		267	
57		137		82		203		107		270	
58		140		1083	11	206	12,55	1108	14	273	16,64
59		142		84		209		109		276	
1060	8	145	8,84	85		211		110		278	

Poids du sucre contenu dans un litre de moût de poires et volume en centilitre d'alcool absolu à produire.

Densimètre ou mustimètre	Aréomètre de Baumé	Poids du sucre par litre de moût	Alcool absolu en volume	Densimètre ou mustimètre	Aréomètre de Baumé	Poids du sucre par litre de moût	Alcool absolu en volume	Densimètre ou mustimètre	Aréomètre de Baumé	Poids du sucre par litre de moût	Alcool absolu en volume
	degr.	gram.	centilit.		degr.	gram.	centilit.		degr.	gram.	centilit.
995		0		34		90		73		180	
996		2		35		92		74		182	
997		4		1036	5	94	5,35	1075	10	185	11,27
998		6		37		97		76		187	
999		9		38		99		77		190	
1000		11	0,66	39		101		78		193	
1		13		40		103		79		195	
2		16		41		106		80		198	
3		18		42		108		81		201	
4		20		43		110		82		203	
5		23		1044	6	113	6,88	1083		206	12,55
6		25		45		115		84		209	
1007	1	27	1,64	46		117		85		211	
8		30		47		120		86		214	
9		32		48		122		87		217	
10		34		49		124		88		219	
11		36		50		127		89		222	
12		39		51		129		90		225	
13		41		1052	7	131	7,98	1091		227	13,83
1014	2	43	2,62	53		133		92		229	
15		46		54		136		93		233	
16		48		55		138		94		235	
17		50		56		140		95		238	
18		53		57		143		96		241	
19		55		58		145		97		243	
20		57		59		147		98		246	
21		60		1060	8	150	9,14	99		249	
1022	3	62	3,78	61		152		1100		251	15,30
23		64		62		154		101		254	
24		66		63		157		102		257	
25		69		64		159		103		259	
26		71		65		161		104		262	
27		73		66		164		105		265	
28		76		1067	9	166	10,12	106		267	
1029	4	78	4,75	68		168		107		270	
30		80		69		170		108		273	16,64
31		83		70		173		109		276	
32		85		71		175		110		278	
33		87		72		177					

Résumé. — Les expériences et les faits qui précèdent ne semblent-ils pas nous autoriser à poser en principe :

1° Que les pommes et les poires de pressoir destinées à fabriquer des boissons supérieures au point de vue des qualités hygiéniques, de la conservation et de l'état commerçable, doivent être des fruits complets;

2° Qu'une densité de 1075 ou 10 degrés Baumé est un minimum qu'il est bon d'élever le plus possible, parce que de l'abondance du sucre naît la richesse alcoolique qui assure, à son tour, la longévité des boissons;

3° Qu'on ne saurait rechercher avec trop d'empressement les fruits qui contiennent du tannin dans une proportion voisine de 5 millièmes au moins pour utiliser les différentes propriétés dont la nature s'est plu à favoriser ce précieux élément;

4° Que la présence de 12 à 15 millièmes de mucilage communique plus tard aux cidres, de l'onctuosité et du corps;

5° Qu'une acidité moyenne de 1gr,071 par kilogramme de moût de pomme, et de 3 gr. pour la même quantité de moût de poire, suffit pour obtenir une bonne fermentation alcoolique sans avoir à redouter une acidification ultérieure.

On nous objectera peut-être que les fruits d'élite dont nous préconisons l'usage avec tant d'insistance, sont assez rares aujourd'hui dans les vergers où leur introduction soudaine et en grand nombre, ne pourrait s'accomplir qu'aux dépens de l'anéantissement de variétés en plein rapport; ce serait mal comprendre notre pensée que de l'interpréter ainsi; car en conseillant de cultiver les meilleures variétés de pommes et de poires, nous n'entendons nullement par là troubler l'équilibre de la culture et de la production actuelles, il ne s'agit point de détruire; ce que nous appelons de tous nos vœux, au contraire, c'est l'amélioration progressive de ce qui existe et l'installation sur les meilleures bases possibles de ce qui est à planter.

CHAPITRE V

DESCRIPTION DES MEILLEURES VARIÉTÉS DE FRUITS DE PRESSOIR.

Observations préliminaires. — La liste des fruits de pressoir que nous croyons pouvoir recommander aux propriétaires et aux cultivateurs pour la plantation des vergers, dressée d'après les règles exposées dans le chapitre précédent, ne comporte qu'un bien petit nombre de variétés, puisqu'elle ne contient que quarante-sept pommes et seulement quatre poires.— La masse des sortes anciennes ou nouvelles dont nous avons eu à nous occuper, soit qu'elles fûssent mentionnées dans les *Procès-verbaux* du Congrès ou dans les travaux antérieurs de la Commission de pomologie de la Société d'horticulture de la Seine-Inférieure, soit qu'elles nous aient été soumises à la suite des sessions du Congrès ou dans les années durant lesquelles ses membres ne se sont pas réunis, se nombrent par un chiffre 30 ou 40 fois plus considérable que celui du présent catalogue ; mais il était nécessaire d'éliminer la multitude de fruits médiocres qui surabondent dans les pommeraies et dont le mélange inconsidéré avec les bons abaisse dans une proportion considérable la qualité des cidres (1).

(1) Une correspondance adressée à la Société d'horticulture de Rouen, par l'un de ses membres, témoigne hautement combien sont peu riches en principes utiles les fruits cultivés dans nos campagnes. « La densité des moûts purs que j'observe tous

On a dû également laisser de côté les pommes franchement acides, dont l'emploi dès longtemps abandonne dans plusieurs de nos départements, est reconnu défavorable à la préparation d'une boisson de bonne qualité et de bonne conservation.

Enfin, on a pensé qu'il était inutile de s'occuper de quelques pommes de grand mérite et que leur supériorité a suffisamment fait connaître, mais dont on est contraint de cesser la culture, parce qu'elles végètent fort mal, là même où elles prospéraient jadis; telles sont : la Peau-de-Vache, le Marin-Onfroy ou Ameret, le Girard, etc.

Des recherches plus prolongées, faites dans des pays producteurs de cidre et de poiré peu ou pas explorés eûssent, sans aucun doute, modifié la liste que nous donnons, et, pour ce qui est des poires en particulier, l'addition qu'elles auraient permis d'y faire de quelques bonnes variétés d'élite l'eût complétée très-avantageusement. — L'avenir comblera ces lacunes, d'autres feront ce qu'il n'a été donné ni au Congrès ni à nous de faire. — Si on a réussi à appeler sur ce point l'attention des hommes d'initiative rapprochés des pays plus spécialement adonnés à la culture du poirier et à la fabrication des boissons qu'on en retire, on doit espérer que la lacune que nous signalons sera aisément remplie.

Quant au catalogue des pommes de pressoir que nous présentons, on peut regretter qu'il ne signale pas tout ce qui est véritablement méritant, mais on concevra facilement que le Congrès, bien qu'il ait tenu ses sessions dans sept localités différentes, situées dans six départements, avec lesquelles on s'est depuis efforcé d'entretenir des relations, n'ait pas eu sur les variétés cultivées au loin, des notions aussi complètes que sur celles qui sont répandues dans le voisinage de son centre d'ac-

les ans depuis 1832, écrit de Blangy-sur-Bresle, M. Dallier-Gosselin, le 29 janvier 1874, a été de cinq à neuf degrés de l'aréomètre de Baumé, à la température de quinze degrés centig., les deux chiffres extrêmes sont exceptionnels ; le plus grand nombre des indications aréométriques annuelles étant de sept à huit degrés. » — Donc, si on s'en rapporte à M. Dallier-Gosselin, observateur soigneux et attentif, pas un moût dont la densité égale celle de nos bonnes variétés : la Peau-de-Vache, le Bédan, ou l'Argile, par exemple.

tion. D'ailleurs, si nous ne faisons erreur, la liste telle qu'elle a été dressée, demande bien moins à être *beaucoup* étendue (1), qu'à être successivement modifiée par le remplacement du bon par le meilleur à tous les degrés et à tous les points de vue.

Dès à présent, d'ailleurs, notre liste semble répondre assez bien à toutes les exigences, puisqu'elle renferme des fruits de toute saison, doux et amers, propres aux boissons légères et gracieuses ou généreuses et de garde, colligés dans plusieurs départements quelquefois très-distants l'un de l'autre : Calvados, Eure, Ille-et-Vilaine, Manche, Oise, Orne, Seine-Inférieure, c'est-à-dire, dans sept départements sur dix grands producteurs de cidre.

Enfin, les personnes qui recherchent surtout, et non sans raison, des variétés de nouvelle obtention reconnaîtront que ce point n'a pas été négligé, puisque nous donnons la description et la figure, presque toujours coloriée, de seize gains tout nouveaux et totalement inédits, soigneusement étudiés dans leurs arbres et dans leurs fruits.

Classification des Pommes. — Le Congrès, dans toutes ses publications, a distribué les pommes à cidre en trois groupes, d'après l'époque à laquelle elles atteignent communément le

(1) Ce que les viticulteurs pensent de la grande multiplicité des raisins de cuve, nous paraît devoir s'appliquer tout aussi bien aux trop nombreux mélanges de variétés lors de la préparation du cidre, et militer en faveur de la culture d'un nombre restreint de variétés bien choisies parmi les fruits à cidre de chaque saison. — « Le principe d'un seul cépage dominant pour la constitution d'un vignoble est aujourd'hui admis par tous les viticulteurs qui se rendent compte des faits et de l'expérience acquise. Il n'existe pas, que nous sachions, un vin d'une certaine réputation produit par une collection de cépages, tandis que tous nos grands crûs ne sont généralement peuplés que d'une seule variété de vigne, à laquelle on ajoute, dans des proportions variables, une ou deux vignes blanches de premier choix. Telle est la méthode adoptée dans la Champagne, la Bourgogne, le Bordelais, à l'Ermitage et dans le Beaujolais, méthode que l'on ne saurait trop recommander à tous les propriétaires de vignes qui veluent suivre les saines notions de la viticulture et de la vinification. On objecterait en vain que certains cépages se complètent les uns par les autres, que l'un donne le tannin, l'autre la matière colorante, celui-ci l'alcool, celui-là la finesse et le bouquet; pour nous, la vigne qui ne réunit pas les qualités requises pour faire à elle seule un vin complet et solide, n'est pas digne de figurer dans un vignoble d'une certaine réputation. » — Rapport de M. Pulliat, au nom d'une Commission ampélographique. — *Comptes-rendus des trav. de la Soc. des agricult. de France* ; tome IV, 1873, p. 507.

degré de maturité voulu pour le brassage. En conséquence de cette donnée, les pommes ont été divisées en fruits de *première saison*, mûrissant en août-septembre; fruits de *deuxième saison*, mûrissant en octobre-novembre; fruits de *troisième saison*, mûrissant en décembre-janvier.

MM. Du Breuil et Girardin, distribuent également les pommes à cidre en trois classes, portant les dénominations ci-dessus, sans être néanmoins établies sur les mêmes bases. Pour eux, la première classe comprend les variétés précoces ou de *première saison*, mûrissant leurs fruits en septembre; la deuxième classe, les variétés moyennes ou de *deuxième saison*, mûrissant leurs fruits en octobre; la troisième, les variétés tardives ou de *troisième saison*, mûrissant leurs fruits en novembre (1).

Il semble que, pour cette distribution, les auteurs ont pris en considération autant l'époque de maturité sur l'arbre que le moment où, par suite de la maturation ultérieure, les fruits récoltés sont devenus propres à être brassés, c'est ce qui ressort, à défaut d'indication positive, de la place donnée au Rouge-Bruyère (Argile), parmi les pommes de première saison (septembre), et du classement parmi les fruits de novembre d'un certain nombre de pommes qui ne sont prêtes pour la presse qu'en décembre et janvier.

M. J. Morière distribue les pommes à cidre en deux groupes seulement : *Pommes précoces* ou de *première floraison; Pommes tardives* ou de *dernière floraison* (2). Nous croyons qu'on ne saurait considérer ces deux indications comme équivalentes, sans s'exposer dans la pratique à de nombreuses erreurs. Ainsi, le Blanc-Mollet, pomme très-précoce, ne fleurit que dans les premiers jours de mai, en même temps que Binet-Blanc, Binet-Rouge, Or-Milcent, tous fruits beaucoup plus tardifs, et postérieurement à d'autres variétés également tardives, la Sonnette, par exemple. Julien le Paulmier, à la fin du XVIe siècle, avait fait pareille remarque; en traitant des pommes Amer-Doux-Blanc, Court-d'Aleaume et Greffe-de-Monsieur, il dit que : « bien que les

(1) A. Du Breuil, *Cours élémentaire d'arboriculture*, Paris, 1851, in-12, p. 397 à 408.
(2) *Résumé des conférences agricoles sur le cidre*, 1860, in-18, p. 46.

arbres fleurissaient des derniers leurs fruits étaient néanmoins prêts à *sidrer* dès le mois de septembre (1). »

Le peu d'étendue de notre liste nous permet d'omettre la classification adoptée par le Congrès, et de nous contenter d'une simple distribution par ordre de maturité, commençant par les fruits les plus précoces et se terminant par les plus tardifs. Cette indication fournira des renseignements suffisants, soit qu'on ait en vue les plantations, l'époque des brassaisons, et les assortiments possibles lors de l'emploi des pommes.

On voudra bien se souvenir que les dates assignées sont bien plus relatives qu'absolues; la maturité d'une même variété pouvant être retardée ou avancée de quinze à vingt jours, et quelquefois davantage encore, suivant le pays, la nature du sol et son exposition, et dans un même endroit suivant la température de l'année. — La même observation s'applique aux époques de floraison.

Classification des Poires. — Les poires, à raison de la différence très-grande de la composition de leurs sucs, et par conséquent de l'action très-différente sur nos organes des boissons qu'elles fournissent, suivant que le tannin s'y rencontre en quantité suffisante pour modérer l'influence de l'alcool ou qu'il fait défaut, nous ont semblé devoir être distribuées en deux classes principales : Les poires spécialement propres à la préparation du poiré, et les poires spécialement propres à la fabrication de l'alcool (2). La liste en fût-elle plus considérable, la distribution d'après les époques de maturité pour le brassage adoptée pour les pommes, servirait très-utilement pour établir dans chaque groupe primordial, des subdivisions que le très-petit nombre des variétés décrites rend ici superflues.

(1) *Traité du Vin et du Sidre*, 1589, f°s 52, 53 v° et 54.
(2) Voir ci-dessus, p. 136.

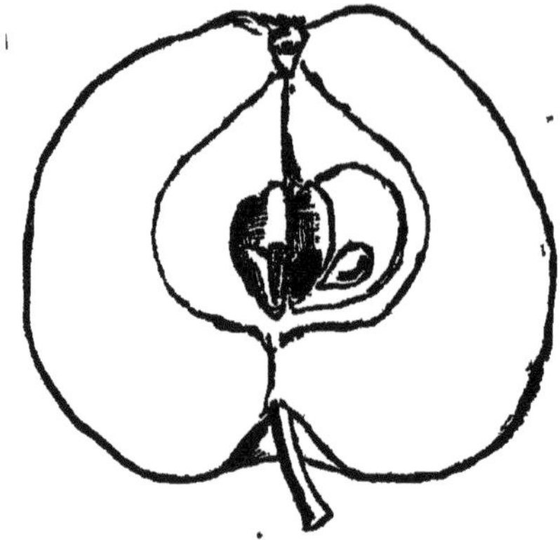

BLANC-MOLLET. — Fruit amer-doux, très-bon.

(*Fig. col. n° 1.*)

Histoire et bibliographie. — Pomme déjà ancienne, d'origine inconnue, très-répandue dans tous les pays à cidre du nord-ouest de la France. Elle est citée par Louis Dubois, *Du Pommier, du Poirier, etc.* Paris, 1804, in-12, t. I, p. 74, parmi les fruits à cidre de la Seine-Infre ; — par Renault, *Notice sur la nature et la culture du Pommier, etc.* Paris, 1817, p. 25, sous le nom de **Le Blanc** de l'Orne et du Calvados, avec syn. **Grande-Vallée** de la Manche et **Morelle** de l'Eure et de la Somme, tandis que cet auteur fait (p. 16) du **Blanc-Mollet** un syn. de son **Gros-Blanc** de l'Orne, qu'il range dans le groupe des fruits acides, lui donnant pour syn. **La Blanche** de la Somme et de l'Eure, la **Pomme de Neige** de quelques contrées ; — par M. J. Odolant-Desnos, *Traité de la cult. des Pommiers et des Poiriers, etc.* Paris, 1829, p. 107, qui signale pour pays de culture, sous le nom que nous lui conservons : Eure, Gournay, Oise, Pays-d'Auge, Pays-de-Caux et Roumois, avec syn : **Douce-Morelle** d'Aumale et **Grande-Vallée** ; — par de Brébisson, *Ann. des cinq départ. de l'Anc. Normandie*, Caen, 1841, p. 104 ; — par MM. Du Breuil et Girardin, *Cours élém. d'arboriculture*, par A. Du Breuil, Paris, 1851, p. 398, avec les syn. nouveaux : **Petit-Galop**, à Villedieu (Manche), **Ferrand** à Vire (Calvados), **Bonne-Race** à Les Pieux (Manche), **Petit-Jaunet** à St-Pierre-sur-Dives (Calvados), **Guibray** à Lisieux (Calvados) ; — par la Soc. d'horticulture de la Seine-Infre, *Pomologie*, t. II, p. 171, sous le nom de **Blanc-Mollet** et p. 198 sous le synonyme **Vagnon-Blanc** ; — par le Congrès, *Procès-verbaux*, sous les syn : **Petit-Girard** des environs de Bayeux (p. 17), de **Gros-Gérard** ou **Girard** du Calvados (p. 67), de **Ganette** à Noailles (Oise) (p. 118), avec addition des syn : **Blanc-Doux** à Bauvresse (Oise), **Amer-Blanc** à Marseille (Oise), de **Gros-Gannet** du Coudray et de **Blanche-Hâtive** à Le Coudray (Oise) (p. 119) ; — par la Soc. d'hort. de Beauvais, *Nomenclature alph. des princip. espèces de pommes à cidre cult. dans l'arrond. de Beauvais*, 1866 à 1867. p. 18. — Le *Congrès* en a publié l'analyse chimique, p. 135.

Arbre de moyenne grandeur, rustique, vigoureux et fertile, à branches divergentes, formant une tête large, arrondie, un peu surbaissée. — Pousses de l'année minces, assez longues, d'un rouge-brun, duveteuses, lenticelles très-petites ; bois de deux ans gris-verdâtre nuancé de roux, finement pointillé de blanc. — Boutons à bois rouges, duveteux ; boutons à fruit assez gros, blanchâtres.

FLORAISON : du 1er au 10 mai; fleurs moyennes, lavées de rose pâle.

FRUIT petit, à peu près symétrique, aplati à la base, irrégulièrement sphéroïdal dans son ensemble, à circonférence relevée de rudiments de côtes inégalement développées.

Epiderme luisant, jaune très-pâle, tirant sur le blanc, quelquefois nuancé de rose pâle du côté exposé au soleil, parcouru par quelques petites lignes rousses, parsemé de nombreux petits points roux et bruns et ordinairement de taches brunes arrondies, parfois confluentes.

Œil petit, fermé, à sépales courts, bruns, placé dans une cavité très-peu profonde, étroite, plissée, présentant parfois de petites bosselettes charnues, couronnée de protubérances inégales qui commencent les côtes du corps du fruit.

Pédoncule grêle, ligneux, de 12 à 15 millim., roux, inséré dans une cavité profonde, assez étroite, tapissée par une tache rousse, qui s'irradie à la base de la pomme.

Cœur moyen, élargi transversalement ; axe largement déchiré; loges ouvertes; pépins petits, ovoïdes, de couleur marron.

Chair blanche, tendre, se meurtrissant facilement ; eau peu abondante, sucrée, amère.

MATURITÉ : fin septembre et commencement d'octobre.

Jus coloré; densité 1075=10° Baumé.

Sucre alcoolisable	180, »
Tannin	4,614
Mucilage	9, »
Acidité rapportée à celle de l'acide sulfurique monohydraté	1,070
Sels et divers	5,316
Eau	800, »
TOTAL	1000, »

Le meilleur des anciens fruits précoces, renfermant assez de sucre et de tannin pour produire un bon cidre de garde; précieux par sa maturité hâtive qui permet d'obtenir de bonne heure une bonne boisson, lorsque les provisions sont épuisées, ou d'en mélanger le moût aux vieux cidres devenus durs.

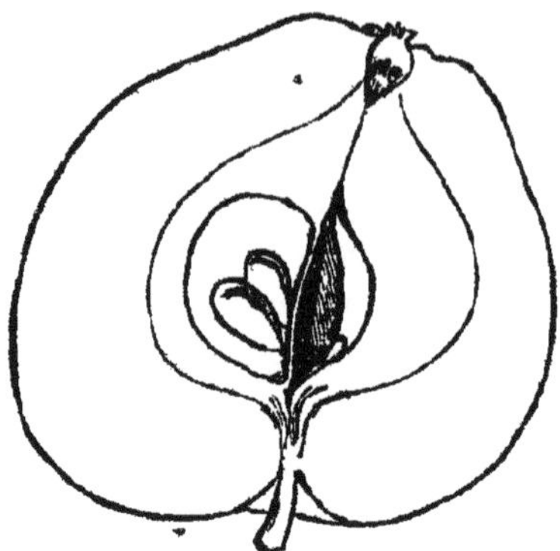

RAILÉ. — Fruit doux-amer, bon.

Histoire et bibliographie. — Variété d'origine inconnue. — La pomme étudiée par le Congrès provient de la propriété de M. Varin, quartier du Vieux-Moulin, à Yvetot. Elle ne paraît pas très-répandue. — La liste de de Brébisson, *Ann. des cinq départements de l'ancienne Normandie*, 1841, p. 103, mentionne deux espèces de **Rélet**, avec syn. **Coqueret** de la Seine-Inférieure; ce sont des fruits doux, de même que le **Railé** ou **Rélet** de Odolant-Desnos, p. 12, et le **Coqueret** ou **Railé** de MM. Girardin et Du Breuil, p. 399. Ils ne sauraient donc être assimilés au fruit amer dont il est question ici. — Notre Railé diffère aussi du **Railé sucré** et du **Railé rouge** ou **Barbary**, publiés par la Société d'Horticulture de la Seine-Inférieure, *Pomol.*, t. II, p. 196 et 200. — La description de cette pomme a été publiée par le Congrès, p. 235, avec analyse, p. 238.

Arbre à tête élevée, en forme de poirier, à branches semi-verticales, très-vigoureux, très-fertile chaque année. — Pousses de l'année rousses; bois de deux ans gris-verdâtre; lenticelles presque nulles; boutons à fleurs obtus, bruns.

Floraison : première semaine de mai.

Fruit petit ou moyen, irrégulièrement ovoïde, rétréci vers l'œil, aplati à la base, plus développé d'un côté que de l'autre, à circonférence marquée de très-faibles rudiments de côtes.

Epiderme jaune pâle nuancé de vert, lavé et rayé sur un tiers ou une moitié de sa surface de rose, passant quelquefois à une teinte rouge plus foncée, parsemé de points gris et de quelques taches brunes.

Œil petit, fermé, à sépales étroits, longs, bruns, dans une très-légère dépression surmontant la partie rétrécie du fruit et présentant de légers plis et des bosselettes séparées par des sillons.

Pédoncule mince, ligneux, long de 6 à 12^{mm}, gris-roux, inséré dans une cavité tapissée d'une tache rugueuse de gris-roux, s'irradiant sur la base de la pomme.

Cœur moyen, élargi à la base; axe déchiré; loges ouvertes, assez grandes; pépins nombreux, géminés, ovoïdes, de couleur marron, quelquefois avortés.

Chair très-blanche, un peu ferme, fine; eau suffisante, sucrée, amère, parfumée, droite en goût.

MATURITÉ : fin septembre et commencement d'octobre.

Jus coloré; densité 1,070 = 9°,5 Baumé.

Sucre alcoolisable	167, »
Tannin	3,443
Mucilage	8,000
Acidité rapportée à celle de l'acide sulfurique monohydraté	1,070
Sels et divers	7,487
Eau	813,000
TOTAL	1000, »

Variété recommandable par sa fertilité et par la bonne composition de son moût, pouvant être mélangée avantageusement avec les fruits doux de même époque. L'expérience a d'ailleurs constaté qu'elle fournit une bonne boisson.

Par tous ses caractères, cette bonne variété se rapporte au groupe des Fréquins, et, bien qu'inférieure aux meilleurs fruits de ce genre, elle y conserve un rang honorable.

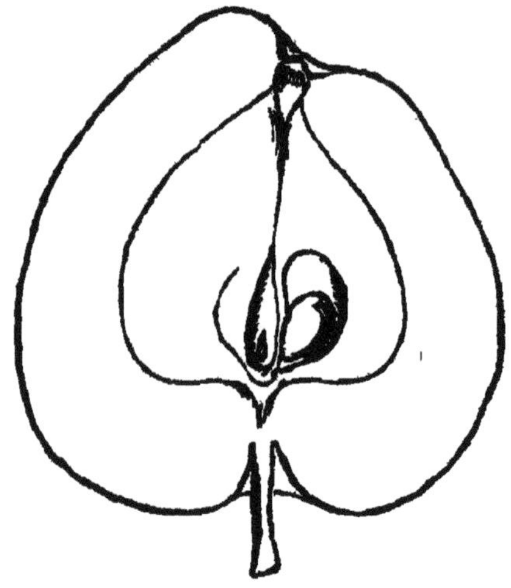

REINE-DES-HATIVES. — Fruit sucré, excellent.

(*Fig. col.* n° 2.)

Histoire et bibliographie. — Variété obtenue de semis, par M. Dieppois, pépiniériste à Yvetot (Seine-Inférieure). Première fructification en 1872. — Non encore publiée.

Arbre sain, vigoureux, dont on ne peut encore indiquer ni la forme de la tête ni le degré de fertilité. — Pousses de l'année d'un rouge brun, peu duveteuses, parsemées de très-petites lenticelles peu nombreuses. Bois de deux ans brun, à lenticelles petites, de couleur jaune pâle.

Floraison : deuxième quinzaine d'avril.

Fruit assez petit, souvent un peu plus développé d'un côté que de l'autre, ovoïdo-pyramidal, à circonférence relevée de côtes étroites et peu saillantes.

Epiderme jaune-verdâtre, lavé parfois sur un tiers ou un quart de sa surface de rouge terne, peu foncé, remplacé souvent par une très-légère teinte orangée, parsemé d'assez rares points très-fins et d'un gris clair sur le jaune, assez gros et bruns sur la portion exposée au soleil et colorée.

Œil petit, fermé, à sépales verts et courts, placé dans une légère dépression, souvent oblique, traversée par des sillons et des plis qu'accompagnent quelquefois de petites bosselettes charnues, couronnée par de faibles protéburances qui commencent les côtes de la pomme.

Pédoncule assez gros, en partie charnu ou plus mince, et entièrement ligneux, long de 10 à 15mm environ, roux, inséré dans une cavité étroite, assez profonde, colorée en roux par une tache qui s'étend à la base du fruit.

Cœur moyen, élargi à la base; axe creux; loges moyennes, fermées; pépins ovoïdes, obtus, de couleur acajou clair.

Chair blanche, assez tendre, demi-fine; eau suffisante, très-sucrée, parfumée, de saveur très-agréable.

MATURITÉ : fin septembre et commencement d'octobre, suivant la température de l'été.

Jus coloré; densité 1,092 = 12° Baumé.

Sucre alcoolisable	223, »
Tannin	4,130
Mucilage	10, »
Acidité rapportée à celle de l'acide sulfurique monohydraté	1,070
Sels et divers	6,800
Eau	755, »
TOTAL	1000, »

Excellente pomme que sa grande richesse en sucre alcoolisable accompagne d'une suffisante quantité de tannin recommande puissamment. L'arbre, par la promptitude avec laquelle il se couvre de boutons à fruit, promet d'être d'une grande fertilité; si l'expérience de quelques années confirme ces promesses, la Reine-des-Hâtives méritera d'occuper une large place dans les cultures des pays à cidre.

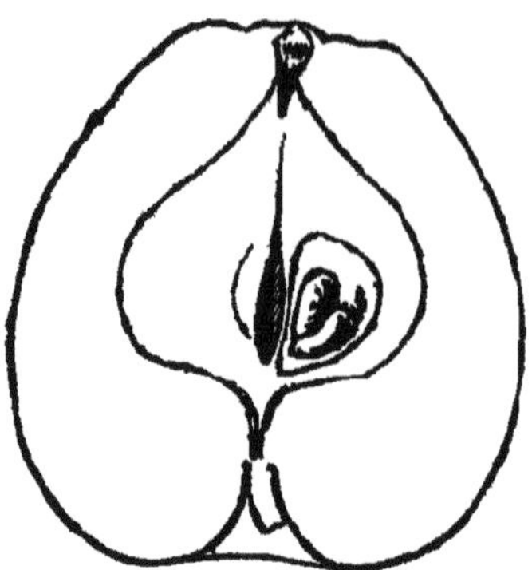

JAUNET-POINTU. — Fruit doux, très-bon.

(*Fig. col.* n° 3.)

Histoire et bibliographie. — Obtenu de semis, en 1871, par M. Dieppois, pépiniériste, à Yvetot (Seine-Inférieure.) Décrit dans le *Supplément aux Procès-verbaux du Congrès*, en 1872, p. 17.

ARBRE sain, vigoureux, dont l'expérience n'a pu encore démontrer le degré de fertilité, mais se couvrant promptement de boutons à fleurs. — Pousses de l'année d'un rouge-jaunâtre, recouvertes d'un duvet gris, court et adhérent, ne présentant que de très-rares et très-petites lenticelles d'un jaune clair. Bois de deux ans brun foncé. — Feuilles moyennes à dentelure peu profonde, obtuse. — Boutons à fruit ovoïdes, à écailles d'un brun foncé.

FLORAISON : du 15 au 25 avril.

FRUIT joli, très-petit, symétriquement développé, ovoïde allongé, un peu rétréci vers l'œil, à circonférence très-légèrement côtelée à la partie supérieure.

Epiderme lisse, brillant, jaune-pâle, avec légère nuance verdâtre, parsemé de petits points gris assez espacés, et d'assez nombreuses taches de carmin vif, présentant souvent un point noir à leur centre.

Œil petit, fermé, à sépales dressés, verts, dépassant le sommet de la pomme, placé au centre d'une surface plane, assez large, fortement plissée.

Pédoncule grêle, ligneux, court (de 4 à 8 millimètres), brun, inséré dans une cavité profonde, étroite, tapissée par une tache rousse qui s'irradie à son orifice.

Cœur moyen, dont l'axe est un peu creux; loges fermées, assez grandes; pépins géminés, ovoïdes, de couleur acajou.

Chair blanche, ferme, pâteuse; eau suffisante, sucrée, très-parfumée.

Maturité : première quinzaine d'octobre.

Jus très-coloré; densité 1075 = 10° Beaumé.

Sucre alcoolisable	180, »
Tannin	5,509
Mucilage	8, »
Acidité rapportée à celle de l'acide sulfurique monohydraté	1,070
Sels et divers	5,421
Eau	800, »
Total	1000, »

Très-bonne pomme précoce, que recommandent particulièrement son parfum et la forte proportion du tannin de son moût. Très-propre à être associée au Blanc-Mollet, à la Précoce-David et en général aux fruits amers de même époque, surtout à ceux dans lesquels le tannin fait défaut.

Si l'arbre du Jaunet-Pointu se montre fertile, cette nouvelle variété méritera d'être classée au nombre des fruits de premier mérite, de ceux que nous qualifions d'excellents.

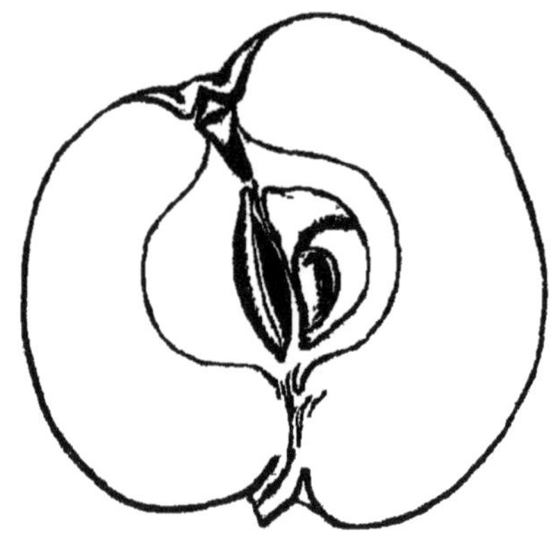

PRÉCOCE-DAVID. — Fruit doux-amer, bon.

Histoire et bibliographie. — On ne connait ni la provenance, ni le nom primitif de cette pomme, cultivée par M. David, propriétaire, à Saint-Clair, près Yvetot, Seine-Inférieure, sans aucune dénomination, et sans renseignements sur son origine. — L'analyse du moût a été publiée par le Congrès, page 238. Le fruit est décrit page 235, sous le nom qu'on lui conserve ici.

Arbre très-vigoureux, d'un grand produit presque tous les ans, à tête élevée. — Pousses de l'année rougeâtres, parsemées de nombreuses petites lenticelles grises; bois de deux ans vert-olive parsemé des mêmes points. — Feuilles moyennes, à dents subaiguës, à pédoncules longs et grêles. — Boutons à bois très-petits, bruns; boutons à fruit ovoïdes allongés, d'un rouge-brun, peu duveteux.

Floraison : première semaine de mai.

Fruit moyen et petit, ordinairement plus développé d'un côté que de l'autre, irrégulièrement sphéroïdal, aplati à la base, quelquefois déprimé de haut en bas; à circonférence relevée de larges côtes, s'étendant de l'œil à la cavité du pédoncule.

Epiderme lisse, brillant, jaune-verdâtre, lavé sur une moitié de sa surface de carmin plus ou moins foncé, parsemé de points bruns ou gris; présentant quelques taches rousses, rugueuses.

Œil assez petit extérieurement, à tube parfois large comme dans la figure, souvent plus étroit; ouvert ou entr'ouvert à sépales courts, variant du vert au brun, dans une cavité souvent irrégulière, assez profonde, parcourue par des sillons, surmontée de légères éminences qui commencent les côtes du fruit.

Pédoncule très-court (6 millimètres), ligneux, mince, ou, par exception, charnu et assez gros, plongé dans une cavité étroite, assez profonde, quelquefois occupée par une excroissance charnue qui le dévie obliquement. La cavité, est tapissée par une tache rousse et rugueuse qui s'étend à la base de la pomme.

Cœur assez petit; axe légèrement creux; loges fermées, petites; pépins ovoïdes, solitaires et gros, ou géminés et moyens, de couleur acajou, quelquefois avortés.

Chair jaunâtre, demi-ferme, assez grosse; eau peu abondante, sucrée, légèrement amère, parfumée.

MATURITÉ : deuxième quinzaine d'octobre.

Jus coloré; densité 1070 — 9°,5 Baumé.

Sucre alcoolisable	169, »
Tannin	4,130
Mucilage	6, »
Acidité rapportée à celle de l'acide sulfurique monohydraté	1,070
Sels et divers	6,800
Eau	813, »
TOTAL	1000, »

Bonne variété, recommandable par sa fertilité; s'associant très-bien au Blanc-Mollet et autres pommes précoces, surtout à celles qui sont douces et peu tannifères.

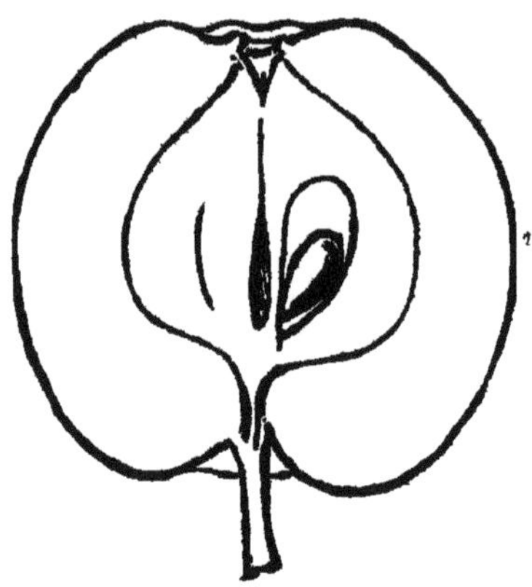

POMME-DE-MIEL. — Fruit doux, bon.

Histoire et bibliographie. — Variété ancienne, d'origine inconnue, cultivée dans l'Eure et dans la Seine-Inférieure, où elle paraît peu répandue. Nous ne la trouvons mentionnée par aucun des auteurs que nous pouvons consulter. — Elle a été décrite dans les *Procès-verbaux* du Congrès, p. 234, avec analyse, p. 240, et *syn.* **Miel.**

Arbre vigoureux, fertile, à branches verticales. — Pousses de l'année brunes, marbrées de gris, parsemées de très-rares et très-petits points ronds et jaunâtres; bois de deux ans brun. — Boutons à bois assez petits, d'un rouge-brun, peu duveteux, portés sur des coussinets assez forts; boutons à fruit gros, aigus, glabres.

Floraison : du 20 avril au 10 mai, suivant la température du printemps.

Fruit petit, un peu plus développé d'un côté que de l'autre, subsphéroïdal, aplati à ses deux extrémités; à circonférence marquée de très-faibles rudiments de côtes.

Epiderme lisse, brillant, onctueux à la maturité, de couleur jaune-citron-pâle, parsemé de rares et très-petits points gris et parfois de petites taches d'un rouge-carmin ou brunes.

Œil petit, ouvert et à sépales caduques ou fermé par des sépales courts, dressés, connivents, verts; placé dans une cavité peu profonde, assez large, traversée de plis peu saillants.

Pédoncule assez gros, un peu renflé à son point d'insertion sur le fruit, ligneux, long de 12 à 15 millim., roux, inséré dans une cavité peu profonde, étroite, rayée de roux.

Cœur large, assez faiblement creux; loges fermées, allongées; pépins ovoïdes allongés, de couleur acajou.

Chair blanche, tendre, demi-fine; eau assez abondante, sucrée, parfumée, de bon goût.

MATURITÉ : mi-octobre.

Jus coloré; densité 1070 = 9°5 Baumé.

Sucre alcoolisable	168, »
Tannin	5,509
Mucilage	6, »
Acidité rapportée à celle de l'acide sulfurique monohydraté	1, »
Sels et divers	6,491
Eau	813, »
TOTAL	1000, »

La Pomme-de-Miel n'est pas du nombre des variétés les plus riches en sucre, mais elle présente, en même temps qu'un parfum doux et agréable, une suffisante quantité de principes taniques pour qu'on puisse être assuré que son admission dans le brassage contribura efficacement à l'obtention d'un cidre de bonne qualité et salubre. Elle est très-propre à entrer en mélange avec les pommes amères dont le moût contient moins de 3 à 4 grammes de tannin par kilogramme.

Par sa précocité, comme par la nature de sa chair et le coloris de son épiderme, la Pomme-de-Miel a beaucoup de rapport avec le Blanc-Mollet.

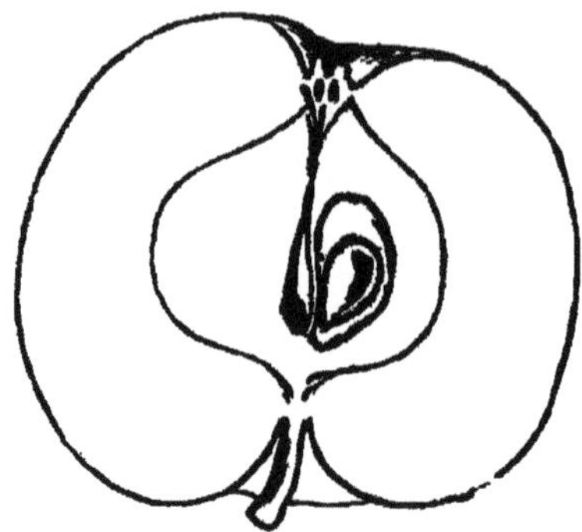

AMER-DOUX. — Fruit amer, bon.

(*Fig. col. n° 4.*)

Histoire et bibliographie. — Ancienne variété, d'origine inconnue, assez répandue dans les cultures où on confond très-souvent sous le même nom plusieurs variétés différentes. — De Brébisson, *ouv. cité, p.* 105, classe parmi les pommes de 2e saison, l'**Amer-Doux**, cultivé dans l'Eure, le Cotentin, le Bessin, lui donnant pour syn. **Gros-Amer**, à Falaise. — MM. Girardin et Du Breuil, *ouv. cité, p.* 400, font **Amer-Doux** de Valogne (Manche), synonyme de **Gros-Amer-Doux** de Thiberville (Eure), lequel a également pour synonyme : de **Roquet** à Avranches (Manche); **Petit-Chesné** à Thorigny (Manche); de **Massue** à Condé-sur-Noireau (Calvados); **Belle-Mauvaise** dans la Seine-Inférieure. — La Société d'horticulture de la Seine-Inférieure, *ouv. cité, p.* 175, a décrit sous le nom de **Amer-doux (petit)** un fruit cultivé à Roncherolles près Rouen, qui semble bien être identique à celui dont il est ici question. — Le Congrès à publié également notre fruit, sous le nom de **Amer-Doux**, syn. **Saint-Riquin-Doux** (Oise). — La pomme présentée par la Société d'horticulture de Bayeux, lors de la session du Congrès à Caen, *Procès-verbaux*, p. 10, nous parait aussi être la même. — Le *Supplément au Bulletin du Congrès*, p. 2, a publié la description d'un **Amer-Doux**, communiqué par M. Legrand, pépiniériste à Yvetot, lequel diffère de celui-ci, aussi bien que celui que nous avons reçu de M. Bourgeois. — Notre description est faite d'après des spécimens fournis par M. Dabancourt, de la commune de Saint-Clair-sur-les-Monts, arrondissement d'Yvetot.

Arbre à tête arrondie, élevée ; pousses de l'année brunes ; lenticelles extrêmement rares, très-petites. — Bois de deux ans gris-verdâtre. — Feuilles assez grandes, à dentelure très-obtuse ; stipules petites, linéaires. — Boutons à fruit, ovoïdes-obtus, duveteux.

Floraison : première quinzaine de mai.

Fruit petit, bien que parfois plus gros que l'échantillon figuré ci-dessus, un peu plus développé d'un côté que de l'autre, plus large que haut ; à circonférence relevée de larges côtes inégales.

Epiderme jaune, légèrement nuancé de vert, parfois lavé, au soleil et sur une petite surface, de rouge-orangé-terne, parsemé d'une grande quantité de gros points roux et quelquefois bruns, marbré de roux, et couvert sur un tiers ou un quart de sa surface d'une large tache rousse qui, après avoir tapissé la cavité pédonculaire, s'étend sur le corps de la pomme.

Œil petit, entr'ouvert, à sépales bruns, placé dans une cavité assez large, assez profonde, irrégulière, quelquefois plissée, toujours traversée de sillons et couronnée de protubérances.

Pédoncule ligneux, mince, roux, long de 10 à 12 millim., implanté dans une cavité profonde, étroite, revêtue de la large tache rousse mentionnée ci-dessus.

Cœur petit ; axe creux ; loges fermées ; pépins ovoïdes, de couleur acajou foncé.

Chair blanc-jaunâtre, demi-tendre, un peu pâteuse ; eau peu abondante, sucrée, amère, parfumée, de saveur agréable, malgré son amertume.

Maturité : deuxième quinzaine d'octobre.

Jus coloré ; densité 1072 = 9°8 Baumé.

Sucre alcoolisable	170, »
Tannin	4, »
Mucilage	8, »
Acidité rapportée à celle de l'acide sulfurique monohydraté	1,070
Sels et divers	6,930
Eau	810, »
Total	1000, »

L'Amer-Doux est connu pour donner un bon cidre, susceptible d'une assez longue conservation ; ce qui est en rapport avec la composition de son moût. Bien qu'on doive lui préférer les fruits qui, renfermant des principes amers et tanniques également développés, sont plus riches en sucre, il n'en peut pas moins prendre place dans les vergers les mieux plantés.

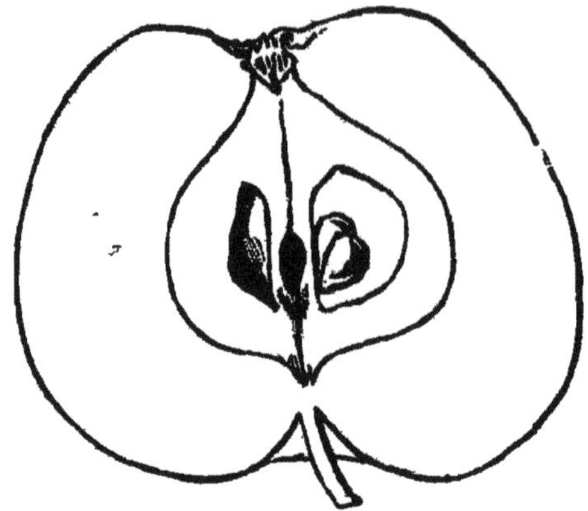

DOUX-EVÊQUE. — Fruit doux, très-bon.

(*Fig. col. n° 5.*)

Histoire et bibliographie.—Variété ancienne, d'origine inconnue, très-généralement cultivée en Normandie sous le nom ci-dessus et sous ceux de **Doux-Auvêque, Doux-à-l'Evêque, Doux-aux-Vespes,** attribués à tort à d'autres pommes; d'où des confusions regrettables. — Le *Traité du Vin et du Sidre,* de 1589, f° 59, nous apprend que « à trois lieues de Coutances, on trouve des pommiers de **Doux-Auuesque,** ils sont bas et estendus. La pomme est de la grosseur d'une moyenne orenge, blanche, rouge d'un côté, douce et tendre, preste à cueillir pour la fin du mois d'aoust. » — Le catalogue de de Brébisson cite le Doux-Evêque parmi les bonnes pommes de 2e saison, *ouv. cité,* p. 105. — Renault, *édit. de* 1817, *p.* 40, classe parmi les fruits de pleine saison et de saveur douce le **Doux-Evêque** de l'Eure et du Calvados, **Doux-Auvêque** de l'Orne, **Pomme-d'Evêque** dans différentes contrées. Malgré ces appellations identiques, il s'agit d'une variété toute différente : « Le pommier dont parle Renault s'élève très-haut, ses branches, longues, fortes, sont ascendantes. Le fruit est gros et long; sa peau est d'une belle couleur violette, surtout du côté le plus exposé à la lumière, ce qui lui a sans doute mérité le nom d'**Evêque.** La saveur de ce fruit est d'un doux-amer. » — Odolant-Desnos, *ouv. cité, p.* 112, a deux **Doux-aux-Vesques,** l'un précoce, mûr dès la fin d'août; l'autre tardif, mûr à la mi-octobre. « Le nom vulgaire de **Doux-Evêque,** dit notre auteur, a été récemment donné à cette variété de fruit qui, auparavant, portait d'abord le nom de **Doux-aux-Vêques,** et antécédemment encore celui de **Doux-aux-Vêpes,** *dulce vulpis, (sic,* sans doute par erreur pour *dulce vespis),* comme s'en est particulièrement assuré M. L. Dubois. Quant à ce nom de Doux-aux-Vêpes, il lui venait de ce que, fréquemment, cette pomme est en effet attaquée par les guêpes qui en sont très-friandes. » Voyez *Du Pommier, etc.*, par Louis Dubois; Paris, 1804, in-12, t. II, p. 162. — A. Poiteau, *Pom. française,* t. IV, 1846, a décrit et figuré notre fruit sous le nom de **Doux-aux-Vêpes** (*Malus vesparum,* Poit. et Turp.). — MM. Du Breuil et Girardin placent le **Doux-Auvêque** ou **Evêque** parmi les fruits doux mûrissant en septembre, et lui donnent pour syn. **Doux-aux-Vespes** à Avranches (Manche), **Doux-Revel** à Lannion (Côtes-du-Nord), **De Rivière** à Thorigny (Manche). Suivant eux, l'arbre est de forme pyramidale, ce qui pourrait faire croire à une variété différente de celle dont nous parlons. — La Société d'hort. de la Seine-Inf., *Pomol., t. II, p.* 183, a publié par erreur, sous le nom de **Doux-Evêque**, une pomme qui avait été reconnue par elle, dès 1863, pour être le **Doux-Evêque précoce**. — Le Congrès a décrit cette pomme p. 15 et 279 de ses *Procès-verbaux*, et l'analyse en a été donnée page 136.

Arbre vigoureux, fertile, à tête ronde, dont les branches retombent en forme de parapluie, comme celles du Blanc-Mollet. — Bois menu et de couleur rouge.

Floraison : fin mai.

Fruit petit, symétrique, irrégulièrement sphéroïdal, aplati à la base, un peu rétréci vers l'œil, à circonférence relevée de rudiments de côtes dans la partie supérieure, ne flétrissant pas à la maturité.

Epiderme jaune pâle, pointillé de roux et de brun et quelquefois lavé de rose du côté du soleil.

Œil petit, entr'ouvert, à sépales courts, d'un gris-brun, placé dans une cavité assez étroite, de profondeur moyenne, plissée, ordinairement colorée en gris-roux.

Pédoncule mince, ligneux, de 6 à 10^{mm}, inséré dans une cavité étroite, un peu irrégulière, lavée et rayée de gris-fauve.

Cœur assez gros; axe creux; loges fermées, assez grandes; pépins de couleur acajou.

Chair blanc-jaunâtre, tendre, grosse, pâteuse; eau suffisante, sucrée avec un peu d'âpreté, parfumée, droite en goût.

Maturité : deuxième quinzaine d'octobre.

Jus coloré; densité 1,075 = 10° Baumé.

Sucre alcoolisable	176, »
Tannin	5,479
Mucilage	13, »
Acidité rapportée à celle de l'acide sulfurique monohydraté	1,070
Sels et divers	4,751
Eau	800, »
Total	1000, »

Cette pomme qui, brassée seule, donne, suivant quelques personnes, un cidre sujet à devenir visqueux, prend très-avantageusement place, au dire de tous les praticiens, dans les mélanges propres à fournir les meilleurs cidres. Sa richesse en tannin doit concourir efficacement à la salubrité des boissons dans la préparation desquelles elle entre.

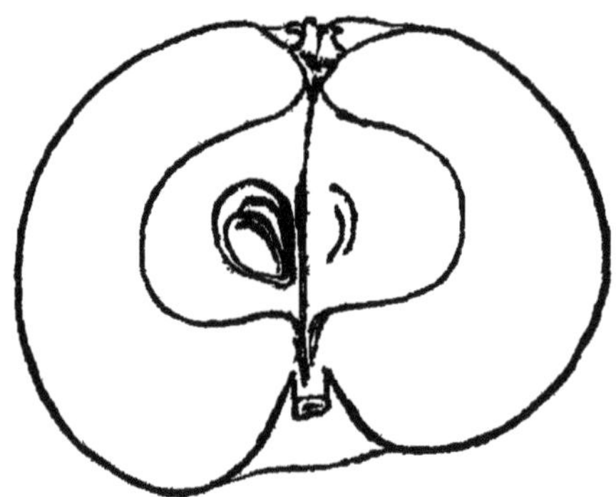

POMME-DE-CAT. — Fruit doux, très-bon.

(*Fig. col. n° 6.*)

Histoire et bibliographie. —Variété ancienne, dont l'origine est inconnue, très-peu répandue, cultivée particulièrement aux environs de la ville d'Eu; qu'on rencontre aussi, mais très-rarement, aux environs de Blangy (Seine-Inf.), étudiée sur des échantillons communiqués par M. Lesnier, instituteur à Pierrecourt (Seine-Inf.), et décrite pour la première fois dans le *Supplément aux Procès-verbaux du Congrès*, p. 24 et 25.

Arbre vigoureux et fertile, à tête arrondie. — Pousses de l'année assez longues, assez grosses, d'un brun sombre, parsemées de rares et petites lenticelles jaunes. — Boutons à bois petits, duveteux, grisâtres.

Floraison : fin avril et première semaine de mai.

Fruit moyen ou assez petit, ordinairement plus développé d'un côté que de l'autre, aplati à la base, irrégulièrement arrondi à sa partie supérieure, un peu rétréci vers l'œil, à circonférence relevée de côtes larges, inégales; flétrissant à la maturité.

Epiderme jaune, souvent lavé de rouge sombre sur un quart de sa surface, largement marbré de gris-roux.

Œil petit, fermé ou entr'ouvert, à sépales d'un vert grisâtre, placé dans une cavité étroite, assez profonde, souvent irrégulière, traversée par des sillons, couronnée de protubérances et teinte de gris-roux.

Pédoncule de grosseur moyenne, ligneux, long de 6 à 12mm, brun; inséré dans une cavité profonde, étroite, un peu irrégulière, occupée par une large tache rousse s'étendant sur la base de la pomme.

Cœur petit, élargi, dont l'axe est plein et dont les loges fermées renferment des pépins petits, ovoïdes, de couleur marron, géminés et en partie avortés.

Chair blanche, demi-ferme, assez fine; eau suffisante, sucrée, parfumée, de très-bon goût.

MATURITÉ : fin octobre.

JUS assez coloré; densité 1,080 = 10°,6 Baumé.

Sucre alcoolisable.	187, »
Tannin	1,377
Mucilage.	8, »
Acidité rapportée à celle de l'acide sulfurique monohydraté	1,070
Sels et divers.	15,553
Eau.	787, »
TOTAL.	1000, »

Très-bonne variété dont la composition chimique se rapproche beaucoup de celle de l'Argile, sous-variété rouge; plus riche en sucre qu'elle, et également parfumée. Plus connue, elle semble destinée à acquérir une réputation pareille.

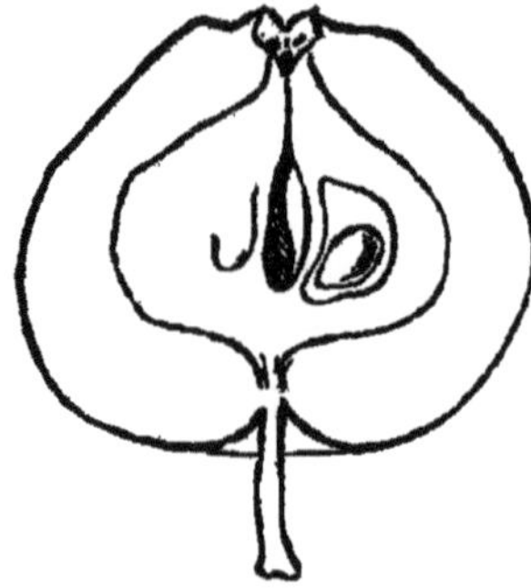

FRÉQUIN-ROUGE. — Fruit amer, excellent.

(*Fig. col. n° 7.*)

Histoire et bibliographie. - Variété ancienne, d'origine inconnue, assez répandue dans les cultures et en particulier dans celles des environs d'Yvetot. Plusieurs auteurs parlent de pommes de ce nom, mais le défaut de caractères suffisants empêche de se prononcer sur l'identité. — Julien le Paulmier, f° 62, mentionne la « **Pomme de Freschin**, douce-amère qui fait sidre excellent. » — De Brébisson, *ouvrage cité*, p. 105, place un **Fréquin** parmi les pommes amères de deuxième saison, et le dit généralement cultivé en Normandie, Picardie et Bretagne. — Renault, 1817, p. 28, parle d'un **Friquet**, **Frequin**, **Fraisquin** ou **Fréquet**, et le met au rang des pommes de première saison. « Son arbre grêle, dit-il, fleurit vers la fin de mars. » — Piérard, p. 82, cite le **Fréquin** ou **Frétien** comme étant de deuxième saison et peu vigoureux. — Odolant-Desnos, p. 113, dit le **Fréchin**, **Fréquin** ou **Fraiquet** recommandable par sa fertilité, son fruit rouge et à queue grêle. — MM. Du Breuil et Girardin, p. 399 et 400, inscrivent **Fréquin rouge** à Bellesme (Orne), et **Petit-Frequin** à Livarot (Calvados), comme synonymes de **Rouge-Bruyère**, probablement celui qui est décrit ici sous le nom d'Argile; puis un **Fréquin** d'Ailly-le-Haut-Clocher (Somme), lequel aurait pour synonymes de **Limaçon** à Boos (Seine-Inférieure), et **Coquery-Moyen** à Forges-les-Eaux (Seine-Inferieure). Le premier de ces fruits diffère du nôtre, le second doit aussi être tout autre, pour peu qu'il se rapporte à l'une ou à l'autre des deux variétés que nous avons rencontrées sous la dénomination de **Pomme-de-Limaçon.** — La Société d'horticulture de la Seine-Inférieure, *Pom.*, t. II, p. 181, a décrit sommairement le Fréquin-Rouge d'après des échantillons envoyés de la Ferté-Macé (Orne), sous le nom de **Petit-Fréquin.** — Le Congrès, *Procès-verb.* p. 158, le cite avec le synonyme **Petit-Colin**, à Avranches (Manche). — Notre description et nos figures ont été faites sur des spécimens récoltés communes d'Yerville et de Bertreville-Saint-Ouen (Seine-Infér.), et communiqués par M. Morlait, d'Yvetot, sous le nom ci-dessus, et par M. Demercastel, de Bertreville-Saint-Ouen, sous celui de **Muscadet-Petit**, qui ne lui appartient pas.

Arbre sain, vigoureux et fertile, à branches charpentières verticales et rameaux pendants. — Pousses de l'année de 18 à 20 centimètres environ, un peu minces, d'un brun-rougeâtre, parsemées de très-rares petits points jaunes. Bois de deux ans de couleur brune, marbré de gris. — Boutons à bois petits, d'un rouge-brun; boutons à fruit petits, ovoïdes-pointus, à écailles d'un rouge-brun, non duveteux.

FLORAISON : mi-mai.

FRUITS très-petits (en 1872, mais plus gros d'ordinaire, dit-on), à peu près symétriques, plus larges que haut, aplatis à la base, rétrécis au sommet, à circonférence rendue irrégulière par des rudiments de côtes.

Epiderme vert-jaunâtre-pâle, lavé de carmin sur les deux tiers de sa surface, rayé de quelques petites lignes de même couleur sur la limite de la teinte rouge, parsemé de quelques petits points gris sur le jaune et noirs sur le rouge; quelques taches brunes plus ou moins grandes.

Œil petit, fermé ou un peu entr'ouvert, à sépales courts, bruns, placé au sommet du fruit dans une légère dépression, étroite et plissée.

Pédoncule grêle, long de 12 à 15 millimètres, ligneux, roux, inséré dans une cavité étroite, peu profonde, occupée par une tache de gris-roux, rugueuse, plus ou moins étendue.

Chair blanche, demi-ferme, assez grosse; eau suffisante, sucrée, un peu parfumée, de saveur franche.

MATURITÉ : première quinzaine de novembre.

Jus superbe de couleur; densité 1087 = 11°,5 Baumé.

Sucre alcoolisable.	205, »
Tannin.	5,887
Mucilage.	8, »
Acidité rapportée à celle de l'acide sulfurique monohydraté.	1,070
Sels et divers.	12,043
Eau.	768, »
TOTAL.	1000, »

Cette excellente pomme, comme presque toutes les variétés qui appartiennent au précieux groupe des Fréquins, renferme dans des proportions élevées tous les éléments d'un cidre en même temps généreux, savoureux et salubre. On ne peut lui reprocher que sa petitesse, laquelle, malgré la fertilité de l'arbre qui la porte, peut susciter des doutes sur la masse du produit, mais elle a cela de commun avec le Pinot de nos vignobles, et on ne saurait admettre que ce soit un motif suffisant pour bannir l'un ou l'autre des cultures; c'est pourquoi nous recommandons le Fréquin-Rouge aux amateurs de bonnes boissons.

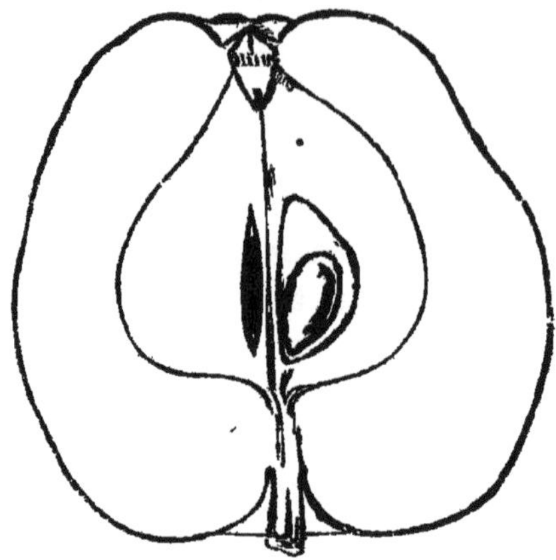

FRÉQUIN-BLANC. — Fruit doux, très-bon.

(*Fig. col.* n° 8.)

Histoire et bibliographie. — Variété ancienne, d'origine inconnue, paraissant assez peu répandue dans les cultures, décrite p. 10 et 11 du *Supplément aux Procès-verb. du Congrès,* d'après des fruits récoltés dans les communes d'Yerville et d'Autretot, arrondissement d'Yvetot, et communiqués par M. Morlait, d'Yvetot, sous les deux noms de **Fresquin-Blanc** et de **Fresquin-Moucheté.** — Cette pomme paraît être celle qui a déjà été décrite par la Société d'horticulture de la Seine-Inférieure, *Pomologie,* t. II, p. 173, sous les noms de : **Fréquin, Fréquin-Blanc, Pomme-Blanche,** et dans les *Procès-Verbaux du Congrès,* p. 121, sous celui de **Pomme-Blanche,** dénomination sous laquelle elle serait cultivée dans l'Oise, communes de Granvilliers, Manneville, Fleury, Ons-en-Bray, et dans les cantons de Marseille et du Coudray.

Nota. — C'est à tort qu'on a attribué à ce fruit le nom de **Fréquin,** qui appartient à un groupe de pommes très-différentes d'aspect et de caractères.

Arbre sain, assez vigoureux et fertile, à branches charpentières dressées et à rameaux pendants. — Pousses de l'année assez longues (30 à 35 centimètres), assez fortes, d'un brun-foncé, sur lesquelles on n'aperçoit que de très-rares petits points jaunes. — Boutons à bois très-rapprochés, petits, pointus, bruns, souvent duveteux à leur sommet, portés sur des coussinets saillants.

Floraison : mi-mai.

Fruit moyen, symétrique ou presque symétrique, ovoïde tronqué au sommet et un peu applati à la base; dont la circonférence est relevée de larges côtes s'étendant de la base au sommet; ne flétrissant pas à la maturité.

Epiderme jaune-pâle, lavé sur un quart ou un cinquième de sa surface de rouge peu foncé et brillant, parsemé de petits points bruns assez nombreux, et quelquefois de petites taches ou mouchetures variant du rouge au brun.

Œil moyen, fermé, à sépales quelquefois réfléchis en dehors et assez longs, d'autres fois courts et seulement connivents; placé dans une cavité assez profonde, traversée de plis et de sillons nombreux, couronnée d'éminences qui commencent les côtes de la pomme.

Pédoncule assez gros, ligneux, court, brun, plongé dans une cavité étroite, assez profonde, un peu irrégulière, colorée en roux.

Cœur assez gros, très-peu prononcé sur la coupe du fruit; axe très-légèrement creux; loges fermées, moyennes; pépins solitaires, ovoïdes, de couleur marron, parfois incomplètement développés.

Chair blanc-jaunâtre, assez ferme, demi-fine; eau suffisante, sucrée, parfumée, de bon goût.

Maturité : première quinzaine de novembre.

Jus coloré; densité 1079 = 10°,5 Baumé.

Sucre alcoolisable	183, »
Tannin	2,410
Mucilage	8, »
Acidité rapportée à celle de l'acide sulfurique monohydraté	1, »
Sels et divers	15,590
Eau	790, »
Total	1000, »

Pomme recommandable, qui se rapproche beaucoup du *Bédan*, par son aspect et par ses qualités; moins riche en tannin cependant, ce qui la doit faire classer dans un rang inférieur.

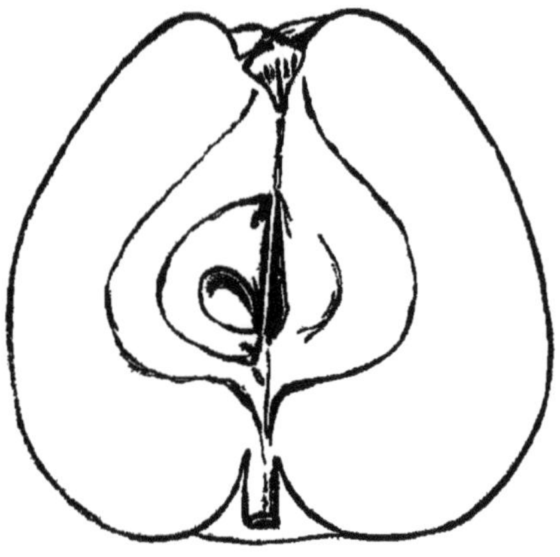

PARADIS. — Fruit doux, bon.

(*Fig. col. n° 9*).

Histoire et bibliographie. — Variété d'origine inconnue, peu répandue, bien que déjà ancienne, puisqu'on en rencontre des arbres qu'on croit âgés d'une centaine d'années. Cultivée aux environs d'Yvetot, décrite et analysée par le Congrès, p. 287 et 137. — Parmi les auteurs qui traitent des fruits à cidre, Louis Dubois, t. I, p. 80, et Renault, p. 20 et 21, ont décrit sous le nom de **Paradis**, le pommier de petite taille, employé communément pour le greffage des pommiers nains, lequel diffère totalement de celui dont il est question ici. — En 1863, M. Gaudu, instituteur à Goderville, a envoyé à la Soc. d'hort. de la Seine-Inférieure, des échantillons d'une pomme dite **Paradis**, en même temps très-sucrée et amère, dont l'arbre vigoureux, à branches horizontales, forme une tête arrondie ; c'est un fruit, qu'on dit fournir un cidre de première qualité, mais qui diffère des précédents.

Arbre sain, poussant lentement, assez fertile mais se mettant à fruit tardivement ; à branches verticales, très-touffues, formant dans leur ensemble une tête ovoïde renversée. — Pousses de l'année courtes, grosses, à entre-feuilles (mérithalles) très-courts, de couleur olive-foncé ; bois de deux ans vert-grisâtre, nuancé de rouge. — Boutons à bois triangulaires, bruns ; boutons à fruit, gros, ovoïdes, bruns, blanchâtres au sommet.

Floraison : première quinzaine de mai.

Fruit moyen, parfois plus développé d'un côté que de l'autre, d'autrefois presque entièrement symétrique, conique-tronqué, à circonférence un peu irrégulière; ne flétrissant pas à la maturité.

Epiderme lisse, brillant, jaune-pâle, lavé et strié sur toute sa surface d'une teinte de carmin vif, parfois très-foncé, parsemé de petits points gris.

Œil moyen, entr'ouvert, à sépales courts, bruns, dans une cavité peu profonde, traversée de sillons.

Pédoncule de grosseur moyenne, ligneux, court, brun, inséré dans une cavité étroite, assez profonde, colorée en gris-roux à son sommet.

Cœur moyen; axe légèrement déchiré; loges entr'ouvertes, assez grandes; pépins petits, ovoïdes, bruns, solitaires ou géminés.

Chair blanche, quelquefois légèrement veinée de rose, assez ferme, fine; eau assez abondante, bien sucrée, très-parfumée, de saveur agréable.

MATURITÉ : première quinzaine de novembre.

Jus très-coloré; densité 1075 = 10° Baumé.

Sucre alcoolisable	173, »
Tannin	4,960
Mucilage	14,800
Acidité rapportée à celle de l'acide sulfurique monohydraté	1, »
Sels et divers	6,240
Eau	800, »
TOTAL	1000, »

Cette pomme contient tous les éléments d'une très-bonne boisson et, en effet, le cidre dégusté, à Yvetot, par les membres du Congrès, le 16 octobre 1871, a été trouvé de bonne qualité (*v. Procès-verbaux, p.* 270). L'arbre à cause de la forme de la tête élevée et rétrécie inférieurement, convient très-bien dans les herbages qu'il ombrage aussi peu que possible, mais sa végétation lente, et sa fertilité modérée s'opposent à ce qu'on en conseille la culture sur une grande échelle. C'est une variété d'élite qu'on croit pouvoir signaler aux propriétaires amateurs de bon cidre, soit pour être brassée séparément, soit pour être introduite dans les mélanges auxquels elle communiquera ses bonnes qualités et surtout son parfum.

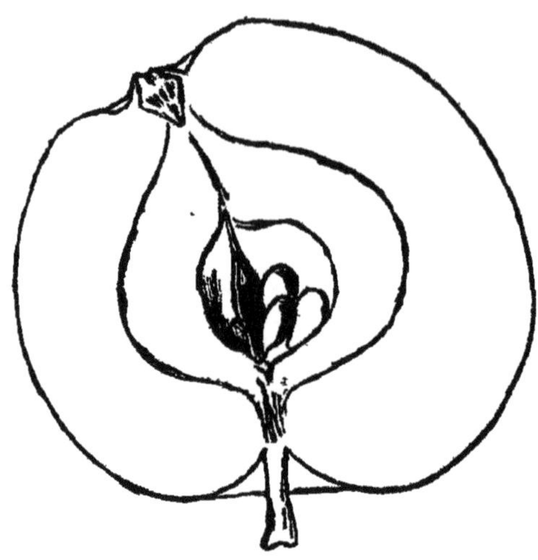

GROS-FRÉQUIN. — Fruit amer, bon.

Histoire et bibliographie. — Variété ancienne, d'origine inconnue, cultivée aux environs d'Avranches (Manche), et dans la Sarthe, où elle est réputée pour la très-bonne qualité de son cidre. — Les auteurs consultés ne parlent pas de cette pomme, que la Société d'horticulture de la Seine-Inférieure a décrite, p. 173, sous les noms de **Fréquin-Barré** et de **Fréquin-Rouge (Gros)** et p. 184, sous le nom de **Fréquin-Barré-Rouge**, d'après des fruits reçus de la Sarthe avec ces dénominations. — Le Congrès a décrit le **Gros-Fréquin**, *Proc.-verb.* p. 18 et 154, et en a donné l'analyse, *Supplément*, p. 14, d'après des spécimens communiqués par le Cercle horticole d'Avranches. — Le **Gros-Fréquin** des environs d'Yvetot, décrit pages 14 et 15 du *Supplément* diffère de celui-ci.

Arbre vigoureux, très-fertile, à branches ascendantes et à tête élevée. — Pousses de l'année longues de 40 ou 50 centimètres et plus, brunes, un peu glacées de gris ; lenticelles très-petites, peu apparentes, rondes, jaunes. — Boutons à bois petits, à écailles d'un rouge brun, non duveteuses.

Floraison : mai.

Fruit moyen ou assez gros, de forme variable, tantôt à peu près symétrique, tantôt plus développé d'un côté que de l'autre;

quelquefois sphéroïdal, aplati à la base, d'autre fois ovoïde et sensiblement rétréci vers l'œil; à circonférence non côtelée; flétrissant à la maturité.

Epiderme jaune-pâle, rayé de carmin sur une grande partie de sa surface et quelque peu lavé de la même couleur, parsemé de points gris et de quelques taches brunes.

Œil moyen, fermé, à sépales dressés, bruns, dans une cavité très-peu profonde, présentant des plis et quelques bosselettes.

Pédoncule assez gros, long de 10 à 12 millim. environ, ligneux, brun, inséré dans une cavité régulière, assez peu profonde, coloré en roux par une tache souvent rugueuse et largement étendue à la base du fruit.

Cœur assez grand; axe déchiré, loges ouvertes; pepins petits, ovoïdes, bruns.

Chair blanche ou blanc-jaunâtre, assez ferme, demi-fine; eau suffisante, amère, assez sucrée, parfumée, de saveur franche.

MATURITÉ : première quinzaine de novembre.

Jus coloré; densité 1071 = 9° Baumé.

Sucre alcoolisable	170, »
Tannin	3,443
Mucilage	10, »
Acidité rapportée à celle de l'acide sulfurique monohydraté	1,131
Sels et divers	3,426
Eau	812, »
TOTAL	1000, »

Sans posséder au même degré que ses congénères toutes les bonnes qualités qu'on rencontre généralement dans le groupe des Fréquins, le Gros-Fresquin en est doué dans des proportions très-suffisantes pour qu'on puisse en recommander la culture. L'expérience témoigne d'ailleurs en faveur de ce bon et beau fruit pour la préparation des cidres dits gracieux, recherchés des gourmets.

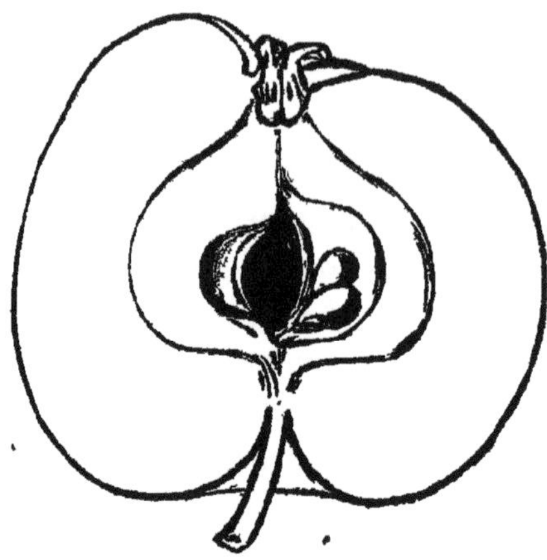

GROS-MUSCADET. — Fruit doux, légèrement amer, bon.

Histoire et bibliographie. — Variété ancienne, d'origine inconnue, assez répandue dans les cultures de quelques parties de la Normandie, où elle a souvent pour synonyme **Muscadet**. — L'une et l'autre de ces dénominations se rencontrent assez fréquemment dans les ouvrages qui traitent des fruits à cidre, sans qu'on puisse, en l'absence de toute description ou de description suffisante, se prononcer sur l'identité ou la non identité des pommes dont il est question. — Julien le Paulmier, *trad. française*, f° 44 v°, vante les cidres de **Muscadet**, mais ne donne pas les caractères du fruit. — La liste dressée par de Brébisson, *ouv. cité*, *p.* 111, cite le **Muscadet** comme une bonne, mais petite espèce. — Renault, *édit. de* 1817, *p.* 64 *à* 66, mentionne deux sortes de **Muscadet**, qu'il range parmi les fruits doux de 3me saison. La première qu'il rattache par synonymie à la pomme nommée **le Doucet** de différents cantons de la Seine-Inférieure et **le Petit-Doucet** de l'Eure et du Calvados, prend le nom de **Rouget** dans la Somme et l'Orne, à cause de la couleur de son fruit, caractère qui le différencie de la variété qui nous occupe. Le second qu'il rattache à ce qu'il appelle le **Touffu**, **Taffu** de l'Orne, **Mort-Jaune** de la Somme : le fruit, de grosseur moyenne, a l'épiderme rude au toucher, d'un gris tirant sur la couleur de ventre de biche, faiblement lavé de rouge du côte du soleil, caractères qui le rapprochent du **Gros-Muscadet**, tandis qu'il s'en sépare complètement par sa pulpe sans odeur et par cette circonstance qu'il fournit un suc épais, qui a besoin de mélange pour faire un cidre passable. — Suivant Odolant-Desnos, *ouv. cité*, *p.* 122; **Muscadat**, Eure, Manche, Orne, Pays-d'Auge, est une pomme douce, petite, donnant un cidre exquis et de conservation. L'arbre très-fertile est tardif. — D'après MM. Girardin et Du Breuil, *ouv. cité*, *p.* 398, **Gros-Muscadet**, Forges-les-Eaux, est un fruit amer, murissant en septembre. — La Société d'horticulture de la Seine-Inférieure a décrit le **Gros-Muscadet**, *Pomologie*, *t. II*, *p.* 189. — Le Congrès l'a également décrit dans ses *Bulletins*, *p.* 118 *et* 287 et en a publié l'analyse, p. 136. — Le **Gros-Muscadet** décrit p. 286, ne doit pas être confondu avec celui dont il est question ici.

Arbre sain, vigoureux, fertile, à tête arrondie et branches divergentes. — Pousses de l'année d'un rouge-brun, sur lequel se détachent d'assez nombreuses lenticelles d'un jaune-clair. — Bois de deux ans brun, fortement marbré de gris. — Feuilles assez grandes lancéolées, d'un vert-clair, à dents très-fines, très-aiguës; stipules linéaires.

Floraison : mi-mai.

Fruit assez petit et moyen, plus développé d'un côté que de l'autre, plus large que haut, à circonférence relevée de grosses côtes inégalement développées.

Epiderme vert-jaunâtre-terne, plus ou moins ponctué et marbré de gris, lavé sur un tiers ou une moitié de sa surface de rouge qui se réduit parfois à quelques raies de même couleur.

Œil moyen, fermé ou ouvert, à sépales assez longs, bruns, placé dans une cavité assez profonde, irrégulière, fortement plissée, couronnée de protubérances inégales qui commencent les côtes de la pomme.

Pédoncule de grosseur variable, ligneux, long de 10 à 20 millimètres, brun, inséré dans une cavité profonde, étroite, irrégulière, occupée par une tache de gris-roux s'étendant sur la base du fruit.

Cœur moyen; axe déchiré; loges ouvertes; pepins solitaires ou géminés, bruns.

Chair blanc-jaunâtre, demi-ferme, demi-fine; eau assez abondante, sucrée, légèrement amère, parfumée (musquée), de bon goût.

Maturité : première quinzaine de novembre et assez souvent fin octobre.

Jus coloré ; densité 1060 à 1067 = 8° à 9° Baumé.

Sucre alcoolisable	160, »
Tannin	2,410
Mucilage	5, »
Acidité rapportée à celle de l'acide sulfurique monohydraté	1,070
Sels et divers	11,520
Eau	820, »
Total	1000, »

Le Gros-Muscadet est recherché des propriétaires ruraux et des cultivateurs qui veulent préparer un cidre délicat pour leur consommation personnelle. Associé au Doux-Evesque, au Vagnon et au Paradis, tous fruits plus ou moins parfumés, il avait servi à la fabrication de l'excellente boisson de ménage dégustée par les membres du Congrès, lors de la session d'Yvetot, en 1871 (1).

(1) Voy. *Procès-Verbaux*, p. 271.

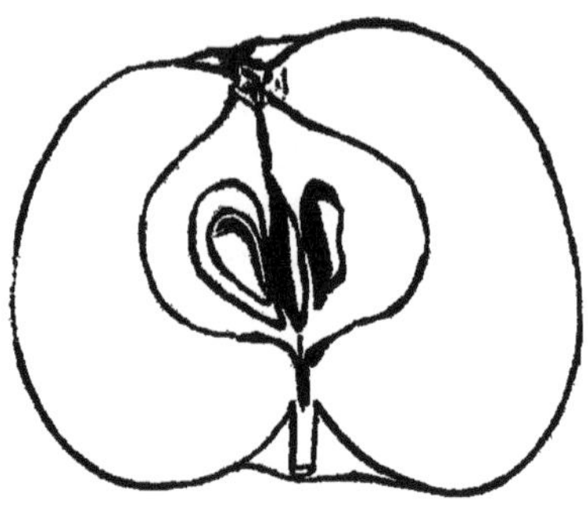

BÉNARD. — Fruit doux, très-bon.

(Fig. col. n° 10)

Histoire et bibliographie. — Variété ancienne, d'origine inconnue. — On dit qu'elle se rencontre dans les pommeraies du département de l'Eure. Elle est cultivée dans le canton du Coudray (Oise) et dans les communes de Courcelles, Boury et Monjavoult. Elle existe aussi dans le département de la Seine-Inférieure, mais elle y est assez rare. — Cette pomme nous a été communiquée d'abord par M. Delaville, professeur d'horticulture à Beauvais, puis par M. Aug. Dieusy, de Rouen, qui en avait reçu des échantillons de M. Duhamel, cultivateur, commune de Bezancourt (Seine-Inf[re]). — Elle a été admise au nombre des fruits de premier choix dans la *Liste alph. des pommes à cidre* dressée par la Soc. d'hort. de l'arrondissement de Beauvais, p. 10, et décrite dans le *Supplém. aux Proc.-verb. du Congrès*, p. 6.—On cultive aux environs de Gournay, sous le même nom, une pomme qui se rapproche de celle-ci, mais dont l'analyse s'est trouvée moins satisfaisante, (Densité 1067, tannin 1 gr. seulement) et le jeune bois d'une nuance un peu différente. Y a-t-il deux variétés distinctes, ou seulement résultat de l'action du sol et des circonstances extérieures? C'est ce que, à défaut de moyens suffisants de comparaison, on ne peut dès à présent décider.

ARBRE très-vigoureux, fertile, à branches divergentes. — Pousses de l'année de force moyenne, de couleur rouge-foncé; lenticelles rondes, très-petites, très-rares ; entre-nœuds courts, — Boutons à bois très-petits, d'un rouge foncé, non duveteux. — Boutons à fleurs ovoïdes, obtus, rouges, non duveteux. — Feuilles moyennes.

Floraison : mi-mai.

Fruit petit, plus développé d'un côté que de l'autre, aplati, à circonférence rendue un peu irrégulière par quelques rudiments de côtes.

Epiderme vert-jaunâtre, lavé sur un quart environ de sa surface de carmin vif et brillant, marbré et pointillé de gris-roux.

Œil petit, fermé, à sépales gris-brun, placé dans une cavité profonde, assez étroite, traversée par des sillons, couronnée de faibles protubérances.

Pédoncule mince, très-court, ligneux, plongé dans une cavité assez profonde, occupée par une très-large tache de gris-roux, qui s'étend à toute la base de la pomme,

Cœur petit ; axe creux ; loges assez grandes ; pepins rares, gros et longs.

Chair jaunâtre, tendre, fine ; eau assez abondante, sucrée, parfumée, de très-bon goût.

Maturité : deuxième quinzaine de novembre.

Jus très-beau ; densité 1076 = 10°1 Beaumé.

Sucre alcoolisable	175, »
Tannin	2,066
Mucilage	7, »
Acidité rapportée à celle de l'acide sulfurique monohydraté	1,070
Sels et divers	16,864
Eau	798, »
Total	1000, »

Pressurée seule, dit la Société d'horticulture de Beauvais, cette pomme fournit un cidre de première qualité et susceptible de conservation. — La dégustation et l'analyse s'accordent avec les données de la pratique. Bien que la proportion du tannin y soit faible, la pomme Bénard mérite de prendre rang parmi nos bons fruits de pressoir.

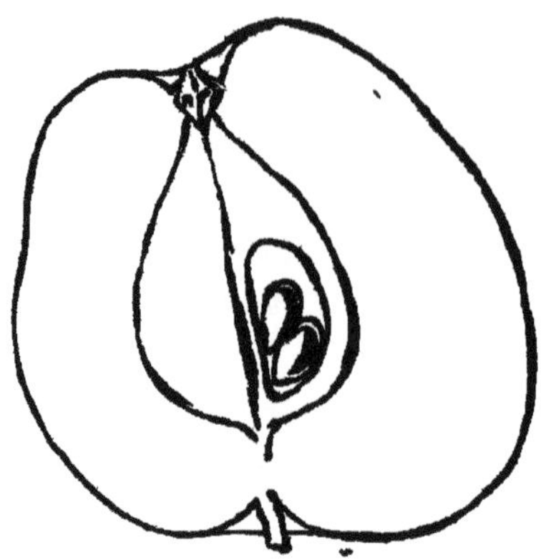

ARGILE NOUVELLE. — Fruit doux, très-bon.

(*Fig. col. n° 11.*)

Histoire et bibliographie.—Variété nouvelle, obtenue de semis par M. Legrand, pépiniériste, à Yvetot; décrite dans les *Bulletins du Congrès*, p. 230, avec analyse, p. 242.—Première fructification en 1870.

Arbre vigoureux, fertile, à branches horizontales et à tête arrondie.

Floraison : deuxième quinzaine d'avril.

Fruit moyen (1), plus développé d'un côté que de l'autre, ovoïdo-pyramidal, aplati à la base, à circonférence relevée de côtes, parfois bien prononcées, d'autre fois assez peu apparentes.

Epiderme jaune-pâle, lavé de rouge sur un tiers ou la moitié de sa surface, parsemé de petits points gris et souvent de petites taches d'un rouge-foncé ou brunes sur les parties rouges.

Œil petit, ouvert ou entr'ouvert, à sépales courts, dressés, bruns, placé dans une cavité oblique, peu profonde, étroite, plissée, lavée ou rayée de gris.

Pédoncule mince, ligneux, très-court (4 à 6 millimètres), brun,

(1) Les échantillons d'après lesquels a été faite la description imprimée dans les *Bulletins du Congrès*, étaient plus gros que ceux qui sont figurés ici.

inséré dans une cavité très-peu profonde, évasée, irrégulière, colorée en gris, et le plus souvent par une large tache rugueuse s'irradiant au loin sur la base de la pomme.

Cœur moyen, allongé; axe plein ou faiblement creux; loges fermées ou entr'ouvertes; pépins bruns.

Chair jaunâtre, tendre, assez fine; eau suffisante, très-sucrée, très-parfumée, de saveur très-agréable.

Maturité : deuxième quinzaine de novembre.

Jus coloré; densité 1080 à 1083 = 10°,6 à 11° Baumé.

Sucre alcoolisable	188, »
Tannin	2,750
Mucilage	14, »
Acidité rapportée à celle de l'acide sulfurique monohydraté	1,070
Sels et divers	7,180
Eau	787, »
Total	1000, »

La pomme dont nous nous occupons en ce moment a une très-grande analogie, par sa chair tendre, par son parfum très-développé et sa saveur très-sucrée, avec les Argiles déjà connues. Par l'ensemble des qualités qui ressortent de l'analyse, elle se place entre la variété rouge de l'Argile ancienne, qu'elle surpasse par la proportion du sucre et du tannin de son moût, et la sous-variété grise qui lui est supérieure sous le rapport du principe tannique, sans lui être inférieure en matière saccharine. — C'est bien certainement une très-bonne acquisition pour nos pommeraies, et il faut souhaiter qu'elle s'y répande promptement.

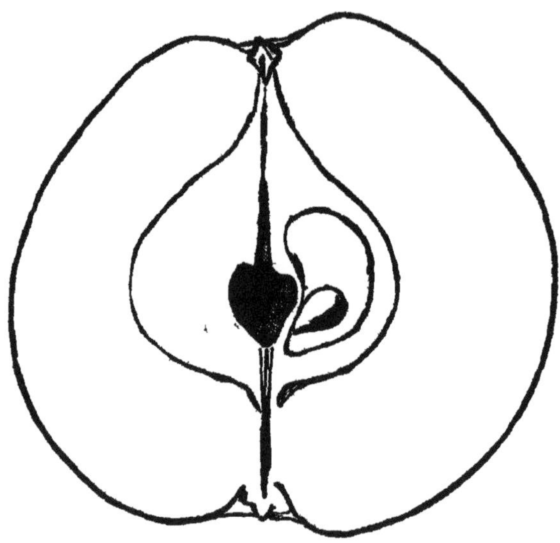

BARBARIE. — Fruit doux, amer, excellent.

Histoire et bibliographie. — Variété ancienne, d'origine inconnue, cultivée et très-estimée dans le département d'Ille-et-Vilaine, où elle a pour synonyme **Monte-en-l'air.** — Julien le Paulmier, f° 54, cite la « **Barbarie de Biscaye,** grosse pomme *longue* verde et *rousse,* rellée, *douce-amère,* fort bonne à manger aussi. » Puis, f° 58 v°, la « **Baberic** ou **Barberie,** pomme grosse et *ronde,* verde d'un costé, tachée de *rouge* de l'autre, *douce* et bonne à manger étant à sa maturité. » Ces deux pommes paraissent être les mêmes, malgré les notables différences que présentent les descriptions; sont-elles identiques à la nôtre? C'est ce qu'il est très-difficile de décider. Voici d'ailleurs ce qu'il ajoute à propos de la seconde : « Le sidre du commencement est rude, gros et malplaisant, et se noircit au voire; mais la seconde année il devient clair et fort excellent, principalement s'il est corrigé de meslange de pommes sures... Le pommier est assez grand et de bon rapport, mais il est facilement offensé des brouées et frimats. » — Renault, p. 73, parle de deux sortes de **Barberie-dur,** dont le fruit est « d'une saveur amère dégoutante; » ce ne peut être celui dont il est question ici. — Odolant-Desnos, qui suit dans ses descriptions Julien le Paulmier, fait deux espèces différentes de la grosse espèce de **Barbarie,** qu'il dit originaire de Biscaye et de la **Barberie** ou **Barberic.** — Poiteau, *Pom. franç.*, p. 105 et 106, t. IV, 1846, a donné sous le nom de **Gros-Barberie,** la figure et la description d'un gros fruit fauve, fouetté de rouge, différent du nôtre. — MM. Girardin et Du Breuil, p. 405, introduisent dans leur liste des fruits doux de troisième saison, **Barbarie** ou **Barbari** à Pont-de-l'Arche (Eure), synonyme de **Grandes-Feuilles**, à Lespieux (Manche); **Merdoux**, **Amer-doux-rouge**, à Granville (Manche). S'agit-il du fruit décrit ici? — M. Lannier, instituteur, à Pierrecourt (Seine-Infé-rieure), a présenté à la Société d'horticulture de Rouen, sous le nom de **Barbary** avec synonymie **Raillé-Rouge**, une pomme décrite p. 200, qui n'a rien de commun avec celle-ci. — V. description dans les *Procès-verbaux*, p. 19, analyse, p. 239.

Arbre très-vigoureux, très-élevé, très-fertile. — Feuilles grandes.

Floraison : de fin avril au 10 mai; fleurs grandes, carminées.

Fruit moyen et gros, un peu plus développé d'un côté que de l'autre, plus large que haut, rétréci au sommet.

Epiderme jaune-verdâtre, lavé et rayé de rouge-clair sur une moitié environ de sa surface, parsemé de taches de gris-roux.

Œil petit ou moyen, fermé, dans une cavité peu profonde, étroite, très-irrégulière et bosselée.

Pédoncule court et charnu, ou ligneux et long de 8 à 10 millimètres, dans une cavité peu profonde, étroite, régulière, lavée de gris-roux, parfois rugueux.

Cœur moyen, allongé; axe déchiré; loges ouvertes, grandes; pépins ovoïdes-pointus.

Chair blanche, ferme; eau abondante, sucrée, amère, parfumée.

Maturité : deuxième quinzaine de novembre.

Jus coloré; densité 1080 = 10°,6 Baumé.

Sucre alcoolisable	187, »
Tannin	5,509
Mucilage	10, »
Acidité rapportée à celle de l'acide sulfurique monohydraté	1,070
Sels et divers	10,421
Eau	786, »
Total	1000, »

Excellent fruit, riche en principes nécesaires à la préparation d'un très-bon cidre : sucre, tannin et mucilage; ce qu'il est fort rare de rencontrer en aussi grande proportion dans les pommes de gros volume.

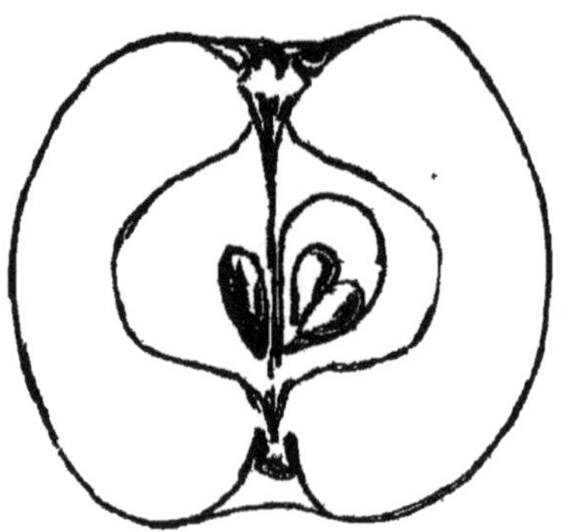

JAUNET. — Fruit doux, très-bon.

(*Fig. col. n° 12.*)

Histoire et bibliographie. — Variété ancienne, d'origine inconnue, cultivée aux environs de Gournay (Seine-Inférieure), décrite par le Congrès, p. 119, et dans le *Supplément aux Procès-verbaux*, p. 16, d'après des fruits de cette provenance communiqués par M. Delaville, professeur d'horticulture à Beauvais (Oise). — La liste des pommes à cidre dressée par Chambray, et reproduite par Louis Dubois, t. I, p. 56, contient sous ce nom, une pomme de première saison, la même très-probablement que Renault, p. 9, appelle **Jaunet** ou **Janette**, pomme très-tendre, mûrissant dès le commencement de septembre; ce ne peut être la nôtre. — Le même auteur, édition de 1817, p. 62 et 63, parle d'un **Jaunet-Dur** tardif, avec synonymie **Jaunet, Gaunet, Ganelle**, qu'il dit connu partout, et dont les pommes, présentant quelques tubercules sur la peau, ont la chair cassante; on peut douter que ce soit celui dont on parle. — Odolant-Desnos caractérise également le **Jaunet**, cultivé dans l'Eure, l'Orne et le pays d'Auge, ou **Gannel** de Gournay, par les verrues qui le recouvrent et sa chair cassante; on est autorisé à identifier ces deux derniers fruits entre eux, mais non avec le nôtre. — La Société d'horticulture de la Seine Inférieure, *Pomologie*, t. II, p. 171 et 174, mentionne parmi les pommes de première saison, un **Jaunet** (Mans), cru identique à **Calotte** ou **Reinette-Douce** (Sarthe), qu'on ne saurait confondre avec celui-ci dont la maturité n'arrive qu'en novembre. — Le **Jaunet** cultivé à Bresles (Oise) est différent et inférieur en qualité, *Congrès*, p. 119. — Une pomme cultivée aux environs d'Yvetot, et communiquée par M. Demercastel, sous les noms de **Jaunet** et de **Belle-Normande**, et par M. Beauvisage, sous celui d'**Argile-Grise**, a beaucoup de rapport avec le **Jaunet** de Gournay-en-Bray dont elle diffère cependant par de légères côtes, par un long pédoncule et par son jus un peu moins riche en principes utiles. Un examen ultérieur est nécessaire pour se prononcer sur son identité.

Arbre vigoureux, fertile, de grandeur moyenne, à branches

divergentes. — Pousses de l'année minces, d'un rouge-foncé, glacé de gris, parsemées de lenticelles assez nombreuses, petites, allongées, jaunes. — Boutons à bois petits, obtus, de couleur rouge-foncé, non-duveteux.

FLORAISON : ?

FRUIT petit, symétrique, à peu près ovale ou un peu plus déprimé que dans le dessin ci-dessus, la plus grande largeur correspondant au milieu de la pomme qui est sensiblement aussi large vers le sommet que vers la base et légèrement aplatie à ses deux extrémités; circonférence régulière. — Flétrit à la maturité.

Epiderme jaune ou jaune-verdâtre, parfois teint au soleil d'une nuance rouge-orangé, parsemé de quelques taches brunes et de très-petits points gris peu nombreux se colorant en rouge sur la partie orangée.

Œil moyen, fermé ou entr'ouvert, à sépales bruns, assez longs, réfléchis en dehors, placé dans une cavité large, profonde, traversée par des sillons, légèrement colorée en gris-roux.

Pédoncule mince, ligneux, très-court, plongé dans une cavité profonde, étroite, colorée en gris-roux.

Cœur moyen; axe plein; loges fermées, moyennes; pépins petits, ovoïdes-allongés, de couleur marron.

Chair blanche, ferme, assez grosse; eau suffisante, sucrée, aromatisée, de bon goût.

MATURITÉ : fin novembre.

Jus coloré; densité 1075 = 10° Baumé.

Sucre alcoolisable	180, »
Tannin	3,343
Mucilage	6, »
Acidite rapportée à celle de l'acide sulfurique monohydraté	1,070
Sels et divers	9,587
Eau	800, »
TOTAL	1000, »

Pomme très-estimée dans le lieu de production, et méritant d'être propagée.

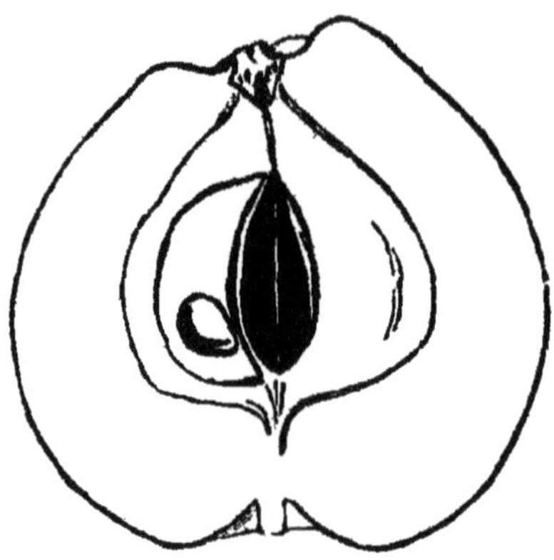

MARTIN-FESSARD. — Fruit amer, excellent.

(Fig. col. n° 13.)

Histoire et bibliographie. — Variété dont l'origine et le nom primitif sont restés inconnus; importée, il y a 45 à 50 ans, à Sainte-Marie-des-Champs, près Yvetot, par feu Martin-Fessard, qui l'a répandue dans les environs et dont on lui a donné le nom. — L'analyse du moût a été publiée, p. 137, par le Congrès, sans la description du fruit, laquelle est donnée ici pour la première fois.

Arbre sain, très-vigoureux, très-élevé, très-fertile. — Pousses de l'année grises, parsemées de très-rares lenticelles blanchâtres; bois de deux ans gris-vert sans lenticelles apparentes. — Boutons à bois aigus, écartés, pointus, rougeâtres; boutons à fleurs ovoïdes-pointus, à écailles rouges.

Floraison : commencement de mai.

Fruit assez petit, un peu plus développé d'un côté que de l'autre, irrégulièrement ovoïde, à circonférence relevée de côtes bien développées ou seulement rudimentaires.

Epiderme jaune-pâle, coloré, sur une faible étendue, d'une nuance variant du rouge-clair à l'orangé-faible, parsemé soit de quelques courtes raies carmin, soit de points rouges; toujours finement pointillé de gris ou de brun.

Œil fermé ou un peu entr'ouvert, à sépales bruns, dressés

quelquefois à fleur du fruit, placé dans une cavité plus ou moins profonde, fortement plissée, couronnée de mamelons en rapport avec le développement des côtes, souvent colorée en gris.

Pédoncule très-court, ligneux, mince, inséré au sommet d'une cavité étroite, irrégulière, peu profonde, occupée par une tache d'un gris-roux, quelquefois rugueuse.

Cœur assez gros; axe déchiré; loges largement ouvertes, grandes; pépins assez petits, ovoïdes ou ovoïdes-allongés, de couleur marron.

Chair jaune ou jaunâtre, ferme, grosse; eau abondante, sucrée, d'une amertume prononcée, mais agréable.

MATURITÉ : fin novembre et première quinzaine de décembre.

Jus assez coloré; densité 1075 à 1082=10° à 11° Baumé.

Sucre alcoolisable	175, »
Tannin	6,955
Mucilage	12,200
Acidité rapportée à celle de l'acide sulfurique monohydraté	1,070
Sels et divers	4,775
Eau	800, »
TOTAL	1000, »

Très-précieuse variété qui égale ou surpasse, par la proportion du tannin existant dans son moût, les pommes à cidre les mieux dotées. — Nos renseignements constatent qu'elle produit un très-bon cidre, de facile conservation. Le petit cidre lui-même se conserve deux ans. — L'heureuse association des principes amers et tanniques nous garantit une boisson parfaitement salubre. On doit donc en désirer la propagation sur une très-vaste échelle.

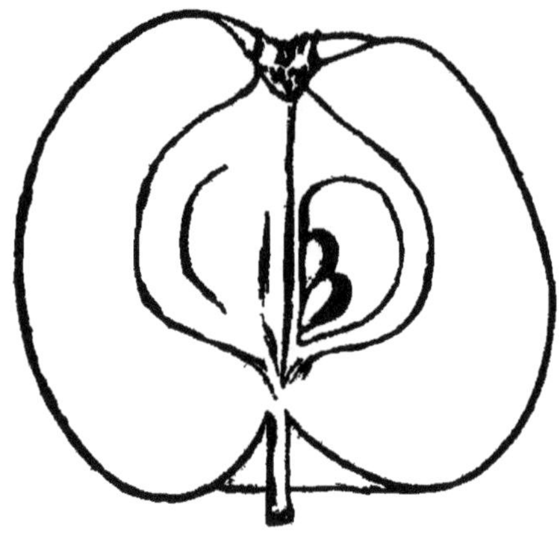

BINET-GRIS. — Fruit doux, très-bon.

Histoire et bibliographie. — Variété obtenue de semis en 1868, par M. Legrand, pépiniériste à Yvetot et décrite ici pour la première fois.

Arbre sain, vigoureux, très-fertile, à branches horizontales.

Floraison : deuxième quinzaine d'avril.

Fruit petit, un peu plus développé d'un côté que de l'autre, ovoïde, tronqué en haut, aplati à la base, à circonférence relevée de rudiments de côtes ; rappelant la forme générale du Binet qu'il surpasse un peu en volume ; flétrissant légèrement à la maturité.

Epiderme d'un beau jaune-d'or, légèrement teinté de rouge au soleil, marbré et ponctué de gris-roux.

Œil petit, ouvert, à sépales courts, dressés ; placé dans une cavité assez large, assez profonde, traversée de faibles sillons, couronnée de légères protubérances, colorée en gris-roux.

Pédoncule mince, ligneux, long de 10 à 12 millim., inséré dans une cavité assez profonde, large, colorée en gris-roux par une large tache qui s'irradie à la base de la pomme.

Cœur moyen ; axe plein ; loges fermées, grandes ; pépins petits, ovoïdes, de couleur acajou-foncé.

Chair blanc-jaunâtre, tendre, assez fine; eau suffisante, bien sucrée, parfumée, de très-bon goût.

MATURITÉ : fin novembre et première quinzaine de décembre.

Jus coloré; densité 1075 = 10° Baumé.

Sucre alcoolisable	173, »
Tannin	3,443
Mucilage	10, »
Acidité rapportée à celle de l'acide sulfurique monohydraté	1,070
Sels et divers	12,487
Eau	800, »
TOTAL	1000, »

Bon gain qui égale par la composition de son moût la plupart de nos bonnes variétés anciennes, et en surpasse plusieurs. Il mérite de prendre place dans les pommeraies.

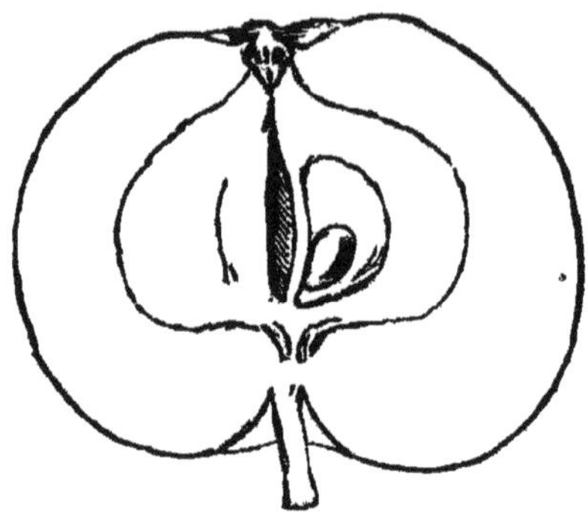

AMÈRE-DE-BERTHECOURT.— Fruit amer, excellent.

(*Fig. col. n° 14.*)

Histoire et bibliographie. — Variété nouvelle, obtenue de semis, par M. le comte de Maupeou, en son domaine de Parisis-Fontaines, commune de Berthecourt (Oise). — Décrite dans le *Supplément aux Procès-verbaux du Congrès*, p. 3.

Arbre sain, vigoureux, excessivement fertile, dont le pied-mère est âgé de 27 ans. Les branches sont verticales. — Les pousses de l'année assez grosses, brunes, présentent des lenticelles très-rares, très-petites, allongées, jaunes. — Boutons à bois petits, aplatis, obtus, bruns; boutons à fruit de grosseur moyenne, ovoïdes-pointus, bruns.

Floraison : tardive.

Fruit petit ou assez petit, ordinairement aplati et plus développé d'un côté que de l'autre, comme dans le dessin ci-dessus, quelquefois à peu près symétrique et ovoïde; à circonférence relevée de côtes, au moins dans sa partie supérieure; ne flétrissant pas à la maturité.

Epiderme lisse, assez brillant, jaune un peu nuancé de vert, parfois lavé au soleil, et sur une petite étendue, de rouge tantôt terne et peu prononcé, tantôt vif et brillant, parsemé de petits points gris assez rares et de très-rares taches brunes.

Œil moyen, fermé, à sépales longs, étroits, chiffonnés, bruns, dans une cavité étroite, peu profonde, parcourue par des sillons, couronnée de protubérances.

Pédoncule ligneux, de 6 à 15 millim., inséré dans une cavité étroite, ordinairement régulière, présentant parfois quelques sillons, faiblement teinte en gris.

Cœur assez grand, dont l'axe est déchiré et par suite les loges ouvertes dans les gros fruits, entr'ouvertes seulement dans les petits; pépins petits, ovoïdes, de couleur acajou, en partie avortés.

Chair blanche, assez ferme, demi-fine; eau assez abondante, légèrement amère, sucrée, parfumée, franche de goût.

Maturité : fin novembre et commencement de décembre.

Jus très-coloré; densité 1078 = 10°,3 Baumé.

Sucre alcoolisable.	181, »
Tannin	5,509
Mucilage.	10, »
Acidité rapportée à celle de l'acide sulfurique monohydraté .	1,070
Sels et divers.	10,421
Eau.	792, »
Total.	1000, »

Très-précieuse variété que recommandent en même temps la très-grande fertilité de l'arbre et la richesse de son moût en sucre et en tannin. On ne saurait la trop multiplier.

Les fruits ont présenté, dans les deux ou trois premières récoltes, une saveur amère beaucoup plus prononcée qu'elle n'a été en 1872 et 1873. (Voyez p. 297 des *Procès-verbaux du Congrès pour l'étude des fruits à cidre*.)

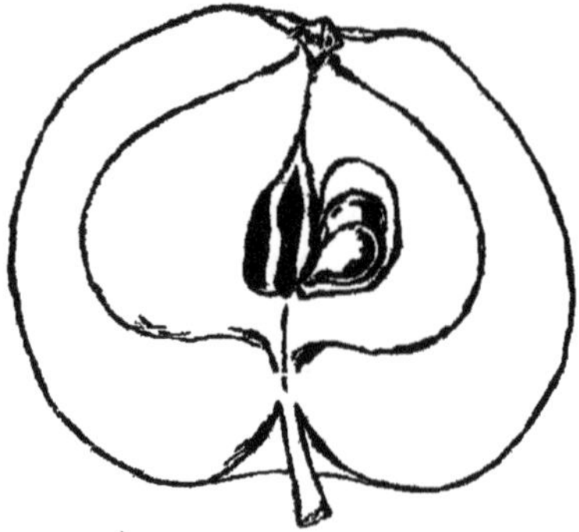

ROUGE-BRUYÈRE. — Fruit légèrement amer, excellent.

(*Fig. col n° 15.*)

Histoire et bibliographie. — On attribue le nom de **Rouge-Bruyère** à plusieurs variétés de pommes à cidre très-répandues dans les cultures, en particulier à une excellente pomme très-connue aussi sous la dénomination d'**Argile** ou de **Pomme-d'Argile**, et sous plusieurs autres synonymes. Afin d'éviter la confusion, il fallait faire un choix et restreindre cette appellation à un seul fruit. Nous avons opté pour celui qui nous occupe en ce moment, parce que nous ne lui connaissons aucun synonyme et que sa coloration rappelle bien la couleur rouge des bruyères de nos bois. Nous nous réservons de désigner son homonyme par la plus répandue des nombreuses appellations sous lesquelles il est connu, au moins dans la Seine-Inférieure, celle d'**Argile.**

Variété ancienne, dont on ignore la provenance, fréquemment confondue soit avec l'**Argile,** soit avec d'autres **Fréquins,** au groupe desquels elle appartient elle-même (1). — Les auteurs qui ont traité des fruits à cidre ont omis celui-ci, ou bien ne l'ont pas caractérisé de manière à nous le faire reconnaître. — La première mention de notre pomme se rencontre dans la *Pomologie* de la Société d'hort. de la Seine-Inférieure, t. II, p. 210, sous le nom de **Rouge-Brière**, avec le syn. **Pomme-d'Argile,** qui ne lui appartient pas. — Elle est décrite dans le *Supplément aux Procès-verbaux du Congrès,* p. 28 et 29. — L'analyse chimique faite en 1868 sur des fruits non entièrement mûrs et publiée p. 137 des *Procès-verbaux,* sous le nom de **Rouge-Bruyère** [vrai ou rouge] ne doit pas être prise pour type ; effectuée à nouveau en novembre de la même année, puis en 1871 et 1872, les résultats en ont été très-différents. — Nos études ont porté spécialement sur les échantillons communiqués par M. Vieillot, instituteur à Allouville (Seine-Infre).

Arbre sain, fertile, à tête arrondie. — Bois de l'année rouge-brun, parsemé de points gris, petits et peu nombreux. Bois de deux ans gris-rougeâtre, parsemé de points saillants qui le rendent rugueux. — Boutons à bois petits, rougeâtres, portés

(1) Voy. ci-après, p. 210.

sur des coussinets saillants. — Boutons à fruit ovoïdes, renflés, à écailles brunes, glabres.

Floraison : première quinzaine de mai.

Fruit petit, symétrique, sphérique, fortement aplati à la base, à circonférence régulière présentant seulement à son tiers supérieur des rudiments de côtes peu prononcées; flétrissant à la maturité.

Epiderme non onctueux, lavé sur toute sa surface, la base exceptée, de carmin foncé, sur lequel on aperçoit, avec un peu d'attention, quelques raies d'un rouge sombre, parsemé de petits points gris-bruns et de rares petites taches noires.

Œil petit, fermé, à sépales courts et bruns, placé à fleur du fruit dans une dépression très-peu profonde, plissée.

Pédoncule grêle, ligneux, de 8 à 10 millim., roux, implanté dans une cavité peu profonde, étroite, tapissée par une tache rousse, rugueuse, qui s'irradie à la base de la pomme.

Cœur moyen, élargi; axe déchiré; loges petites, ouvertes; pépins ovoïdes, solitaires ou germinés, de couleur marron.

Chair blanc-jaunâtre, ferme, demi-fine; eau suffisante, sucrée, amère, de très-bon goût.

Maturité : première quinzaine de novembre; se conserve aisément au-delà de l'époque de maturité, ce qui est l'ordinaire des fruits qui flétrissent avant de se décomposer.

Jus très-coloré; densité 1075 à 1080 = 10° à 10°,6 Baumé.

Sucre alcoolisable	175, »
Tannin	7, »
Mucilage	8, »
Acidité rapportée à celle de l'acide sulfurique monohydraté	1, »
Sels et divers	9, »
Eau	800, »
Total	1000, »

Cette pomme, connue pour donner un excellent cidre, nous paraît, d'après la proportion des principes constituants de son moût, supérieure à toutes celles auxquelles on a donné le nom de *Rouge-Bruyère*. — Seule, la sous-variété grise de l'Argile, qui a aussi nom Rouge-Bruyère, dans plusieurs parties de la Seine-Inférieure, peut rivaliser avec celle-ci; elle est aussi riche en tannin et son arôme est également très-développé.

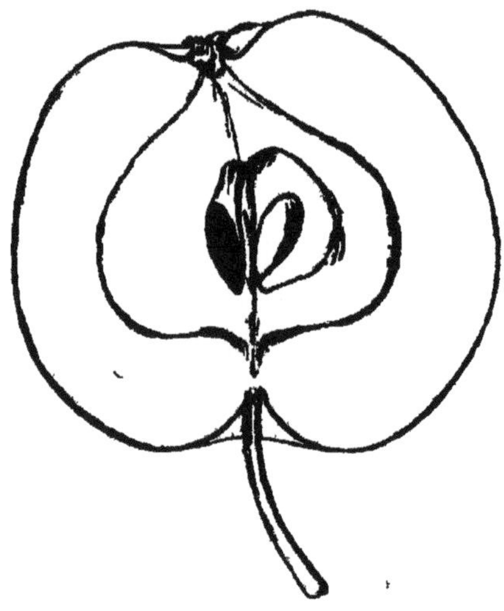

ROSINE. — Fruit doux, très-bon.

(*Fig. col.* nº 16.)

Histoire et bibliographie. — Variété nouvelle, obtenue de semis par M. Legrand, pépiniériste, à Yvetot. — Première fructification en 1873. — Cette pomme est décrite ici pour la première fois.

Arbre vigoureux, très-fertile, à branches semi-verticales, et tête arrondie.

Floraison : commencement de mai.

Fruit assez petit et symétrique, plus large que haut, de forme subovoïde, aplati à la base, tronqué au sommet; à circonférence régulière.

Epiderme jaune, lavé de carmin sur une moitié de sa surface, rayé par dessus de carmin plus foncé, parsemé de petits points gris et de quelques taches noires ou brunes.

Œil moyen, entr'ouvert, à sépales renversés en dehors, bruns; placé dans une cavité peu profonde, plissée, couronnée de protubérances, partiellement colorée en gris assez foncé.

Pédoncule grêle, ligneux, long de 12 à 20 millimètres et plus, inséré dans une cavité peu profonde, étroite, colorée en gris.

Cœur gros; axe déchiré; loges ouvertes, grandes; pépins allongés, bruns, en partie avortés ou incomplètement développés.

Chair blanche, tendre, un peu pâteuse; eau suffisante, sucrée, parfumée, de bon goût.

MATURITÉ : fin novembre.

Jus très-coloré; densité 1083 = 11° Baumé.

Sucre alcoolisable	194, »
Tannin	2, »
Mucilage	10, »
Acidité rapportée à celle de l'acide sulfurique monohydraté	1,070
Sels et divers	13,930
Eau	779, »
TOTAL	1000, »

Cette nouvelle variété, très-riche en sucre, laisse à désirer sous le rapport du tannin; toutefois, elle n'est pas moins pourvue de ce principe que plusieurs pommes anciennes qui, nonobstant, ont mérité leur bon renom; aussi bien que celles-ci elle paraît destinée à conquérir un rang distingué parmi nos fruits de pressoir.

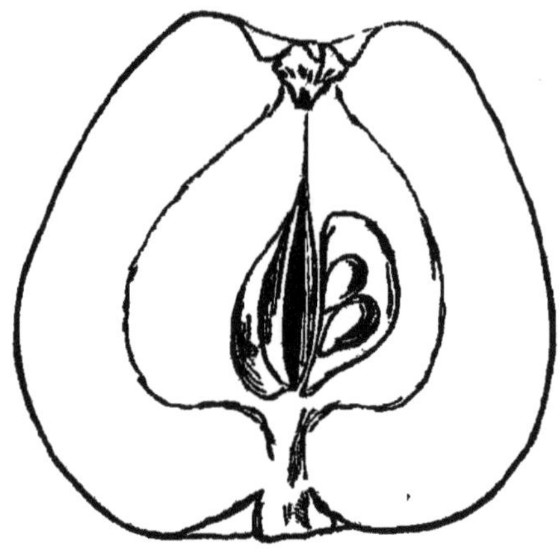

ECARLATINE. — Fruit doux, très-bon.

(*Fig. col.* n° 17.)

Histoire et bibliographie. — Variété ancienne, d'origine inconnue, paraissant peu répandue dans les cultures, communiquée au Congrès, par M. Plouet, instituteur, à Motteville (Seine-Inférieure), et décrite dans les *Procès-verbaux du Congrès*, p. 280, et *Supplément*, p. 9. — La **Petite-Ecarlate** ou **Rougette** du district de Gournay, citée par Renault, p. 39 et 40 de l'édition de l'an III, est-elle le fruit dont il est ici question? — Odolant-Desnos, p. 113, cite sous les noms d'**Ecarlate** ou **Ecarlatin**, synonyme de **Rouget**, une pomme rouge à l'intérieur, par conséquent, autre que celle-ci. — Le tome II de la *Pomologie de la Société d'horticulture de la Seine-Inferieure*, p. 184, décrit une pomme fort analogue à la nôtre, dont l'arbre délicat a les branches verticales, s'agit-il du même fruit? Non, si les renseignements sont exacts de part et d'autre.

Arbre vigoureux, très-fertile, à branches horizontales.

Floraison : mai.

Fruit moyen, à peu près symétrique, quelquefois subovoïde, aplati à la base, tronqué au sommet; plus souvent sphéroïdal, aplati à la base; à circonférence régulière; flétrissant un peu à la maturité.

Epiderme jaune-sale, assez pâle, recouvert en très-grande partie de rouge-sanguin empiétant sur le fond jaune par des raies moins foncées; quelques petits points gris-pâle sur le rouge.

Œil assez grand, fermé ou entr'ouvert, à sépales courts, bruns, dans une cavité profonde, assez large, irrégulière, traversée de sillons.

Pédoncule gros, court, charnu, dans une cavité peu profonde, peu large, irrégulière.

Chair jaunâtre avec légère nuance verte, tendre, assez fine; eau sucrée, parfumée, franche de goût.

MATURITÉ : fin novembre.

Jus de belle couleur; densité 1075 = 10° Baumé.

Sucre alcoolisable	175, »
Tannin	3, »
Mucilage	9, »
Acidité rapportée à celle de l'acide sulfurique monohydraté	1,070
Sels et divers	11,930
Eau	800, »
TOTAL	1000, »

Très-bonne variété de deuxième saison, qu'on dit fournir un cidre de première qualité, ce qui s'accorde très-bien avec ce que dénotent l'analyse chimique et la dégustation.

POMME-RIDEL. — Fruit doux, bon.

(*Fig. col.* nº 18.)

Histoire et bibliographie.— Variété nouvelle, obtenue de semis par M. Legrand, pépiniériste, à Yvetot. — Première fructification en 1870.

Arbre vigoureux, fertile, à branches horizontales et tête arrondie.

Floraison : deuxième quinzaine d'avril.

Fruit moyen et petit, plus développé d'un côté que de l'autre, irrégulièrement ovoïde, rétréci vers la partie supérieure et aplati à la base, non côtelé.

Epiderme jaune-verdâtre, lavé sur un tiers ou un quart de sa surface, de carmin-pâle sur lequel on aperçoit de gros points et de courtes lignes de carmin plus foncé ; la portion restée jaune est parsemée de points gris ou roux, parfois très-petits et peu nombreux, d'autres fois gros et très-abondants.

Œil moyen, ouvert, à sépales courts, dressés, demeurés verts en partie, placé dans une cavité étroite, assez profonde, plissée, couronnée de protubérances, partiellement colorée en gris-roux.

Pédoncule mince, ligneux, brun, de 10 à 15 millimètres, inséré dans une cavité étroite, profonde, irrégulière, rayée de brun.

Cœur assez petit; axe déchiré; loges ouvertes; pépins nombreux, bruns.

Chair blanc-jaunâtre, demi-tendre, assez grosse; eau suffisante, sucrée, amère, parfumée, de saveur agréable. — Chair et saveur des Argiles.

MATURITÉ : première quinzaine de décembre.

Jus coloré; densité 1075 = 10° Baumé.

Sucre alcoolisable	175, »
Tannin	1,377
Mucilage	10, »
Acidité rapportée à celle de l'acide sulfurique monohydraté	1,750
Sels et divers	11,873
Eau	800, »
TOTAL	1000, »

Bonne pomme qui se rapproche beaucoup par sa chair et sa composition élémentaire, de l'Argile ordinaire des vergers.

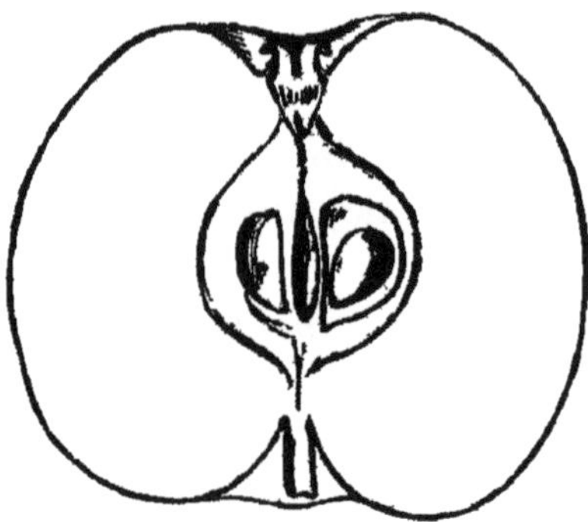

BINET. — Fruit doux, légèrement amer, très-bon.

(*Fig. col. n° 19.*)

Histoire et bibliographie. — Variété ancienne, d'origine inconnue, assez peu répandue dans les cultures, bien que son nom, appliqué à des sortes différentes, se rencontre assez fréquemment. — Le **Binet** est quelquefois appelé **Binet-Blanc**, par addition d'une épithète qui a pour but de le distinguer du **Binet-Rouge**. — De Brébisson, *ouv. cité, p.* 106, donne **Binet** comme synonyme du **Gros-Binin** de la Seine-Inférieure et du **Gros-Doux** du Bessin, de la Manche, etc. — Renault, *ouv. cité*, 1817, *p.* 32, identifie le **Binet** de la Seine-Inférieure et de l'Eure, avec le **Gros-Doux** de l'Orne. — Odolant-Desnos, *ouv. cité, p.* 118, réunit sous la dénomination de **Gros-Doux** le **Binet** et les synonymes qu'il lui attribue : **Gros-Binet**, **Gros-Binin**, **Gros-Réthel** de la Seine-Inférieure, lui donnant pour caractères : pomme douce, grosse, odorante, ronde et jaune. — MM. Girardin et Du Breuil, *ouv. cité, p.* 402, reproduisent les synonymes donnés par les auteurs précédents, auxquels ils ajoutent : **De-Ry**, à Forges-les-Eaux; **Verte-Reine**, à la Haye-du-Puits (Manche); **Hébert**, à Les Pieux (Manche); **Bernimones**, à Neufchâtel; **Doucet**, à Aunay (Calvados); **Petite-Rouge**, à Pont-Scorff (Morbihan). — La pomme qu'ont eu en vue tous les ouvrages que nous venons de mentionner nous paraît être le **Binet** cultivé dans la commune de Roncherolles près Rouen, et dont la Société d'horticulture de la Seine-Inférieure a constaté l'identité avec le **Gros-Binet** des environs d'Elbeuf, *Pomologie, t. II, p.* 178; c'est un fruit plus gros que le nôtre et de moindre qualité. — La première description que nous rencontrons du fruit qui nous occupe, a été donnée par la même Compagnie, *ouv. cité, p.* 201, d'après des échantillons envoyés par M. l'Instituteur public de la commune de Lalonde près d'Elbeuf, lequel nous a de plus donné des greffons sur lesquels ont été récoltés les fruits dont l'analyse se lit *p.* 243 *des Bulletins du Congrès*. — Dans cette même publication, *p.* 11, on rencontre sous la dénomination de **Binet** la description d'un fruit récolté aux environs de Lisieux et reconnu différent de celui dont il est question.

Arbre assez vigoureux, fertile, à tête arrondie. — Pousses de l'année longues de 30 centimètres environ, d'un rouge-brun; lenticelles très-rares, petites, arrondies. — Bois de deux ans brun. — Feuilles moyennes, ovoïdes; pétioles de 20 à 24 millim., rouges, coloration qui se prolonge sur la nervure médiane de la feuille; stipules caduques.—Boutons à bois assez gros, bruns, un peu duveteux, portés par des coussinets saillants. — Boutons à fleurs moyens, ovoïdes, obtus.

Floraison : première quinzaine de mai.

Fruit petit, symétrique ou un peu plus développé d'un côté que de l'autre, plus large que haut, à circonférence rendue irrégulière par des rudiments de côtes inégalement développées; ne flétrissant pas à la maturité.

Epiderme jaune-verdâtre, quelquefois frappé d'une nuance orangée ou rougeâtre au soleil, et sur une petite surface, parsemé de points gris petits et très-peu nombreux et souvent de quelques marbrures rousses.

Œil assez petit extérieurement, entr'ouvert, à sépales grisâtres, placé dans une cavité profonde, irrégulière, traversée de sillons profonds et de quelques plis, partiellement tachée de roux.

Pédoncule grêle, ligneux, brun, long de 6 à 8 millim., plongé dans une cavité profonde, étroite, colorée totalement ou partiellement en roux.

Cœur très-petit, peu apparent sur la coupe de la pomme; axe creux ; loges fermées ; pépins assez gros, de couleur acajou-foncé.

Chair blanche, ferme, assez grosse ; eau assez abondante, très-sucrée, légèrement amère, parfumée, de très-bon goût.

Maturité : première quinzaine de décembre.

Jus coloré ; densité 1076 à 1085 = 10°,1 à 11°,2 Baumé.

Sucre alcoolisable.	186, »
Tannin	2,755
Mucilage.	8, »
Acidité rapportée à celle de l'acide sulfurique monohydraté .	1,320
Sels et divers.	14,925
Eau.	787,000
Total.	1000, »

Cette pomme, analysée dans des années différentes, a manifesté, dans la composition élémentaire de son moût, des différences considérables, comme il arrive d'ailleurs à beaucoup de nos meilleurs fruits anciens, lesquels dénotent une grande impressionnabilité aux influences atmosphériques. Nonobstant cette circonstance regrettable c'est un très-bon fruit, dans lequel on désirerait cependant une plus forte proportion de tannin.

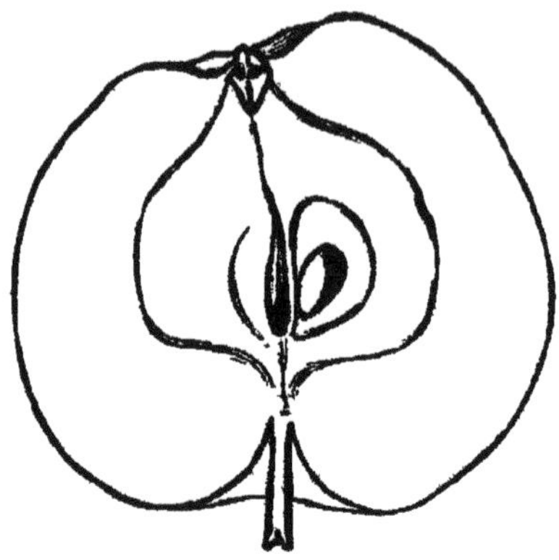

BONNE-AMÈRE. — Fruit amer, très-bon.

Histoire et bibliographie. — Variété obtenue de semis par M. Varin, propriétaire à Yvetot (Seine-Infre). Première fructification en 1870. — Décrite dans les *Procès-verbaux du Congrès.* p. 230, sous le n° 269-37, avec l'indication de **Gain de M. Varin.** n° 47 ; l'analyse en a été donnée p. 247.

Arbre sain, très-fertile, à branches demi-verticales et tête élevée, de belle forme.

Floraison : première quinzaine de mai.

Fruit petit, plus développé d'un côté que de l'autre, ovoïde arrondi, à circonférence relevée de rudiments de côtes.

Epiderme jaune-verdâtre, lavé et surtout rayé de carmin sur plus de la moitié de sa surface, parsemé d'assez gros et nombreux points gris-roux.

Œil petit, fermé, à sépales bruns et quelque peu duveteux, courts, dressés, dans une cavité assez large, assez profonde plissée, couronnée de légères protubérances.

Pédoncule grèle, ligneux, brun, de 10 à 12 millim., inséré dans une cavité irrégulière, profonde, en entonnoir, occupée par une tache d'un gris-roux qui s'irradie à la base du fruit.

Cœur moyen ; axe creux ; loges fermées, moyennes ; pépins bruns, ovoïdes ou ovoïdes-allongés, solitaires.

Chair blanche, ferme, grosse; eau suffisante, sucrée, légèrement amère, légèrement parfumée, légèrement acidulée, de bon goût.

MATURITÉ : première quinzaine de décembre.

Jus coloré; densité 1078 = 10°,4 Baumé.

Sucre alcoolisable	181, »
Tannin	2,076
Mucilage	8, »
Acidité rapportée à celle de l'acide sulfurique monohydraté	1,320
Sels et divers	15,604
Eau	792, »
TOTAL	1000, »

D'après les principes posés dans le chapitre précédent, on doit regretter que la pomme Bonne-Amère ne renferme pas un peu plus de tannin, et un parfum plus développé, mais telle qu'elle est, elle peut prendre rang parmi les meilleurs fruits de nos vergers. — Il est certainement désirable de n'introduire dans les plantations destinées à fournir des boissons fermentées, rien que des variétés réunissant toutes les qualités requises pour faire à elles seules une boisson complète et solide (1), mais sans perdre jamais de vue ce degré de perfection vers lequel tous les efforts doivent tendre, il peut bien être permis, à défaut de mieux, et transitoirement, d'admettre des fruits imparfaits sans doute, sous certains rapports, mais cependant de beaucoup supérieurs à la moyenne des produits de nos plantations actuelles.

Ce qui est dit à l'occasion de la pomme dont on s'occupe présentement, s'applique également à quelques autres que nous signalons à défaut d'autres supérieures en qualité. — Réalisons aujourd'hui les améliorations qu'il est en notre pouvoir d'effectuer; dans un petit nombre d'années, des recherches ultérieures, des obtentions nouvelles auront mis sans nul doute à la disposition des planteurs quelque chose de mieux et ils l'adopteront s'ils ne veulent être taxés d'indifférence.

(1) Voir ci-dessus, p. 143, en note, l'extrait du Rapport de M. Pulliat au nom d'une Commission de viticulteurs.

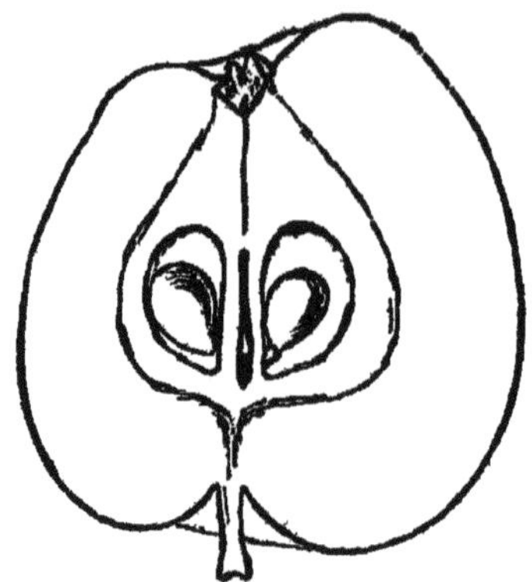

BÉDAN-DES-PARTS (1).— Fruit doux-amer, excellent.

(*Fig. col.* n° 20.)

Histoire et bibliographie. — Variété nouvelle, obtenue de semis par M. Legrand, pépiniériste à Yvetot (Seine-Infre). Première fructification en 1872. — Cette pomme est décrite ici pour la première fois.

Arbre très-sain, vigoureux, très-fertile, à tête arrondie et branches horizontales. — Bois de l'année brun ; feuilles assez grandes (75 millim. sur 45), portées par des pétioles grèles de 35 millim. environ.

Floraison : deuxième quinzaine d'avril.

Fruit petit, plus développé d'un côté que de l'autre, tantôt ovoïde, comme dans la figure ci-dessus, tantôt plus aplati et se rapprochant alors de la forme pyramidale tronquée, à circonférence légèrement côtelée; flétrissant à la maturité.

Epiderme jaune-pâle, nuancé de vert, lavé de rouge-clair sur un quart de sa surface, parsemé de rares petits points gris et parfois marqué de quelques taches brunes.

(1) Dénomination tirée de la ressemblance du fruit nouveau avec le Bédan et du Clos-des-Parts, dans lequel l'obtenteur cultive ses gains les plus précieux.

Œil petit, fermé ou entr'ouvert, à sépales dressés, bruns, placé dans une cavité peu profonde, irrégulière, traversée de sillons et de plis, couronnée de protubérances.

Pédoncule plus ou moins fort, ligneux, long de 5 à 10 millim., inséré dans une cavité étroite, peu profonde, tapissée d'une tache de gris-roux qui s'étend sur la base de la pomme.

Cœur assez petit; axe très-légèrement creux; loges fermées; pépins peu nombreux, ordinairement bien développés, plus ou moins gros, bruns, parmi lesquels quelques-uns seulement sont avortés.

Chair jaunâtre, demi-tendre, assez grosse; eau suffisante, sucrée, un peu amère, parfumée, de bon goût.

MATURITÉ : première quinzaine de décembre.

Jus très-coloré; densité 1084 = 11°,1 Baumé.

Sucre alcoolisable	197, »
Tannin	5, »
Mucilage	10, »
Acidité rapportée à celle de l'acide sulfurique monohydraté	1,070
Sels et divers	10,930
Eau	776, »
TOTAL	1000, »

Cette nouvelle variété mérite de prendre place parmi les fruits de premier ordre, à raison de la fertilité de l'arbre, de la belle couleur du moût qu'elle fournit, lequel est également riche en sucre, en tannin et en parfum. On y retrouve tous les bons éléments qui ont fait la réputation des cidres de Marin-Onfroy, de Peau-de-Vache, etc., au temps où ces anciennes variétés jouissaient de toute leur vigueur. — Elle a la plus grande analogie avec le Bédan, connu de tous pour ses excellentes qualités.

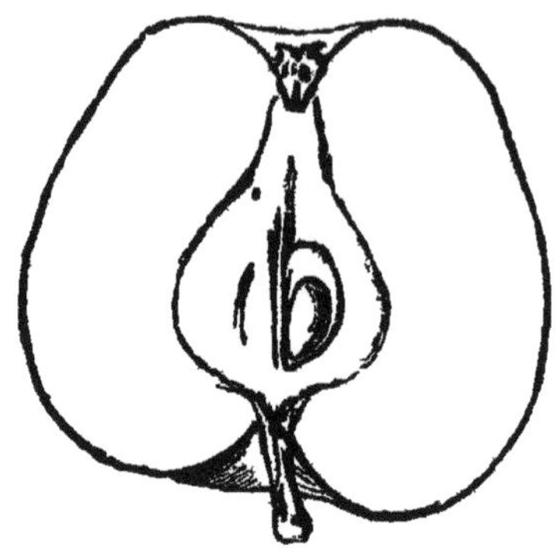

MARGOTTON.— Fruit doux, très-bon.

(*Fig. col.* n° 21.)

Histoire et bibliographie. — Variété ancienne, d'origine inconnue, peu répandue. Décrite pour la première fois dans le *Supplément aux Procès-verbaux du Congrès*, p. 18 et 19, d'après des fruits récoltés à Bertreville-Saint-Ouen (Seine-Inférieure), et communiqués par M. Demercastel, de cette commune.

Arbre vigoureux, très-fertile, à tête arrondie, surbaissée.

Floraison : mai.

Fruit petit, à peu près symétrique, presque aussi haut que large, rétréci vers l'œil, fortement tronqué au sommet, à circonférence à peu près régulière, ne présentant que de faibles rudiments de côtes larges et peu saillantes; ne flétrissant point à la maturité.

Epiderme jaune-pâle, terne, teint au soleil et sur un petit espace de rouge-orangé, partiellement marbré de roux et pointillé de gris; présentant quelques petites taches qui varient du rouge-sombre au brun.

Œil petit, fermé, à sépales bruns, enfoncé dans une cavité profonde, assez large, teinte d'une nuance bistre.

Pédoncule grèle, ligneux, roux, long de 10 à 15 millimètres, inséré dans une cavité assez profonde, faiblement coloré en roux.

Cœur petit, rétréci dans sa partie supérieure; axe plein ou très-légèrement creux; loges fermées, petites; pépins ovoïdes, de couleur marron, en partie avortés.

Chair blanche, ferme, grosse; eau suffisante, sucrée, très-légèrement parfumée, de bon goût.

MATURITÉ : première quinzaine de décembre.

Jus assez coloré; densité 1076 = 10°,1 Baumé.

Sucre alcoolisable	175, »
Tannin	2, »
Mucilage	10, »
Acidité rapportée à celle de l'acide sulfurique monohydraté	1,070
Sels et divers	13,930
Eau	798, »
TOTAL	1000, »

D'après le présentateur, cette pomme produit un bon cidre, ce qui se trouve en rapport avec les données fournies par l'analyse.

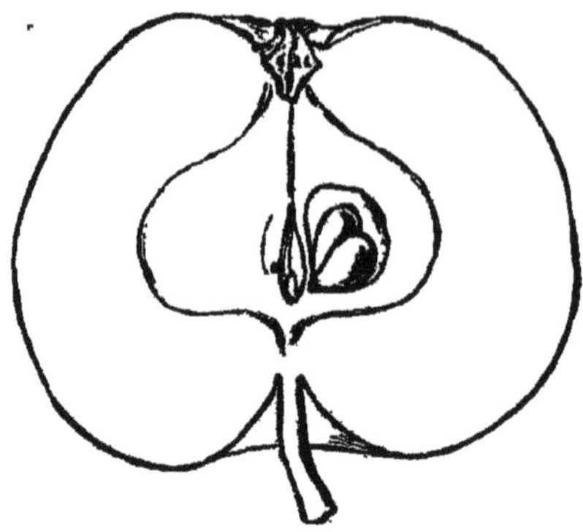

ROUGET. — Fruit doux, très-bon.

(Fig. col. nº 22.)

Histoire et bibliographie. — Variété ancienne, paraissant peu répandue, présentée par M. Marlot père, jardinier, à Néville, près Saint-Valery-en-Caux, avec le synonyme **Pomme-à-Glanes**; différente du **Rouget-de-Dinan** qui a pour synonyme **Barbarie** et dont l'arbre est pyramidal, *Procès-verbaux*, p. 28.—Julien le Paulmier, fº 53, parle d'une **Pomme-de-Rouget**, comme d'une grosse pomme, ce n'est donc pas celle-ci. — Le **Rouget** est cité par Piérard, p. 82. — Mentionné par Renault, édition de Rouen, an III, p. 42, avec synonyme **Doucel**, des districts de Gournay et de Neufchâtel, comme étant une pomme très-ronde, panachée de rouge et de jaune, à chair très-blanche; dans l'édition de Paris, 1817, p. 29, il n'apparait plus comme variété particulière, mais sous la rubrique de l'**Ecarlate**, dont il devient l'un des synonymes : **Rouget** de l'Eure, aux environs de Bourg-Achard, de Routot et de Pont-Audemer; du Calvados et de la vallée d'Auge; c'est dans ce cas une pomme de forme oblongue, à pulpe molasse, cotonneuse, nuée de rouge, très-différente de la précédente et de la nôtre. — Le **Rouget** du Cotentin, de l'Eure, de Falaise, de la Manche et de l'Orne, porte dans Odolant-Desnos, p. 127, les synonymes des deux pommes de même nom donnés par Renault, et de plus celui de **Rouge-Pottier**, c'est encore un fruit allongé et à chair rouge. — D'après MM. Girardin et Du Breuil, *ouvrage cité*, p. 401, la pomme **De Rouget**, à Cany (Seine-Inférieure), a pour synonymes **Gros-Ecarlate, Gros-Rouget** (Seine-Inférieure), **Rouge-Pottier**, comme celle d'Odolant-Desnos; ce doit être la même. — La pomme dont on parle a été décrite dans le *Supplément aux Procès-verbaux du Congrès*, p. 29 et 30, d'après des spécimens récoltés commune de Néville (arrondissement d'Yvetot), dans un sol argileux, sur plateau exposé au sud.

Arbre de belle forme, à branches horizontales, très-vigoureux, très-productif. — Pousses de l'année de 40 centimètres environ, brunes, légèrement glacées de gris par places, parsemées de très-petites lenticelles rondes et jaunes. — Yeux à bois très-petits, duveteux, gris, portés sur des coussinets assez saillants.

FLORAISON : fin mai.

FRUIT moyen, symétrique, aplati, non côtelé ; ne flétrissant pas à la maturité.

Epiderme jaune-clair, lavé sur les deux tiers ou les trois quarts de sa surface de rouge-carmin assez brillant et foncé, rayé sur les parties restées jaunes, de la même couleur plus claire ; parsemé de petits points bruns et de quelques taches également brunes.

Œil petit, fermé, à sépales courts, dressés, bruns ; placé dans une cavité assez large, assez profonde, traversée par des sillons.

Pédoncule mince, ligneux, brun, long de 10 à 15 millimètres, inséré dans une cavité assez profonde, colorée en gris-roux.

Cœur petit, élargi ; axe creux ; loges fermées ; pépins assez petits, bruns, parfois avortés.

Chair blanc-jaunâtre, demi-ferme, assez fine ; eau suffisante, sucrée, parfumée, de très-bon goût.

MATURITÉ : première quinzaine de décembre.

JUS coloré ; densité 1075 à 1091 = 10° à 12° Baumé.

Sucre alcoolisable	186, »
Tannin	1,375
Mucilage	12, »
Acidité rapportée à celle de l'acide sulfurique monohydraté	1,070
Sels et divers	12,555
Eau	787, »
TOTAL	1000, »

Cette très-bonne variété se rapproche beaucoup du Rouge-Bruyère, et paraît appartenir au même genre de fruits à cidre. Elle lui est cependant inférieure par une beaucoup moins forte proportion de principes tanniques ; mais, d'après nos renseignements, elle rachetterait cette infériorité par la plus grande fertilité de son arbre.

ARGILE. — Fruit légèrement amer, très-bon ou excellent.

(Fig. col. nos 23 et 24.)

Histoire et bibliographie. — Variété ancienne, d'origine inconnue, très-répandue et très-prisée dans tous les départements du Nord-Ouest de la France, producteurs de cidre. — Elle est aussi, très-souvent, désignée sous le nom de **Rouge-Bruyère**, dénomination qui appartient à un fruit différent, (*Voy. ce nom ci-dessus, p.* 189) et qui a été attribué par erreur à plusieurs autres, d'où une confusion regrettable qui a souvent eu pour effet de faire propager au lieu d'un très-bon fruit, des variétés très-inférieures en qualité. — Le catalogue dressé par de Brébisson, *Annuaire cité, p.* 103, classe parmi les pommes douces de première saison ou précoces : **Doux-Veret**, Bessin, Pays-d'Auge, Orne, Manche, Bocage, avec syn. **Musel, Doux-à-Mouton**, Seine-Inférieure; **Rouge-Bruyère**, à Gournay, Falaise, Lisieux. — Renault, *ouv. cité*, édit. de l'an III, p. 32 et 33, place **Amer-Rouge** ou **Rouge-de-Bruyère** de Gournay, au nombre des pommes amères de deuxième saison. L'arbre, dit-il, a les rameaux flexibles et dirigés horizontalement; le fruit est petit et allongé, à peau blanche, rayée de jaune, fouettée de rouge; dans *l'édit.* de 1817, p. 54 et 55, au contraire, l'**Amer-Rouge** de l'Orne, *syn.* **Rouge-Bruyère**, Somme; **Sully**, Seine-et-Oise; **Rouge-Amer**, Seine et plusieurs autres pays, est dit avoir les branches très-élevées, le fruit gros et faiblement allongé, à peau rouge et à chair très-amère et remplie de veines rouges. Le même auteur rapporte, 1re *édit.*, p. 30, 2me *édit.*, p. 10, à une pomme différente, douce et de première saison, presque tous les syn. attribués par les auteurs à notre fruit : **Verrai** ou **Veret** de l'Orne (nom qui se retrouve, p. 104, sous la forme de **Doux-Verret** ou **Doux-Vert**, fruit de deuxième saison); **Musel** de quelques cantons de la Seine-Inférieure; **Verel** de l'Eure, d'Eure-et-Loire et du Calvados; **Doux-à-Mouton**, de la Somme. — Piérard, *ouv. cité, p.* 81, mentionne le **Doux-Véret**, qu'il place parmi les pommes douces de première saison. — Odolant-Desnos, p. 113, fait **Rouge-Bruyère**, Gournay, Falaise, Lisieux, syn. de **Doux-Vairet**, Bessin, Bocage, Manche, Orne, Pays-d'Auge, Seine-Inférieure. — MM. Girardin et Du Breuil, *ouv. cité*, p. 399 et 400, citent parmi les fruits doux de première saison, c'est-à-dire, mûrissant en septembre : **Rouge-Bruyère** ou **Rouge-Brière**, Tôtes (Seine-Inf[re]), avec syn. **Fresquin-Rouge**, Bellesme (Orne); **De Carotte**, Valmont (Seine-Inf[re]); **Queue-Nouée**, Abbeville (Somme); d'**Argile**, Fauville (Seine-Inf[re]); **Doux-Vairet**, Neufchâtel (Seine-Inf[re]); **Petit-Fréquin**, Livarot (Calvados); **Toupie-Rouge**, Cherbourg (Manche); **Musel-de-Brebis**, Yvetot (Seine-Inf[re]); **Doux-à-Mouton**, Villers-Bocage (Calvados). — M. Morière, *Du cidre*, 1868, p. 20, fait entrer le **Rouge-Bruyère** dans les cidres de première saison avec le **Doux-à-l'Agnel** et le **Blanc-Mollet**. — La *Nomenclature alphabétique* de la Société d'hort. de Beauvais, p. 11 et 14, classe parmi les fruits doux de troisième saison, le **Doux-Vairet**, syn. **Musel-de-Brebis**, **Doux-à-Mouton** et **Rouge-Bruyère** cultivés dans l'arrondissement, et nous avertit qu'une pomme toute différente est cultivée dans quelques communes sous le nom de **Rouge-Bruyère**. — La Soc. d'hort. de la Seine-Inférieure, *Pomologie* t. II, p. 210, a décrit ce fruit sous le nom de **Rouge-Bruyère** et en même temps le **Rouge-Bruyère** (véritable) de notre publication, p. 189, auquel elle attribue par erreur le syn. **Pomme-d'Argile**, qui ne lui appartient pas. — Le *Congrès*, p. 127, mentionne l'**Argile** sous le nom de **Rouge-Bruyère**, syn. **Musel-de-Brebis**, **Doux-Véret** des environs de Beauvais, et p. 236, sous le nom de **Rouge-Bruyère-Gris**. — L'analyse en a été donnée p. 137 et 241. — Le **Rouge-Bruyère** décrit *Supplément aux Proc.-verb.*, p. 27, diffère de la pomme dont il est traité ici. — Quant à l'**Argile-Grise** décrite, *Proc-verb.* p. 277, et dont l'analyse a été donnée p. 138, ce n'est qu'une sous-variété de la pomme qui nous occupe. On ne voit dans les arbres rien qui puisse les différencier; mais tandis que les fruits de la variété type la plus répandue se colorent en rouge sur une portion plus ou moins étendue de leur surface, du moins lorsqu'ils ne sont pas totalement privés de la lumière directe du soleil, ceux de la sous-variété restent, dans toutes les expositions, verts ou plus ordinairement se revêtent d'une couverte grise. Ces différences, qui concordent avec des différences dans la composition chimique des jus, peuvent être constatées sur des arbres placés dans les mêmes conditions, dans le même verger.

Arbre vigoureux, fertile, à branches demi-verticales formant une tête ronde dont les rameaux ne retombent pas trop. — Pousses de l'année grosses, longues, de couleur rouge-foncé, revêtues d'un duvet très-court, parsemées de rares petits points jaunes, lenticelles arrondies. — Boutons à bois de grosseur moyenne, bruns-grisâtres, portés sur des coussinets très-prononcés. — Bois de deux ans brun. —Boutons à fleurs de grosseur moyenne, à écailles brunes, duveteuses.— Feuilles grandes, d'un vert-foncé en dessus, duveteuses en dessous. — Stipules linéaires, souvent très-longs, (15 à 20 millim.).

FLORAISON : premiers jours de mai.

FRUIT moyen, sphéroïdal, aplati à la base ou le plus souvent ovoïde et un peu rétréci vers l'œil, quelquefois un peu plus développé d'un côté que de l'autre ; à circonférence relevée de légères côtes dans sa moitié supérieure, flétrissant à la maturité.

Epiderme (dans la variété type ou rouge) jaune ou jaune-verdâtre, lavé de rouge, ordinairement terne sur une partie de sa surface variant du quart à la presque totalité, avec quelques petites raies carminées sur la portion la moins colorée du fond rouge, pointillé et marbré plus ou moins largement de gris; quelques petites taches grises ou brunes. — Dans la sous-variété grise, la teinte jaune-verdâtre de l'épiderme est recouverte de gris-roux qui souvent laisse à peine apercevoir la couleur verdâtre du fond, tandis que, dans d'autres circonstances, la couverte est beaucoup moins étendue ; parfois ces fruits prennent au soleil une légère nuance rouge, mais rien de plus.

Œil petit, fermé, à sépales courts, chiffonnés, bruns ou gris, dans une cavité peu profonde, étroite, plissée, ordinairement avec bosselettes charnues entre les plis, couronnée de légères protubérances qui commencent les côtes du corps du fruit.

Pédoncule de 10 à 15 millim., assez mince, inséré dans une cavité étroite, assez profonde, marquée d'un ou deux sillons et exceptionnellement occupée par une protubérance charnue le plus souvent non adhérente au pédoncule, mais parfois se confondant avec lui, accident qui paraît plus fréquent dans la sous-variété grise.

Cœur haut placé, élargi à la base; axe déchiré; loges ouvertes ou entr'ouvertes, grandes; pépins bruns, solitaires ou germinés, ovoïdes.

Chair jaunâtre, tendre, assez-fine ; eau suffisante, sucrée, un peu amère, parfumée, de bon goût.

Maturité : première quinzaine de décembre. — Le Rouge-Bruyère de M. Morière, celui de MM. Du Breuil et Girardin (syn. d'Argile), semblent être le fruit dont il est question ici; comment expliquer l'époque de la maturité indiquée première saison?

Jus assez coloré; densité 1075=10° Baumé, et quelquefois davantage, surtout si on laisse un peu flétrir les fruits cueillis en pleine maturité.

SOUS-VARIÉTÉ ROUGE.

Sucre alcoolisable	175, »
Tannin	1,377
Mucilage	15, »
Acidité rapportée à celle de l'acide sulfurique monohydraté	0,920
Sels et divers	7,703
Eau	800, »
Total	1000, »

SOUS-VARIÉTÉ GRISE.

Sucre alcoolisable	194, »
Tannin	5,509
Mucilage	15, »
Acidité rapportée à celle de l'acide sulfurique monohydraté	0,920
Sels et divers	3,571
Eau	781, »
Total	1000, »

Cette pomme a généralement dans la Seine-Inférieure la réputation de fournir le meilleur de tous les cidres, (*Pomol. de la Soc. d'hort.* t II, p. 210); c'est assez dire qu'elle mérite une large place dans les cultures. — La présence d'une plus forte proportion de tannin et de sucre dans la sous-variété grise, doit lui faire donner la préférence.

L'Argile appartient à un groupe de pommes à cidre, en général de grand mérite, celui des Fréquins, qu'on pourrait caractériser ainsi : fruits généralement rétrécis ou, par exception, arrondis à leur sommet; œil à fleur du fruit ou saillant, placé dans une cavité étroite et peu profonde; coloration généralement rouge et presque toujours surchargée de lignes d'un rouge plus intense: flétrissant à la maturité; chair tendre, sucrée, légèrement amère et parfumée. — A ce groupe se rattachent les Fréquins rouge et gros, le Fréquin tardif, le Rouge-Bruyère, le Fréquin-Audièvre, etc.

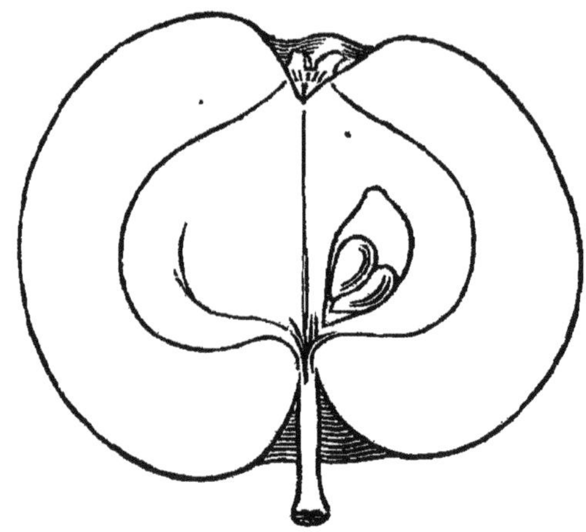

BELLE-CAUCHOISE. — Fruit doux, bon.

(*Fig. col. n° 25.*)

Histoire et bibliographie. — Variété nouvelle, obtenue de semis par M. Legrand, pépiniériste à Yvetot. — Première production en 1868.— Cette pomme est décrite ici pour la première fois.

Arbre vigoureux, de très-grande fertilité, à branches horizontales, à tête arrondie, de belle forme.

Floraison : deuxième quinzaine d'avril.

Fruit assez gros et gros, plus développé d'un côté que de l'autre, aplati à la base et au sommet, plus large que haut, à circonférence rendue irrégulière par des côtes larges, inégalement saillantes.

Epiderme jaune-verdâtre, lavé sur une moitié de sa surface de carmin plus ou moins foncé, assez brillant et rayé de carmin plus intense; parsemé de rares points gris et quelquefois de quelques taches brunes.

Œil petit, entr'ouvert, à sépales courts, dressés, bruns; placé dans une cavité assez large, profonde, traversée de forts sillons, couronnée de protubérances et teinte de gris.

Pédoncule mince, ligneux, brun, long de 10 à 15 millim., inséré dans une cavité profonde, étroite, lavée d'une tache de gris-roux, parfois assez large.

Cœur moyen; axe plein ou déchiré; loges fermées ou ouvertes, assez petites; pépins géminés, petits, bruns.

Chair blanc-jaunâtre, assez ferme, grosse; eau assez abondante, sucrée, un peu parfumée, de bon goût.

MATURITÉ : fin de décembre.

Jus assez coloré; densité 1083 = 11° Baumé.

Sucre alcoolisable	191, »
Tannin	1,377
Mucilage	12, »
Acidité rapportée à celle de l'acide sulfurique monohydraté	1,070
Sels et divers	15,553
Eau	779, »
TOTAL	1000, »

Le moût de cette variété est plus dense et par conséquent, plus riche en sucre qu'il n'est ordinaire aux fruits d'égal volume. C'est une bonne acquisition pour nos vergers, bien que le parfum et le tannin n'y soient pas développés autant qu'on le désirerait.

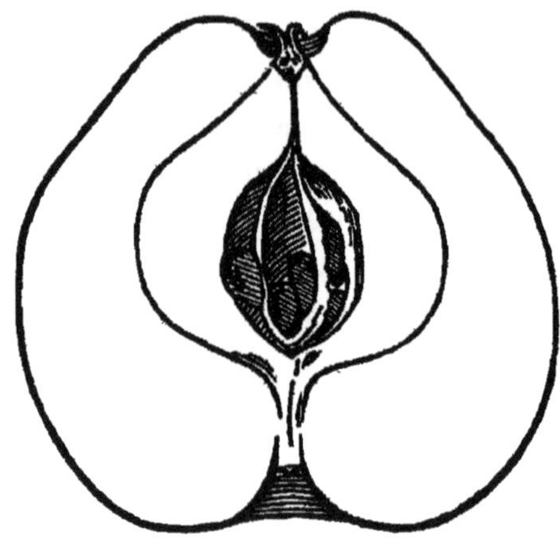

POMME-BRAMTOT. — Fruit doux, légèrement amer, excellent.

(*Fig. col. n° 26.*)

Histoire et bibliographie. — Fruit nouveau, obtenu de semis par M. Legrand, pépiniériste à Yvetot; première fructification en 1866. — Décrit ici pour la première fois. — Cette pomme a été dédiée par l'obtenteur à M. Bramtot, propriétaire-manufacturier, à Yvetot.

Arbre très-vigoureux, très-fertile, à tête élevée, rappelant par la beauté de son port celui du Martin-Fessard, dont il pourrait bien être une descendance, ainsi que le donnerait également à penser la ressemblance qui existe entre les fruits de l'un et de l'autre, tant pour l'aspect extérieur que pour la composition des moûts qu'ils fournissent.

Floraison : du 10 au 15 mai.

Fruit de belle apparence, de grosseur moyenne, ordinairement symétrique, parfois inégalement développé dans sa partie supérieure seule, un peu plus large que haut, fortement rétréci vers l'œil, beaucoup moins vers la base qui est aplatie; à circonférence relevée de côtes peu larges, plus ou moins saillantes mais s'étendant communément du sommet jusqu'à la base; d'une longue conservation, bien que ne flétrissant pas.

Epiderme d'un beau jaune assez brillant, teinté au soleil d'une nuance carminée que remplace souvent une ponctuation ou quelques petites lignes de même couleur; parsemé de nombreux points gris de grosseur variable.

Œil petit, fermé, à sépales longs, réfléchis en dehors, bruns, placé dans une cavité profonde, très-étroite, parfois oblique, traversée de sillons, colorée en brun.

Pédoncule mince, ligneux, très-court (4 à 6 millim.), plongé dans une cavité profonde, étroite, colorée en brun.

Cœur moyen; axe largement déchiré, laissant apercevoir les loges ouvertes qui renferment de nombreux pépins, petits, ovoïdes, de couleur acajou.

Chair d'un blanc-jaunâtre, assez tendre, assez fine; eau assez abondante, très-sucrée, légèrement amère, très-parfumée, de très-bon goût.

MATURITÉ : première quinzaine de décembre.

Jus coloré; densité 1096=12°,5 Baumé et quelquefois au-dessus.

Sucre alcoolisable	226, »
Tannin	6, »
Mucilage	12, »
Acidité rapportée à celle de l'acide sulfurique monohydraté	1,070
Sels et divers	10,930
Eau	744, »
TOTAL	1000, »

Cette excellente variété, qui réunit, dans son arbre et dans son fruit, toutes les qualités qu'on doit rechercher dans nos fruits de pressoir, mais qu'on rencontre très-rarement associées, doit être sans hésitation placée au premier rang parmi ce qu'on possède de meilleur, aussi bien parmi les pommes anciennement cultivées que parmi les nouvelles obtentions. On ne saurait trop la répandre dans les plantations.

Elle possède tous les mérites divers du Martin-Fessard et les possède à un degré supérieur.

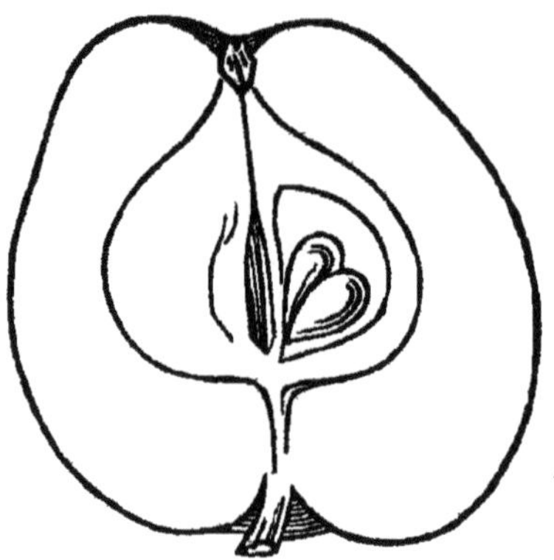

FRÉQUIN-AUDIÈVRE. — Fruit doux-amer, excellent.

(*Fig. col. n° 27.*)

Histoire et bibliographie. — Cette pomme à été obtenue de semis par M. Audièvre, trésorier de la Société d'horticulture de l'arrondissement d'Yvetot. Le pied-mère, âgé de quinze années environ, avait déjà donné plusieurs récoltes, lorsqu'elle nous a été présentée en 1873. — Ce gain nouveau reproduit fidèlement la physionomie des **Petits-Fréquins** dont on doit le croire issu, avec cette circonstance curieuse que, par son extérieur, notamment par son calice non saillant, dont la cavité est fortement plissée, il se rapproche tout à fait du **Fresquin-Rouge** (tardif) décrit dans les *Procès-verbaux du Congrès, Supplément*, p. 12, et que la composition de son moût est celle du jus de l'excellent **Fresquin-Rouge**, ci-dessus, p. 165. — Cette variété est décrite ici pour la première fois.

Arbre vigoureux, fertile, à branches horizontales.

Floraison : deuxième quinzaine de mai.

Fruit très-petit, ordinairement un peu plus développé d'un côté que de l'autre, dont le plus grand diamètre est plus rapproché de la base que du sommet ; aplati à la base, rétréci légèrement vers l'œil, à circonférence relevée de rudiments de côtes très-peu saillantes ; flétrissant à la maturité.

Epiderme jaune-pâle, entièrement ou presque entièrement lavé de rouge-carmin sur lequel on distingue à peine quelques lignes de même couleur. Ponctuation peu apparente; quelques petites taches brunes et parfois blanches.

Pédoncule variable, mince, ligneux, long de 10 à 15 millim. ou gros, court, de 6 à 8 millim. environ; inséré dans une cavité étroite, peu profonde, non colorée ou très-peu colorée en gris.

Cœur moyen; axe creux; loges fermées, grandes; pépins assez gros, ovoïdes, bruns.

Chair blanc-jaunâtre, ferme; eau sucrée, amère, parfumée, de bon goût.

MATURITÉ : deuxième quinzaine de décembre.

Jus des plus riches en couleur; densité 1079 = 10°,5 Baumé.

Sucre alcoolisable.	180, »
Tannin.	5,509
Mucilage.	12, »
Acidité rapportée à celle de l'acide sulfurique monohydraté.	1,320
Sels et divers.	11,171
Eau.	790, »
TOTAL.	1000, »

Cette précieuse variété possède pleinement tous les genres de mérites qu'on s'accorde à reconnaître au Fréquin-Rouge (voy. ci-dessus p. 165.) Nous ne craignons même pas de lui donner la préférence sur lui, à raison du volume un peu supérieur de son fruit et de la vigueur de l'arbre, apanage habituel des variétés de nouvelle obtention, et démontré, dans ce cas particulier, par la rapide croissance du pied-mère.

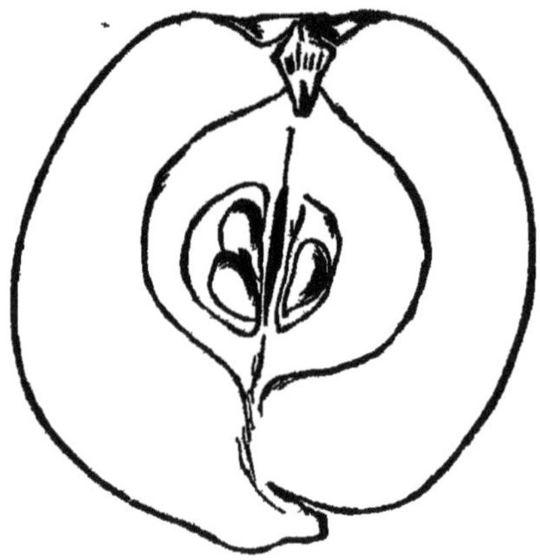

GROSEILLER. —Fruit doux, très-bon.

(*Fig. col. n° 28*).

Histoire et bibliographie.— Fruit ancien, peu répandu, présenté une première fois à l'exposition de la Société d'horticulture dela Seine-Inférieure, en 1862, et cultivé par M. Dieppois, pépiniériste à Yvetot (Seine-Infre). — Décrit dans les *Procès-verbaux* manuscrits de la Commission de pomologie de la Soc. d'hort. de la Seine-Inférieure, n° 40, et *Supplément aux Procès-verbaux du Congrès*, p. 14. — Odolant-Desnos, p. 118, décrit sous le nom de **Groseiller**, avec syn. **Berdouillère**, **Queue-de-Rat**, **Janvier**, une pomme cultivée dans le Cotentin, le Pays-d'Auge, l'Oise et la Seine-Inférieure, qu'il dit mûrir en septembre et être suspendue à une longue queue, caractère qui la différencie de notre fruit. — MM. Du Breuil et Girardin, p. 402, rapportent ces trois synonymes et plusieurs autres à la pomme **De-long-Bois**, produite par un arbre à tête pyramidale. Ce n'est donc pas celle dont il est question ici.

Arbre sain, de belle végétation, à tête arrondie, un peu déprimée, fertile. — Pousses de l'année de 20 à 25 centim., brunes et vertes en partie, avec lenticelles étroites, rares; revêtues d'un duvet court; bois de deux ans brun. — Boutons à bois assez gros, roux et duveteux; boutons à fruit arrondis, obtus, à écailles d'un rouge-brun. — Feuilles d'un vert-foncé, brillant.

Floraison : première quinzaine de mai.

Fruit moyen, symétrique, de forme variable, ordinairement

ovoïde, tronqué plus ou moins au sommet, quelquefois un peu déprimé, à circonférence relevée de faibles côtes ; flétrissant à la maturité.

Epiderme jaune-pâle, lavé sur une moitié de sa surface de rouge-carmin vif et brillant, partiellement marbré de gris, parsemé de points bruns et de quelques taches de même couleur.

Œil moyen, fermé ou entr'ouvert, à sépales bruns, courts, placé dans une cavité large, profonde, traversée de sillons, couronnée de faibles protubérances, parfois nuancée de gris.

Pédoncule variable, tantôt soudé à une excroissance charnue qui remplit la plus grande partie de sa cavité et alors charnu lui-même partiellement ou en totalité et très-court ; tantôt resté isolé et alors grêle, ligneux, brun, long de 12 à 15 millim., inséré dans une cavité plus ou moins irrégulière, profonde, étroite, tapissée par une tache rousse.

Cœur assez petit ; axe plein ou très-légèrement creux ; loges fermées, moyennes ; pépins géminés, ovoïdes, bruns.

Chair blanc-jaunâtre, assez ferme, demi-fine ; eau suffisante, sucrée, parfumée, de saveur très-agréable.

MATURITÉ : deuxième quinzaine de décembre.

Jus coloré ; densité 1075 = 10° Baumé.

Sucre alcoolisable	173, »
Tannin	2,755
Mucilage	10, »
Acidité rapportée à celle de l'acide sulfurique monohydraté	1,070
Sels et divers	13,175
Eau	800, »
TOTAL	1000, »

Ce fruit se rapproche beaucoup de l'Argile ordinaire ou rouge pour ses qualités ; il est ferme, peu susceptible de pourriture et propre à subir les transports.

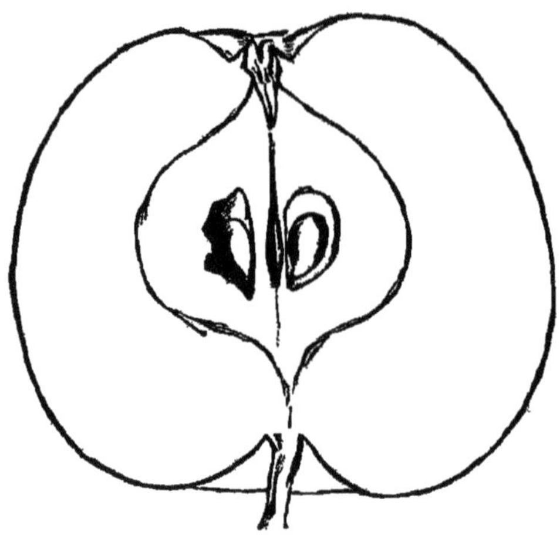

FILASSE. — Fruit doux, bon.

Histoire et bibliographie. — Variété ancienne, d'origine inconnue, cultivée plus particulièrement aux environs de Bayeux, où elle est aussi connue sous le synonyme **Bourse.** — Nous ne rencontrons cette pomme mentionnée par aucun des auteurs que nous pouvons consulter. — Elle a été décrite, p. 14 des *Procès-verbaux* de la session de Caen, et l'analyse, exécutée sur des fruits reçus de Bayeux, en a été donnée, p. 244.

Arbre vigoureux, très-fertile, de forme conique. — Pousses de l'année assez grosses, verdâtres, couvertes d'un duvet gris, abondant; parsemées de lenticelles jaunes, rares et très-petites. — Bois de deux ans vert-olive. — Boutons à bois petits, aplatis, duveteux. — Boutons à fruit moyens, ovoïdes, recouverts d'un duvet blanc. — Feuilles assez grandes, allongées, pointues, horizontales, à dentelure petite et mousse. — Stipules lancéolées, étroites.

Floraison : première quinzaine de mai.

Fruit moyen et assez gros, symétrique ou à peu près symétrique, ovoïde élargi, à circonférence légèrement côtelée.

Epiderme jaune-verdâtre, parsemé de nombreux points gris-roux et de quelques marbrures de même couleur.

Œil petit, fermé, quelquefois à sépales caduques, placé dans une cavité étroite, assez profonde, traversée de sillons, couronnée de protubérances, dans et autour de laquelle les points gris-roux sont plus nombreux qu'ailleurs.

Pédoncule court, ligneux, long de 12 à 15 millimètres, roux, inséré dans une cavité étroite, peu profonde, irrégulière, lavée ou rayée de gris-roux.

Cœur de grosseur moyenne ; axe déchiré ; loges ouvertes ; pépins ovoïdes, assez petits, roux.

Chair blanc-jaunâtre, tendre, un peu pâteuse ; eau assez abondante, sucrée et parfumée.

MATURITÉ : deuxième quinzaine de décembre.

Jus très-coloré ; densité 1070 = 9°,5 Baumé.

Sucre alcoolisable	167, »
Tannin	2,755
Mucilage	3, »
Acidité rapportée à celle de l'acide sulfurique monohydraté	1,070
Sels et divers	13,175
Eau	813, »
TOTAL	1000, »

Cette pomme est connue pour donner une bonne boisson, et mérite d'être répandue en dehors de la contrée où elle paraît présentement confinée.

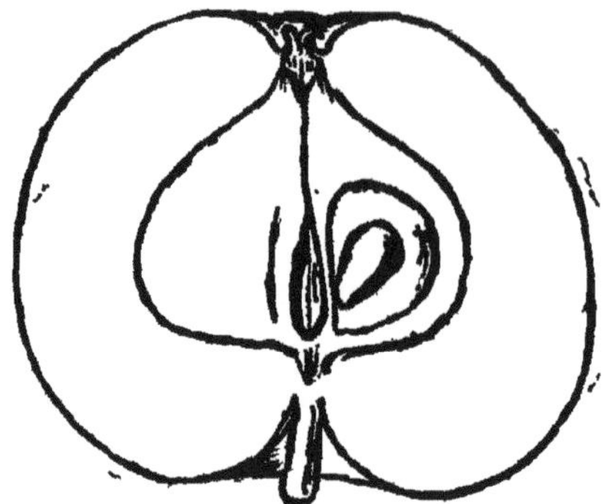

BÉDAN. — Fruit doux-amer, excellent.

(*Fig. col. n° 29.*)

Histoire et bibliographie. — Variété ancienne, dont l'origine est inconnue, cultivée et hautement prisée dans tous les départements de la Normandie, de la Bretagne et de la Picardie, grands producteurs de cidre. — M. de Beaurepaire, *ouvrage cité*, p. 50, a trouvé dans d'anciennes archives la pomme de **Bédane** mentionnée dès 1363; — Julien le Paulmier cite également une pomme douce, sous le nom de **Bédengue** ou **Bédane**, d'après Louis Dubois, t. I, p. 71; mais il ne faut pas oublier que dès le temps de Le Paulmier, comme de nos jours, « il était quasi impossible de parler pertinemment des pommes, pour l'incertitude de leurs noms, lesquels varient à chaque village, f° 51. » — Le Bédan figure dans la liste du marquis de Chambray, donnée par L. Dubois, t. I, p. 56, et dans celle de de Brébisson, comme pomme douce, fournissant un cidre un peu clair, *Ann. de l'anc. Normandie*, 1841, p. 109, ce qui ne concorde guère avec ce que nous avons sous les yeux. — Le **Bédangue** ou **Bec-d'Angle** de L. Dubois, p. 83, « est une pomme oblongue, verte, douce, dont le cidre a peu de qualité. » — Pour Renault, p. 71 à 73, le **Bec-d'Ane**, **Bédangue** ou **Bédan** est une pomme oblongue, d'un vert-jaunâtre, amère, dont le cidre est clair, maigre et faible en couleur. — Pour Odolant-Desnos, p. 106 et 107, le **Bédan**, **Bédane** ou **Bédengue**, syn. **Bec-d'Angle**, est encore une pomme oblongue, douce-amère, fleurissant à la mi-juin, dont le cidre est faible en couleur. Il est très-douteux que les fruits oblongs de ces trois écrivains soient le nôtre (1). — Les listes de Piérard, p. 2, et de Anat. Massé, p. 23, mentionnent le **Bédan**. — Celle de MM. Girardin et Du Breuil, p. 403, le classe parmi les pommes amères de troisième saison, sous le nom de **Bec-d'Ane**, avec syn. **Bedane**, **Bec-d'Angle**, **Bedangue**, **Bedan**, à Falaise (Calvados); **Ameret**, a Bellencombre (Seine-Infre); de **Saint-Martin**, à Fécamp (Seine-Inférieure); de **Saint-Hilaire**, à Bellesme (Orne). — Cité dans la *Nomenclature alphabétique des pommes à cidre cultivées à Beauvais*, p. 10, avec les synonymes nouveaux **Beudan**, **Berdan** et **Gros-Berdan**. — Décrit par la Soc. d'hort. de Rouen, p. 200, et par le Congrès, p. 11, avec analyse, p. 138, et *Supplément*, p. 5. — Les **Bédans**, *Procès-verbaux*, p. 113, nos 207 et 208, diffèrent de la variété dont il est question ici.

Arbre rustique, vigoureux, fertile, à branches horizontales et tête arrondie. — Pousses de l'année de couleur rouge-brun, partiellement glacées de gris, parsemées de très-petites lenticelles

(1) Ces fruits oblongs pourraient se rapporter au *Bédan blanc*, présenté en 1872, au Congrès, par M. Demercastel, lequel est effectivement de forme oblongue, mais de qualité très-inférieure : densité 1056, tannin 1.377.

jaunâtres; boutons à bois petits, à écailles brunes, un peu duveteuses; boutons à fleurs ovales-allongés, bruns. — Feuilles assez grandes, lancéolées, à dents fines, aiguës.

FLORAISON : seconde quinzaine de mai.

FRUIT moyen, symétrique ou à peu près symétrique, plus large que haut, dont la plus grande largeur est vers le milieu de la figure, un peu rétréci vers le sommet; à circonférence légèrement irrégulière, relevée de côtes peu saillantes s'étendant du sommet à la base; flétrissant à la maturité.

Epiderme jaune-pâle, nuancé de vert, quelquefois teinté au soleil d'un peu de rouge-pâle, parsemé d'assez gros points grisroux et de quelques taches brunes.

Œil petit, fermé ou entr'ouvert, à sépales courts, verts, dans une cavité assez profonde, assez étroite, traversée par des sillons, couronnée de protubérances qui commencent les côtes de la pomme.

Pédoncule mince, ligneux, roux, long de 12 millimètres environ, quelquefois plus court et un peu charnu, inséré dans une cavité assez profonde, étroite, un peu irrégulière, colorée en roux à son sommet.

Cœur moyen; axe creux; loges fermées, grandes; pépins ovoïdes, de couleur acajou-foncé.

Chair blanc-jaunâtre, ferme, assez grosse; eau assez abondante, sucrée, amère, parfumée, droite en goût.

MATURITÉ : deuxième quinzaine de décembre.

Jus très-coloré; densité de 1075 à 1080 = 10° à 10°,5 Baumé.

Sucre alcoolisable	177, »
Tannin	5,509
Mucilage	13, »
Acidité rapportée à celle de l'acide sulfurique monohydraté	1,070
Sels et divers	10,421
Eau	793,000
TOTAL	1000, »

Excellente variété qui, réunissant à une légère amertume, du parfum et une forte proportion de sucre et de tannin, est très-propre à fournir seule ou mieux encore par mélange avec d'autres bonnes pommes de même saison : Argile, Rouge-Bruyère, Groseiller, Galopin, etc., un très-bon cidre, en même temps savoureux, généreux et hygiénique. — La bonne réputation de cette pomme est établie depuis longtemps sur les résultats fournis par la pratique de chaque année.

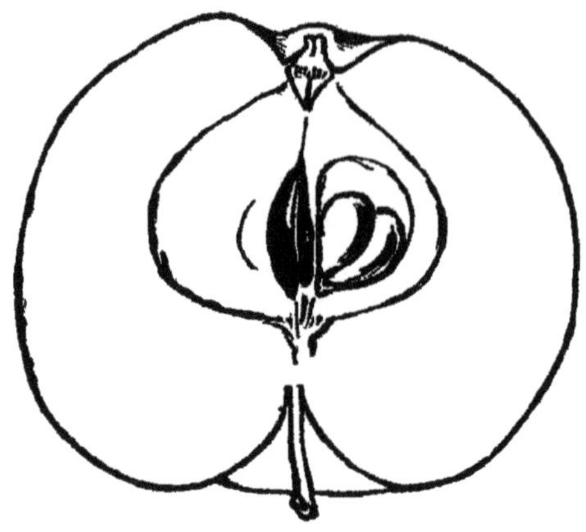

POMME-MARABOT. — Fruit doux, très-bon.

(*Fig. col.* n° 30.)

Histoire et bibliographie. — Cette variété nouvelle, décrite ici pour la première fois, a été obtenue de semis par M. Legrand, pépiniériste, à Yvetot; sa première fructification a eu lieu en 1868. — Elle a été dédiée par l'obtenteur au trésorier du Congrès.

Arbre sain, vigoureux, très-productif, à branches verticales et à tête élevée, ayant donné des fruits chaque année depuis 1868.

Floraison : deuxième quinzaine d'avril.

Fruit moyen, un peu plus développé d'un côté que de l'autre, aplati, dont la circonférence est relevée de larges côtes; flétrissant à la maturité.

Epiderme vert-pâle, parfois légèrement lavé d'une nuance rouge du côté frappé par le soleil, parsemé de gros points et de quelques taches de gris-roux.

Œil assez petit, fermé, à sépales dressés, bruns, placé dans une cavité étroite, assez profonde, traversée de quelques sillons, couronnée de protubérances, colorée partiellement en gris.

Pédoncule grêle, ligneux, de 12 à 15 millimètres, inséré dans une cavité profonde, étroite, irrégulière, occupée par une tache de gris-roux, s'étendant souvent sur la base de la pomme et parfois manquant à peu près complètement.

Cœur petit, haut placé; axe déchiré; loges ouvertes, grandes; pépins ovoïdes, bruns.

Chair blanc-verdâtre, ferme, grosse; eau peu abondante, sucrée, parfumée, de très-bon goût.

MATURITÉ : deuxième quinzaine de décembre.

Jus très-coloré; densité 1085 = 11°,2 Baumé.

Sucre alcoolisable	196, »
Tannin	3,443
Mucilage	10, »
Acidité rapportée à celle de l'acide sulfurique monohydraté	1,400
Sels et divers	15,157
Eau	774, »
TOTAL	1000, »

Cette nouvelle pomme de pressoir, très-riche en sucre et fournie d'une dose de tannin suffisante pour assurer la clarification du cidre, mérite de prendre place dans nos vergers, et d'y être classé au rang des très-bons fruits. — L'arbre d'ailleurs, s'est présenté jusqu'à présent, comme devant être très-fertile.

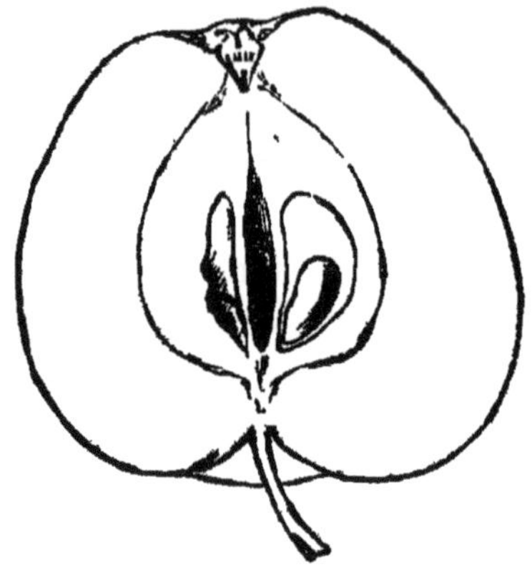

AMBRETTE. — Fruit doux, très-bon.

Histoire et bibliographie. — Cette pomme a été obtenue de semis, en 1873, par M. Legrand, pépiniériste à Yvetot (Seine-Infre). Elle est décrite ici pour la première fois.

Arbre sain, vigoureux, à branches semi-verticales et tête arrondie.

Floraison : deuxième quinzaine de mai.

Fruit petit, à peu près symétrique, ovoïde, légèrement tronqué à ses deux extrémités dans l'échantillon qui a servi de modèle au dessin ci-dessus, mais souvent beaucoup moins encore; à circonférence relevée de faibles rudiments de côtes; ne flétrissant pas à la maturité.

Epiderme jaune, légèrement frappé de rouge du côté exposé au soleil et dans une petite étendue, parsemé d'un grand nombre d'assez gros points gris prenant une coloration brune sur le rouge; parfois marbré partiellement de gris-roux, taché de brun.

Œil petit, fermé, à sépales bruns, placé dans une cavité étroite, peu profonde, traversée de sillons, parfois plissée, revêtue d'une tache de gris-roux qui s'étend plus ou moins sur la partie supérieure de la pomme.

Pédoncule grêle, ligneux, brun, long de 6 à 12^{mm}; inséré dans une cavité peu profonde, quelquefois très-étroite et irrégulière.

Cœur assez petit; axe déchiré; loges ouvertes; pépins en partie avortés, allongés, bruns.

Chair blanc-jaunâtre, ferme, grosse; eau assez abondante, bien sucrée, légèrement amère, très-parfumée, de bon goût.

MATURITÉ : deuxième quinzaine de décembre.

Jus excellent dont l'arôme rappelle l'odeur de l'ambre; densité 1080 = 10°,6 Baumé.

Sucre alcoolisable	183, »
Tannin	1,377
Mucilage	10, »
Acidité rapportée à celle de l'acide sulfurique monohydraté	1,070
Sels et divers	17,553
Eau	787, »
TOTAL	1000, »

Le parfum très-suave de cette obtention de notre heureux semeur cauchois, promet une boisson très-délicate et en même temps généreuse. Des fruits pareils, en se répandant dans les cultures, fourniraient des cidres variés en arôme et en saveur, propres à contenter les goûts divers des consommateurs, pourvu que, par des soins apportés à leur manipulation, on n'altère pas la finesse des éléments qu'ils renferment.

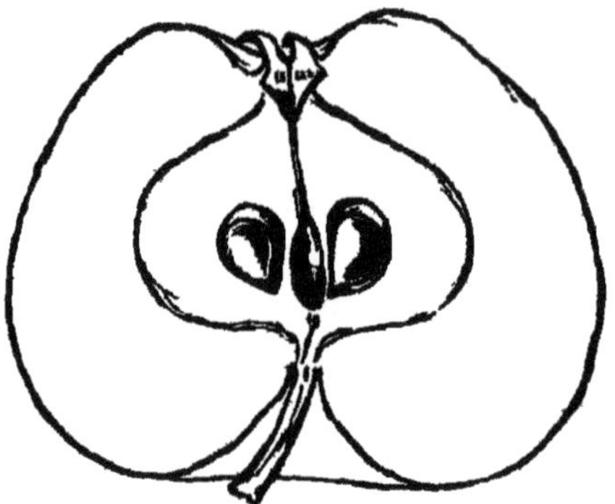

FRESQUIN-BARRÉ. — Fruit sucré, légèrement amer, très-bon.

(*Fig. col. n°* 31)

Histoire et bibliographie. — Variété ancienne, d'origine inconnue, qui paraît être peu répandue dans les cultures. — Elle a été décrite par la Société d'horticulture de la Seine-Inférieure, *Pomologie, t. II, p.* 173, d'après des échantillons reçus du Mans. — Elle est cultivée sur quelques points de la Seine-Inférieure, par exemple, à Roncherolles, près Rouen, dans les pépinières de M. Alex. Damour, sous le nom de **Fresquin-Rouge**, qui appartient à une pomme différente, comme on peut s'en assurer par la comparaison des descriptions et des figures que nous en donnons. — Elle se rapproche davantage, par l'aspect extérieur comme par les qualités, du Rouge-Bruyère véritable, tel qu'il est décrit et figuré ici, mais elle s'en distingue par l'œil placé dans une cavité plus prononcée, par le fond plus clair de l'épiderme, par l'absence de tache rugueuse à la base du fruit et dans la cavité pédonculaire, par une amertume beaucoup moins prononcée, etc.

Arbre peu vigoureux, fertile, à tête arrondie. Pousses de l'année d'un rouge-brun, parsemé de petites lenticelles, quelquefois très-nombreuses, recouvertes d'un duvet gris, très-peu abondant. — Bois de deux ans, brun. — Boutons à bois petits, obtus, bruns, non duveteux. — Feuilles grandes à dents obtuses, glabres. Pétioles assez longs, minces. Stipules linéaires.

Floraison : suivant les années, des derniers jours d'avril au 12 mai.

Fruit moyen, symétrique, aplati à la base, arrondi à la partie supérieure ; à circonférence relevée irrégulièrement de faibles rudiments de côtes ; flétrissant un peu à la maturité.

Epiderme lisse, brillant, jaune pâle, lavé sur les trois quarts de sa surface de carmin, ordinairement clair, par exception plus foncé, rayé presque partout de carmin vif et foncé. Ponctuation très-rare, très-peu apparente.

Œil moyen, fermé, à sépales dressés, verts ou bruns, affleurant le sommet du fruit par leur extrémité; placé dans une cavité peu profonde, ordinairement étroite, traversée de sillons quelquefois peu prononcés.

Pédoncule mince, ligneux, long de 10 à 12mm, ordinairement oblique, avec une très-petite tubérosité, charnue à sa base, inséré dans une cavité tachée de gris.

Cœur petit; axe légèrement creux; loges fermées, très-petites, remplies par des pépins ovoïdes arrondis, de couleur acajou foncé.

Chair blanche avec légère teinte jaunâtre, demi-ferme, assez fine; eau suffisante, bien sucrée, très-légèrement amère, parfumée, de bon goût.

MATURITÉ : deuxième quinzaine de décembre.

Jus très-coloré, moins cependant que celui du Fréquin-Audièvre; densité 1072 = 9°,7 Baumé.

Sucre alcoolisable	165, »
Tannin	5,509
Mucilage	10, »
Acidité rapportée à celle de l'acide sulfurique monohydraté	1,530
Sels et divers	9,961
Eau	808, »
TOTAL	1000, »

Cette pomme fournit un cidre très-estimé; son moût parfumé renferme une forte proportion de tannin qui contribue à rendre la boisson salubre. Telles sont les raisons qui nous ont décidé à l'admettre dans notre liste, si limitée qu'elle soit, bien que l'arbre qui la produit laisse à désirer sous le rapport de la vigueur. — Greffé en tête, sur sujets vigoureux, le Fréquin-Barré peut prendre place dans les vergers, en attendant que des recherches ultérieures aient enrichi la pomologie des fruits de pressoir d'un nombre suffisant de variétés d'égale qualité et de puissance de végétation plus grande.

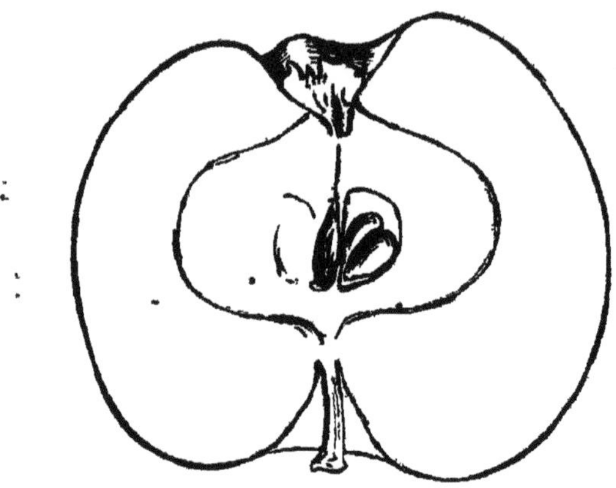

BINET-ROUGE. — Fruit légèrement amer, bon.

Histoire et bibliographie. — Variété ancienne, d'origine inconnue, cultivée dans la Seine-Inférieure, principalement à La Londe, près Elbeuf, d'où nous l'avons reçue, mais paraissant peu répandue, du moins sous le nom qui lui est donné dans cette commune, puisque nous ne le trouvons cité dans aucun des ouvrages consultés. — Ce fruit a été publié pour la première fois dans la *Pomologie de la Société d'hort. de la Seine-Inf.*, t. II, p. 201, sous le nom ci-dessus et aussi p. 178, sous celui de **Binet-Rouge (gros)**, qui nous paraît appartenir à la même variété. — L'analyse de son moût a été donnée p. 243 des *Procès-Verbaux du Congrès.*

Arbre vigoureux, fertile, à tête arrondie. — Pousses de l'année d'un rouge-brun, très-peu duveteuses, parsemées de nombreuses lenticelles, petites, d'un gris-jaunâtre. — Bois de deux ans d'un brun-grisâtre. — Boutons à bois assez gros, aplatis, triangulaires, pointus, à écailles d'un rouge-brun, très-peu duveteuses. — Boutons à fleur assez gros, ovoïdes-obtus, duveteux à leur sommet seulement.

Floraison : deuxième quinzaine d'avril et parfois quelques jours plus tôt.

Fruit moyen, symétrique ou à peu près symétrique, aplati, à circonférence relevée de côtes inégales.

Epiderme jaune, frappé de rouge-clair du côté du soleil sur un tiers ou une moitié de sa surface, parfois rayé de carmin, parsemé de quelques petits points gris et quelquefois de rares taches noires.

Œil fermé ou entr'ouvert, placé dans une cavité large, assez profonde, traversée de sillons et de plis, couronnée de fortes protubérances.

Pédoncule grêle, ligneux, long de 10 à 15^{mm}, inséré dans une cavité profonde, assez étroite, irrégulière, d'ordinaire partiellement grise.

Cœur petit, élargi ; axe plein ou très-légèrement creux ; loges petites ; pépins géminés, petits, ovoïdes, de couleur acajou foncé.

Chair blanc-jaunâtre, assez ferme, fine, un peu pâteuse ; eau assez peu abondante, sucrée, parfumée, très-légèrement amère, de bon goût.

MATURITÉ : fin décembre.

Jus assez coloré ; densité 1070 = 9°,5 Baumé.

Sucre alcoolisable	159, »
Tannin	2,754
Mucilage	12, »
Acidité rapportée à celle de l'acide sulfurique monohydraté	1,070
Sels et divers	11,176
Eau	814, »
TOTAL	1000, »

Le Binet-Rouge est fertile ; la résistance de sa fleur aux intempéries est plus forte que celle d'un grand nombre de variétés de pommes. Le moût qu'il fournit, bien que ne renfermant pas tous les principes utiles, dans la proportion où ils se trouvent dans les fruits de premier mérite, présente néanmoins, à un degré suffisant, les éléments d'une bonne boisson pour qu'on puisse désirer sa multiplication dans les pommeraies où il remplacerait très-avantageusement une multitude de fruits défectueux.

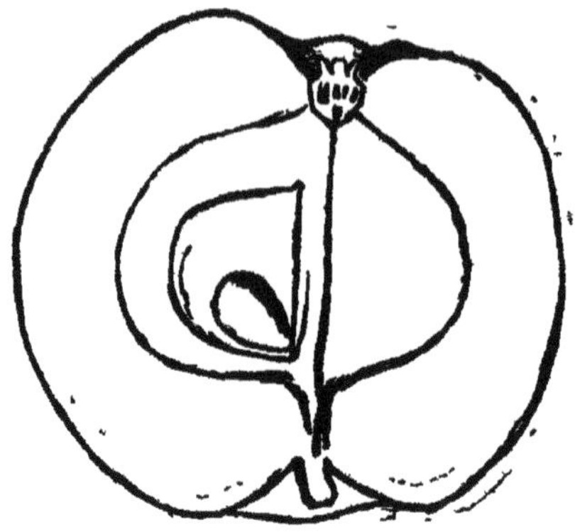

POMME ROUGE. — Fruit doux, bon.

Histoire et bibliographie. — Variété ancienne, d'origine inconnue, assez peu répandue dans les cultures. Durant tout le temps de nos études elle ne nous a été présentée qu'une seule fois. Les échantillons qui ont servi à l'analyse et à la description que nous en donnons ont été récoltés sur la ferme de Landel, commune de Bezancourt, près Gournay, Seine-Inférieure ; ils ont été mis à notre disposition par M. E. Dieusy, négociant, à Rouen. — Le nom sous lequel cette pomme nous a été présentée est-il bien son nom primitif, véritable ? Impossible de le savoir. Quoi qu'il en soit, on ne le retrouve que dans Odolant-Desnos, *ouv. cité, p.* 105, qui en fait le syn. de **Amer-Rouge,** (Seine-Infre) : « Pomme amère et ferme, petite, jaune, rouge et à *longue queue* ; » caractères qui ne permettent pas d'assimiler les deux fruits.

Arbre vigoureux, très-fertile, à tête arrondie. — Pousses de l'année assez courtes, assez grosses, rouges, marbrées de gris. — Lenticelles très-petites. — Bois de deux ans gris-rougeâtre. — Boutons à bois assez gros, posés sur coussinets saillants, non carènés. — Boutons à fleurs arrondis, rouges.

Floraison : .....?

Fruit moyen, de forme très-irrégulière, plus développé d'un côté que de l'autre, aplati, à circonférence fortement déformée par de larges côtes inégalement saillantes ; susceptible d'une longue conservation.

Epiderme jaune-pâle, terne, lavé de carmin foncé sur les trois quarts de sa surface ou plus encore, parsemé de petits points gris peu nombreux.

Œil moyen, entr'ouvert, à sépales courts, bruns, placé dans une cavité irrégulière, profonde, large, traversée de forts sillons, couronnée de protubérances.

Pédoncule ligneux, mince, long de 6 à 10 millim., inséré dans une cavité irrégulière, peu profonde, tapissée de gris-roux.

Cœur moyen ; axe plein ; loges fermées, moyennes ; pépins peu nombreux, d'ordinaire incomplètement développés.

Chair blanc-jaunâtre, assez tendre, grosse, pâteuse ; eau peu abondante, sucrée, d'une saveur relevée.

MATURITÉ : fin décembre, commencement de janvier.

JUS très-coloré; densité 1075 = 10° Baumé.

Sucre alcoolisable	170, »
Tannin	3,443
Mucilage	10, »
Acidité rapportée à celle de l'acide sulfurique monohydraté	1,712
Sels et divers	14,845
Eau	800, »
TOTAL	1000, »

Le cultivateur qui récolte ces pommes les signale comme donnant un très-bon cidre, ce qui est assez en rapport avec les indications fournies par l'analyse. La vigueur soutenue et la grande fertilité de l'arbre, jointes à ces bons renseignements doivent leur faire obtenir une place dans les vergers.

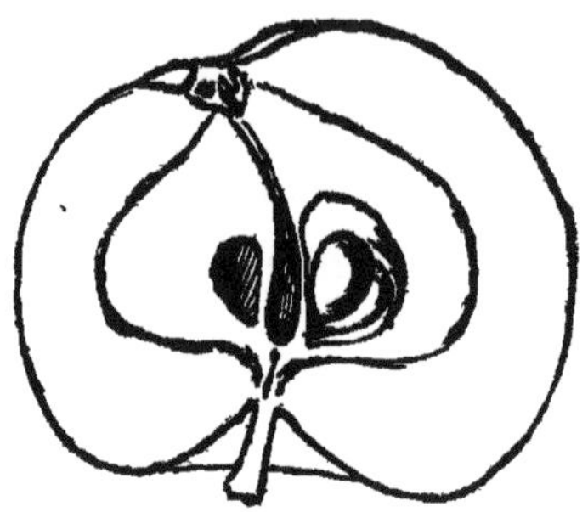

POMME-DELAPLACE. — Fruit doux, très-bon.

(*Fig. col. n° 32.*)

Histoire et bibliographie. — Variété, nouvelle, dont l'obtenteur est inconnu. Le pied-mère non greffé, âgé de 30 ans environ, se trouve dans la cour de l'école communale de Beaumesnil (Eure). Elle a été communiquée, en 1872, au Congrès par M. Quevilly, propriétaire, en cette commune, qui lui a donné le nom de l'instituteur qui la lui a fait connaître. — Elle a été décrite dans le *Supplément aux Procès-verbaux du Congrès, p.* 25.

Arbre de vigueur moyenne, de bonne forme, très-fertile.

Floraison : du 15 au 20 mai.

Fruit petit et très-petit, plus développé d'un côté que de l'autre, beaucoup plus large que haut, fortement aplati à la base, à circonférence côtelée ; flétrissant à la maturité.

Epiderme vert-jaunâtre, lavé sur les deux tiers de sa surface de rouge vif, parsemé d'assez gros points bruns.

Œil assez petit, entr'ouvert, à sépales courts et bruns, placé dans une cavité assez large, assez profonde, traversée par des sillons, couronnée de protubérances qui commencent les côtes de la pomme.

Pédoncule de grosseur moyenne, ligneux, long de 10 à 12 millim., brun, inséré dans une cavité de profondeur moyenne, évasée, tapissée d'une tache rousse qui s'étend souvent sur la base du fruit.

Cœur assez grand, souvent dessiné, en partie, par une ligne rouge; axe creux ; loges fermées, assez grandes; pépins géminés, ovoïdes-obtus, de couleur marron.

Chair blanche, ferme, assez grosse; eau suffisante, sucrée, parfumée, de bon goût.

MATURITÉ : fin décembre, commencement de janvier, suivant notre expérience personnelle, sur des fruits de 1872; fruit de deuxième saison d'après le présentateur.

Jus trés-coloré ; densité 1080 = 10°,6 Baumé.

Sucre alcoolisable	183, »
Tannin	3,443
Mucilage	10, »
Acidité rapportée à celle de l'acide sulfurique monohydraté	1,070
Sels et divers	14,487
Eau	788, »
TOTAL	1000, »

Très-bonne pomme, très-appropriée aux mélanges avec les fruits amers de même saison.

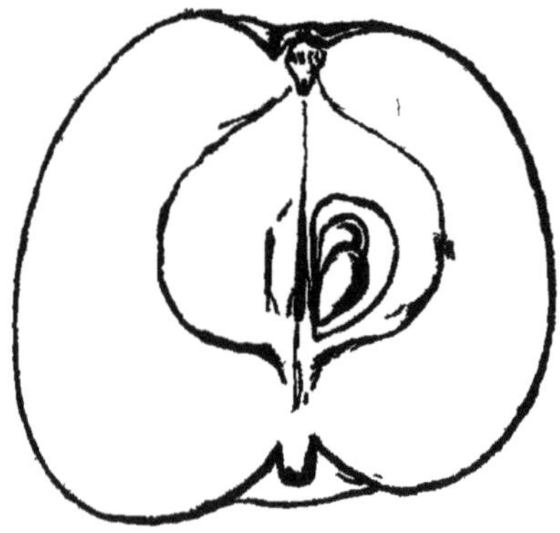

MOULIN-A-VENT — Fruit doux, très-bon.

(*Fig. col. n° 33.*)

Histoire et bibliographie. — Variété ancienne, d'origine inconnue, cultivée dans l'Orne et dans l'Eure. — Décrite par le Congrès, *Procès-verbaux*, p. 19, d'après des fruits récoltés dans l'Orne et présentés, lors de la session de Caen, par M. Crespin-Larivière, et dans le *Supplément aux Procès-verbaux*, p. 19 et 20, d'après des spécimens communiqués par M. Humelot, propriétaire, à Saint-Clair-d'Arcey, près Bernay (Eure). — Suivant MM. Girardin et Du Brruil, **Moulin-à-Vent** est un synonyme de **Douce-Morelle-Rouge**, fruit acide de troisième saison; ce n'est donc pas la pomme dont il est question ici, mais assez probablement la variété décrite, *Procès-verbaux*, p. 285, dont la saveur acidulée rappelle celle du **Pigeon**, et cultivée dans la Seine-Inférieure, sous le nom de **Moulin-à-Vent**.

Arbre vigoureux, très-fertile, d'un beau port; le bois un peu grêle est flexible.

Floraison :....?

Fruit moyen ou assez petit, un peu plus développé d'un côté que de l'autre, plus large que haut, dont la circonférence est relevée de rudiments de côtes larges et peu saillantes; flétrissant un peu à la maturité.

Epiderme vert-jaunâtre-pâle, quelquefois teinté au soleil de rose-pâle, parsemé de petits points et de légères marbrures de même couleur.

Œil petit, fermé ou entr'ouvert, à sépales courts, bruns, dans une cavité assez étroite, irrégulière, souvent traversée par de petits sillons, et parfois colorée en gris-roux.

Pédoncule mince, ligneux, long de 4 à 8 millim., enfoncé dans une cavité étroite au sommet, évasée à son ouverture, colorée en gris-roux.

Cœur petit, arrondi; axe plein; loges petites, fermées; pépins moyens, ovoïdes, de couleur marron.

Chair blanc-verdâtre, ferme, assez fine; eau suffisante, sucrée, parfumée, de bon goût.

MATURITÉ : décembre, commencement de janvier.

Jus coloré; densité 1075 — 10° Baumé.

Sucre alcoolisable	173, »
Tannin	2,755
Mucilage	12, »
Acidité rapportée à celle de l'acide sulfurique monohydraté	1,340
Sels et divers	10,905
Eau	800, »
TOTAL	1000, »

Cette pomme, nous écrit M. Humelot, est l'une des plus tardives des pommes de pressoir. Elle se conserve aux arbres très-longtemps, même après la chute des feuilles. Elle fournit un cidre délicieux et très-coloré. — L'analyse vient à l'appui de ces renseignements, bien qu'elle décèle moins de principes tanniques qu'on en pourrait désirer dans la préparation d'une boisson très-hygiénique.

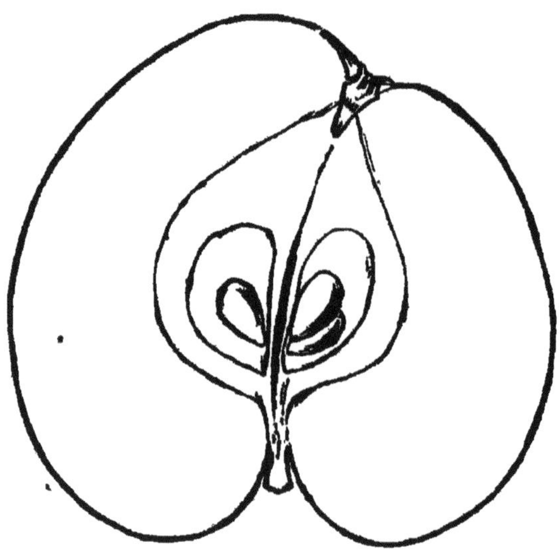

OR-MILCENT. — Fruit doux, excellent.

(*Fig. col. n° 34.*)

Histoire et bibliographie. — Variété d'origine inconnue, peu répandue, dont on ne rencontre le nom dans aucun ouvrage antérieur aux publications du Congrès, qui a eu occasion de l'étudier dans les sessions de Caen, 1864 et d'Alençon 1866, et toujours sur des fruits récoltés aux environs de Vimoutiers (Orne), où elle paraît confinée et où elle est hautement prisée. — Le nom était écrit par les présentateurs ou comme ci-dessus ou encore : **Hormilcent, Hormissent.** — Il en est question dans les *Procès-verbaux*, p. 19, 56 et 69. — L'analyse donnée p. 246, a été faite sur les fruits récoltés dans la Seine-Inférieure, sur une greffe reçue de l'Orne et cultivée dans un terrain fortement calcaire.

Arbre vigoureux, très-fertile, à tête arrondie, très-garni de branches. — Pousses de l'année de couleur rouge-brun, revêtues d'un duvet court à leur extrémité seulement ; très-petites lenticelles jaunes ; bois de deux ans brun, très-peu ponctué.

Floraison fin avril ou commencement de mai ; fleurs grandes, teintes de carmin, paraissant peu sensibles à la gelée.

Fruit moyen ou assez gros, plus développé d'un côté que de l'autre, rétréci au sommet et à la base, à circonférence relevée de côtes inégales qui la rendent irrégulière.

Epiderme jaune-clair, pointillé de gris-roux sur toute sa surface, marbré ou réticulé de même nuance sur une notable portion de celle-ci, souvent légèrement lavé de rouge du côté exposé au soleil.

Œil petit, entr'ouvert, à sépales courts, placé dans une cavité peu profonde et plissée, souvent occupée en partie par une tache rousse.

Péconcule court, ligneux, plongé dans une cavité étroite et profonde, irrégulière, tapissée en totalité ou en partie par une tache rousse.

Cœur moyen; axe creux; pépins ovoïdes, assez gros.

Chair blanche, ferme; eau assez abondante, sucrée, parfumée.

Maturité : de fin décembre à janvier.

Jus coloré; densité 1077 = 10°,3 Baumé.

Sucre alcoolisable	175, »
Tannin	4,198
Mucilage	12, »
Acidite rapportée à celle de l'acide sulfurique monohydraté	1,430
Sels et divers	12,372
Eau	795, »
Total	1000, »

Très-bonne variété, propre à être associée aux pommes amères de dernière saison, et qu'on dit fournir un très-bon cidre, même étant brassée seule. — La fertilité à peu près annuelle de l'arbre est aussi un motif pour recommander la culture de la pomme Or-Milcent.

GALOPIN. — Fruit doux, très-bon.

(*Fig. col. n° 35.*)

Histoire et bibliographie. — Variété d'origine inconnue, très-peu répandue, qui a été présentée au Congrès, en 1870, par M. Durier, qui l'a multipliée durant quarante ans, chez M. Quesnel, propriétaire, à Baons-le-Comte, près Yvetot, lequel avait en grande estime le cidre qu'elle fournit.— Décrite dans les *Procès-verbaux du Congrès*, p. 231, avec analyse, p. 244. — MM. Girardin et Du Breuil, citent un **Jaunet-Galopin**, de deuxième saison, cultivé dans le Calvados, lequel doit être différent du nôtre, si nous nous en rapportons à une silhouette tracée par feu M. Thierry, ancien directeur du Jardin botanique de Caen. — Il existe aux environs d'Yvetot, sous le nom de **Galopin**, une pomme décrite dans les *Procès-verbaux*, p. 231, avec analyse, p. 239, qu'il faut se garder de confondre avec celle dont il est ici question.

Arbre très-sain, vigoureux, dont les pousses de l'année *caractéristiques* sont très-grosses, très-longues, de couleur brune très-foncée, luisante.

Floraison : première quinzaine de mai; fleurs très-grandes.

Fruit assez petit, un peu plus développé d'un côte que de l'autre, aplati, à circonférence régulière; flétrissant à la maturité.

Epiderme jaune-verdâtre, lavé, rayé et finement marbré de rouge sur la moitié de sa surface, marbré partout de gris.

Œil moyen, ouvert, à sépales dressés, puis réfléchis en dehors, bruns, placé dans une cavité large, profonde, traversée par des sillons.

Pédoncule de 8 à 10 millimètres, ligneux, mince, plongé dans une cavité profonde, colorée en gris.

Cœur moyen; axe plein; loges fermées, assez petites; pépins ovoïdes-allongés.

Chair blanc-jaunâtre, demi-tendre, demi-fine; eau peu abondante, sucrée, parfumée, de bon goût.

Maturité : fin décembre. Comme tous les fruits qui flétrissent à la maturité, celui-ci est peu sujet à la pourriture, et peut aisément être conservé jusqu'à la fin de janvier.

Jus très-coloré; densité 1083 = 11° Baumé.

Sucre alcoolisable	191, »
Tannin	1,377
Mucilage	12, »
Acidité rapportée à celle de l'acide sulfurique monohydraté	1,070
Sels et divers	15,553
Eau	779, »
Total	1000, »

Cette pomme renferme les éléments d'une très-bonne boisson, bien qu'on puisse y désirer une plus forte proportion de tannin. D'après les renseignements qui nous sont fournis, l'arbre produit moins, dans les cinq premières années, que celui de beaucoup d'autres variétés; mais, passé ce temps, sa fertilité est bonne moyenne. L'arbre fait rapporte de 10 à 12 hectolitres de fruits dans les bonnes années, la récolte suivante étant moitié moindre habituellement.

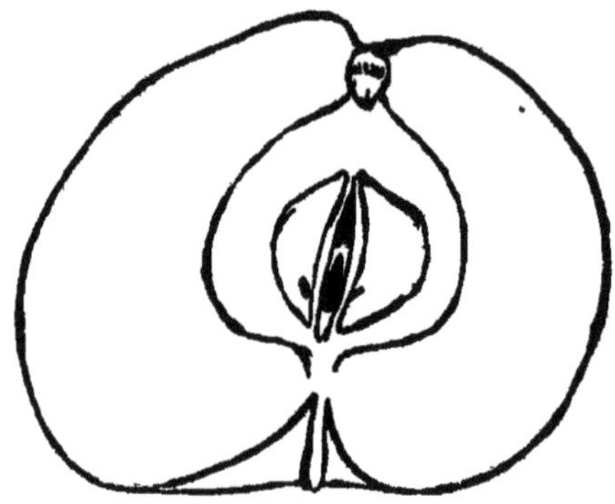

PEAU-DE-VACHE NOUVELLE. — Fruit doux, excellent.

(*Fig. col.* n° 36.)

Histoire et bibliographie. — Variété nouvelle, obtenue par M. Legrand, pépiniériste, à Yvetot, d'un semis dans lequel entraient des pépins de Peau-de-Vache. — Première fructification en 1873. — Ce fruit est décrit ici pour la première fois.

Arbre très-sain, d'une grande vigueur, à branches semi-verticales et tête arrondie.

Floraison : fin mai.

Fruit moyen, rappelant tout-à-fait pour la forme et le coloris l'ancienne Peau-de-Vache, plus développé d'un côté que de l'autre, aplati à la base, très-irrégulièrement arrondi à la partie supérieure ; à circonférence rendue très-irrégulière par des côtes larges, saillantes, très-inégalement développées ; flétrissant à la maturité.

Epiderme vert-herbacé, lavé dans un tiers de sa surface de rouge-terne, marbré de gris, parsemé d'assez gros points gris ou bruns, entourés d'une auréole rouge-foncé sur la partie lavée de rouge ; quelques-uns de ces points bruns ont leur centre blanc.

Œil très-petit extérieurement et intérieurement, fermé, à

sépales très-courts, placé dans une cavité très-étroite, peu profonde, irrégulière, traversée de sillons, bosselée.

Pédoncule mince, ligneux, long de 10 millimètres, inséré dans une cavité assez profonde, évasée, tapissée d'une large tache grise qui rejoint à la base la marbrure grise du corps de la pomme.

Cœur petit; axe déchiré; loges ouvertes, de moyenne grandeur; pépins souvent avortés.

Chair verdâtre, tendre, assez fine; eau peu abondante, très-sucrée, bien parfumée, de saveur très-agréable.

MATURITÉ : fin décembre.

Jus très-coloré; densité 1076 = 10°,1 Baumé.

Sucre alcoolisable	172, »
Tannin	5,509
Mucilage	14, »
Acidité rapportée à celle de l'acide sulfurique monohydraté	0,920
Sels et divers	9,571
Eau	798, »
TOTAL	1000, »

Cette excellente pomme reproduit exactement la composition chimique, en même temps que les caractères physiques les plus apparents de l'ancienne Peau-de-Vache, si généralement prisée pour la supériorité de la boisson qu'elle fournissait. L'arbre qui la porte est très-sain, très-vigoureux et des plus beaux qu'on puisse voir. Il est bien désirable qu'il aille promptement remplir dans les cultures la large place que le dépérissement successif de la vieille variété de même nom y a laissée vacante, au grand regret de tous les producteurs de cidre.

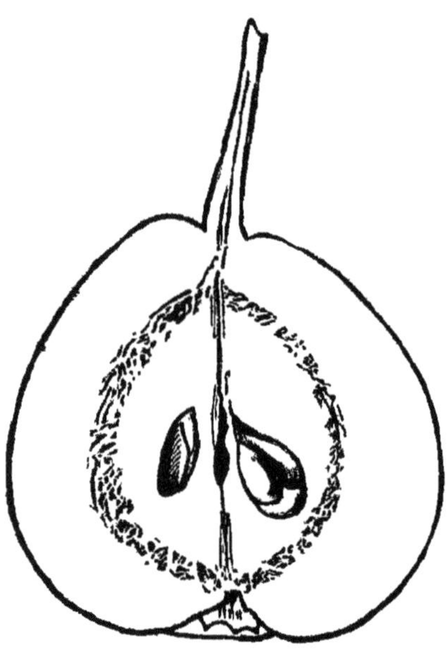

CARISI-BLANC.— Fruit bon pour la préparation du poiré.

Histoire et bibliographie. — Variété ancienne, d'origine inconnue, dont le nom est mentionné par un grand nombre d'auteurs, sans qu'on puisse dire s'il s'agit toujours du même fruit, à cause de l'absence ou de l'insuffisance des descriptions. — La *Maison-Rustique* de 1680, p. 75 et 76, cite les **Carisis** au nombre des meilleures poires de pressoir.— Piérard, dit que le poirier de **Carisy-Blanc** fleurit tôt et est peu fertile. — Odolant-Desnos, p. 133, semble bien ne faire qu'une seule variété de **Carisi-Blanc** et de **Carisi-Rouge**, Bocage, Eure, Falaise, Orne, Seine-Inférieure; Syn. **Pochon**, Pays-d'Auge, dont l'arbre, dit-il, est d'une grande fertilité. — MM. Du Breuil et Girardin, *ouv. cité*, p. 405, séparent ces deux variétés, et donnent au **Carisi-Blanc** de Fauville (Seine-Inf[re]), le syn. **Pochon-Blanc** du Pays-d'Auge. — Le *Supplément aux Procès-verbaux du Congrès*, p. 23 et 24, contient la description de deux poires sous le même nom : celle dont il est question et dont les spécimens ont été communiqués par M. Lasnier, instituteur, à Pierrecourt (Seine-Inf[re]), et une autre ayant pour syn. **Calezy-Blanc**, présentée par M. Martot, de Néville, arrondissement d'Yvetot, différente de forme, de coloration et très-inférieure en qualité.

ARBRE très-vigoureux, très-fertile, à tête arrondie et branches horizontales. — Pousses de l'année de couleur rousse-foncée, parsemées de très-nombreuses petites lenticelles d'un gris-jaunâtre. — Bois de deux ans gris. — Boutons à bois coniques, pointus, écartés du bois par leurs sommets, d'un brun noir, un peu cendré. —Feuilles ovoïdes-pointues, glabres ; pétioles très-minces, de 20 à 25 millim.

FLORAISON : mai.

FRUIT moyen, un peu plus développé d'un côté que de l'autre, aplati à la base, irrégulièrement arrondi vers le pédoncule.

Epiderme jaune-verdâtre-pâle, marbré de roux dans la partie exposée au soleil, pointillé de même couleur partout ailleurs.

Œil assez petit, ouvert, à sépales courts, roux, dans une dépression peu profonde, colorée en roux.

Pédoncule assez gros, ligneux et un peu charnu à la base, long de 25 millim. environ, inséré dans une légère dépression colorée en roux et surmontée, sur l'un de ses côtés, d'une excroissance charnue.

Cœur assez gros; axe très-peu creux ; loges assez grandes ; pépins géminés, ovoïdes, noirs.

Chair blanche ou blanc-jaunâtre, ferme, grosse, avec concrétions pierreuses autour du cœur ; eau assez abondante, astringente, acidulée, peu sucrée.

MATURITÉ : fin septembre et commencement d'octobre.

Jus incolore ; densité 1063 = 8°,5 Baumé.

Sucre alcoolisable	150, »
Tannin	5,509
Mucilage	2, »
Acidité rapportée à celle de l'acide sulfurique monohydraté	3,210
Sels et divers	7,281
Eau	832, »
TOTAL	1000, »

Dans la pénurie où nous sommes de bonnes poires de pressoir, on peut multiplier celle-ci, dans une certaine mesure, en vue de la fabrication du poiré, que le présentateur dit être excellent. La quantité notable de tannin que renferme le moût doit contribuer à la salubrité de la boisson, bien que le principe acide y soit un peu trop développé.

Pour la fabrication de l'alcool on doit préférer à celle-ci les poires plus riches en sucre.

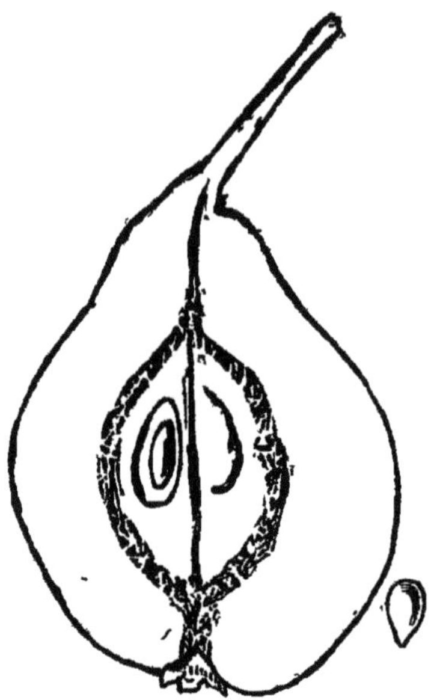

POIRE-DE-SOURIS. — Fruit excellent pour le poiré.

(*Fig. col. n° 37.*)

Histoire et bibliographie. — Variété ancienne, dont l'origine est inconnue et dont les ouvrages sur les fruits de pressoir que nous avons pu consulter ne font pas mention. — Elle est cultivée aux environs d'Yvetot (Seine-Infre) — Le Congrès en a publié l'analyse, *Procès-verb.*, p. 248; elle est décrite et figurée ici pour la première fois, d'après des spécimens communiqués par M. Durier, de Baons-le-Comte, près Yvetot.

Arbre vigoureux, très-fertile, à branches verticales.

Floraison : deuxième quinzaine d'avril.

Fruit petit, ovoïde, allongé comme dans le dessin ci-dessus, ou plus court et plus élargi et se rapprochant alors de la forme turbinée.

Epiderme vert-jaunâtre, quelquefois frappé du côté du soleil et sur une petite étendue, de plaques rouge-carmin sur fond légèrement orangé; parsemé d'une multitude de petits points gris ou gris-roux et le plus souvent marbré de roux sur la presque totalité de sa surface, qui alors ne présente pas de teinte rouge; dans tous les cas la couleur rousse se présente par plaques autour de l'œil.

Œil moyen, ouvert, à sépales dressés, courts, obtus, à fleur du fruit ou dans une très-légère dépression.

Pédoncule ligneux, grêle, long de 18 à 24 millimètres, inséré obliquement.

Cœur allongé dans les fruits ovoïdes allongés, plus large dans les fruits turbinés, circonscrit par des granulations pierreuses; axe légèrement creux; loges allongées; pépins gros, ovales, bruns, souvent avortés.

Chair jaunâtre, ferme, grosse; eau assez abondante, fortement astringente, sucrée, parfumée.

MATURITÉ : fin octobre.

Jus ambré; densité 1075 — 10° Baumé.

Sucre alcoolisable	173, »
Tannin	13,772
Mucilage	des traces
Acidité rapportée à celle de l'acide sulfurique monohydraté	1,600
Sels et divers	6,628
Eau	805, »
TOTAL	1000, »

Le poiré fourni par la poire de Souris est très-renommé pour sa bonté. La proportion de tannin que révèle l'analyse du moût, proportion plus forte que dans le jus d'aucun autre de nos fruits de pressoir, autorise à croire que ce poiré est en même temps particulièrement salubre, le tannin devant s'appo- ser à toutes les actions nuisibles sur l'économie qu'on pourrait reprocher à cette sorte de boisson (1).

En vue d'accroître la saveur et le parfum de ce poiré, on pourrait mélanger, lors du pressurage, une certaine proportion de poires à compottes les plus parfumées : poires de Coq ou poires de Margot, aussi appelée poires de Fusée.

La très-forte proportion de tannin qui entre dans la composition du moût de la poire de Souris rend celle-ci très-précieuse pour les mélanges avec les autres poires de pressoir dans lesquelles cet élément indispensable à l'obtention d'une boisson de bonne qualité fait trop souvent défaut.

(1) Voir ci-dessus, p. 116 et 117, ce qui est dit de l'action hygiénique du tannin.

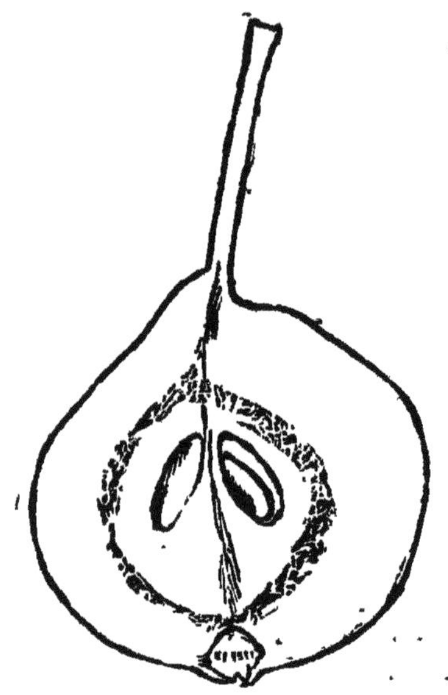

POIRE-DE-CROIXMARE. — Fruit très-bon; surtout pour la fabrication de l'alcool.

(*Fig. col. n°* 38.)

Histoire et bibliographie. — Variété ancienne, d'origine inconnue, cultivée dans l'arrondissement d'Yvetot, où elle est renommée pour la qualité du poiré qu'elle fournit. Elle a probablement pris son nom de celui de la commune de Croixmare, arrondissement de Rouen, sur la limite de l'arrondissement d'Yvetot. — La poire **De Croixmare** (*sic*) est portée sur la liste de MM. Du Breuil et Girardin, comme reçue d'Yvetot. — Décrite pour la première fois dans les *Procès-verbaux du Congrès*, p. 237, avec analyse, p. 248, d'après des spécimens communiqués par M. Varin, propriétaire, à Yvetot.

Arbre vigoureux, très-fertile, à tête élevée. — Bois brun, marbré de gris-clair; boutons à bois ovoïdes, bruns, glabres. — Feuilles petites, arrondies, glabres, portées par un pétiole très-grèle, long de 30 à 35 millimètres.

Floraison : deuxième quinzaine d'avril.

Fruit petit, à peu près symétrique, irrégulièrement sphéroïdal, un peu rétréci vers le pédoncule.

Epiderme jaune-verdâtre assez foncé, recouvert en grande partie de points et de taches de gris-roux, toujours plus nombreux autour du pédoncule et de l'œil.

Œil gros, saillant, fermé, ou à sépales dressés et convergents, entouré de quelques bosselettes.

Pédoncule grêle, ligneux, long de 22 à 30 millimètres, brun, inséré à la base d'un petit mamelon charnu.

Cœur assez gros, arrondi, entouré de nombreuses concrétions; loges ovoïdes-allongées, placées haut; pépins allongés, noirs, parfois incomplètement développés.

Chair blanc-jaunâtre, ferme, grosse; eau abondante, sucrée, astringente.

MATURITÉ : fin septembre et première quinzaine d'octobre.

JUS incolore; densité 1075 = 10° Baumé.

Sucre alcoolisable	183, »
Tannin	des traces
Mucilage	3, »
Acidité rapportée à celle de l'acide sulfurique monohydraté.	2,800
Sels et divers	11,200
Eau	800, »
TOTAL	1000, »

Bien que la Poire-de-Croixmare soit réputée pour la qualité de son poiré, lequel, vu la proportion de sucre que renferme le moût, doit effectivement être très-fort, l'absence du tannin nous engage à en recommander la plantation, en vue de la fabrication de l'alcool principalement.

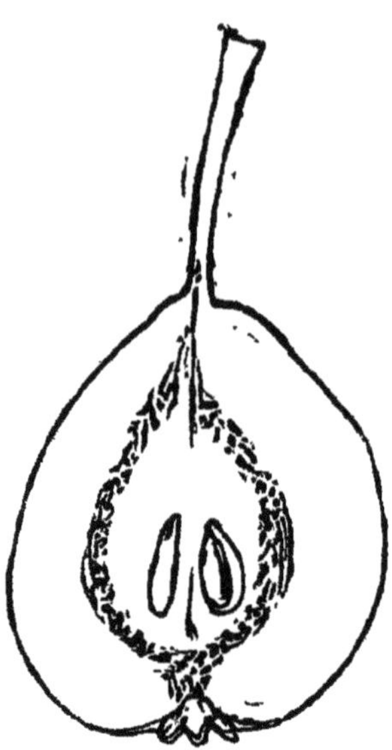

POIRE-DE-NAVET. — Fruit bon pour le poiré, excellent pour la fabrication de l'alcool.

(*Fig. col. nº* 39.)

Histoire et bibliographie. — Variété ancienne, d'origine inconnue, cultivée aux environs d'Yvetot (Seine-Inférieure), et que nous ne trouvons citée par aucun des auteurs que nous avons pu consulter. — Décrite pour la première fois par le Congrès, *Procès-verbaux*, p. 237, et citée de nouveau, p. 297, d'après des spécimens communiqués par M. Varin, propriétaire, à Yvetot.

Arbre vigoureux, très-élevé, fertile. — Pousses de l'année d'un roux assez clair; bois de deux ans fortement marbré de gris-clair. — Feuilles moyennes, ovoïdes, terminées en pointe, glabres, portées par des pétioles très-grèles, longs de 30 à 45 millim.

Floraison : deuxième quinzaine d'avril.

Fruit petit, symétrique, turbiné, un peu irrégulier et bosselé dans sa surface.

Epiderme jaune-verdâtre, marbré et pointillé de gris-roux, parsemé de grosses taches brunes assez nombreuses.

Œil assez grand, ouvert, dans une très-légère dépression.

Pédoncule assez fort, ligneux, long de 18 à 25 millimètres, variant du vert taché de roux, au roux-brun; inséré à la base d'une petite protubérance charnue, dans une très-faible dépression, étroite et oblique.

Cœur allongé, cerné de quelques grosses concrétions pierreuses vers l'œil; loges ovales-allongées; pépins petits, bruns, quelquefois avortés.

Chair d'un blanc légèrement jaunâtre, grosse, cassante; eau abondante, sucrée, astringente.

MATURITÉ : mi-octobre.

Jus incolore; densité 1090 = 12° Baumé.

Sucre alcoolisable	221, »
Tannin	2,066
Mucilage	2, »
Acidité rapportée à celle de l'acide sulfurique monohydraté	3,210
Sels et divers	11,754
Eau	760, »
TOTAL	1000, »

Cette poire, indiquée comme donnant un très-bon poiré, est plus particulièrement propre à la fabrication de l'alcool. Elle ne renferme peut-être pas assez de tannin pour que la boisson qu'on en tire soit très-salubre, mais aucune des poires que nous avons pu étudier ne contient autant de sucre, et par suite ne doit fournir une aussi forte proportion d'alcool, par la distillation de son jus fermenté. — Si on voulait l'employer à la préparation du poiré, il conviendrait de l'associer à la poire de Souris, qui fournirait à la boisson le tannin que la poire de Navet ne renferme pas en quantité suffisante.

CHAPITRE VI

DU SEMIS CONSIDÉRÉ COMME MOYEN D'OBTENIR DE NOUVELLES VARIÉTÉS DE FRUITS A CIDRE.

Nécessité de rechercher des fruits de pressoir perfectionnés. — Lorsque, vers la fin du siècle dernier, les anglais reconnurent que quelques-unes de leurs meilleures variétés de pommiers à fruits de pressoir : *Moil*, *Red Streack*, *Styre*, etc., devenus languissants et maladifs, ne pouvaient plus être propagés avec succès par la greffe et ne produisaient plus que des récoltes incertaines et fort pauvres, ils s'attachèrent à combler ces vides par de nouvelles obtentions triées avec un soin scrupuleux qui n'admettait que ce qui était de grand mérite. — On vit alors le président de la Société d'horticulture de Londres choisir, parmi ses très-nombreux semis, *cinq* pommes à cidre, desquelles deux lui valurent une médaille de la Société d'agriculture de Herefordshire. — Un petit nombre d'autres sortes récentes vinrent s'adjoindre à celles-ci, pour être comme celles qu'elles devaient remplacer, multipliées par la greffe et servir au peuplement des vergers (1).

On a procédé tout différemment en France, quand, dans ces trente dernières années, on constata pareillement de profondes

(1) Consultez : *Pomona Herefordsensis*, London, 1841 ; et Bliss, *The fruit Grower's Instructor*, London, 1841, p. 60. — La liste des nouvelles pommes à cidre donnée par Bliss, contient *neuf* noms seulement.

altérations sur plusieurs des variétés de pommiers à cidre les plus renommées et les plus répandues (1). Au lieu de chercher, pour remplacer les très-bonnes sortes qu'on ne pouvait plus propager avec succès, de nouvelles variétés possédant des qualités équivalentes ou supérieures, partant de cette donnée que les arbres fruitiers provenant de semences et non greffés se montrent communément plus vigoureux, plus résistants aux intempéries et plus fertiles par conséquent, on se contenta trop souvent de recourir à de tels arbres qu'on tira des pépinières, pour les transplanter dans les pommeraies, sans leur faire subir l'opération du greffage.

Pour appuyer cette pratique de leur autorité, il ne manqua ni de savants habiles ni de praticiens expérimentés. — « Votre Commission, dit M. de Saulcy, dans un rapport à la Société d'agriculture de la Seine-Inférieure,... est... unanime à constater le mérite et la supériorité des bons pommiers francs de pied, et elle est d'avis qu'il serait utile d'en conseiller l'adoption à tous les agriculteurs dont les arbres seraient en dépérissement ou auraient besoin d'être remplacés (2). »

Mais est-il sage, parce qu'on est forcé d'abandonner des variétés d'élite, de renier la pratique de nos pères, fondée sur la plus vaste et la plus longue expérience, en renonçant à multiplier par la greffe les variétés de valeur égale que nous possédons, *lorsqu'elles sont encore vigoureuses*, et celles que des semis heureux peuvent nous donner? On ne saurait l'admettre.

Que les plantations d'arbres francs de pied donnent d'ordinaire d'abondants produits, on le concède volontiers, s'il sagit

(1) Consulter *Extraits des trav. de la Soc. d'agricult. de la Seine-Inférieure*, t. I, p. 17; t. III, p. 82 et suiv.; séance du 23 juin 1825; t. XVIII, p. 231, séance du 26 novembre 1854. — *Annuaire des cinq dép. de l'anc. Normandie*, 1852, t. XVIII, p. 295; 1853, t. XIX, p. 232; 1856, t. XXII, p. 345 et 346, et *passim*. — *Traité pratiq. de l'éducat. et de la cult. du Pommier à cidre*, publié par le Cercle pratiq. d'hort. de la Seine-Inf. p. 68. — De Boutteville. *De l'existence limitée et de l'extinct. des vég. propagés par division*, in-8, 1865, p. 65 à 85.

(2) *Extr. des trav. de la Soc. d'agr. de la Seine-Inf.* t. XVIII, 1856, p. 232 à 235. — Voy. aussi J. Morière, *Résumé des confér. agric. sur la préparat. et la conserv. du cidre*, Caen et Rouen. 1860, in-18, p. 31 à 33; — Jules Oudin, propriétaire et directeur des pépinières de la Pommeraie, près Lisieux, *Le pommier à cidre non greffé*; in-8°, de 4 pages; — Dornfeld, *Die wein-and Obstproducenten*, p. 463 et suiv.

de sujets récemment obtenus de semis; mais, dans ce cas, l'observation de chaque jour nous apprend que ce privilège n'appartient pas exclusivement au pied-mère et qu'il est partagé par les sujets qui en sortent, aussi longtemps qu'il conserve sa vigueur. — Cela étant, pour qu'on pût se contenter d'arbres francs de pied, il faudrait qu'il fût bien établi que le cidre qu'ils fournissent possède habituellement toutes les qualités qu'on peut, qu'on doit désirer; en un mot, qu'il est capable de soutenir la comparaison avec celui qu'on obtient d'un choix intelligent de bonnes variétés. Or, pour qu'il en fût ainsi, il faudrait être servi par un hasard en dehors de toutes probabilités.

Soumettez à un examen attentif les produits de nos plantations telles qu'elles sont constituées présentement. Vous y trouverez communément, auprès d'un petit nombre de fruits de grand mérite et de quelques autres très-défectueux, un grand nombre de variétés d'un ordre intermédiaire, lesquels sont loin de posséder tous les éléments d'un bon cidre (1). Et cependant, tous les arbres ont été l'un après l'autre entés de rameaux choisis, choisis sans doute avec trop peu de soin et avec des connaissances insuffisantes, mais toutefois de manière à élever bien certainement la plantation au-dessus du niveau où l'eût laissé le pur hasard du semis.

Faites une expérience directe. Etudiez toute une série de fruits à cidre obtenus de semis, et vous trouverez, comme nous l'avons maintes fois constaté nous-mêmes, que les fruits médiocres ou mauvais y sont en très-grande majorité, et que les bons y sont rares, les très-bons plus rares encore.

Voici sur ce sujet quelques chiffres bien capables de porter la conviction dans les esprits dégagés de toute prévention.

La Société pratique d'horticulture de l'arrondissement d'Yvetot, à l'occasion de la réunion, sous ses auspices, en octobre 1871, du Congrès pour l'étude des fruits de pressoir, avait ouvert un concours spécial pour les pommes à cidre obtenues de semis.— Sur l'ensemble des 172 variétés nouvelles qui ont pu être étu-

(1) Qu'on veuille bien se reporter à la communication de M. Dallier-Gosselin, reproduite ci-dessus, p. 141, en note.

diées, *neuf* seulement ont fourni un moût dont la densité était égale ou supérieure à 1075, soit 10° Baumé, condition première que remplissent, comme on l'a établi ci-dessus, nos pommes à cidre les plus renommées : Bédan, Argile, Rouge-Bruyère, Peau-de-Vache, etc. C'est donc une faible proportion de cinq (exactement 5,23) pour cent de fruits à moût dense que dénote ce premier essai. — Un de nos plus habiles semeurs, M. Legrand, auquel on est redevable de plusieurs gains des plus précieux, n'avait eu, cette année, sur 65 lots provenant d'autant de pommiers donnant leur première récolte, qu'une seule variété dont le jus atteignit une densité de 1075, soit 10° Baumé.— Mais comme la pesanteur spécifique du moût, qui dénote avant tout la quantité du principe sucré, n'est pas l'unique qualité qu'on doive rechercher dans un fruit de pressoir, on peut s'attendre à ce que cette proportion de 5 0/0. fournie par ce premier triage, sera quelque peu réduite par les épreuves ultérieures. Il y a bien loin de là à cette proportion de quatre-vingt-dix pour cent de bons fruits que les fauteurs des pommiers francs de pied promettent aux planteurs, concédant que dix arbres sur cent devront être greffés pour défaut de qualité des produits ! (1)

De très-nombreuses recherches exécutées en 1868, 1869, 1870, 1872, 1873 ont donné des résultats analogues. Si nous avons cité plus particulièrement les essais de 1871, c'est que les faits qui en ressortent ont été publiés avec des détails qui permettaient de les contrôler (2).

Que conclure de ce qui précède? Que pour avoir un cidre de bonne qualité, et c'est là une condition essentielle pour arriver à l'extension de l'usage de plus en plus grand de cette boisson, appelée, si elle est convenablement préparée, à faire une concurrence très-sérieuse à la bière et aux vins de qualité inférieure, il faut apporter de très-grands soins dans le choix des variétés cultivées et ne pas s'en remettre aux chances du semis. — En vue de l'abondance du produit, on doit s'abstenir absolument de

(1) C'est la proportion des greffes posées par M. Labarre dans sa plantation de pommiers de semis. — *Rapport* de M. de Saulcy, p. 332.

(2) *Procès-verbaux* du Congrès, p. 315 à 318.

propager les arbres d'ancienne ou de récente obtention, qui sont malingres et manquent de vigueur ou de fertilité ; en vue de sa qualité, on doit ne multiplier, ne planter que ceux dont les fruits contiennent tous les éléments d'une boisson généreuse, de bon goût et de facile conservation.

Comme conséquence et dans le double but de remplacer les bonnes variétés aujourd'hui usées par d'autres également bonnes, douées de toute la vigueur du jeune âge et de porter au plus haut degré possible de perfection la boisson habituelle des habitants de nos départements; il faut rechercher diligemment, au milieu des innombrables semis qui se font chaque année, les variétés nouvelles réunissant tous les éléments d'un cidre de première qualité, non-seulement pour planter le pied-mère, resté unique, dans l'un de nos vergers, mais pour enrichir nos plantations d'arbres par milliers greffés de ses scions.

Imitons les jardiniers qui sèment des fruits de table ; ne répandons que ce qu'il y a de bon, de très-bon, mais répandons-le abondamment, et pénétrons-nous bien de cette vérité, que, pour l'amélioration des produits qui nous occupent, le semeur qui aura choisi, parmi un mille d'égrains, dix ou douze fruits de premier ordre, pour les multiplier par la greffe, aura mieux mérité de l'agriculture de notre contrée, et, par suite, de nos populations, que celui qui aura rempli nos vergers d'une multitude de fruits médiocres, fournissant une boisson de qualité douteuse (1).

Procédés d'exécution. — L'obtention de gains perfectionnés peut et doit d'ailleurs être poursuivie directement, au moyen de semis exécutés à cette intention et suivant des procédés différents sur lesquels il nous reste à dire quelques mots.

(1) Voici ce que dit un auteur américain de la pratique que nous blâmons : — « Le procédé primitivement adopté pour obtenir de nouvelles variétés de pommes (à cidre) d'excellente qualité consistait à semer des graines recueillies sur les meilleures variétés et à choisir les sujets dont les feuilles étaient larges et le bois vigoureux. La raison semblait dicter ce procédé, mais la raison éclairée par l'expérience fournit un enseignement tout différent. » — William Kenrick, *The New american Orchadist*, Boston, 1841, p. 114.

Choix de semences. — C'est un fait indéniable, établi sur l'expérience la plus longue et la plus générale, qu'il s'agisse des animaux de nos fermes, des fleurs et des légumes de nos jardins, ou des arbres fruitiers de nos vergers, que, d'un générateur défectueux, on ne doit attendre que des produits médiocres. Partant de cette donnée, on augmentera beaucoup les chances de réussite, si on commence par choisir avec grand soin les arbres à cidre dont on se propose de tirer une nouvelle progéniture, parmi les plus sains les plus vigoureux et ceux qui donnent avec abondance les meilleurs fruits, s'abstenant de prendre des semences sur des variétés de peu de mérite, souffrantes ou usées : les qualités bonnes ou mauvaises des parents et leurs dispositions maladives se transmettant trop souvent par l'acte de la génération.

Le choix des arbres dont on se propose de tirer de nouveaux sujets, étant fait, il faut apporter une égale attention au triage des graines qu'on mettra en terre. Elles devront être recueillies sur les fruits les mieux développés, parvenus à une entière maturité; non pas seulement à cette maturité qu'ils acquièrent sur l'arbre jusqu'au moment où ils s'en détachent seuls ou à peu près seuls, mais encore à celle qui est la suite de la réaction intime qui s'opère avec le temps dans leurs éléments, après qu'ils ont été séparés de la branche qui les nourrissait. Parmi les semences récoltées dans ces conditions, il faut rejeter toutes celles qui n'ont acquis qu'un développement incomplet, sont demeurées de couleur pâle ou ridées ou petites. « Les graines, écrit M. Ern. Faivre, sont modifiables au sein même de l'organisme maternel, suivant les circonstances qui ont présidé à la récolte, au choix et à la séparation du pied-mère; plus lourdes et plus volumineuses, plus nouvellement recueillies, elles donnent des plans plus vigoureux; débiles, elles produisent des plans débiles (1) »

Education des égrains. — Il ne suffit pas que les semences mises en terre, issues de bons générateurs soient bien constituées, il importe que les jeunes plants qui en naîtront trouvent autour

(1) *La variabilité des espèces et ses limites*; 1868, in-12, p. 69.

d'eux, dans un sol suffisamment généreux, tous les éléments d'une bonne nutrition et que convenablement distancés ils rencontrent à l'extérieur la lumière et l'air, et dans l'intérieur du terrain l'espace qui leur sont indispensables pour un bon développement. « Le sol, dit l'auteur que nous venons de citer, suffit aussi à déterminer des variations; s'il est sec et aride, son influence explique la disposition au nanisme; s'il est riche et fertile, elle se traduit par la vigueur des formes et l'élévation de la taille (1). »

Quelque soit le procédé qu'on emploie en vue de l'obtention de variétés nouvelles, ces préceptes sur le choix des semences et l'éducation des jeunes plants ne sauraient être négligés, sans que les chances de réussite ne soient grandement diminuées.

Semis répétés. — Les écrits de Van Mons (2) nous ont appris, et l'expérience a confirmé ce que sa longue pratique lui avait révélé, que par des semis réitérés durant plusieurs générations, au moyen de graines prises sur les sujets de nouvelle obtention présentant à un degré supérieur les qualités qu'on se propose d'obtenir, on parvient aisément et on peut dire avec certitude, bien que dans les limites que permet la nature des choses, à procréer des variétés encore plus améliorées.

C'est ainsi que, par des semis renouvelés durant plusieurs années successives, au moyen de graines récoltées sur les racines les plus sucrées obtenues dans chaque génération, Vilmorin a su augmenter dans une forte proportion la richesse de la betterave à sucre. C'est également par ce procédé qu'ont été obtenus depuis quelque temps en Belgique et en France, dans notre département même, un grand nombre d'excellents fruits de table.

Il n'est pas douteux que la même méthode appliquée à nos arbres à fruits de pressoir ne fournit, au bout d'un petit nombre de générations, des pommes et des poires beaucoup mieux

(1) Ern. Faivre, *Ibidem*.

(2) *Arbres fruit., leur cult. et leur propagation pour la graine*, Louvain, 1836, 2 vol. in-12. — Voir aussi Sageret, *Pomologie physiolog.*, Paris, 1830, in-8.

pourvus des principes solubles indispensables à la confection d'une bonne boisson. Rien même n'empêche de croire qu'on pourra, avec du temps et une bonne direction, accroître à volonté celui des éléments utiles qu'on aura plus spécialement en vue : sucre, tannin, principe odorant, par exemple. Plusieurs gains récents, soit parmi ceux que nous publions, soit parmi ceux qui restent à l'étude, nous donnent toute confiance à cet égard.

Mais que les semeurs n'oublient pas que l'emploi spécial auquel sont destinés les fruits à cidre exigent impérieusement une grande vigueur et une grande fertilité des arbres. A cet égard nous pensons qu'on peut se demander si le procédé suivi pour les fruits de table ne devrait pas subir quelques modifications pour les fruits de grande culture, tels que sont les arbres à fruits de pressoir?

L'emploi, pour la réitération des semis, de pépins tirés de fruits de première, deuxième ou troisième récolte ne seraient-ils pas susceptibles d'introduire dans les sujets que l'on en veut obtenir des germes d'affaiblissement? Autrement dit, les arbres tout jeunes encore fournissent-ils, dès leurs premières fructifications, des germes aussi solidement constitués que ceux qu'ils donneront à l'époque de leur plein développement? L'arbre appelé à vivre 150 ou 200 ans, est-il à l'âge de 12 à 15 ans, un aussi bon générateur que celui qui a atteint sa vingt-cinquième ou sa trentième année? Il est croyons-nous, actuellement impossible d'avoir sur cette question de physiologie végétale une opinion arrêtée, mais la solution n'en serait pas sans intérêt, c'est pourquoi nous nous laissons aller à la poser (1).

Hybridation. — Dans les dernières années du XVIIIe siècle

(1) Depuis que ceci est écrit, nous avons reçu de M. Ars. Sannier, horticulteur-pépiniériste, à Rouen, communication d'un fait qui vient augmenter considérablement nos appréhensions sur l'emploi des pépins provenant de trop jeunes arbres. M. A. Sannier, qui opère chaque année un très-grand nombre de semis de poiriers à fruits de table, a remarqué que les pépins extraits d'un de ses bons gains de 1873, semés l'hiver suivant, en même temps et de la même manière qu'une grande quantité de pépins d'autres provenances, ont fait des pousses beaucoup moins vigoureuses que celles fournies par ses autres semis, bien que les soins de culture aient été les mêmes pour tous.

et les premières années de celui-ci, Th.-And. Knight a appliqué, non sans quelque succès, au perfectionnement des fruits et des pommes à cidre en particulier, une méthode employée de nos jours avec de grands avantages au perfectionnement des végétaux des jardins et des animaux de l'agriculture : le croisement des variétés. Le but que se proposait le savant expérimentateur, était de réunir dans le nouveau fruit, produit de l'hybridation, les qualités propres de chacun des deux parents. La proportion des bons grains obtenus par ce procédé s'est trouvée très-faible, car A. Knight déclare, qu'en y apportant tous les soins possibles, on doit se trouver heureux, si parmi cinquante égrains, il se rencontre une seule très-bonne variété pour le pressoir; tandis que beaucoup seront probablement au-dessous du médiocre (1).

A. Knight ne s'est pas borné, dans ses recherches de fruits perfectionnés, à féconder artificiellement une variété par une autre. Dans le dessein de réunir dans un sujet nouveau la rusticité, la résistance aux intempéries du Pommier de Sibérie (*Pirus malus baccata*), aux bonnes qualités des fruits à cidre les mieux pourvus en matière saccharine, il a fécondé la variété jaune de cette espèce avec le pollen pris sur l'*Orange-Pippin* et la *Golden-Harvey*. Il a obtenu par ce procédé deux fruits très-riches en sucre et en principes solubles, la pesanteur spécifique de leur jus étant 1080 et 1091. Mais il nous apprend qu'on ne peut pas compter obtenir, par cette méthode, de fréquentes réussites, puisque sur plus de trois cents sujets de cette origine obtenus par lui, il n'en était pas plus de trois à quatre qui présentâssent quelque mérite, et qu'un seul était digne de prendre place dans les vergers (2).

Conclusion. — La préférence entre ces procédés divers nous paraît devoir être accordée en général (nous ne disons pas exclusivement) aux semis réitérés, en terrain favorable à la végétation des arbres, de pépins parfaitement développés, ré-

(1) *Pomona herefordiensis, Prelim. observ.*, IV.

(2) *Pomona herefordiensis*, art. *Siberian Harvey*.

coltés sur les variétés les meilleures entre les obtentions récentes ou entre les fruits anciens dont les arbres sont encore sains et vigoureux. Ce procédé est le plus facile et en même temps il s'est montré jusqu'à présent le plus efficace.

Une dernière observation : Il arrive assez souvent que les fruits de nouvelle obtention varient dans leur constitution intime, que, par exemple, une pomme très-amère au début, perd beaucoup de son amertume en quelques années, ou que son moût acquière à la seconde ou à la troisième récolte une plus forte densité qu'il n'en dénotait à la première fructification. Il est, par conséquent, sage de réserver durant deux ou trois ans le jugement définitif à porter sur un fruit qui présente de bons indices (1).

Moyen d'obtenir hâtivement des fruits des jeunes arbres de semis.—Beaucoup de personnes sont détournées de faire des semis par la longueur du temps nécessaire pour obtenir du nouveau plant, quelques fruits qui permettent d'en apprécier la valeur. D'ordinaire, le délai est de dix à quinze années, quelquefois davantage. —M. A. Sannier, horticulteur, rue Moris, à Rouen, a imaginé un procédé qui abrège singulièrement et sûrement ces délais.

M. A. Sannier, dès l'automne qui suit la sortie de terre de ses semis, coupe sur le jeune plant une portion de la tige suffisante pour obtenir un ou deux greffons qu'il place, au moyen de la greffe en couronne, sur un sauvageon, à la *hauteur de deux mètres environ* (condition essentielle). L'arbre greffé donne des fruits ou au moins des fleurs, au bout de deux ou tout au plus trois années, l'arcure des rameaux y aidant, s'il tarde à montrer des boutons à fruits. De son côté, le jeune sujet, taillé au-dessus d'un œil destiné à prolonger sa tige naissante, est conservé à tout événement pour former un arbre. Au moyen de cette pratique très-simple, on est vite fixé sur le mérite de ses gains

(1) *Procès-verbaux* du Congrès, p. 296. — Le Congrès s'est à plusieurs reprises occupé des semis de fruits à cidre, voy. *Proc.-verb.*, p. 174 et p. 169, 308 et suiv., deux notes de M. de Boutteville.

et cela sans sacrifice des pieds-mères, dont la croissance ne se trouve que faiblement retardée (1).

Concours pour fruits à cidre de semis, à Yvetot. — Aussitôt que l'analyse chimique eût constaté avec évidence la nature et la proportion des principes constituants des pommes connues pour fournir les meilleurs cidres, on fut tout naturellement amené à cette idée, que l'œuvre la plus importante du moment devait être la recherche de fruits nouveaux renfermant ces mêmes principes en proportions égales ou supérieures.

Afin de stimuler le zèle des semeurs dans la recherche de ces fruits perfectionnés, et de leur éviter les embarras de la constatation du degré de mérite de leurs grains, la Société d'horticulture de l'arrondissement d'Yvetot, nous l'avons déjà dit, sur la proposition de son Vice-Président (2), a ouvert un concours pour les pommes de semis. Le programme rédigé en 1871, propose une médaille d'or, pour l'obtention d'une pomme à cidre, dont le jus filtré au papier offrira une densité d'au moins 1,100° au densimètre, ou 13° du pèse-sel de Baumé.

Sans se renfermer dans les termes absolus de son programme, la Société a récompensé par des médailles de vermeil et d'argent des gains reconnus très-bons, bien que n'atteignant pas la densité indiquée. Une douzaine de variétés d'élite nous ont été par là révélées, lesquelles introduites dans les pommeraies, élèveraient grandement la valeur de leurs produits. Plusieurs de ces variétés nouvelles sont décrites dans le chapitre précédent; quelques autres exigent des études ultérieures avant d'être signalées aux planteurs.

Enfin, les constatations de 1873 ont donné pleine satisfaction aux prévisions des organisateurs de ces concours, et la médaille d'or a pu être décernée, au mois d'août de cette année, à M. Go-

(1) Consultez sur l'obtention des arbres à fruits par le semis les communications faites par M. Arsène Sannier, aux Sociétés d'Horticulture de la Seine-Inférieure et de l'arrondissement de Beauvais, *Bulletin de la Société d'horticulture de la Seine-Inférieure*, 1874, p. 81 et suiv. *Bulletin de la Société d'horticulture de Beauvais*, 1873, p. 25, 188 et suiv.

(2) M. A. Hauchecorne, pharmacien, à Yvetot.

dard, pépiniériste, au Boisguillaume, près Rouen, pour une pomme dont le jus pèse 1,102° au densimètre (1), en même temps qu'une médaille de vermeil récompensait l'obtention par M. Legrand, pépiniériste, à Yvetot, de plusieurs très-bons gains, parmi lesquels une pomme dont le jus, d'une densité de 1084°, renferme beaucoup plus de tannin qu'aucune autre pomme connue, soit 10gr,330 par kilogr. — Voilà donc dès à présent deux fruits surpassant par la proportion des principes utiles les plus précieux, tous ceux que nous possédions. C'est d'un bon augure pour les acquisitions futures, et un titre d'honneur pour la Compagnie qui s'est associée à ces recherches d'utilité publique.

(1) Nous n'avons pu donner la figure et la description détaillée de cette précieuse variété, mais nous en retraçons ici le signalement abrégé, afin d'éviter les méprises. — Fruit très-petit, assez semblable à une petite Reinette grise, aplati à la base, irrégulièrement sphéroïdal dans sa partie supérieure. Epiderme jaune-doré, quelquefois lavé partiellement de rouge, marbré de gris-roux. L'arbre très-fertile porte ses fruits par trochets nombreux.

CHAPITRE VII

INFLUENCE DU SOL ET DES MILIEUX SUR LA QUALITÉ DES BOISSONS.

Dans toutes les contrées où l'on cultive avec succès le pommier et le poirier, on s'accorde généralement à reconnaître que le sol et l'exposition exercent une influence marquée sur le développement des arbres comme sur la saveur et la densité des fruits et, par suite, sur la qualité des cidres.

Influence du sol. — Cette action du sol sur les fruits qui constitue la valeur des crûs ou terroirs était connue des anciens. Julien de Paulmier, qui l'avait observée, la décrit en ces termes :

« Le terroir fait autant à la force et vertu des cidres que des vins ; le Cottentin est le meilleur pour les excellents.

« Le Pays-d'Auge les fait puissants et vertueux, mais pour la plupart espais, grossiers et mal clarifiez.

« Le Pays-de-Caux leur donne un goût de terroir, pour le moins en quelques lieux où il y a de la marne (1). »

Cet auteur paraît hésiter, néanmoins, à charger seul le sol de certains défauts constatés chez quelques cidres de son temps, et plus loin, il ajoute :

« Le tiers vice notable des sidres est l'espaisseur, crassitude

(1) *Traité du vin et du cidre*, par Julien le Paulmier. Caen, 1589 ; in-12, f° 51.

et obscurité, lorsqu'ils doyvent être purifiez et transparens; *ce vice procède aucunes fois du naturel de la pomme, le plus souvent du terroir.* Je n'ai encore observé les ordres des pommes desquelles le sidre demeure toujours gras et trouble. Quant au terroir, on sçait assez qu'en tout le Cottentin et Bessin, mesmes au pays d'Avranches et de Vire, tous sidres se purifient fort bien et que, tout au contraire, on en trouve bien peu de clairs et transparens au Pays-d'Auge, où la terre est fort grasse. (1) »

La tradition populaire nous a transmis également, à l'égard de cette question, plusieurs préceptes que l'expérience a tenus pour être exacts et qui peuvent se résumer ainsi :

Les terres fortes, élevées et éloignées des vents de mer produisent un cidre coloré, alcoolique et de bonne garde ;

Les cantons élévés, caillouteux et exposés au sud et au sud-est fournissent un cidre délicat, léger, savoureux et des plus agréables ;

Les terres humides et les vallées donnent un cidre pâle, lent à s'éclaircir et conservant le goût du sol ;

Les terrains légers et pierreux offrent des fruits qui produisent un cidre généralement agréable quoique maigre et ayant de la peine à se conserver bon une année entière ;

Les terrains marneux et crayeux laissent presque toujours, au cidre de leur crû, un goût de terroir auquel on s'accoutume difficilement ;

Enfin les terrains rouges ou ocracés communiquent à la boisson, dès qu'elle est tirée, une couleur noirâtre due à la présence d'un sel de fer.

La tradition est ici complètement d'accord avec les observations scientifiques, et il y a bien véritablement un goût de terroir propre à certains cidres, tout à fait indépendant de celui qui peut être communiqué à ce liquide par les tonneaux dans lesquels on le conserve (2).

Un savant géologue normand, M. de Caumont, a publié sur ce sujet une étude remarquable, insérée dans une *Lettre sur les*

(1) *Traité du vin et du cidre,* par Julien le Paulmier. Caen, 1589; in-12, f° 67.

(2) *Procès-verbaux du congrès,* p. 13, 14, 50 et 191.

cartes agronomiques adressée à MM. Girardin et Du Breuil; il y est dit :

« ..... la qualité des cidres récoltés sur divers terrains offre des différences très-grandes bien connues des buveurs qui ont pu comparer les produits de plusieurs cantons. Les cidres comme les vins sont plus ou moins forts et se conservent plus ou moins longtemps, suivant les terrains d'où ils proviennent.

« Si mes observations ne m'ont pas trompé, la présence de *fragments quartzeux* ou *siliceux* dans les terrains est très-favorable à la production du bon cidre, de celui surtout dont le goût est le plus agréable. Ainsi les *meilleurs crûs* des arrondissements de Bayeux et de Caen, sont situés dans le *grès bigarré*, terrain recouvert le plus souvent d'une grande alluvion de galets roulés de quartz, ou sur le *lias* et l'*oolithe* inférieure, terrains calcaires, argileux, recouverts eux-mêmes de fragments quartzeux ou siliceux. (Cartigny et les environs d'Isigny, plusieurs communes du canton de Trévisse, Litry, etc., etc.; Monts-en-Bessin, Villy, Villers-Bocage, Tournay, Missy et autres communes de ce canton).

« Dans les arrondissements de Lisieux et de Pont-l'Evêque, les meilleurs crûs sont situés *dans la craie* recouverte d'une argile avec silex nombreux, dans le *grès vert*, souvent aussi dans la région de l'*Oxfort clay*, *mais quand celle-ci est recouverte des silex de la craie qui y forment un dépôt alluvial très-considérable dans un grand nombre de localités.*

« Des observations nombreuses me portent à penser aussi que les pommes recueillies dans les terres où la *chaux* est *en excès*, comme sur la grande oolithe (plaines de Caen et de Falaise) sont moins sucrées que les autres et que celles qui croissent sur un sol argileux.

« ..... Le cidre récolté dans nos plaines calcaires devient de bonne heure acide et il est très-inférieur en qualité à ceux du Bessin et des régions de la craie inférieure (*Lisieux, Pont-l'Evêque*, etc.). J'ai fait cette observation non-seulement dans le Calvados, mais dans l'Orne où les régions naturelles se trouvent également distinctes (1). »

(1) *Annuaire de l'Association normande* pour 1845.

De son côté, M. Du Breuil, appréciant les conditions les plus favorables aux fruits du pommier et du poirier, sous le rapport du sol et de l'exposition s'exprime ainsi :

« Si l'on excepte les terres complètement siliceuses, calcaires ou argileuses, on peut dire que le pommier et le poirier donnent des produits passables dans presque tous les terrains. Néanmoins, le *pommier* préfère les sols sablo-argileux, un peu graveleux; les produits y sont plus abondants et de meilleur qualité. Dans les terres trop sableuses et exposées à la sécheresse, les fruits sont plus rares et ne fournissent qu'un cidre clair, sans couleur et très-acide.

« Dans les terrains très-calcaires les produits sont aussi peu abondants et le cidre prend ordinairement un goût de terroir désagréable.

« Dans les sols argileux très-compactes et très-humides les arbres se développent avec vigueur, mais les fruits peu nombreux donnent un cidre sans saveur.

« Le *poirier* préfère les sols argilo-sableux et argilo-calcaires, substantiels et surtout profonds ; car les racines pivotent plus profondément que celles du pommier. Il redoute moins que ce dernier l'influence de l'humidité ou de la sécheresse du sol.

Influence de l'exposition. — « Les *expositions* les plus favorables à ces arbres sont le sud-est et le sud. Les expositions de l'ouest leur sont funestes, par les grands vents qui, au printemps déchirent les fleurs et, à l'automne, font tomber les fruits avant leur maturité. Les expositions du nord sont aussi pernicieuses; elles placent, au printemps, les fleurs sous l'influence des vents froids et desséchants que les cultivateurs nomment *roux-vents*, et qui altèrent les organes de la reproduction et empêchent la fécondation (1). »

Il sera donc toujours utile pour le brasseur de s'assurer de la nature du crû qui a nourri les fruits dont il a projeté de faire sa provision, puisqu'il est hors de doute que les arbres mal

(1) *Cours élémentaire d'arboriculture*, par M. A. Du Breuil. — 1850. — 1re partie p. 394.

orientés, plantés dans les vallées ou les terres humides ou très-calcaires ou ocracées, ou encore dans celles qui reçoivent des engrais animaux, donnent des fruits peu chargés de principe sucré et par suite, des cidres fades, à goût de terroir et d'une prompte altération; tandis que les arbres exposés au sud-est ou au sud, qui croissent sur les coteaux élevés, baignant dans l'air et la lumière, amendés par des composts à base végétale, assis sur une couche sablo-argileuse, pourvue de fragments de silex dit pierre à fusil, fournissent, au contraire, un cidre délicat, savoureux et qui se conserve parfaitement.

Influence prépondérante des variétés cultivées. — Quoique la nature du terrain exerce une influence incontestable sur la qualité des fruits, il ne s'ensuit pas, toutefois, que si l'on veut établir une pommeraie, il faille se préoccuper uniquement de la composition du sol et croire que le premier plant venu, par exemple, fournira d'excellent cidre par cette raison qu'on l'aura mis dans une bonne terre; on se préparerait ainsi de graves mécomptes; le sol, en effet, est impuissant à créer aucun des principes constituants des fruits, ces principes existent en germe dans chaque variété et le sol n'a d'autre mission que de fournir à l'arbre des sucs nourriciers qui doivent développer les organes et les élements intimes qu'ils renferment.

Cette impuissance créatrice du sol est facile à mettre en évidence.

Entrez dans un de ces petits enclos de quelques mètres carrés d'étendue où la plupart des propriétaires fonciers élèvent les jeunes égrains qu'ils destinent à la greffe; analysez les fruits de ces sauvageons pendant plusieurs années consécutives, et vous trouverez sur ces arbres qui reçoivent la même nourriture et les mêmes impressions atmosphériques, des fruits d'une composition élémentaire toute différente; l'un tiendra beaucoup de sucre, par exemple, peu de tannin et son jus sera pâle, doux et peu parfumé; son voisin le plus proche sera moins sucré, plus tannifère et son jus onctueux et très-coloré offrira une amertume des plus prononcées, tandis qu'un troisième au jus pâle comme poiré donnera dix fois l'acidité qu'on a rencontré chez les deux premiers.

Faites mieux encore, répétez, comme nous l'avons fait, les expériences dont M. de Vergnette-Lamotte avait pris l'initiative dès 1847, en vue de savoir si le sol pouvait doter les raisins des éléments utiles qui manquent à leur constitution (1).

Dans le même enclos où végètent les égrains, vous trouverez aussi quelques sujets greffés d'une même variété, choisissez deux d'entre eux, et, un mois avant l'époque où les fruits sont près à cueillir, passez avec précaution le rateau sur la portion de terre qui recouvre l'extrémité du chevelu des racines pour les mettre presque à nu, puis arrosez chaque jour les deux sujets, l'un avec une solution légèrement sucrée (20 grammes pour 4 litres d'eau), l'autre avec une macération d'écorce de chêne (30 grammes pour 4 litres d'eau), continuez l'opération pendant une trentaine de jours environ, soit, jusqu'à ce que les fruits se détachent naturellement de l'arbre ; analysez alors séparément les pommes des sujets opérés et celles qui proviennent des sujets qui n'ont pas subi l'arrosage quotidien, vous n'obtiendrez des premières, ni un millième de sucre ni un millième de tannin de plus que n'en fourniront celles qui n'ont pas été soumises à l'expérimentation.

C'est donc bien au plant et au plant seul qu'appartient la faculté d'imprimer au cidre son goût propre ou cachet distinctif, comme c'est le *sol*, par la perfection ou l'insuffisance des éléments dont il est composé, l'*exposition*, par ses conditions propices ou défavorables et enfin l'*année*, par sa constitution atmosphérique plus ou moins heureuse, qui déterminent le degré de qualité auquel cette boisson peut atteindre; en un mot, *c'est le plant qui domine le crû.*

Cela est tellement vrai, que si quelques cultivateurs de Newark, dans New-Jersey, aux Etats-Unis, placent, chaque année, à des prix très-rémunérateurs, les récoltes de pommes faites sur la montagne d'Orange, et qu'un gentilhomme anglais du comté d'Hereford, M. Bellamy, a pu vendre ses cidres jusqu'à 60 guinées (1,587 francs) la barrique de 440 litres, on ne saurait méconnaître qu'une partie des avantages obtenus re-

(1) *Le vin*, par de Vergnette-Lamotte, p. 343 et 344.

viennent aux variétés d'élite qui peuplent seules les cultures de ces pays et dont les plus répandues, telles que Harrisson, Hughs, Virginia-Crab, Hagloe-Crab, Golden-Harvey, Taliafero, Foxley, Siberiam-Harvey, produisent des jus d'une densité qui, sans être jamais inférieure à 1080, s'élève jusqu'à 1097 et parfois plus (1).

Mais des variétés comme Perdrix, à 1046; Doux-au-Gobet, à 1050; Sans-Œil et Grosse à côtes, à 1053; Belle-Fille, Fleur-de-Mai, Cardinale, Bazin et Pomme de Vire, à 1056; Avoine, Massette, Marie-Auffray, à 1060; Amère-Verte, Œillet-Gros, Pommette-à-Bourdon et Gros-Bois, à 1063, couvrissent-elles tout le comté d'Hereford ou la montagne d'Orange, qu'on n'en retirerait pas de cidre valant même une guinée l'hectolitre!

(1) Rapport de M. Marshall, cité par M. William Kenrick dans le *New american Orchardist*, p. 109.

CHAPITRE VIII

PRÉPARATION DU CIDRE.

Considérations générales. — L'art de faire un bon cidre est d'une grande simplicité.

Récoltez les fruits proprement et par un temps sec; séparez les variétés ;

Ne brassez que des fruits mûrs à point; rejetez les fruits pourris et n'employez pas ceux qui ont été gelés;

Gardez-vous de mouiller la pulpe;

Distribuez les jus qui sortent de la presse dans des tonneaux bien préparés, sans mauvais goût ni mauvaise odeur;

Laissez fermenter le moût dans un lieu couvert et à une température de 10 à 15 degrés centigrades;

Soutirez quand l'effervescence se ralentit;

Recevez le liquide dans des fûts très-propres et purgés d'air;

Puis, quelques mois plus tard, vous aurez du cidre limpide, clair, d'une belle couleur orangée et d'un goût de fruit très-apprécié des gourmets.

Récolte des fruits; leur conservation jusqu'au pressurage. — La récolte des fruits doit se faire autant que possible par un beau temps, afin de les rentrer secs; elle a lieu de la fin août à la fin novembre, suivant les variétés et les localités.

Les fruits pour être récoltés ont besoin d'atteindre déjà un certain degré de maturité qui se reconnaît notamment dans les variétés précoces, au changement de couleur et à l'odeur, à la teinte foncée des pepins et aussi, lorsque par un temps calme et sans vent, on trouve chaque matin sous les arbres des fruits tombés qui ne sont ni véreux, ni avariés en aucune manière.

On détache les fruits des arbres en secouant leurs branches, soit en montant dessus, soit en les saisissant vers leur extrémité à l'aide d'un crochet.

Le gaulage doit être employé avec beaucoup de ménagement et sous la surveillance du propriétaire.

Mieux vaut encore faire secouer les arbres au fur et à mesure de la maturité des fruits que de les gauler (1).

Une fois les fruits à terre, il est utile de les ramasser, de les mettre de suite à l'abri de la pluie et de les conserver séparément suivant chaque variété.

Si les fruits précoces se brassent aussitôt récoltés, il n'en est pas de même des variétés de deuxième et de troisième saison qu'il est indispensable de conserver jusqu'à ce que la maturation qui continue après l'abattage soit suffisamment avancée pour que ces variétés acquièrent la proportion de sucre la plus élevée possible.

C'est donc une bonne pratique de réunir les fruits en tas afin de compléter leur maturation; mais il ne faut pas que les monceaux soient trop volumineux, parce que la chaleur venant à s'élever dans leur centre, il en résulte, qu'au lieu d'une simple réaction favorable dans les principes du fruit, il se produit une altération complète, le *blettissement* qui fait disparaître le sucre et ne permet plus d'obtenir des fruits qu'un cidre plat s'aigrissant promptement (2).

On ne devra jamais laisser les pommes en tas, dehors et sans abri; les alternatives de sécheresse et d'humidité étant contraires à une bonne maturation.

Si cette vérité pouvait être méconnue, écrivait feu Prevost, je

(1) *Enquête sur le Cidre*, faite à Saint-Pierre-sur-Dives le 6 octobre 1848, et dirigée par MM. Girardin et Du Breuil; *Annuaire des cinq départ. de l'anc. Normandie.*

(2) *Enquête sur le Cidre, loc. cit.*

dirais aux incrédules : « Mettez une pomme saine, entière, à peu près mûre, dans un verre d'eau claire, et laissez-la ainsi pendant sept ou huit jours ; après ce temps, vous trouverez l'eau colorée d'une teinte roussâtre, et la pomme à peu près sans saveur (1). »

Que s'est-il passé ? Une partie du suc de la pomme est sortie par les pores de la peau et s'est répandue dans l'eau, qui en a pris la place en pénétrant dans la chair du fruit.

On voit par là combien la pluie détériore les pommes laissées dehors, surtout lorsque les fruits sont proches de leur maturité, et combien il serait avantageux, à défaut de bâtiments pour loger la récolte, de placer les fruits sous des hangards improvisés au moyen de paillassons de 5 à 6 centimètres d'épaisseur, faits de paille longue, serrée entre deux gaulettes opposées, à l'aide de nœuds d'osier ou de fil de fer. Deux de ces paillassons appuyés l'un contre l'autre, en double toît, forment un abri suffisant contre la pluie (2).

Une expérience faite en 1868 nous a prouvé l'avantage de remiser les fruits dans les greniers ou les granges au point de vue de la maturation régulière.

L'abondance de la récolte avait obligé, cette année là, un fermier de notre connaissance à laisser une partie de ses pommes tardives sur l'herbe de son verger ; il en avait fait plusieurs monceaux encadrés à 40 centimètres de hauteur par des planches que soutenaient des piquets enfoncés dans terre ; aux extrémités et au milieu se trouvaient quelques perches supportant des paillassons en guise de toiture ; les pommes étaient protégées, par conséquent, contre la pluie seulement.

La brassaison des fruits déposés sur le plancher des greniers et de ceux restés sur l'herbe eut lieu distinctement ; le mois de juin suivant, les cidres furent analysés ; celui provenant des pommes emmagasinées donna 5,30 0/0 d'alcool absolu, et l'autre

(1) *Traité pratique de l'éducation et de la culture du pommier à cidre* ; Extrait des travaux du Cercle pratique d'horticulture et de botanique du dép. de la Seine-Inférieure. Prévot, président, page 30.

(2) *Traité pratique de l'éducation et de la culture du pommier à cidre*, pag. 103.

4,10 0/0; la densité des liquides étant encore supérieure à 3 degrés Baumé pour chacun (1).

Il convient aussi de garantir les pommes de la gelée qui ne les détériore pas moins que la pluie. On y arrive d'autant plus facilement qu'à l'époque des grands froids il ne reste à piler que les pommes tardives qui sont presque toujours logées dans des bâtiments fermés.

Il suffira, du reste, pour les préserver de la gelée, de couvrir les tas avec une couche de paille de 25 à 30 centimètres d'épaisseur qu'on recouvre de toiles mouillées, telles que bâches de voitures, draps, etc.

Il y a également avantage à séparer les variétés au moment de la récolte, car chaque tas ne se composant que de fruits mûrissant à la même époque, on n'est point exposé à écraser des pommes vertes ou des pommes pourries avec celles dont la couleur ainsi que l'odeur indiquent le parfait état de maturité; on se réserve, en outre, par ce procédé, la faculté d'opérer dans des proportions convenables le mélange de certaines variétés pour en obtenir le meilleur cidre possible.

C'est encore une bonne pratique, lorsque l'exploitation se compose de plusieurs sortes de terrains, de remiser à part les fruits qui proviennent de chaque sol; il en est de même à l'égard de ceux qu'on ramasse au pied des arbres avant la récolte et dont la chute prématurée est provoquée par diverses causes.

Les fruits tombés doivent toujours être brassés à part, car ils fournissent un jus de mauvaise qualité qu'on a besoin d'utiliser promptement.

Différence des fruits suivant leur saveur. — La saveur des fruits n'est pas indifférente à la qualité du cidre.

Tout le monde sait que parmi les nombreuses variétés de pommes à cidre, il existe des *types francs à suc doux, à suc douxamer* et *à suc acide* qui, pris isolément, sont doués de propriétés très-distinctes, qu'elles transmettent au cidre.

(1) *Procès-verbaux* du Congrès, p. 211.

Ainsi, le plus souvent, les pommes douces proprement dites, dont la saveur n'est point relevée par une légère pointe d'amertume ou d'âpreté, font du cidre qui n'est pas sans agrément pendant quelques mois, mais qui devient amer ou disposé à *filer*, dès qu'il a parcouru les phases ordinaires de la fermentation; et cela se comprend, la teneur en tannin de cette sorte de fruits étant presque constamment nulle. Les pommes à suc doux-amer et quelque peu âpre et parfumé produisent, au contraire, un cidre excellent, généreux, salubre et en même temps d'une longue conservation, ce qui s'explique par la bonne constitution élémentaire des fruits; tandis que les pommes à suc acide comme les *pommates* et les *surets*, par exemple, ne donnent qu'un liquide aigre et impotable et qui ne pourrait être utilisé comme boisson usuelle sans amener de troubles notables au sein des organes digestifs.

On connaissait, dès le XVIe siècle, les avantages et les inconvénients résultant de l'emploi isolé ou combiné de chacun des types de fruits, ainsi que la valeur hygiénique des boissons qu'ils servaient à préparer alors (1).

Dans nos départements grands producteurs de cidre, Manche, Orne, Calvados, Seine-Inférieure, Eure et Côtes-du-Nord, les pommes acides sont peu cultivées et très-rarement employées à la fabrication du cidre pour laquelle on se sert presque exclusivement, et non sans raison, de pommes douces ou sucrées et parfumées, et de pommes douces amères.

C'est donc à tort que les cultivateurs de certaines régions considèrent encore de nos jours les fruits acides comme propres à fournir une bonne boisson.

Il est temps de bannir de nos vergers ce mauvais pommage qui, seul, ne peut produire un cidre de conserve et qui, mélangé avec des variétés de premier choix, n'a d'autre effet que d'amoindrir leurs qualités (2).

De l'assortiment des variétés. — Bien qu'on puisse

(1) Voy. ci-dessus, p. 74.

(2) *Procès-verbaux du Congrès*, session tenue à Rennes, pages 12 et 13.

obtenir un bon cidre d'une seule variété de pommes, nous préférons le mélange de plusieurs, dans l'état actuel de la production, parce qu'il en résulte très-souvent une meilleure boisson.

Les principes de l'assortiment consistent à choisir des *fruits mûrissant à la même époque* et qu'on mélange, sous le rapport de la saveur, dans des proportions différentes, selon la nature du cidre qu'on se propose de recueillir.

C'est ainsi que l'assortiment des fruits pour les cidres de conserve se fera, de préférence, en employant une partie de fruits doux contre deux de fruits amers.

L'assortiment le plus convenable pour les cidres gracieux se composera de variétés prêtes à brasser en octobre et choisies parmi les plus parfumées d'entre celles à suc doux amer.

Les boissons de ménage qui plaisent le plus généralement, proviennent d'une partie de fruits amers sur deux de fruits doux et parfumés.

Degré de maturité des fruits. — Il est du plus haut intérêt pour le brasseur de n'employer les fruits que lorsqu'ils sont arrivés à maturité complète et de ne pas brasser pêle-mêle les fruits sains et les fruits pourris, ou ceux qui sont trop mûrs comme ceux qui ne le sont point assez; mieux vaut brasser les fruits au fur et à mesure qu'ils sont prêts, et réunir les jus lors du soutirage.

En effet, les pommes et les poires, avant leur maturité complète, ne renferment point, à beaucoup près, la quantité de principe sucré que la maturation y développe aux dépens des autres parties constituantes du fruit; prises ensuite trop mûres, elles ont perdu un certain poids de sucre détruit par un commencement de fermentation qui s'est opéré dans le fruit même. *Il est donc bien essentiel de se servir de pommes et de poires mûres à point*, ce dont on s'aperçoit à leur changement de couleur dont le fond vert jaunit, à la teinte foncée de leurs pépins, à de petites taches qui leur viennent à la peau et à l'odeur éthérée, piquante et agréable qui s'en dégage.

Les travaux de MM. Couverchel et Bérard, repris par nous en 1869, sont venus confirmer d'une façon éclatante l'exactitude de cette règle, et prouver, par l'analyse chimique, que les *fruits* qui, *mûrs à point*, renferment environ *12 0/0* de *sucre*, n'en contiennent plus que *8 0/0* s'ils sont *blets*, *6 0/0* s'ils sont *verts* et seulement des *traces*, s'ils sont *pourris*.

Nous avons rencontré cependant des personnes instruites et soi-disant habiles, qui prétendaient obtenir du cidre d'une qualité supérieure, en ajoutant, à des fruits mûrs, un tiers et même moitié de fruits blets ou brun-clair. Un résultat semblable était tellement en désaccord avec lès principes de la science que nous n'hésitâmes point à recourir à un essai pour contrôler la valeur de cette assertion.

L'expérience est assez simple et peut être répétée par tout le monde.

On a pris 10 kilogrammes de pommes de Bédan très-saines, dont on a fait deux lots d'égal poids; le premier lot étant arrivé à maturité complète, a été écrasé; il a fourni un jus très-parfumé, d'une densité de 1075 = 10° Baumé, qui, mis à fermenter avec les précautions convenables pour s'opposer à la déperdition de l'alcool, a donné, à l'aide de l'alambic Salleron, 10,80 0/0 d'alcool absolu.

On a laissé blondir le second lot, c'est-à-dire qu'on ne l'a point écrasé avant que la chair des fruits ne fut arrivée à blettissement; la densité du jus s'élevait alors à 1083 = 11° Baumé, mais la dose du principe acide était doublée, les fruits n'exhalaient aucune odeur appréciable, le poids du lot était tombé de 5 à 4 kilogrammes, et, par suite, le rendement alcoolique, qui synthétise la quantité de sucre, se trouva en diminution de 20 0/0 sur celui des fruits sains.

Il n'y a donc *pas avantage* pour le brasseur *à se servir de fruits outre mûrs*, car il est indubitable que le blettissement est une détérioration, puisqu'il prive les fruits d'un cinquième de leur principe sucré et de la presque totalité de leur parfum.

Ne sait-on point, d'ailleurs, que les fruits arrivés à maturité tardent peu à subir une véritable fermentation accoolique sous l'influence des matières albuminoïdes qu'ils renferment, et qu'à la suite de ce travail intérieur qui se révèle par l'odeur d'acide carbonique et d'alcool de fruits, toujours si remarquable dans un cellier, les fruits passent à la période de blettissement qui précède de peu celle de la pourriture.

Arrivés à cette dernière phase de leur décomposition, ils doivent être rejetes impitoyablement malgré l'absurde préjugé qui leur attribue une part dans l'amélioration des boissons.

Qui pourrait croire, en vérité, que des hommes sensés aient osé écrire que, pour faire de bon cidre, il faut au moins un dixième de pommes pourries!...... Alors qu'au su de tout le monde, de pareils fruits donnent un suc aqueux, d'une saveur détestable qui enlève au jus des bons fruits tout son parfum pour lui communiquer un goût de pourri que rien ensuite ne peut faire disparaître.

Il est très-regrettable de se trouver parfois obligé d'employer des pommes ou des poires gelées, car elles éprouvent de ce fait une désorganisation partielle qui les rend impropres à la fermentation alcoolique, c'est-à-dire que la matière albuminoïde ou ferment s'étant trouvé gelée perd sa faculté de transformer le sucre des fruits en alcool; elle le convertit en acide lactique, corps isomère de ce dernier qui, comme lui, passe à l'état d'acide acétique, et, ce qui est pis encore, à l'état d'acide butyrique, si la boisson est laissée sur sa lie; aussi les cidres de pommes gelées sont-ils d'abord plats de goût, puis vinaigrés, et répandent enfin l'odeur fétide et repoussante qui caractérise les déjections des ivrognes.

Division des fruits ou pilage. — Lorsque les pommes sont arrivées à ce degré de maturité secondaire dont l'effet est de développer certains principes très-odorants, et de compléter la réaction de l'acide malique sur les matières amylacées, gommeuses et ligneuses du fruit, pour les transformer en sucre, il faut sans plus tarder, procéder à la fabrication du cidre.

Pour faciliter l'extraction du suc de la pomme, on commence par la réduire en pulpe ou l'écraser.

Cette opération doit toujours s'effectuer à l'aide d'un instrument qui concasse les fruits et divise la chair ou parenchyme, sans la mettre en bouillie.

Le concasseur de pommes doit être, en principe, un déchireur de cellules, une sorte de rape, puisque la disposition accolée des petites outres qui constituent le parenchyme peut être cause qu'un broyeur foule sans les ouvrir, les cellules que l'instrument ne mâche pas.

Parmi les moyens nombreux auxquels on a recours pour opérer la division des fruits, nous signalerons seulement ceux qui nous semblent répondre le mieux au but que l'on se propose d'atteindre.

Moulin de Leblanc ou moulin à noix. — On se sert généralement dans les ménages du moulin Leblanc, dit moulin à noix, lequel a pour organes principaux deux espèces de noix en fonte ou deux cylindres cannelés à denture à rochet dont les dents s'entre-croisent en tournant.

Tout le monde connaît cet appareil, dont le volant est formé souvent par deux bâtons en croix, garnis de fonte ou de plomb à leurs extrémités; les noix sont recouvertes d'une trémie et le système repose sur un bâti qui le rend facilement portatif.

Un homme seul peut manœuvrer un moulin pourvu d'un engrenage, et broyer cinq à six hectolitres de pommes à l'heure.

Dans les fermes où il existe une *machine à battre*, le moulin de Leblanc reçoit des noix de grande dimension, qui permettent d'écraser dix à douze hectolitres de pommes à l'heure, quelquefois plus; il suffit pour cela de jeter une courroie sur le manège du moulin pour lui transmettre le mouvement de la batteuse.

La simplicité de cet instrument, son fonctionnement assez rapide, les réparations insignifiantes qu'il exige et son modique prix de revient, qui peut être abaissé encore en construisant les cylindres avec du bois dur, en font, à notre avis, un des appareils les plus recommandables pour l'écrasement économique de petites quantités de fruits.

Dans les exploitations où l'on prépare de grandes quantités de cidre, on donne la préférence à deux instruments qui fournissent rapidement beaucoup de pulpe, ce sont : l'*Ecraseur Salmon* et le *Concasseur Berjot*, ils permettent, en outre, par leur bon fonctionnement de tirer d'emblée 70 à 75 p. 0/0 de jus du poids des pommes, si toutefois on dispose d'une presse convenable.

Ecraseur Salmon. — L'Ecraseur Salmon consiste essentiellement en deux hérissons ou cylindres, dans lesquels sont enfoncés symétriquement des clous en fer de forme conique; ces hérissons fonctionnent avec une vitesse inégale. Les pommes ayant été déchirées par cette manœuvre, la pulpe passe entre deux autres cylindres cannelés, en granit, placés au-dessous des deux hérissons et dont l'écartement peut se régler à volonté. Ces cylindres sont mis en mouvement au moyen d'un axe principal muni d'une roue à engrenage et de deux volants à manivelle; par des combinaisons de roues dentées, le mouvement se communique aux quatre cylindres.

L'instrument, mis en marche au moyen d'un manège et d'un cheval, peut facilement triturer trente hectolitres de pommes à l'heure (1).

Concasseur Berjot. — Le Concasseur Berjot est encore un appareil aussi simple qu'ingénieux; deux cylindres en granit traversés par un axe horizontal et fixés sur un fort bâti en charpente, un volant, une manivelle, une roue d'engrenage, un pignon et une trémie, composent l'instrument que M. Berjot appelle avec raison *Concasseur universel.*

En effet, si à l'aide d'un manège mu par un cheval, ce moulin peut écraser près de quatre-vingts hectolitres de pommes à l'heure, il a de plus l'avantage, s'il est mis en mouvement à bras d'homme, de servir toute l'année dans la ferme à broyer des racines, des tubercules, des tourteaux, etc., auxquels il est facile de donner le degré de ténuité que l'on désire en faisant varier l'écartement des cylindres. Une courroie peut également le relier à une machine à battre (2).

Tour à auge. — Le moulin de Leblanc, l'écraseur Salmon et le concasseur Berjot donnent lieu à des combinaisons qui varient à l'infini, et procurent des appareils d'un prix peu élevé, qui permettent de délaisser complètement les instruments

(1) On trouve ce moulin chez M. Salmon, mécanicien, à Caen.

(2) Chez M. Garat, constructeur, à Caen.

broyeurs proprement dits, qui, comme l'ancien tour à auge par exemple, convertissent la pulpe en une espèce de pommade; quelques personnes s'imaginent obtenir beaucoup plus de produit par cette méthode, qui ne fournit, en réalité, qu'un jus bourbeux, assez difficile à exprimer, fermentant toujours mal et laissant un dépôt considérable de lie.

Doit-on écraser ou ne pas écraser les pépins? — Les avis sont partagés à cet égard.

Tous les auteurs qui ont écrit sur la fabrication du cidre, et notamment MM. Girardin et Morière, recommandent d'éviter le broyage des pépins qui communiquent au moût un principe amer et une huile essentielle d'un goût peu agréable. Dans le pays d'Auge on est généralement de cet avis.

Cependant, les partisans de l'écrasement des pépins soutiennent que le cidre se conserve mieux, qu'il est plus alcoolique, moins sujet à durcir et que son goût est meilleur.

Il était difficile d'émettre une opinion certaine sur une question aussi importante, sans étudier sérieusement la composition des semences de pommes, c'est ce qu'à fait M. F. Berjot jeune, de Caen, en opérant l'analyse chimique du pépin des pommes, et en isolant les deux huiles qu'il renferme (1).

M. Berjot a démontré le premier que l'une de ces huiles est volatile et essentielle, identique à celle des amandes amères ou de noyau, tandis que l'autre est fixe, sans saveur et sans mauvais goût, et ne saurait nuire à la qualité du cidre plus que l'huile d'olive qu'on verse dans chaque tonneau, au moment où on le met en perce pour empêcher l'air, par son contact, d'aigrir le cidre pendant le temps qu'il reste en vidange.

Il est résulté de ses expériences que, *pour tout cidre de qualité supérieure,* il vaut mieux *ne pas écraser les semences* parce que l'odeur diffusible de l'huile essentielle masquerait indubitablement le goût fin de certains crûs renommés.

(1) En 1862, lors de la célébration du centième anniversaire de sa fondation, la Société d'agriculture de Caen a décerné à ce chimiste distingué un prix pour ce travail, ainsi que pour l'invention de son concasseur qui réduit les pommes en pulpe sans toucher au pépin.

Il y aura *avantage*, au contraire, *pour des cidres de seconde qualité, à écraser les pépins,* parce que l'essence donnera le bouquet qui leur manque et pourra, dans beaucoup de cas, dissimuler le goût du terroir.

Il est indispensable de broyer les semences de pommes pour la fabrication du cidre destiné à être converti en eau-de-vie. L'essence du pépin, en passant à la distillation, communique à la jeune eau-de-vie le goût de noyau qui la caractérise; avec le temps, cette essence se décompose insensiblement en acide benzoïque, ce qui donne à la vieille eau-de-vie de cidre ce parfum balsamique estimé et recherché des amateurs.

Beaucoup de cultivateurs affirment que le broyage des pépins augmente considérablement la quantité d'alcool dans les cidres, c'est une erreur, et il est facile de le prouver.

M. Berjot s'est assuré que la quantité de semences de pommes est de 15 kilog. pour le marc d'un tonneau de cidre de 1600 litres, qu'il faut en retrancher 8k250gr pour les enveloppes, ce qui porte à 6k750gr le poids des pépins décortiqués. En admettant que dans ces pépins la quantité de sucre et de gomme soit de 9 p. 0/0 au maximum, on aura 607gr1/2 sucre et gomme, qui par une bonne fermentation rendraient au plus 1/4 de litre d'alcool.

Cependant, il est bien reconnu que certains petits cidres sont très-capiteux et enivrent plus vite que le cidre pur. Cette propriété doit être attribuée à l'essence de noyau qui agit d'une manière énergique sur le cerveau, et cette essence peut exister en très-grande quantité dans le petit cidre que l'on fait souvent en brassant une seconde fois le résidu de deux et même de trois tonneaux de gros cidre, ce qui dans ce cas, pourrait porter la quantité d'essence de noyau à 45 gr. pour un tonneau de boisson.

Voilà ce qui permet d'expliquer pourquoi, par la distillation de ces petits cidres, on obtient d'excellente eau-de-vie, et cela est parfaitement compris par les cultivateurs du pays d'Auge, qui tirent ainsi un très-grand parti des *remiages* de leur gros cidre.

Cuvage des jus. — Une fois les pommes écrasées, il convient de ne point se hâter d'en extraire le jus; il est même nécessaire, si l'on veut avoir une boisson parfaite, de laisser macérer ou cuver la pulpe au contact de l'air pendant douze à quinze heures et de la pelleter de temps à autre; en voici la raison : le suc des pommes comme tous les sucs végétaux chargés de mucilage sucré, ne contient pas de ferment tout fait, mais une matière albuminoïde susceptible de le devenir ou de l'engendrer après avoir subi l'action de l'oxygène de l'air.

Le cuvage est donc très-utile, sinon indispensable, à moins de vouloir obtenir des cidres pâles; il a pour effet d'établir un commencement de fermentation qui détermine le gonflement et la rupture des cloisons du fruit que le moulin a épargnées, il augmente la proportion du sucre dans les jus par son action sur la cellulose mucilagineuse, il développe dans la pulpe une matière colorante rouge-brun, soluble dans le moût, et facilite celui-ci à s'imprégner du parfum de la pomme.

Aux Etats-Unis, on regarde la pratique du cuvage comme tellement avantageuse, qu'on la prolonge au moins quarante-huit heures et souvent plus. M. William Kenrick, le savant auteur du *New-American Orchardist*, relate à ce sujet que le cidre de M. Jonathan Rice, qui obtint le premier prix et fut tant admiré à Concord (Massachussets), provenait de pommes dont la pulpe était restée broyée pendant huit jours, avant d'être portée au pressoir.

Il nous a paru intéressant, toutefois, de vérifier sous notre climat le procédé suivi avec tant de succès par M. Rice; à cet effet, nous nous sommes procuré plusieurs variétés de pommes de pressoir d'origine américaine qui, on le sait, sont également utilisées pour la table; la durée prolongée du cuvage, à une température inférieure à 8 degrés du thermomètre centigrade, a eu pour résultat constant de désacidifier la pulpe, une partie de l'acide malique s'étant combinée à la chaux libre contenue dans les fruits; mais, chaque fois qu'on a opéré à une température de 10 à 12 degrés centigrades, une légère fermentation s'est déclarée et a fourni de l'alcool qui, dès le sixième jour, était converti en acide acétique; le huitième jour, la pulpe exhalait une odeur si franchement vinaigrée, qu'il devenait impossible d'en tirer aucun parti.

Nous ferons remarquer, en passant, que le cuvage, pratiqué pendant quarante-huit heures, est très-favorable, non-seulement aux fruits américains, mais encore à ceux de l'Angleterre et de l'Allemagne, comme à tous les fruits de table, du reste, qui perdent de cette façon un tiers de principe acide et gagnent un vingtième de principe sucré, mais cette pratique ne saurait convenir aux fruits généralement usités en France, qu'elle exposerait à donner des jus difficiles à exprimer, puis à éclaircir.

Pressurage. — Le mode d'épuisement de la pulpe étant subordonné à la nature du produit qu'on a l'intention de préparer, soit cidre pur, soit boisson, nous exposerons chaque procédé de fabrication en particulier.

Cidre pur des grandes exploitations ou **cidreries industrielles.** — On nous demandera peut-être de définir ce que nous entendons par fabrication industrielle; c'est, selon nous, la préparation raisonnée, méthodique du *cidre pur*, accomplie sur une grande échelle, dans les conditions les plus favorables à la qualité et à la quantité de ce produit, c'est-à-dire en se servant de fruits bien récoltés, mûrs à point, écrasés et pressurés à l'aide d'instruments qui fonctionnent avec célérité et économisent la main-d'œuvre tout en augmentant la somme du rendement, c'est enfin la fermentation des jus surveillée et le soutirage opéré en temps opportun. Et qui donc peut réunir ces conditions heureuses avec plus de facilités et de profit que le cultivateur, l'exploitant de la terre? Personne assurément; car plusieurs ressources lui viennent en aide pour tirer entièrement parti de ses fruits; ne leur enlève-t-il pas d'abord 70 à 75 centièmes de jus qu'il convertit en cidre pur? Puis il utilise une partie de la pulpe sous forme de boisson, pour le personnel de la ferme; une autre portion est donnée en nature aux bestiaux et, s'il y en a de reste, on en fait du petit cidre qu'on distille et qui fournit de bonne eau-de-vie; enfin, le résidu ultime, le marc épuisé de tout ce qu'il contenait de principes utiles est mêlé au fumier dont il accroît le poids et la qualité par ses éléments salins.

Toutes conditions égales dans les moyens de travail, le cultivateur nous paraît donc plus favorisé que le brasseur installé dans les grands centres de population.

Mais, si le cultivateur ne dispose que d'un matériel suranné ou insuffisant, doublé d'un personnel routinier et entêté; s'il croit, par exemple, que le tour à auge est préférable à l'écraseur Salmon ou au concasseur Berjot pour obtenir de bonne pulpe; que le pressoir à mouton (1), donnant à peu près 35 0/0 de jus du poids des fruits, vaut mieux que le pressoir à vis en fer dont on obtient 60 0/0, et la presse hydraulique qui en fournit 70 0/0; s'il pense que les pommes pourries parfument agréablement le cidre, que le soutirage est une pratique de luxe et qu'un peu de purin ou jus concentré de fumier active la fermentation; oh! alors, il n'est pas douteux que le brasseur industriel, tout grevé de frais généraux importants, laissera son concurrent de bien loin en arrière, parce que le but à atteindre étant commun, il arrivera que la boisson préparée par le brasseur sera excellente, salubre, du goût du plus grand nombre et, par suite, susceptible d'être vendue un prix plus élevé, il en aura aussi recueilli davantage, tandis que l'autre obtiendra moins de produit d'abord et un cidre de mauvais goût, d'un placement difficile en dehors d'un rayon restreint du lieu de production, même en consentant à un sacrifice sur le prix.

Au reste, afin que chacun puisse apprécier en connaissance de cause ce qui doit être le plus profitable à ses intérêts dans cette question, nous indiquerons avec quelques détails les préceptes applicables à la *fabrication des cidres purs destinés* soit *à la consommation des grandes villes*, soit *à celle des gens de mer*.

Nous rappellerons qu'avant toute opération, les concasseurs et les pressoirs seront nettoyés, lavés et abreuvés à l'eau chaude dans toutes les parties qui doivent être en contact avec la pulpe et avec le jus qui s'en écoule.

Les soins de propreté dans la fabrication du cidre ont une importance considérable, et quiconque les néglige, s'expose à diminuer singulièrement la valeur de ses produits.

(1) *Procès-verbaux du Congrès*, p. 186.

Cela dit, les fruits de chaque saison seront employés mûrs à point; si les plantations obligent à utiliser des pommes aigres ou sûres, que la proportion ne dépasse point un douzième de la masse totale.

Ecraser les fruits avec le concasseur Berjot ou le moulin Salmon, qui fournissent de suite une bonne pulpe; le moulin de Leblanc ne parvenant à la même finesse sans un rémiage immédiat doit être écàrté, et ne pas oublier que le tour à auge donne une pulpe boueuse qui fermente mal et produit du cidre trouble.

Laisser cuver la pulpe douze heures, la pelleter de temps en temps, si cela se peut, se garder d'y ajouter de l'eau, attendu que la densité de l'assortiment de la plupart des pommes est en moyenne de 1065, poids déjà trop faible.

Placer la pulpe dans des sacs en forte toile ou en crin, garnis à 5 centimètres d'épaisseur environ, qu'on sépare entre eux par une claie d'osier et qu'on soumet ainsi à l'action d'une presse hydraulique.

C'est l'appareil le plus puissant et celui qui doit être préféré, car il permet d'obtenir d'emblée de 72 à 80 0/0, en poids, de jus des fruits précoces et 70 à 75 0/0 des fruits tardifs.

Les presses à vis en fer les mieux combinées donnent de 60 à 70 0/0, et le pressoir à mouton de 32 à 35 0/0.

Ces chiffres démontrent clairement, selon nous, l'importance capitale de l'écraseur et de la presse dans la fabrication du cidre pur où il s'agit d'épuiser rapidement la pulpe de la plus grande quantité possible de son jus.

Introduire le moût dans des tonneaux très-propres, sans odeur et placés dans un endroit clos, cave ou cellier, à une température uniforme de 10 à 15 degrés centigrades; il y accomplira sa fermentation tumultueuse.

Plusieurs cultivateurs paraissent s'être bien trouvé d'opérer la première fermentation des moûts dans des citernes de 250 à 300 hectolitres; nous ne contesterons pas leur allégation à cet égard, mais nous ferons remarquer que ces sortes de vaisseaux sont très-défavorables à la conservation des cidres, vu la difficulté éprouvée pour les clore hermétiquement. Nous avons été témoin de la perte entière de grandes quantités de cidre logé en citerne dans des années d'abondance.

L'effervescence une fois ralentie, soutirer le cidre au siphon, le recevoir dans des fûts très-propres et purgés d'air par la combustion d'un peu d'alcool; c'est le moment opportun de donner un collage en mélangeant au cidre, par tonneau de 1,600 litres, 1 kilogramme de cachou dissout à froid dans une douzaine de litres du liquide, laisser la bonde libre jusqu'à ce que le cidre ne pèse plus que 1022 ou 3° Baumé; garnir alors les pièces de façon, toutefois, à ménager un vide de 3 centimètres et les bondonner fortement (1).

Les cidres préparés ainsi seront bons, d'une rare droiture de goût, parfumés, se conservant bien en fûts et supportant facilement le transport par mer.

Mais, s'il est indubitable que ces cidres, mis en bouteilles, traverseraient l'Océan et parviendraient sans altération dans les régions les plus lointaines, il faut reconnaître que, logés en fûts, ils ne jouiraient pas du même privilége.

Seuls, les jus de fruits d'une densité de 1090 à 1100, 12 à 13° Baumé, avec 5 à 6 millièmes de tannin, fourniraient des cidres capables de supporter en fûts de longues traversées.

Cidrerie de l'institution ecclésiastique d'Yvetot. — La simplicité des appareils, leur fonctionnement rapide, l'aménagement commode du local étant des conditions indispensables pour obtenir un plein succès dans la préparation de

(1) Le cachou est l'extrait du suc des fruits du *Mimosa catechu*, il contient un peu plus de la moitié de son poids d'une sorte de tannin qui jouit d'une action très-énergique sur les substances albumineuses et ferrugineuses.

Il nous paraît être le meilleur succédané du tannin naturel de la pomme. Il faut, autant que possible, l'ajouter au cidre lors du soutirage qui suit la fermentation tumultueuse, parce que c'est pendant la fermentation calme ou secondaire que s'opère la combinaison intime du tannin avec les différentes matières sur lesquelles il doit réagir. — Les cidres cachoués sont limpides et ne noircissent pas à l'air. — Cette pratique, que nous considérons indispensable au bon conditionnement des cidres purs n'aura plus raison d'être, bien entendu, le jour où les variétés à fruits complets dépasseront en nombre celles qui ne peuvent fournir aujourd'hui de cidres accomplis. — A. Hauchecorne, *le Cidre*, mémoire couronné par le Comice agricole de Dinan, 1872.

grandes quantités de cidre pur ou même de boissons de ménage, nous donnons plus loin, à titre de renseignement, le plan d'une cidrerie installée depuis douze ans à l'Institution ecclésiastique d'Yvetot, où elle a permis de réaliser une sérieuse économie de main-d'œuvre, tout en satisfaisant aux exigences d'un service des plus variés.

Voici comment on procède dans cet établissement :

Les pommes, au sortir de la banne du cultivateur, sont reçues dans un cahot qui les déverse dans le parc P, (fig, 1 et 2) établi avec de forts lateaux en bois, distants l'un de l'autre de 3 centimètres environ.

A l'avant du parc se trouve une auge A qui mesure un hectolitre et est à moitié remplie d'eau; on y projette les pommes en vue de les débarrasser des cors durs, cailloux, pierrailles, etc., qui pourraient s'y trouver accidentellement mêlés et endommageraient l'écraseur; les fruits sont enlevés de cette auge à l'aide d'une pelle-écumoire et jetés dans une trémie munie d'une gorge inclinée G surmontant le moulin écraseur.

L'écraseur Salmon E est mis en mouvement par l'arbre de couche Ar, un baquet reçoit la pulpe d'où elle est versée dans une cuve C, amenée à proximité par le charriot Ch sur les rails en fer R.

Chaque cuve C, en bois de chêne, cerclée en fer, d'une contenance de 10 hectolitres, ayant 1 mètre 60 de diamètre inférieur, 1 mètre 30 de diamètre supérieur et à peu près autant de hauteur totale est a fond uni, très-solidement jablé et portant à plat sur un châssis muni de roues.

Il est de toute nécessité que la cuve porte à plat pour éviter de casser le jable, lors de la pression.

A l'intérieur, elle est entourée de cannelures composées de tringles en bois épais de 3 centimètres carrés, espacées également de 3 centimètres et terminées en bas par une coupe en onglet; elle est munie d'un double fond, haut de 10 centimètres, constituant ainsi une rigole qui aboutit à une douille fixe reliée à un tuyau mobile T, par un coude en caoutchouc; elle reçoit enfin une grande et forte toile à mailles lâches sur laquelle on dépose la pulpe.

On range celle-ci par lits de 10 centimètres d'épaisseur que sépare entre eux un disque plein en planche légère (feuillet). Ce disque, composé de deux pièces isolées qu'on juxtapose au moment, porte 7 barres ou lateaux qui le rendent très-résistant à la pression et favorisent l'écoulement du jus.

On garnit successivement les dix cuves, qui emploient ainsi 130 hectolitres de pommes écrasées.

S'agit-il de convertir ces fruits en petit cidre?

Chaque cuve, garnie à 8 centimètres du bord, ayant sa toile rabattue sur le dernier lit et couverte d'un disque est conduite par le charriot Ch, sur le plateau de la presse hydraulique H, on décroche le tuyau T qu'on pose sur l'orifice du citerneau M; on presse alors la pulpe graduellement pendant 40 minutes environ.

La cuve n° 1 est enlevée, remise en place sur les rails R' vis-à-vis d'un robinet de la conduite d'eau Co, qui lui verse la quantité d'eau nécessaire pour tremper la pulpe.

On continue la manœuvre jusqu'à ce que les dix cuves soient opérées et l'on dirige la macération de façon à ce qu'elle se prolonge une dizaine d'heures; la pulpe doit subir deux macérations et le produit total s'élever à 108 ou 109 hectolitres.

Il suffit, pour vider le citerneau M, de transmettre le mouvement du manége au volant de la pompe Po, le liquide est envoyé dans les tonneaux au moyen d'un tuyau qui suit la muraille et pénètre par l'ouverture Ca, dans la cave contigue à la cidrerie.

Un nouvel épuisement de 130 hectolitres de pommes fournit le liquide suffisant pour remplir l'un des tonneaux.

La manipulation de 260 hectolitres de fruits demande six jours de travail à deux hommes; un enfant les aide durant cinq heures et veille à ce qu'il ne soit pas jeté de fruits pourris ni de corps étrangers dans la trémie de l'écraseur.

A-t-on besoin d'obtenir un tonneau de 220 hectolitres de cidre pur? Rien de plus facile, on écrase 150 hectolitres de pommes pour garnir les dix cuves qui sont alors soumises à une pression très-énergique, elles rendent environ 54 hectolitres de moût; on répète l'opération trois frois, ce qui produit pour les 600 hectolitres de fruits employés 216 à 218 hectolitres de jus (1).

Veut-on fabriquer maintenant de bonne boisson de ménage avec la pulpe épuisée aux 2/3 de ses éléments utiles?

On sait, en effet, qu'en brassant 1,000 kilogrammes de pommes, si la presse avait une puissance sans limites, le marc restant sur le tablier ne devrait peser que 50 kilogrammes, en fait, il en pèse 300 si l'on opère avec la presse hydraulique, et 600 quand on s'est servi du pressoir à mouton; il y a donc utilité à faire subir un trempage au marc pour en tirer une nouvelle quantité de jus.

Pour cela, le résidu des deux premières expressions mis de côté, en vue de continuer sans désemparer la préparation du suc pur, est réuni, mis en macération dans les dix cuves pendant douze heures, après lesquelles chaque cuve reste en presse pendant une heure; ainsi traité, le résidu produit 50 à 55 hectolitres de boisson, marquant au densimètre de 1018 à 1025 suivant la qualité des pommes.

On opère de la même manière le résidu des troisième et quatrième expressions réunies.

Le marc est enfin enlevé et mélangé à la nourriture des bestiaux.

Nous nous bornerons à relater ici ces trois modes opératoires qui sont fondamentaux en matière de brassaison; mais on comprend sans peine qu'une installation semblable peut se prêter à toutes les combinaisons dictées par les besoins de l'établissement, de même qu'à l'aide de légères modifications apportées dans les détails, elle peut fonctionner ailleurs avec avantage; seulement, il est bon, en fait de mécanisme, de bien se pénétrer de cette pensée que les instruments ou appareils auxquels on est obligé de recourir dans les exploitations d'une certaine importance doivent, avant toutes choses, être appropriés à l'emplacement dont on dispose, et surtout à la nature des produits

(1) Pour évaluer le rendement des fruits, nous estimons qu'un hectolitre de pommes pèse 50 kilogr., fournit, à l'aide de la presse hydraulique, 70 0/0, soit 36 litres de suc pur, et cède à la macération environ dix litres encore.

qu'on a plus particulièrement l'intention d'obtenir, attendu que le mérite d'une installation de ce genre ne réside pas dans la somme d'argent qu'on y a dépensé, mais bien dans l'aménagement mûrement réfléchi d'appareils qui réalisent avec économie une grande somme de travail.

A l'institution ecclésiastique d'Yvetot, par exemple, la plupart des appareils sont mis en mouvement à l'aide d'un manège et d'un cheval, parce que l'établissement occupe un cheval toute l'année, puis, c'est un homme qui dirige le levier de la presse hydraulique.

Ailleurs, l'impulsion sera donnée à l'outillage entier par une turbine chargée déjà de faire mouvoir différents instruments journellement employés; et, comme le serrage de la presse n'a plus lieu à bras d'homme et qu'il pourrait résulter d'une pression exagérée une rupture des pièces, on introduit dans le mécanisme un frein qui prévient tout accident.

Il en est de même dans les cidreries où les appareils sont mis en marche par une locomobile; seulement, une soupape de sûreté remplace le frein.

En résumé, si la cidrerie doit produire annuellement d'une égale quantité de pommes 2,000 hectolitres de cidre pur ou 6,000 hectolitres de boisson, il sera préférable de disposer l'outillage dans le sens de la plus fréquente manipulation.

Nous avons parlé de modification facile à introduire dans l'installation décrite pour le cas où l'emplacement destiné à la cidrerie exigerait une disposition autre de tel ou tel des appareils.

La question de principe étant reservée, voici, à l'égard de l'application, quelques changements qui nous paraissent exécutables.

Ainsi, le parc aux pommes, au lieu d'être établi au rez-de-chaussée, peut exister sur un plancher d'entre-sol et les fruits s'engager par un guichet dans la gorge de la trémie de l'écraseur.

Cette opération permet de veiller à ce qu'il ne tombe pas de pierrailles dans l'instrument.

Si l'exiguité du local empêche la manœuvre des dix cuves qui sont, en réalité, dix faisselles mobiles admirablement organisées, on pourra les remplacer par deux cuves de trempage construites en maçonnerie, situées l'une en avant, l'autre en arrière de la presse, en même temps que par deux faisselles mobiles, à bords élevés de 20 centimètres, portant une cage de forme carrée ou circulaire de 1m,50 centim. de diamètre sur 1m,20 centim. de hauteur, lesquelles recevront tour à tour l'action de la presse.

Il y aurait avantage alors à ce que les cuves en maçonnerie soient pourvues d'un mécanisme opérant le pelletage du marc.

Enfin si l'on a des sacs en toile à sa disposition il suffira des deux faisselles mobiles établies sans cages, sur lesquelles on empilera les sacs garnis de pulpe à 5 ou 6 centimètres d'épaisseur et qui seront séparés entre eux au moyen d'une claie en osier à claire-voie.

Dans les exploitations où l'on n'arrive pas à fabriquer 1,000 hectolitres de cidre pur, on peut remplacer la presse hydraulique par un instrument moins dispendieux et doué cependant d'une grande puissance, telles que les presses à genoux et à leviers articulés et les presses à percussion, lesquelles fournissent d'emblée 60 à 70 0/0 de jus du poids des fruits.

Quelques personnes paraissent convaincues que si l'on obtient plus de 30 à 35 0/0 de jus, on s'expose à gâter la boisson parce que suivant elles, au-delà de cette limite, on introduit dans le liquide des substances âcres et de mauvais goût. C'est une erreur, et il importe de la rectifier, car elle occasionne a ceux qui pensent ainsi, la perte de moitié de leur récolte.

En voici la preuve :

Nous avons assorti des pommes de Bedan, de Marin-Onfroy et d'Argile jusqu'à concurrence de 2,500 kil.; les fruits écrasés et pressurés dans des toiles ont produit 1,660 kil. de jus (67 0/0) qu'on a recueilli en quatre parts dans les proportions indiquées ci-dessous; puis chaque fraction a été analysée séparément et a donné les résultats suivants :

Matière en suspension restée sur le filtre, séchée à l'étuve, par kilogramme de jus.			
	1er venu	7 grammes.	
—	2e —	6 —	
—	3e —	3 —	
—	4e —	4 —	20

Les trois premières parts de chacune 500 kil. et la 4e de 160 kil. ont offert une densité de 1079 pour le 1er et le 2e venus; 1080 pour le 3e, 1083 pour le 4e.

L'acide malique et le tannin n'ont pas varié en quantité appréciable dans les quatre essais; le mucilage a été un peu plus abondant dans le troisième que dans les autres, comme le sucre et le parfum se sont montrés davantage dans le troisième et le quatrième.

On peut donc voir par ces chiffres qu'en arrêtant le pressurage à 35 0/0, on se prive de la partie la plus sucrée et surtout la plus aromatique des jus, car le troisième et le quatrième venus sont sensiblement plus parfumés que les deux premiers, ce qui doit avoir lieu, l'huile essentielle des pommes étant logée immédiatement sous la peau et non disséminée dans la chair du fruit qu'elle aromatise par rayonnement.

Des diverses méthodes usitées pour la fermentation du cidre pur. — Tout le monde sait que la fermentation est l'acte par lequel le principe sucré des fruits se transforme en alcool qui reste dissous dans le liquide et en acide carbonique qui s'en échappe en partie sous forme de gaz, et que les moûts ont besoin, pour accomplir ce travail favorablement, de se trouver à une température de 12 à 15 degrés centigr. dans un local clos, cave ou cellier, qui les garantisse contre les variations brusques de l'atmosphère.

Procédé ordinaire. — Mais, le plus souvent, le brasseur ne se soucie guère d'obéir à ces prescriptions et quand les jus sont envaisselés, il les laisse *bouillir* pendant trois à quatre mois, ferme le tonneau ensuite et donne un soutirage au liquide lorsqu'il le livre au consommateur.

C'est la manipulation la plus généralement suivie dans les pays à cidre, et les brasseurs qui soutirent le moût immédiatement après la fermentation tumultueuse sont aujourd'hui très-peu nombreux encore.

Méthode usitée à Jersey. — On a beaucoup vanté en

France le procédé de fabrication du cidre usité en Angleterre et notamment à Jersey.

Il consiste, une fois le jus obtenu, à le faire arriver dans de larges cuves placées dans des celliers dont la température est uniformément de 12° à 15° centigr. Une assez grande surface de jus étant en contact avec l'air dans les cuves, la fermentation ne tarde pas à se développer ; les matières lourdes se précipitent ; les matières légères viennent s'accumuler à la surface du liquide, où elles forment une espèce de chapeau.

Au bout de quatre à cinq jours, une semaine au plus, cette fermentation tumultueuse est achevée ; on enlève le chapeau et on fait passer la liqueur dans des futailles bien nettoyées et soufrées où une fermentation lente se continue. On laisse toujours du vide dans les futailles, et lorsque le dégagement du gaz acide carbonique est tel qu'une bougie allumée, introduite par l'ouverture de la bonde, dans ce vide, s'éteint, on se hâte de faire passer la liqueur dans une seconde futaille, qui a été soufrée comme la première. S'il se produit encore assez d'acide carbonique pour éteindre la bougie, on procède à un second transvasement, et presque toujours la fermentation est alors achevée (1).

Nous tenons d'un cultivateur Jersiais qu'il est d'usage d'ajouter au cidre, chaque fois qu'on le soutire, un litre d'alcool ou esprit neutre de première qualité, par baril de 300 litres.

Les éloges pompeux dont on avait accablé ce procédé, joints à l'absence complète d'explications sur les causes de son efficacité, nous engagèrent à l'étudier en 1868. Il était aisé de s'apercevoir au traitement sulfureux énergique auquel on soumettait les jus, qu'on avait en vue tout particulièrement de les débarasser de la matière fermentescible, comme on tentait d'augmenter avec l'alcool, les conditions favorables à la conservation du cidre; mais assurément cette double manœuvre devait être motivée par un défaut provenant de la constitution des fruits.

Nous demandâmes à Jersey les pommes les plus renommées, on nous envoya *Noir-Binet* et *Romril*, puis notre collaborateur,

(1) Girardin et Morière, *Excursion agricole à Jersey*, en 1857.

M. L. de Boutteville, nous fournit, à même sa collection, *Downton-pippin, Orange-pippin* et *Golden-pippin;* on fit l'analyse de ces cinq variétés qui sont en réputation chez nos voisins, et nous découvrîmes qu'*aucune* d'elles *ne contenait de tannin* en quantité appréciable, ce qui venait à l'appui de l'opinion de M. James Gautier, disant que : *un seul verre de cidre de Jersey fait autant d'effet sur le cerveau que quatre verres de cidre de Normandie* (1).

En outre, la pomme de Romril « qui est indubitablement la meilleure pour la fabrication du cidre, » au rapport de cet agronome distingué n'a qu'une faible densité, 1055 à 1060, 7°,5 à 8° Baumé; aussi s'explique-t-on l'alcoolisage léger que subissent les cidres de Jersey.

Il est à remarquer toutefois, que les cultivateurs anglais, guidés à cet égard par le seul sens des choses pratiques, — puisque l'examen des fruits se borne chez eux à constater la densité, — avaient trouvé instinctivement le moyen de remplacer, en partie du moins, l'action d'un principe utile, qui à leur insu, manquait à leurs fruits.

Ici encore, l'expérience avait devancé la science; mais cette méthode, qui a pour but de précipiter la matière albuminoïde des jus et de la rendre impuissante à décomposer le principe sucré, offre une grande analogie avec un procédé connu depuis longtemps en France, où il est mis en pratique d'une façon plus heureuse, à notre avis, en ce sens que pour atteindre au même résultat, on n'expose pas le cidre à contracter une saveur sulfureuse qui persiste pendant plusieurs mois, en suivant la méthode jersiaise.

C'est le traitement du cidre par les parottes de hêtre, qui n'est lui-même que la reproduction du système des planchettes de noisetier employé de temps immémorial dans la Bavière pour clarifier la bière et la rendre limpide sans la priver de tout son principe sucré, ce qui lui assure une longue conservation (2).

(1) *Procès-verbaux du Congrès*, p. 148.

(2) J.-B. Bauby, *Guide pratique de la fermentation de la bière*, p. 67 à 74.

Procédé Mimard. — Il existe un autre mode de fabrication du cidre pur tout différent des précédents, et dû à M. Mimard, de Villeneuve-sur-Yonne.

D'après cette méthode, on procède à la fermentation des cidres comme pour celle des vins; seulement, les cuves sont munies d'un appareil spécial qui met les jus à l'abri de la fermentation acétique. En cinq ou six jours, le travail est achevé et le liquide prêt à soutirer (1).

Notre procédé. — Dès que les pommes sont exprimées, il convient d'introduire le moût dans de grands tonneaux en chêne (2), de préférence aux citernes en maçonnerie où la fermentation s'établit toujours avec difficulté.

Les tonneaux doivent être bien nettoyés, sans odeur, remplis à 10 centimètres du bord et rangés dans une cave ou un cellier dont la température ne soit pas inférieure à 12° centigrades.

Bientôt la fermentation se déclare avec une certaine énergie, qu'elle conserve pendant plusieurs semaines; si, par suite de la température trop basse du local, le moût reste calme, il faut le fouetter deux fois par jour durant cinq minutes à l'aide d'un balai d'osier introduit par le trou de la bonde; et dans le cas où ce moyen devient insuffisant, on hâte le départ de la fermentation en élevant la température du local à 25° centigrades, par un poêle muni de tuyaux.

L'addition d'une petite quantité de poiré donne parfois aussi un bon résultat.

Quand l'effervescence se ralentit, le dégagement de l'acide carbonique est encore assez abondant pour maintenir flottant l'amas d'écume ou chapeau qui surnage le liquide, à cette époque *le cidre se trouve*, suivant l'expression consacrée, *entre deux lies*; en supposant la densité primitive du jus de 1067, 9° Baumé, elle est réduite alors à 1035 ou 1042, 5° à 6° Baumé.

C'est le moment le plus propice pour opérer le soutirage, on

(1) Voy. ci-dessus, p. 98.

(2) Stahl, *Fundamenta chymiæ dogmaticæ et rationalis*, imprimés à Nuremberg en MDCCLVI. « Omnis fermentatio melius succedit in vasis quercinis quam aliis. »

l'exécute de préférence au siphon, les tonneaux de réception doivent être parfaitement nettoyés et purgés d'air en y faisant brûler au lieu d'une mèche soufrée, une petite quantité d'alcool; le cidre sera cachoué, c'est-à-dire qu'on y versera une dissolution à froid de 1 kilogr. de cachou par tonneau de 1600 litres, lequel sera rempli complètement et couvert de sa bonde.

Le moût continue de fermenter mais avec calme, et de la réaction des acides sur l'huile essentielle des fruits naît l'éther qui constitue le bouquet des cidres.

On laisse la bonde libre jusqu'à ce que le liquide ne pèse plus que 1022 ou 3° Baumé; on garnit alors les tonneaux, mais de façon cependant à laisser un vide de 3 à 4 centimètres, et on les bondonne définitivement.

Le second soutirage a lieu par le fait de la livraison du cidre à la clientèle.

Les lies sont réunies dans un tonneau d'où l'on tire le liquide éclairci après quinze à vingt jours de repos.

Avantages de notre procédé. — Il est inutile, ce nous semble, d'insister sur l'efficacité de la méthode que nous recommandons aux brasseurs, en attendant la vulgarisation des fruits complets. Elle repose uniquement sur l'emploi d'une matière astringente, de nature végétale, jouissant, en principe, des mêmes propriétés qu'on reconnait à l'acide sulfureux et aux planchettes de noisetier, propriétés auxquelles s'en ajoute une bien autrement précieuse, celle d'augmenter les conditions de salubrité et de conservation des cidres.

Les moûts sucrés. — Dans quelques cidreries, on accroît la richesse du moût dans les années où il est pauvre, par l'addition d'une certaine quantité de cidre doux rapproché en consistance de sirop.

Ce moyen est excellent et représente comme effet, l'action du sucre naturel.

A défaut de sirop de cidre, on se servira avec avantage de cassonnade de canne, dans la proportion de 1k600 environ par hectolitre de moût, pour rehausser le titre alcoolique de 1 p. 0/0.

Plusieurs auteurs ont conseillé, en vue de remplir le même but, les sirops de glucose et les cassonnades de betteraves, à cause de leur prix relativement moins élevé. La saveur particulière et peu agréable laissée dans les cidres par ces préparations, nous empêchent de les recommander aux brasseurs (1).

Mélange des cidres provenant des fruits de chaque saison. — Nous supposerons un instant que nous venons d'opérer les fruits de la première saison. On renouvellera le procédé pour ceux de la deuxième et de la troisième, et lorsqu'il s'agira de soutirer le cidre de cette dernière, on se mettra en mesure de réunir toute la récolte par la répartition dans chaque vaisseau des cidres de première, de deuxième et de troisième saison, moyen excellent d'obtenir des cidres à goût de fruit très-développé et d'une plus grande valeur commerciale.

Un propriétaire d'Yvetot, M. Amable Dubuc, a, pendant une quarantaine d'années, mis en pratique ces mélanges avec un plein succès.

Cidre de ménage. — Le bon cidre, c'est-à-dire celui qui se présente limpide, clair, d'une belle couleur ambrée, d'un goût piquant et agréable, sans mauvaise odeur et n'ayant qu'une faible acidité, est une boisson désaltérante, tonique, nutritive et des plus salubres.

Malheureusement, dans beaucoup de ménages, le cidre est loin d'offrir les qualités qui lui sont propres, ce n'est que trop souvent un liquide à peine potable, dont le goût rappelle celui du vinaigre étendu dans l'eau et que seuls, les estomacs franchement rustiques peuvent supporter sans être incommodés.

Pourquoi donc cette infériorité notoire de la plupart des cidres, alors que la préparation de cette boisson est si simple et sa conservation si facile? Que faut-il en effet, pour obtenir du cidre que boiront avec plaisir ceux mêmes qui n'ont pas l'habitude d'en faire usage? Des fruits mûrs, de l'eau propre, une barrique

(1) Voy. ci-dessus, p. 106 et 107.

sans odeur et plus tard un soutirage du liquide, voilà tout. Et pour ce peu de temps et de soins, on recueillera une liqueur douée, sous le rapport hygiénique, de propriétés très-bienfaisantes, car elle sera composée d'éléments réductibles par l'acte de la digestion en produits assimilables ou nutritifs et en produits combustibles que la respiration consomme (1).

De toutes les boissons fermentées, le cidre de ménage est la plus désaltérante et celle qui convient le mieux à l'habitant des villes, qui, par sa vie affairée ou très-sédentaire, est souvent prédisposé au fonctionnement irrégulier de l'appareil digestif. Le cidre ne constipe point, comme le fait généralement l'eau vineuse, il ne fatigue point les intestins comme la bière.

Ses heureuses propriétés ne sont-elles pas affirmées chaque année par les travailleurs rustiques; au temps pénible de la moisson, quand la chaleur et la fatigue ont énervé l'appétit, quand toute nourriture répugne, que prennent-ils pour ranimer leurs forces abattues? Un verre de cidre et un peu de pain!...

Ne sait-on pas d'ailleurs aujourd'hui que, grâce aux voies ferrées, on le transporte même dans les pays vignobles, où les moissonneurs brûlés par les rayons du soleil le préfèrent au vin.

Le cidre est donc une excellente boisson, mais à la condition d'avoir été bien préparé et bien conservé.

Pour préparer de bon cidre de ménage, il faut employer 20 hectolitres de pommes de deuxième ou de troisième saison assorties à 1075 de densité, 10° Baumé, ou 22 hectolitres de fruits de première saison, en vue de recueillir 12 hectolitres de liquide (4 muids ou 100 seaux).

On opère de la manière suivante :

Les fruits sont écrasés à l'aide du moulin de Leblanc ou moulin à noix, on laisse cuver la pulpe de douze à quinze heures, en la pelletant de temps à autre, puis on l'asseoit sur le parquet d'un pressoir muni d'une vis en fer et on l'y dispose

(1) A. Hauchecorne, *Etude sur le cidre considéré comme boisson, au point de vue hygiénique*, mémoire couronné (Médaille d'or). Beauvais, 1867. *Bulletin de la Société d'horticulture et de botanique* de cette ville, p. 130 à 148.

soit dans une cage en bois pourvue d'une forte toile, soit en une motte formée de plusieurs couches de 10 centimètres environ de hauteur que séparent entre elles des tissus de crin ou plus ordinairement des lits très-minces de paille propre et sans odeur; on laisse égoutter cette motte et on la soumet à une pression graduée au fur et à mesure qu'elle se raffermit, en ayant soin de recevoir le jus sur un tamis ou dans un panier dont le fond est garni de paille, pour arrêter au passage les gros débris de pulpe qui viendraient ensuite augmenter la masse de la lie; cette précaution est inutile à prendre lorsqu'on s'est servi d'une toile.

On doit retirer de jus pur environ 4 hectolitres (32 seaux), qu'on répartit par portions égales dans les pièces.

On démonte le marc, la paille est mise en réserve pour l'opération suivante et l'on verse sur lui 4 hectolitres 1/2 d'eau (36 seaux), on laisse macérer douze à quinze heures, en ayant soin de pelleter la cuvée de temps à autre; après ce laps de temps, on remet le marc sur le pressoir pour en tirer une nouvelle quantité de jus, on fait encore une macération avec 4 hectolitres d'eau et on exprime une dernière fois.

On trouve toujours, en plus des 12 hectolitres, quelques seaux de liquide qui servent à garnir les pièces après le soutirage.

On entonne le moût au fur et à mesure que le pressurage s'effectue, sans oublier de laisser un vide de 3 centimètres dans chaque fût. On couvre le trou de la bonde avec une planchette ou une ardoise chargée d'une brique ou d'un caillou. Au bout de peu de temps, si la température de la cave ou du cellier n'est pas inférieure à 8° centigrades, la fermentation tumultueuse s'établit; il monte d'abord une écume brunâtre, à laquelle succède une mousse blanche moins abondante, ce travail dure de quatre à six semaines, pendant lesquelles les parties insolubles du ferment viennent s'amonceler à la surface du liquide et former chapeau, tandis que les plus lourdes se précipitent au fond des barriques; à cette époque, la boisson est entre deux lies, de 1040 en moyenne que pesaient les jus, ils sont tombés à 1025, on doit soutirer alors et répartir entre tous les fûts une dissolution de 600 grammes de cachou faite à froid, dans quelques litres de cidre et recevoir dans des fûts très-propres et purgés d'air par la combustion d'un peu d'alcool, la bonde est laissée libre jusqu'à ce que les jus pèsent 1015, on fait à ce moment le plein des barriques à 2 centimètres près et on les bondonne hermétiquement.

Si l'on négligeait d'exécuter ces dernières conditions en temps opportun, la boisson prendrait une saveur sensiblement vinaigrée et il se formerait à la surface une couche graisseuse de matière albuminoïde, qui activerait plus encore la conversion de l'alcool en acide acétique.

Les lies sont réunies dans un petit fût, d'où l'on tire le liquide éclairci après une quinzaine de jours de repos.

C'est une bonne pratique d'opérer la fermentation tumultueuse des moûts dans deux pièces contenant chacune 6 hectolitres et d'entonner le cidre soutiré dans quatre fûts de 3 hectolitres.

Il n'est pas nécessaire de soutirer au siphon d'aussi petites quantités de cidre, on peut se servir de la cannelle ordinaire sans aucun inconvénient.

Deux mois après le soutirage, le cidre est prêt à boire.

La qualité de l'eau ajoutée est-elle indifférente? — La qualité de l'eau est d'une grande importance dans la préparation du cidre.

On sait qu'une *bonne eau doit être fraîche, sans odeur, limpide, sans saveur, dissoudre le savon, bien cuire les légumes secs et conserver sa transparence lorsqu'on la fait bouillir.*

De toutes les eaux potables, les meilleures assurément sont les eaux tombées de l'atmosphère et recueillies dans des citernes ou dans des mares qu'on a soin d'entretenir propres au moyen de curages fréquents. Après les eaux de pluies viennent celles des fontaines jaillissantes, des sources, des rivières, et enfin celles des fleuves.

On peut utiliser ces différentes eaux pour les besoins journaliers de l'alimentation, sans que leur emploi suscite aucun trouble dans l'économie animale; il y a plus, c'est qu'on doit même préférer pour la boisson celles qui contiennent une petite quantité de sels calcaires et en particulier de bicarbonate de chaux. Les expériences de M. Boussingault ont établi nettement que la chaux des eaux potables concourt avec celle qui existe dans les aliments au développement du système osseux. Mais il faut se garder d'attribuer de semblables propriétés aux eaux dites séléniteuses et aux eaux dormantes.

Les premières, comme les *eaux* de la plupart *des puits*, renferment une grande quantité de *sulfate de chaux* qui les rend très-difficiles à digérer; les secondes, comme les *eaux des mares* salies par la *fréquentation des bestiaux*, ou par les *infiltrations des fumiers*, accusent une odeur plus ou moins fétide et repoussante qui provient de la putréfaction des matières végétales et animales qu'elles tiennent en dissolution.

Malgré cela, on a longtemps prétendu et l'on prétend encore dans quelques campagnes, que les eaux de mares sont préférables, pour préparer les boissons, aux eaux de sources claires et limpides.

C'est un préjugé fâcheux contre lequel tous les hommes sensés doivent s'élever avec énergie; car, grâce aux savants et remarquables travaux de MM. Chevreul, Pelouze, Gelis, Morin et Isidore Pierre, on sait aujourd'hui que les mares situées à proximité des fumiers et dont les eaux sont un peu colorees, contiennent en dissolution de l'acide butyrique soit libre, soit à l'état de butyrate de chaux, et que cette substance malsaine et de mauvais goût peut, par l'usage quotidien des boissons qui en renferment, porter le germe des affections putrides au sein de l'organisme des plus robustes constitutions.

Les *eaux séléniteuses* et les *eaux de mares mal entrenues* sont donc tout-à-fait *impropres à la fabrication du cidre,* et nuisent essentiellement à sa qualité comme à sa salubrité.

Cidres gracieux et cidres mousseux. —On sait que le cidre par obtenu des jus à 1075 ou 10° Baumé est loin d'être une agréable boisson de table; si donc on veut savourer le parfum de la pomme, ce n'est point au gros cidre qu'il faut le demander, mais au pommé crêmant, dont la densité du jus était primitivement de 1052 à 1060, 7° à 8° Baumé.

On doit rechercher principalement pour cette fabrication, les fruits les plus parfumés et les plus sucrés ; c'est surtout parmi les variétés mûrissant fin octobre et première quinzaine de novembre qu'on rencontre les fruits les plus propices à la préparation des mousseux et des cidres gracieux, qui ne diffèrent l'un de l'autre que par leur mode de conservation, les premiers étant mis en bouteilles, les seconds gardés en fûts.

Les meilleures proportions à employer pour obtenir 6 hectolitres de pommé, par exemple, sont 12 hectolitres de fruits parfaitement mûrs et sains qui, écrasés, mis à cuver douze à quinze heures, sont pressurés de façon à tirer trois hectolitres environ de jus pur (24 seaux); le marc démonté est arrosé de 26 seaux de *bonne eau*, il cuve de quinze à vingt heures et est pelleté de temps à autre, on le pressure de nouveau, on recueille facilement 6 hectolitres de moût à 7° Baumé environ, on le soutire d'abord entre deux lies et on le reçoit dans deux fûts très-propres et purgés d'air où il est additionné de suite d'une dissolution de 250 grammes de cachou par fût ; quand il pèse 1028 ou 4° Baumé, on s'assure s'il est parfaitement limpide et, s'il laisse à désirer comme diaphanéité, il ne faut pas hésiter à le soutirer, le coller avec un peu de colle de poisson vraie, le laisser reposer une quinzaine de jours et si à ce moment le cidre est limpide, le temps clair et calme, on procède à la mise en bouteilles.

Les bouteilles les plus convenables à la conservation du pommé mousseux sont celles à col allongé comme les bouteilles à vin de Champagne, les cruchons à bière, les bouteilles vides d'eaux naturelles de Vichy, de Vals, d'Orezza, etc., en un mot toutes celles qui ne sont pas à épaulement à la naissance du col, parce qu'elles ne peuvent résister à la pression du gaz carbonique.

On doit n'employer que de très-bons bouchons qu'on a soin de tremper dans de l'eau-de-vie pour faciliter leur passage dans le col de la bouteille. On les consolide à l'aide de ficelle ou de fil de fer, puis les bouteilles sont mises en place et tenues constamment couchées ou préférablement le goulot en bas. C'est une meilleure pratique en ce sens que, s'il se fait un léger dépôt de ferment par la réduction du sucre qui doit fournir le gaz nécessaire, ce dépôt se fixe sur le bouchon et part avec lui, lorsqu'on coupe le fil qui le retenait captif, en laissant le pommé d'une limpidité parfaite.

Préparation de la colle.— On doit, pour des motifs que nous exposerons plus loin, se servir uniquement de colle de poisson vraie, celle qui provient de la vessie natatoire du grand esturgeon et non celle qui est faite avec la membrane intestinale du mouton ou du veau; on l'emploie dans la proportion de 6 grammes par fût de 3 hectolitres; on la coupe en lanières tres-minces qu'on met dissoudre dans 1 litre d'eau bouillante; après refroidissement, on ajoute un litre de pommé et le tout est versé dans la pièce et mélangé intimement par agitation (1).

Petit cidre de presse. — Dans beaucoup de ménages on prépare le petit cidre en employant 16 hectolitres (32 rasières) de pommes de deuxième ou de troisième saison, ou 18 hectolitres de fruits de première saison pour recueillir 12 hectolitres de liquide (4 muids ou 100 seaux).

Pour cela, les pommes étant écrasées à l'aide du moulin à noix, on laisse cuver la pulpe douze à quinze heures; on en fait deux lots qu'on monte tour à tour par lits sur le parquet d'un pressoir à vis en fer; on serre de façon à retirer de chaque part, en premier, 12 seaux de jus.

Chaque marc démonté est repassé au moulin, mis en cuve et arrosé de 18 seaux d'eau; il donne au pressurage 22 seaux; une nouvelle macération avec 15 seaux d'eau (2 hectolitres) fournit après pression vigoureuse le complément des 6 hectolitres.

On entonne dans les barriques au fur et à mesure que le pressurage est effectué, sans oublier d'ajuster dans l'entonnoir un tamis de crin sur lequel on verse les jus.

Après la fermentation tumultueuse et lorsque le cidre est entre deux lies, on doit le soutirer et le recevoir dans des fûts très-propres et purgés d'air dont la bonde est laissée libre jus-

(1) A. Hauchecorne, *Le Cidre*. Dinan, 1872, loc. cit.

qu'à ce que les jus pèsent 1014, c'est-à-dire *accusant une saveur sensiblement sucrée*, on remplit alors les barriques en ménageant un vide de 2 centimètres et on les bondonne définitivement.

Quand les pommes atteignent un prix très-élevé, beaucoup de personnes se contentent d'employer 12 hectolitres de pommes au lieu de 16 pour en tirer 12 hectolitres de boisson ; seulement, elles font subir trois cuvages au marc, le troisième servant d'eau pour la macération du deuxième.

Toutes les fois que cette opération est bien pratiquée comme cela se passe dans les fermes où l'on ne monte qu'un marc par vingt-quatre heures, on recueille encore des boissons alcoolisées à 3 0/0.

Boisson de ménage par la méthode de déplacement ou lixiviation. — C'est le procédé le plus recommandable aux petits ménages, non pas pour avoir du cidre pur, ce serait impossible, ni même du pommé, les fruits ne seraient pas épuisés, mais simplement une boisson des plus saines et des plus économiques.

Avec 6 hectolitres de pommes d'une densité de 10° Baumé, on prépare 6 hectolitres (50 seaux) de petit cidre titrant 4 0/0 d'alcool absolu.

Pour opérer selon cette méthode, il suffit d'une ou deux cuves ou de deux grands baquets munis chacun d'une chantepleure, à l'intérieur desquels on applique vis-à-vis cette dernière pour que le liquide puisse filtrer limpide et que la pulpe ne s'y engage pas, quelques poignées de paille ou des brindilles à balai qu'on étale en forme d'éventail et qui reçoivent la *pulpe passée deux fois de suite au moulin.*

On abandonne cette pulpe à elle-même pendant une dizaine d'heures puis on la tasse convenablement et l'on verse dessus 16 seaux d'eau (2 hectolitres).

Le lendemain matin on enlève la chantepleure pour livrer passage à la première macération qu'on reçoit dans un baquet et qui est reversée immédiatement sur le marc.

Le soir on tire le liquide et on le répartit par portions égales dans des fûts; on arrose le marc de 16 seaux d'eau; douze heures après on soutire et on trempe avec le même liquide.

Le soir, on tire le jus pour l'entonner et on le remplace par 20 seaux d'eau qui sont soutirés deux fois à 12 heures d'intervalle avant d'être entonnés.

Certes, il est difficile d'imaginer rien de plus simple ni de plus commode ni d'aussi peu dispendieux que cette manipulation, connue encore sous les noms de *cidre à l'alambic, par trempage, par macération, et de cidre fait en dessous*, parce que dans certaines localités on perce, au fond des cuves, un trou de 4 à 5 centimètres de diamètre et on le bouche en dessous avec un bouchon de liége. En dedans de cette cuve et au-dessus du trou, on dispose un petit panier en osier, de forme conique, puis on l'environne comme d'un petit toit de paille longue, et l'on opère de la façon que nous venons d'indiquer.

Dans les familles où le chef est retenu pendant le jour aux travaux de l'usine ou de l'atelier et ne dispose que de courts instants, ce procédé devient précieux; il exige peu de temps et de place, puisque tout se réduit à soutirer quelques seaux de jus et à les remplacer par une égale quantité d'eau de douze en douze heures.

Mais il ne borne pas là ses avantages, et, à l'économie de la main-d'œuvre, il joint la qualité du produit obtenu.

La pulpe en effet, soumise à l'action d'un *lavage méthodiquement répété*, se trouve épuisée, couche par couche, de toutes ses parties solubles dans l'eau; elle cède entièrement à ce véhicule le sucre contenu dans les cellules du fruit, le mucilage, le tannin et la matière colorante brune qui s'est développée sous l'influence de l'oxygène de l'air; mais elle retient le tissu cellulaire et une partie de l'albumine, aussi les *jus fermentent sans tumulte*, le sucre se transforme graduellement en alcool et en acide carbonique qui se dissolvent dans la liqueur et fixent à leur tour l'huile essentielle ou parfum de la pomme; en moins de six semaines, la boisson est limpide, colorée, piquante et savoureuse, et le résidu qu'elle laisse est si minime qu'on peut se dispenser du soutirage sans nuire à la conservation du cidre (1). Quand on bondonne les barriques, la boisson doit accuser encore une saveur sensiblement sucrée.

C'est surtout dans l'application de cette méthode que ressortent, d'une façon remarquable, les effets dus à la présence d'une grande quantité de mucilage dans les fruits ; nous avons analysé, maintes et maintes fois, des boissons par lixiviation faites avec un cinquième de moins de pommes que d'autres provenant de pulpe pressurée, et nous en retirions constamment presque autant d'alcool absolu, puisqu'il y avait, pour les premières, en moyenne 3,90 0/0 et seulement 4,10 0/0 pour les secondes, et personne n'ignore que c'est à l'alcool et non à l'acidité que les boissons doivent leurs qualités hygiéniques.

Or, on peut se rappeler que les deux seuls principes des pommes qui se convertissent en alcool par la fermentation sont le sucre et la cellulose mucilagineuse ou mucilage. Cette augmentation d'alcool, dans les boissons obtenues par la méthode de déplacement vient donc corroborer encore ce que nous avons écrit sur les propriétés du mucilage.

Au reste, il est facile de prouver le titre alcoolique de cette boisson; supposons même les jus à 9°,5 Baumé au lieu de 10° qu'ils sont cotés.

6 hectolitres de pommes pesant en moyenne 300 kil. produisent, marc défalqué à 15 0/0, 255 kil. de jus renfermant 163 gr. de sucre alcoolisable au kil., soit au total 41k,365 gr.; or, cette quantité de sucre convertie en alcool fournit 20k,142 gr., ou en volume 25,30 0/0, lesquels répartis dans les 6 hectolitres de boisson lui donneront un titre alcoolique de 4,20 0/0.

Dans les années de grande cherté des pommes nous avons conseillé fréquemment, et avec succès, la suppression de 2 hectolitres de fruits qu'on remplaçait par 8 kil. de mélasse de première qualité ; on delaye cette substance dans la quatrième macération et on la verse également dans les fûts.

Nous ne saurions trop recommander aux personnes soucieuses d'avoir une boisson de saveur agréable et d'une conservation

(1) A. Hauchecorne, *Etude sur le cidre considéré comme boisson, au point de vue hygiénique*. Beauvais, 1867, pages 134 et 135.

assurée pendant un an, de se conformer strictement aux détails de la manipulation que nous venons d'indiquer, attendu que l'épuisement gradué subi par les fruits, tout en les dépouillant entièrement de leurs éléments solubles, ne les expose pas à fournir des jus qui tournent à l'aigre, comme il arrive le plus souvent si l'on fait macérer la pulpe jusqu'à départ de la fermentation avec tout ou partie de l'eau qui doit être employée.

Coupage du cidre pur dans les villes où il existe un octroi. — Le cidre pur et notamment celui qui provient des pommes tardives ou encore de quelques variétés de seconde saison dont les jus présentent une densité de 1075 ou 10° Baumé est le plus avantageux à introduire dans les villes où il doit acquitter un droit d'entrée.

C'est après le soutirage de février à mars qu'il peut voyager avec le plus de profit pour le consommateur.

Ainsi on prépare une très-bonne et très-belle boisson de ménage en ajoutant à 5 hectolitres de cidre pur, soutiré et cachoué, 7 hectolitres de *bonne eau*, dans laquelle on a fait dissoudre 1 kil. de sucre ou de cassonnade et délayé 20 grammes de cochenille en poudre; on garnit presque entièrement les barriques, on laisse la bonde libre pendant plusieurs semaines, c'est-à-dire jusqu'à ce que le cidre soit arrivé à peser 1014 ou 2° Baumé et alors on bondonne définitivement.

De toutes les matières colorantes auxquelles on a l'habitude de recourir pour relever la teinte parfois insuffisante de la boisson, il n'en est pas qui soit préférable à la cochenille; cette substance, en effet, dépourvue de saveur n'apporte aucune modification à la droiture de goût des cidres, tandis que les fleurs de coquelicot, le caramel, le miel roux, les baies de sureau, la melasse et les bettes rouges masquent le parfum de fruit que possèdent à peu près tous les cidres fabriqués avec soin.

Coupage du cidre pur dans les ménages. — Il y a bien peu de maisons parmi celles où l'on fait du cidre la boisson usuelle de la famille qui ne tiennent en réserve, pour les années de disette de fruits, une pièce de 6 hectolitres de cidre pur.

Lors donc qu'il deviendra nécessaire d'utiliser cette précieuse provision, voici le procédé qui sera le plus convenable à suivre pour la convertir en une bonne boisson :

On se procurera 6 hectolitres de pommes, qui seront traités par la méthode de déplacement, de façon à obtenir 12 hectolitres de liquide, qu'on répartira par portions égales dans les fûts où l'on aura versé, au préalable, les 6 hectolitres de cidre pur.

Les fûts seront garnis complètement, et quand trois à quatre semaines plus tard la fermentation deviendra presque insensible et le cidre offrant encore une saveur légèrement sucrée, il faudra bondonner les fûts vigoureusement. Quinze jours après, la boisson sera potable.

On n'a point besoin de soutirer ces sortes de boissons, qui ne fournissent guère plus de 2 à 3 litres de lie par fût de 3 hectolitres.

Poirés. — Voulez-vous faire de bons poirés, avons-nous dit déjà, servez-vous de fruits très-sucrés, parfumés, riches en tannin, modérément acides et mûrs à point.

En choisissant les variétés qui réunissent ces conditions et les employant comme nous allons l'indiquer, on obtiendra des poirés qui, mis en bouteilles, trouveraient un débit suivi dans les grands centres de population où ils seraient vendus à des prix très-rémunérateurs.

Le procédé consiste à écraser parfaitement les poires et à en extraire le jus de suite ; on le verse dans des tonneaux très-propres, sans goût ni odeur et de moyenne capacité, 5 à 6 hectolitres au plus et mieux de 3 hectolitres ; aussitôt le chapeau bien formé et le jus arrivé à 1036, 5° Baumé, le soutirer, le coller avec un peu de colle de poisson vraie, (3 grammes par hectolitre) dissoute préalablement à chaud dans 1 ou 2 litres de poiré ; laissez reposer le liquide pendant une quinzaine de jours, jusqu'à ce qu'il soit d'une limpidité parfaite et ne pèse pas au-delà de 1030, 4° Baumé environ ; le tirer alors dans des bouteilles champenoises ou des cruchons en grès dont les bouchons seront fixés solidement ; un mois après, il sera parfumé, mousseux et agréable à boire.

On a généralement le tort, dans les ménages et aussi dans les brasseries, de mettre les cidres et les poirés trop tôt en bouteilles ; les liquides ne sont pas arrivés au clair fin et ils laissent toujours un dépôt de lie assez considérable dans les bouteilles, ce qui nuit beaucoup au placement de ces boissons chez les débitants.

On peut préparer un poiré de bonne conservation en fûts, si après avoir exprimé les fruits et démonté le marc, on arrose celui-ci de bonne eau, dans la proportion d'un seau par hectolitre de fruits employés ; ainsi humecté on le repasse au moulin et on l'exprime vigoureusement.

Le produit de cette seconde pression est ajouté au premier ; on soutire entre deux lies ; on reçoit le liquide dans des fûts très-propres et purgés d'air, dont la contenance n'excède pas 3 hectolitres ; on fait le plein complet et le trou de bonde est recouvert par une planchette et, dès que le poiré pèse 1014 ou 2° Baumé, on bondonne les fûts après s'être assuré qu'il y avait un vide de 2 centimètres au-dessous de la bonde.

Cidresse. — La boisson qui provient d'un mélange de pommes et de poires porte le nom de *cidresse* ; elle n'est pas de longue conservation, à moins toutefois d'avoir été préparée par la méthode de déplacement.

En procédant suivant les indications données à l'égard des boissons de ménage, on obtiendra une bonne cidresse de 12 hectolitres de poires mélangées de 2 hectolitres de pommes pour recueillir 12 hectolitres de liquide.

Cette boisson ne fatigue ni l'estomac ni les voies urinaires, et se conserve bien si l'on a soin de la loger dans des fûts de petite capacité qui sont bondonnés lorsque le liquide accuse encore une saveur sensiblement sucrée.

CHAPITRE IX

CONSERVATION DU CIDRE.

Soutirage. — En principe, le cidre pur et la boisson de ménage se conservent d'autant mieux avec toutes leurs qualités respectives, qu'ils ont été séparés à temps de leur lie et logés dans des bouteilles ou dans des tonneaux préalablement soufrés ou purgés d'air par la combustion d'un peu d'alcool, puis hermétiquement clos.

Soutirer, c'est donc transvaser du cidre, sans la lie, d'un tonneau dans un autre tonneau.

Cette opération est exécutée le plus souvent au moyen d'un gros robinet planté au bas d'un des fonds du tonneau (celui qui est le plus accessible aux manœuvres); un va-et-vient rapide de seaux ou de brocs est établi sous ce robinet ouvert et les brocs ou seaux pleins sont versés dans le tonneau vide au moyen d'un large entonnoir.

On s'arrête lorsque le cidre est épuisé jusque près de la surface de la lie.

Un autre moyen de soutirage consiste dans l'emploi du siphon en fer-blanc ou en cuivre étamé, avec tube ou pompe d'amorce avec ou sans robinet de décharge; l'emploi du siphon qui soutire les cidres par la bonde est souvent préférable à l'emploi du robinet, parce qu'il évite le percement du fond des tonneaux et les jaillissements et pertes de cidre qui en résultent au moment de l'implantation du robinet.

On pense assez généralement encore qu'il vaut mieux laisser le cidre sur sa lie, parce qu'en le transvasant ce liquide perd sa force et passe à l'aigre. C'est précisément l'opposé qui est vrai et le fait était connu avant 1753, car on lit à cette date, dans l'*Encyclopédie*, au mot *Cidre* : « Si on veut avoir du cidre fort c'est-à-dire aigre, on le laisse déposer sur sa lie et couvert de son chapeau ; si on le veut doux, agréable et délicat, il faut le tirer au clair lorsqu'il commence à gratter doucement le palais. »

Les Anglais et les Américains soutirent plusieurs fois les cidres purs, et au moins une fois les boissons de ménage ; au reste, on ne doit jamais conserver ce liquide sur lie, car il est aisé de démontrer que cette dernière occasionne toujours la fermentation acide à laquelle succède la fermentation butyrique, par suite de la décomposition même des matières albumineuses qui constituent les lies.

Dans la plupart des ménages où la brassaison s'opère à l'aide de pressoirs munis d'une cage qu'on garnit de pulpe ou tout simplement en faisant une motte de cette pulpe sur le parquet du pressoir, les jus, quoique tamisés et d'une densité presque moitié moindre de celle des gros cidres pressurés en sacs, sont chargés d'une assez grande quantité de débris de tissu cellulaire qui déterminent au sein du liquide une fermentation très-active, laissant après elle un fort résidu ; aussi le soutirage de la boisson entre deux lies est-il de rigoureuse nécessité.

Qu'est, en effet, le chapeau qui se forme à la surface du liquide en fermentation, sinon un amas de matières qui s'aigrissent d'abord et moisissent ensuite ?

Or, que peut-on espérer lorsque, par suite du ralentissement de la fermentation, cette couche aigre et moisie vient à s'affaisser et à traverser tout le liquide pour gagner le fond de la pièce ? Rien de bon assurément ; elle décolore le cidre ; elle le trouble, lui enlève son parfum et le dispose à sûrir et comme cela se produit vers le moment où la boisson ne pèse plus que 1014 à 1017, 2° à 2°,5 Baumé, soit trois ou quatre mois environ après le pressurage, on entend beaucoup de personnes se plaindre que la lune de mars a gâté leur cidre ; il était délicieux, disent-elles, ce mois de février encore, mais la lune de mars a passé dessus et il ne vaut plus rien.

O! gens candides qui croyez à l'influence maligne de la lune sur la qualité de votre boisson, croyez plus fermement encore au bon génie, le soutirage; mettez en pratique ses judicieux préceptes et vous boirez de bon cidre sous toutes les lunes.

Opportunité du soutirage. — L'époque la plus convenable pour opérer le soutirage des cidres purs et celui des boissons commence au moment où la fermentation tumultueuse vient de s'achever, et dure pendant les trois ou quatre semaines qui la suivent; les cidres sont alors entre deux lies; ils dégagent assez d'acide carbonique pour laisser surnager l'écume qui s'est amoncelée au-dessus du liquide; ils renferment encore les deux tiers de leur principe sucré et, dans ce cas, le soutirage, loin de les fatiguer, les aide, par l'agitation et le mélange des diverses couches du liquide, à se dépouiller plus promptement des matières insolubles qu'ils doivent abandonner en se clarifiant.

Soutirer son cidre, c'est donc l'améliorer et hâter sa clarification.

Mais pour jouir du bénéfice de cette pratique, il ne faut pas opérer trop tardivement et surtout lorsque les cidres ou les boissons ne renferment presque plus de sucre, car le transvasement leur fait perdre, en grande partie, un élément utile à leur conservation, l'acide carbonique, qu'ils tenaient dissous, et ils ne peuvent en créer de nouveau puisqu'ils n'ont plus de sucre à transformer. Or, si l'on soutire dans ces conditions, on recueille des cidres plats de goût et sans parfum. C'est pour cette raison que nous conseillons d'ajouter toujours une petite quantité de matière sucrée, cassonnade ou moscouade aux cidres purs qui subissent un coupage, de façon à leur restituer l'acide carbonique et l'alcool qui s'en sont échappés.

Il est donc nécessaire de faire le premier soutirage avant l'affaissement du chapeau dans le fond des pièces et s'il y a utilité de le répéter une ou deux fois, on devra l'exécuter en dernière limite, pour les cidres purs vers 1025 et pour les boissons, vers 1020 de densité.

Collage ou clarification des cidres. — La plupart des auteurs qui ont écrit sur le cidre assimilent cette boisson au vin et réclament à l'égard de sa conservation les mêmes soins qui sont donnés à ce dernier; éliez les cidres et collez-les au besoin comme le vin, disent quelques publicistes, et vos cidres acquerront de la qualité et de la durée.

Soutirer le cidre comme on soutire le vin, est, à la vérité, une pratique sage et rationnelle, mais coller le cidre avec les mêmes ingrédients qui servent ordinairement à coller le vin, est une pratique désastreuse et qui va droit à l'opposé du but qu'on se propose d'atteindre, et il est facile d'en fournir la preuve.

Comment colle-t-on le vin? Avec des blancs d'œufs ou de la gélatine.

Que se passe-t-il dans cette opération? On sait que l'alcool, le tannin et les acides du vin jouissent de la propriété de coaguler le blanc d'œuf et de précipiter la gélatine de sa dissolution.

Dans le collage il arrive donc ceci : Les substances albuminoïdes, — blanc d'œuf et gélatine, — qu'on ajoute au vin y forment de suite un abondant précipité qui ne tarde pas à se déposer au fond du tonneau; et ce précipité entraîne avec lui toutes les parties de lie ou de ferment que le soutirage a pu laisser dans le vin à l'état flottant. Comme action mécanique, le collage fournit de bons résultats, surtout s'il est aidé par un peu de sel de cuisine qui donne plus de poids à la colle et plus de fixité aux lies; mais comme action chimique, il laisse beaucoup à désirer.

D'abord, il introduit dans le vin des substances de nature albuminoïde qui peuvent elles-mêmes développer un mouvement de fermentation, ainsi que l'ont démontré les expériences de M. Bouchardat; en outre, ces matières ne sont précipitées que parce qu'elles se sont combinées avec quelques-unes des matières constituantes du vin les plus nécessaires à sa conservation, l'alcool, le tannin ou les acides.

Mais si le vin ne supporte déjà le collage à l'albumine ou à la gélatine sans voir se modifier d'une façon appréciable l'équilibre existant entre ses principaux éléments, quelle résistance offrira donc le cidre, qu'on sait être moins richement doté sous ce rapport que le vin, dans l'état actuel de la composition moyenne des fruits de pressoir? Il sortira de cette épreuve, assurément très-affaibli, sinon entièrement dépouillé des principes qui doivent assurer sa longévité.

Aussi pensons-nous que le *seul mode* de *clarification* ou *collage* qui puisse convenir aux cidres est celui que nous avons proposé, le *cachou*, à titre de matière astringente ou tannante, lequel s'unissant au ferment et à la pectine forme un combiné insoluble qui entraîne, par sa précipitation, une partie des matières qui n'étaient tenues en solution ou en suspension qu'à la faveur de ces corps, et cela, sans emprunter au cidre un atome des éléments utiles à sa bonne constitution.

Il en est de même de l'emploi de l'ichthyocolle ou colle de poisson vraie, indiquée par nous pour compléter l'action du cachou sur les cidres mousseux qui ont besoin de présenter une limpidité exceptionnelle; cette colle est aussi sans action chimique sur le cidre; le réseau très-délié qu'elle déploie au sein du liquide se resserre au contact de l'alcool qui crispe seulement le tissu fin et tenace dont elle est formée, sans y rester lui-même combiné.

Le collage pratiqué dans ces conditions, loin d'affaiblir le cidre, comme il arriverait avec les blancs d'œufs et la gélatine, ne fait, au contraire, que le débarrasser des substances seules qui pouvaient compromettre sa conservation.

A quelle époque convient-il de coller le cidre? — Le moment le plus propice pour bien réussir cette opération est celui du soutirage exécuté lorsque le cidre se trouve entre deux lies; c'est, en effet, pendant la période calme qui succède à la fermentation tumultueuse que se produit la combinaison intime du tannin avec les différentes matières sur lesquelles il doit tout particulièrement réagir.

Le moyen le plus économique de traiter par le cachou le cidre pur consiste à dissoudre à froid 1 kil. de cet extrait sec dans un seau de cidre; on verse cette dissolution dans un tonneau de 1,600 litres dont on agite fortement le contenu, à l'aide d'un bâton introduit par la bonde et remué vivement pendant cinq minutes en tous sens. Un mois après, les cidres sont limpides et parviennent un peu plus tard à une droiture de goût qu'on rencontre bien rarement aujourd'hui dans ce produit.

Etat et contenance des tonneaux destinés à la fermentation et à la conservation du cidre. — Les tonneaux grands ou petits destinés à recevoir les moûts, cidres ou boissons doivent être quelques jours avant la brassaison visités, reliés, rebattus, abreuvés à l'eau froide, rincés et égouttés avec soin, car la propreté des fûts contribue puissamment à maintenir la qualité des cidres.

Ce qu'il y a de mieux à faire lorsqu'un *tonneau vient d'être vidé,* si la contenance permet d'entrer dedans, c'est d'y descendre, après s'être assuré qu'une lumière déposée dans le fond ne s'y éteint pas, de le laver avec une brosse, de le rincer à plusieurs eaux et d'y brûler pendant qu'il sera encore humide environ 2 centimètres de longueur de mèche soufrée par hectolitre de capacité, de le boucher hermétiquement et de le garder ainsi jusqu'à l'époque du pilage. En opérant de la sorte on sera toujours certain d'avoir un très-bon fût au moment du besoin puisqu'il suffira de le rincer à l'eau froide pour s'en servir.

Si les tonneaux sont à petite bonde, on y introduit une chaîne et, après plusieurs rinçages, on les passe encore humides à la mèche soufrée.

Mais si les *tonneaux* sont *vides depuis longtemps* déjà, ils peuvent ne pas être francs de goût et d'odeur, et dans ce cas, il est bon de les brosser ou de les laver avec un lait de chaux et de les rincer ensuite à plusieurs eaux, de manière à les affranchir de tout mauvais goût et notamment du moisi ou du pourri qui sont le plus à redouter, à cause de leur très-grande ténacité dans les boissons fermentées.

Les procédés les plus efficaces pour désinfecter les *tonneaux moisis* ou *pourris*, consistent à leur faire subir un brossage ou un lavage avec de l'eau additionnée d'un dixième de son poids d'acide sulfurique (huile de vitriol du commerce) ou d'acide chlorhydrique (esprit de sel) qu'on y laisse séjourner 24 ou 48 heures au besoin; et dans le cas où ces moyens seraient insuffisants pour enlever toute trace de mauvaise odeur, il faudrait recourir à l'emploi du chlorure de chaux, à la dose de 2 hectogrammes ou à peu près, délayés dans un seau d'eau par contenance de 6 hectolitres.

Le rinçage à plusieurs reprises et à grande eau est indispensable après l'usage de ces agents de désinfection.

En principe, *ne jamais entonner de cidre dans un fût qui n'est pas absolument sans odeur, parce que le liquide y contracte promptement un goût désagréable, très-persistant qu'on ne peut lui faire perdre ni par la fermentation ni par les soutirages.*

Il n'est point indifférent d'employer des fûts de toute capacité; on donnera le choix aux plus grands pour les cidres et les boissons de provision parce que le liquide qui s'y trouvera logé sera moins accessible aux variations de la température, mais on réservera les petits fûts pour la consommation journalière du ménage.

Un bon système à mettre en pratique est de laisser fermenter les cidres dans de grands fûts et, lors du soutirage, de les recevoir dans ceux de moyenne et de petite capacité.

On devra conserver le bois des fûts à son naturel et sans peinture à l'extérieur sous peine de le voir, au bout de peu d'années, tomber en pourriture.

Soufrage et flambage des fûts. — Il est très-important, avons-nous dit, que les tonneaux dans lesquels on loge le cidre soient très-francs de goût et d'odeur.

Or, si l'orsqu'ils viennent d'être vidés, on n'a pas le soin de les laver et d'y brûler un peu de mèche soufrée, leurs parois très-avides d'oxygène sont promptement envahies par des végétaux microscopiques et elles prennent soit un goût de moisi, si les fûts ont contenu de petites boissons, soit un goût de vinaigre, si c'était du cidre pur. On sait que l'acide sulfureux, les sulfites alcalins et surtout les bisulfites de soude et de chaux jouissent de la propriété d'arrêter les fermentations. Le mèchage, en remplissant les fûts d'acide sulfureux, remédiera donc à l'inconvénient signalé.

Lorsqu'on tarde trop d'avoir recours à cette opération, il peut se faire que tout l'oxygène de l'atmosphère du fût vide ait été absorbé par les actions chimiques et organiques qui se sont passées dans l'intérieur du fût et qu'il n'y reste plus que de l'azote, comme il arrive aussi de rencontrer beaucoup d'acide carbonique si le fût a été vidé récemment; dans les deux cas la mèche se refuse à brûler, et il faut aérer le tonneau avec un soufflet.

Ces gaz étant impropres à la respiration et pouvant occasionner la mort immédiate de l'homme qui se trouverait plongé dans leur atmosphère, on ne devra jamais entrer dans les tonneaux, sans s'y être fait précéder tout d'abord d'une bougie allumée, malgré la précaution prise au préalable d'établir un courant d'air dans le fût, en maintenant ouverte durant plusieurs jours la bonde du fond inférieur et la porte du trou d'homme.

Si l'on a eu soin de cachouer les cidres au moment du soutirage, il est superflu de les recevoir dans des tonneaux ou dans des fûts soufrés, il suffira de brûler une tasse d'alcool par tonneau de 100 hectolitres pour le purger d'air et le mettre en excellent état de service.

Pour le cas où l'emploi de la mèche serait utile ou préféré, voici comment on soufre une barrique : après l'avoir rincée et égouttée, on y verse un seau de cidre, on y fait brûler de la mèche soufrée, à raison de 2 centimètres de longueur par hectolitre de contenance, on met la bonde et on agite le fût pour que le liquide absorbe entièrement le gaz, puis on achève de remplir la barrique et on la ferme exactement.

Le *soufrage* est d'une importance majeure pour la *conservation des fûts*, mais si l'on veut tirer parti de toute son efficacité, il faut y recourir lorsque les fûts sont rincés et égouttés et néanmoins humides; aussitôt la mèche brûlée on clôt parfaitement le fût qui n'a plus qu'un rinçage à subir au moment de son emploi.

Le *flambage* n'offre en lui-même aucune difficulté pratique, on place dans un petit godet de l'alcool et un peu d'étoupe à laquelle on met le feu; le godet est fixé à un fil de fer long de 60 centimètres environ, il traverse un bouchon de liége qui le retient sur le trou de la bonde.

Ce moyen s'oppose comme le soufrage au développement ultérieur de la fermentation dans les fûts, mais à part le prix de revient plus élevé, il a sur lui l'avantage de n'apporter aucun goût dans le liquide, ce qui doit le faire préférer lorsque les cidres sont près d'entrer en consommation.

Fermeture des fûts. — Vaut-il mieux remplir les tonneaux de moût et les tenir toujours à peu près pleins, de façon qu'ils dégorgent par dessus la bonde depuis le commencement jusqu'à la fin de leur première fermentation; ou vaut-il mieux les remplir à quelques centimètres du bord pour que jamais ils ne dégorgent pendant cette première période?

Chaque fois qu'on se proposera de soutirer le cidre et de le cachouer, il sera préférable de laisser un vide suffisant dans le tonneau pour que l'écume albumineuse qui constitue le chapeau s'amoncelle dans cet espace où elle se trouvera dans une atmosphère d'acide carbonique qui la protègera très-efficacement contre l'action de l'air; mais si les cidres ou les boissons ne doivent pas être soutirés, il convient mieux de les tenir presqu'au ras du trou de la bonde pour qu'ils dégorgent par dessus.

Une qualité très-recherchée dans le *cidre de ménage* est de l'avoir *piquant*, c'est-à-dire suffisamment chargé d'acide carbonique dissous, ce qui le rend tout à la fois très-agréable au goût et très-digestif.

A l'état constant, cette qualité place le cidre au premier rang parmi les boissons salubres, et elle réside uniquement dans l'époque choisie pour opérer la fermeture des fûts.

Ainsi, le cidre de ménage fermenté, soutiré entre deux lies, reçu dans des pièces vides d'huile d'olive fine, d'une contenance de 2 hectolitres environ, cachoué, puis enfermé hermétiquement dans la pièce, sa densité étant encore de 1014, conservera sa saveur piquante et son parfum de fruit jusqu'à la fin de la pièce, bien qu'on tire chaque jour à celle-ci, la quantité nécessaire à la consommation du ménage.

Les boissons qui n'ont pas été soutirées, et qu'on laisse en fûts à bonde libre jusqu'à ce qu'elles n'accusent plus de saveur sucrée, se recouvrent d'une couche épaisse et glaireuse de matière albuminoïde altérée qui ne tarde pas à les faire passer à l'aigre.

Cidres renourris. — Outre le soutirage des moûts et le soufrage des fûts, il existe un moyen de conservation des cidres purs très-usité dans le pays de Caux; c'est celui qui consiste à les *nourrir*, en y introduisant chaque année, ou au plus tard tous les deux ans, quelques seaux de moût d'égoût, c'est-à-dire, qu'on soutire le cidre dans une pièce très-propre et fraîchement rincée, on laisse écouler le peu de lie qui reste, on nettoye bien la barrique, on y reverse le cidre et on fait le plein avec du jus doux des pommes du même crû, en égout de première et de deuxième pression.

Ainsi traités, les cidres peuvent arriver à une longévité séculaire, sans perdre aucune de leurs qualités. C'est là le tonneau des jours de fête des ménages d'ouvriers du pays de Caux.

Cidres en bouteilles. — Les cidres purs qu'on réserve pour la consommation accidentelle, doivent être mis en vases effilés, tels que les bouteilles à champagne, les cruchons à bière, etc.; l'époque la plus favorable pour opérer, est celle où ils sont arrivés à *clairfin*, et ne pèsent plus que 1010 à 1012 au densimètre; mis en bouteilles alors et celles-ci tenues couchées dans une bonne cave, les cidres peuvent s'y conserver de longues années.

En 1872, la Société d'horticulture, de botanique et d'apiculture de Beauvais, à laquelle nous avions envoyé à déguster une série de cidres purs et de boissons provenant de différentes variétés de fruits, formulait, dans les termes suivants, son jugement sur un cidre récolté en 1838 :

« N° 17. — Cidre de Vagnon, récolte de 1838. Donnée de l'auteur. — Voici l'histoire de cette antique, consignée dans une note de M. Hauchecorne : « Ce cidre m'a été offert, après l'Expo-« sition du Havre; le récolteur en avait six bouteilles, forme « champenoise, il était heureux de me le présenter, pour servir « de preuve à la conservation des boissons en vases effilés; j'ai « transvasé la vieille liqueur dans douze demi-bouteilles pour

« continuer l'œuvre de ce conservateur. » C'est une de ces bouteilles qui a été soumise à notre examen.

Dégustation. — Mousseux, gazeux, très-belle couleur rouge, resté bon quoique ayant moins de bouquet que le précédent; — cidre du même crû, récolte de 1868, — arrière goût amer, remarquable par sa couleur et par sa conservation parfaite. En un mot, ce vétéran hors d'âge, qui n'avait plus les marques caractéristiques auxquelles on reconnaît la jeunesse, nous a paru un vieillard parfaitement et admirablement conservé.

Les bouteilles à col allongé ont gagné leur cause, elles doivent être préférées à celles qui sont à épaulement à la naissance du col, parce qu'elles résistent mieux à la pression du gaz carbonique.

La Commission continuant son œuvre et dégustant le *Pommé mousseux* préparé avec le jus de *Gros-Muscadet*, *Doux-Evêque*, *Vagnon-Rouge* et *Paradis*, récolte de 1868, mis en bouteilles le 23 août 1869, donne son appréciation ainsi :

« N° 23. — Pommé mousseux, récolte de 1868.

« Dégustation. — Très-bon, couleur ambrée, parfumé, gazeux, crêmant, goût de pomme exquis, très-agréable, fabrication recommandee.

« Comme vous le voyez, dit le spirituel rapporteur de la Commission, nous étions sous le charme et nous avons trinqué en goûtant ce cidre delicieux. Nous venions de quitter les vieilles bouteilles, la réserve, l'armée active du cidre, et nous abordions la liqueur de fantaisie, la mobile du cidre; rien de plus léger, de plus gai, de plus gracieux, mais aussi rien de plus mousseux. C'est le champagne des Normands, le vin de dessert d'un grand nombre de ménages d'ouvriers. (1) »

Cave et cellier. — On aide encore à la conservation du cidre comme à celle de toutes les boissons fermentées, du reste, en les plaçant dans un local dont la température soit peu élevée et la plus uniforme possible.

(1) *Bulletin de la Société d'horticulture, de botanique et d'apiculture de Beauvais*, 1872. — Rapport de M. d'Elbée, vice-président, p. 27 et 30.

A défaut de cave, un cellier construit en brique ou en bauge et exposé au nord sera un bon bâtiment.

Le cidre commerçable. — Si l'on a suivi nos indications détaillées dans le chapitre précédent à l'article des cidres purs, on sera en mesure de livrer à la clientèle dès la fin du mois de mars, des cidres limpides, titrant 8 à 9 0/0 d'alcool, corsés, droits de goût et prêts à voyager en fûts de 3 à 6 hectolitres, sans fatigue appréciable pour les courts trajets. Ils seront soutirés à couvert, c'est-à-dire au siphon ou au boyau, au moment du départ. Ce soutirage est de rigueur, car les lies qui sont toujours au fond des tonneaux renferment des malates alcalins et des produits altérables; l'agitation fait redissoudre une partie de ces substances, qui réagissent sur les éléments du liquide et lui communiquent une saveur désagréable.

Les mêmes cidres logés dans des pièces huilières de 2 à 3 hectolitres supporteront aisément les voyages maritimes de longue durée, à la seule condition de les diriger vers les régions froides où ils constituent, à l'état pur, une des boissons alimentaires économiques les plus salubres et les plus réconfortantes que pourront utiliser les gens de mer.

Cidres d'exportation. — Les cidres en fûts qu'on destine à de longs voyages et ceux surtout qu'on désire introduire dans les contrées lointaines où la température se maintient constamment élevée, doivent être, au départ, soutirés, limpides, clairs, *titrant 10 à 11 0/0 d'alcool absolu* et offrant encore une *densité* d'au moins 1014 ou 2° Baumé; en outre ils auront subi l'opération du *chauffage.*

Chauffage des cidres. — En quoi consiste donc ce puissant moyen de conservation des cidres?

Personne n'ignore, depuis les travaux de Cagniard-Latour sur la fermentation, que cet auteur considère comme un phénomène chimique intimement lié à l'existence et au développement d'un être organisé, et ceux de MM. de Verguette-Lamotte et Pasteur, relatifs à l'examen microscopique des dépôts des vins, que toutes les boissons fermentées sont sujettes à s'altérer, par suite de la présence dans ces liquides de certains germes ou organismes que M. Pasteur a désignés par le nom de mycodermes.

Ces germes se développent, se multiplient aux dépens de la substance même des boissons et finalement vont jusqu'à en dénaturer complètement la qualité.

Entraver le développement des germes, c'est donc faire de l'hygiène au profit des boissons en leur assurant la santé qui n'est, en définitive, que l'équilibre parfait des divers éléments qui les constituent.

Mais il fallait trouver un moyen simple et certain d'anéantir ces germes.

M. Pasteur, partant de ce principe qu'une température assez élevée détruit la vie chez les êtres organisés, a appelé l'attention sur le chauffage fort peu pratiqué jusqu'alors, malgré les renseignements précis fournis, il y a longtemps déjà, à l'égard de cette méthode, par Appert, dans son *Traité des conserves alimentaires*.

Se basant tout d'abord sur des expériences antérieurement faites, M. Pasteur avait procédé à l'aide d'une température de 75° centigr. et au-dessus, mais à la suite de nouvelles recherches, il reconnut qu'à une température de 50 à 55 degrés, les mycodermes, et notamment ceux du vin, périssaient.

De notre côté, nous voulûmes nous assurer de la vitalité des mycodermes du cidre et dans l'espoir de trouver là un bon procédé de conservation de la boisson normande nous entreprîmes de 1868 à 1871 une série d'études sur le chauffage des cidres.

Nous croyions encore à cette époque que le calorique seul était l'agent réel de la destruction de la matière fermentescible et qu'en l'appliquant à dose élevée et dans de certaines conditions on devait anéantir tous les mycodermes.

Il n'en fut rien.

Nous opérâmes à une température de 100 degrés soutenue pendant une demi-heure, en bouteilles effilées et hermétiquement closes, des *jus de pommes*, d'une densité de 1062, *non encore fermentés*.

On les descendit ensuite dans une cave fraîche à 9° centigr. C'était le 28 mars 1868.

Quelques semaines plus tard, le 10 mai, désirant savoir à quel point se trouvait l'expérience, on prit une bouteille, et la ficelle qui retenait le bouchon étant coupée, ce dernier fut violemment chassé et en moins d'une minute tout le liquide l'avait suivi; une seconde bouteille fut débouchée avec plus de précaution, de façon à laisser dégager seulement l'acide carbonique; le jus pesait alors 1032 et contenait 1,5 0/0 d'alcool.

La *chaleur* quoique appliquée fort énergiquement, avait donc été *sans action* sur le ferment des jus de pommes.

En 1869, on opéra seize échantillons de jus ramenés à une *densité* unique de *1063* avec *2 millièmes de tannin* et le chauffage fut commencé, une fois la fermentation tumultueuse achevée et quand la liqueur donnait au moyen de l'alambic Salleron, 2 0/0 d'alcool; on le continua à chaque degré d'alcool nouvellement acquis.

Les mêmes précautions prises que dans l'essai précédent, nous obtînmes encore des résultats négatifs.

Les *jus* qui renfermaient *3, 4, 5, 6 0/0 d'alcool* avec une densité de 2 à 3° Baumé offrirent au bout de quelques mois des *cidres mousseux* et pourvus, par conséquent, de germes en pleine vitalité.

Au mois de décembre 1870, on réunit avec quelque difficulté, douze échantillons de pommes en variétés différentes qui nous fournirent des jus d'une densité comprise entre 1056 et 1080, ces derniers avec 5 millièmes 1/2 de tannin.

On les chauffa aussitôt après la fermentation tumultueuse et successivement jusqu'à ce qu'ils ne continssent plus de matière sucrée; voici ce qui en résulta :

Une fois encore, les *jus* renfermant *2, 3, 4, 5, 6 0/0 d'alcool* devinrent *mousseux*; un à *7 0/0 d'alcool* avec une densité de 1005 était *calme* le *1er novembre 1871*, lors de l'ouverture de la bouteille, mais le 26 février suivant, il dégageait des bulles d'acide carbonique, il était *crémant le 5 septembre 1872*.

L'assortiment de *fruits à 1080* de densité fut *écrasé* le *26 février 1871*, le jus renfermait d'acide malique 1,07, de mucilage 12,00, de *tannin 5,509* par litre.

Le 23 mai, la densité n'était plus que de 1005 et on trouvait 10,9 0/0 d'alcool. Chauffé ce jour même, l'eau du bain-marie étant arrivée à l'ébullition, puis laissée refroidir, ce cidre fut placé dans une cave jusqu'au mois d'août, époque à laquelle aucun des échantillons ne montrait trace de reprise de fermentation.

Une *bouteille mise en réserve* fut ouverte une fois par mois pour en déguster le contenu, et le 7 septembre 1872, jour de la dernière dégustation, le *cidre* était encore en *très-bon état,* bien que la bouteille fut restée *debout* et *en vidange* depuis près de *treize mois.*

Maintenant, si l'on rapproche de ces faits cet autre qui n'est ignoré de personne que, dans les vins sucrés comme ceux de l'Espagne, du Portugal, de la Sicile et même de quelques-uns du Midi de la France, l'alcool une fois arrivé à former le cinquième du volume du liquide, la fermentation cesse d'elle-même, n'est-on pas autorisé à conclure, du moment où l'on sait que les mycodermes ne peuvent plus vivre dans une atmosphère alcoolisée à vingt centièmes et qu'une température de 100° centigrades les a laissés intacts, que c'est l'alcool seul qui jouit du pouvoir d'occire les organismes de la fermentation.

Cela est si vrai du reste, que nous en pouvons fournir la preuve palpable.

Le 26 mai 1873, il a été préparé trois essais avec du jus de pommes frais et d'une densité de 1071; après soixante-huit heures de repos, à une température de 10° centigrades, ce jus a été décanté, on en a versé 450 grammes dans deux bouteilles, l'une contenait 120 grammes d'alcool à 80° centésimaux, ce qui portait le mélange des 570 grammes au titre alcoolique de 20 0/0, l'autre en renfermait 100 grammes donnant au mélange des 550 grammes un titre alcoolique de 17 0/0; enfin, ce qui restait — un litre à peu près — ne reçut aucune addition.

Les trois bouteilles étant garnies jusqu'à la naissance du col ont été fermées avec des bouchons de liége et placées dans un appartement dont la température, sans être jamais inférieure à 18° centigrades, s'est élevée très-souvent à 32°.

Dès le 1er juin, le contenu de la bouteille non alcoolisé fermentait franchement et vers la mi-juillet, le cidre obtenu pesait 1003, tandis que le 26 octobre 1874, c'est-à-dire dix-sept mois plus tard, le jus de pommes alcoolisé n'était point entré en fermentation dans l'une ni dans l'autre bouteille.

On voit par là, combien il est utile pour le brasseur de se servir de fruits de haute densité, afin d'obtenir des cidres qui contiennent une quantité élevée d'alcool; de même l'essai du 26 février 1871, concernant les fruits pésant 1080, nous enseigne que la proportion d'alcool nécessaire à la suspension du travail fermentatif fixée par la nature à vingt centièmes du volume du liquide peut être efficacement abaissée de moitié si l'on fait intervenir le *calorique* qui, sans effet direct sur les germes exerce une *action diffusible sur l'alcool* qu'il dilate et dont il *double* ainsi la *puissance destructive* sur les ferments.

Le *chauffage des cidres,* comme de toutes les boissons fermentées, serait donc, en réalité, la *conservation* de ces liquides par la *vapeur de l'alcool,* méthode qui nous paraît tout à la fois certaine, économique et hygiénique :

Certaine, parce qu'elle seule tue les germes de la fermentation qui peuvent s'opposer à l'inaltérabilité des boissons;

Economique, parce qu'il suffit au cidre de contenir à peu près la moitié de la quantité d'alcool qui serait nécessaire dans les conditions naturelles;

Hygiénique, parce qu'enfin, elle n'introduit point dans l'alimentation quotidienne une matière qui, comme l'alcool, ne peut y figurer en proportion un peu importante sans jeter quelque trouble dans l'harmonie de certains de nos organes.

On a pu remarquer par les expériences décrites plus haut, tout l'intérêt qu'il y a pour le brasseur de connaître la densité des pommes et aussi leur composition, puisque les cidres issus de fruits à 1060, 8° Baumé, avec peu de tannin n'ont pu se conserver qu'à la condition de ne pas ouvrir les vases qui les renfermaient, les germes n'étant pas morts, mais seulement engourdis.

Si ces fruits eussent été tout d'abord riches en tannin, il serait resté peu de mycodermes après les soutirages, et nul doute que la conservation ne se fut opérée plus complète.

Depuis six ans, nous avons étudié un assez grand nombre d'instruments usités déjà pour le chauffage des vins, et qui pourraient convenir très-bien à celui des cidres.

En 1872, nous signalions à l'attention du comice agricole de Dinan, un appareil inventé par M. Ch. Tellier, qui nous semblait un des mieux appropriés au but de l'opération.

On peut l'établir d'abord à peu de frais; une chaudière de petite capacité suffisant à lui fournir la vapeur, il est d'un entretien facile, la conduite de vapeur étant en caoutchouc, rien n'empêche d'établir la chaudière en dehors de la cave, la manœuvre est nulle, puisqu'elle se borne à entretenir le feu et à remettre l'eau de condensation dans la chaudière; enfin, l'installation d'un appareil complet coûte 275 fr. (1).

Le 19 février 1873, un essai en grand du chauffage des vins avait lieu à Bercy, sous le patronage de la Société des agriculteurs de France. L'expérience conduite par M. Terrel des Chênes, avec un œnotherme réussissait parfaitement, au point de vue pratique de l'opération.

Voilà donc encore un appareil recommandable. Les œnothermes de M. Terrel des Chênes sont cités comme les meilleurs et les plus commodes parmi les appareils économiques qui peuvent faire succéder le refroidissement *instantané* au chauffage *instantané*, car les vignerons ont reconnu que l'amélioration et la conservation des saveurs les plus délicates des vins étaient d'autant mieux assurées, que les liquides restaient moins longtemps soumis à l'action de la chaleur.

L'appareil complet (modèle moyen) avec refroidisseur, cinq robinets, soufflet, dix mètres de tuyaux coûte 390 fr., et sans refroidisseur 340 fr.

Les deux organes principaux, la chaudière et la pompe montés sur roues, se transportent facilement, comme une brouette, d'un lieu à un autre.

Cent quarante appareils ont été commandés à l'inventeur, à la suite de ses expositions qui lui ont valu trois médailles d'or.

(1) Voir la brochure de M. Ch. Tellier, ingénieur, route de Versailles, 99, à Paris-Auteuil. *Chauffage des vins et refroidissement des bières*, Paris, 1869.

Un dépôt existe à Paris, 23, rue du Pont-Neuf, chez MM. Farrow et Jakson, où l'on est à même d'examiner les appareils, en se reportant à un petit cahier d'instructions (1).

Nous résumerons maintenant la question de la longue conservation en disant aux brasseurs qui préparent d'une manière plus spéciale les cidres destinés à être exportés : Voulez-vous des cidres capables de voyager en fûts à de grandes distances, choissez vos fruits parmi ceux qui contiendront le plus de sucre et de tannin, ajoutez au moment du soutirage une petite quantité de cachou, astringent de nature végétale préférable aux écorces de chêne et à la noix de galle, en raison de son léger parfum et de sa droiture de goût, enfin soutirez de nouveau et chauffez les cidres avant leur départ et ils seront alors d'une solidité parfaite.

La fabrication défectueuse des cidres nuit à leur conservation. — Si l'on observait les préceptes que nous avons indiqués dans le chapitre précédent, les infirmités du cidre seraient presque insignifiantes, car elles se réduiraient à quelques altérations provenant de la mauvaise qualité des récoltes par suite d'influences atmosphériques fâcheuses.

En effet, soutirez et cachouez votre cidre et jamais il ne sera ni trouble ni graisseux ou visqueux ni sujet à noircir en présence de l'air ; fermez exactement les tonneaux lorsque la boisson est encore sucrée et jamais elle ne s'acidifiera, dût votre fût rester trois mois en perce.

Mais si l'on a mis au pressoir des pommes enduites de matières terreuses, qu'on les ait broyées assez finement pour faire de la pulpe une espèce de pommade, que le jus une fois entonné ait été abandonné à lui-même dans des fûts malpropres et odorants qu'on n'a pas eu soin de clore en temps opportun, on ne devra pas s'étonner de recueillir dans de telles conditions des cidres non-seulement dénués de qualité, mais encore disposés à éprouver différentes altérations dont nous indiquerons les plus

(1) *Bulletin mensuel de la Société des Agriculteurs de France*, 1873, page 245.

habituelles ainsi que les moyens usités en vue de les atténuer quelque peu.

De l'acidité. — On ne saurait être trop attentif à prévenir cette altération qui a pour effet de transformer le meilleur cidre en une boisson insalubre et réellement dangereuse, occasionnant des aigreurs, des maux d'estomac et des coliques intestinales très-pénibles. On évite le développement de l'acidité en usant de certaines précautions.

L'emploi des fûts vides d'huile d'olive, par exemple, capables de contenir la boisson nécessaire à la consommation du ménage pendant deux à trois mois, est des plus convenables, surtout si l'on perce le fût au milieu et au bas, afin de recevoir deux cannelles et d'établir ainsi deux pièces dans une seule.

L'avantage de cette manœuvre est facile à comprendre ; tandis qu'on vide la partie supérieure du tonneau par la cannelle du milieu, le liquide qui se trouve au-dessous est préservé de l'action altérante de l'air ; sa position est celle d'un liquide logé dans un fût bien clos et l'on réduit ainsi de moitié le temps auquel la barrique doit rester en vidange.

Quand on n'a pas d'*huilières* à sa disposition, on y supplée en versant sur le cidre, par l'ouverture de la bonde, 1 litre d'huile d'œillette, dès qu'on entame la pièce destinée à la consommation journalière, et si l'on craint que la chaleur en pénétrant dans les celliers, expose même la boisson quotidienne à s'aigrir, on placera près de la bonde du fût en perce, un petit fausset hydraulique, système Bélicard, pour remédier à ce nouvel inconvénient.

Enfin, si l'on a oublié ou négligé de prendre ces mesures et que tout à coup l'acidité se déclare dans le cidre au point d'empêcher de le boire, on peut encore y porter remède et voici comment : On introduit dans la carafe de service une pincée de bicarbonate de soude au moment de tirer la boisson. L'acide acétique est neutralisé, il se dégage de l'acide carbonique qui rend le cidre gazeux et le convertit instantanément en une boisson agréable et salubre. Le moyen est très-simple et ne coûte presque rien (20 c. par hect.)

Du cidre trouble. — La boisson est parfois lente à s'éclaircir ou à se parer, ce qui arrive dans les années pluvieuses où les fruits mûrissent avec peine et sont peu riches en principe sucré, ou encore si la fermentation s'est trouvée interrompue par un abaissement subit de la température. On remédie à ce défaut en soutirant le cidre et en y ajoutant, par fût de 6 hectolitres, 1 kilogramme de cassonnade ou de sucre brut étendu dans 8 à 10 litres de boisson déjà ancienne. La fermentation se ranime et le cidre se clarifie en moins d'un mois.

Il est bon de rappeler à cette occasion qu'on n'obtiendrait aucun résultat en suivant le procédé qui consiste à introduire des cendres dans la boisson qui fermente mal; on rend celle-ci alcaline et on la prive de cette saveur aigrelette et piquante qui caractérise le bon cidre.

De la viscosité ou graisse. — Le cidre en perdant de sa fluidité devient filant et tourne au gras. Cette maladie guérit très-bien par les astringents. Ainsi, il faut seulement 150 gr. de cachou pour coaguler le ferment de 6 hectolitres de liquide. On peut remplacer le cachou par 40 gr. de tannin ou 125 gr. de noix de galle en poudre grossière ou encore par 2 litres d'alcool. Les deux premières substances s'emploient dissoutes dans un litre d'eau; on se contente de délayer la noix de galle dans la pièce.

Du noircissement. — Le cidre noircit ou se tue, c'est-à-dire passe de la couleur ambrée à une teinte plus ou moins brunâtre, lorsqu'il tient en dissolution une assez grande quantité de sels alcalins (chaux ou ammoniaque) pour saturer l'acide malique; cette décomposition résulte souvent de l'emploi de mauvaise eau ou de futailles malpropres; il est à supposer que sous l'influence des alcalis existant alors dans le cidre, les matières extractives de celui-ci absorbent énergiquement l'oxygène de l'air et sont converties en principe colorant brun.

On restitue à la boisson qui noircit, sa belle couleur blonde, en versant 1 litre d'eau additionné de 125 grammes d'acide tartrique, par pièce de 6 hectolitres.

Le cidre préparé avec de l'eau légèrement ferrugineuse ou avec des fruits récoltés sur des terrains rougeâtres et ocracés est également sujet à brunir par le contact de l'air. Il contient une certaine proportion d'oxyde ferreux qui passe à l'état de peroxyde et colore la boisson en brun noirâtre.

Il suffit de jeter dans le fût une poignée d'écorces de chêne râpées pour précipiter le sel de fer et rétablir la boisson. Cet inconvénient ne se présente pas quand on a eu soin de soufrer les barriques avant d'entonner le cidre.

Les cidres une fois restaurés, n'ont plus d'action fâcheuse sur les organes de la digestion et deviennent réellement inoffensifs, mais ils perdent à ce travail une partie de leurs qualités toniques et nutritives, et ce serait commettre une grande erreur de comparer ces boissons raccommodées, au cidre généreux et nourrissant qu'on obtient de sucs bien fermentés et bien conservés.

CHAPITRE X

PRODUIT DES PLANTATIONS DE POMMIERS.

Place de ces arbres dans les cultures. — Autrefois, les champs cultivés étaient généralement plantés de pommiers qui les abritaient contre les ardeurs du soleil et retardaient leur assèchement ; mais on a reconnu les inconvénients de cette situation pour la production agricole, surtout à l'égard des terres de première et de deuxième classe, et ces arbres ont été abattus presque partout ; ils disparaîtront sans doute tout à fait, pour se confiner dans les vergers, où ils portent une ombre bienfaisante sur les herbages livrés à la pâture des bêtes de l'espèce bovine ; telle est du moins l'opinion exprimée sur ce point par l'éminent auteur de l'*Etude statistique, économique et chimique sur l'agriculture du pays de Caux*, M. Eugène Marchand (1).

« Les pommiers plantés dans les champs, dit-il, diminuent les superficies consacrées à la production agricole ; ils empêchent les rayons du soleil d'exercer leur utile action sur la maturation des récoltes, et finalement ils amoindrissent l'importance des rendements, sans offrir de compensations suffisantes ou bien assurées aux pertes dont ils sont la cause. »

Il est certain que les places les plus convenables pour recevoir des plantations sont les pâturages dont l'importance même des revenus se trouve sensiblement augmentée par le produit des pommiers.

(1) Consultez ce livre, p. 519 et 741.

On pourrait croire, *a priori*, que cette situation est défavorable au développement des herbes et nuisible à leurs qualités; mais il n'en est rien, car l'expérience de tous les jours prouve, dans les fermes cauchoises, que si l'herbe obtenue sous les pommiers est abondante, elle n'en est pas moins appétissante pour les animaux des espèces bovine et chevaline, qui la recherchent avec ardeur : les premiers la consomment avec avidité en s'engraissant rapidement, ou bien en fournissant un lait toujours très-abondant, très-agréable au goût et très-riche en beurre.

Les rendements en herbe s'expliquent par la quantité normale d'humidité dont le sol reste toujours pourvu, grâce aux abris feuillés que les pommiers lui procurent. Les qualités des fourrages s'expliquent elles-mêmes à leur tour, par une observation due à M. Bourgeois, membre de la Société d'agriculture de France, qui a constaté que les chevaux — et probablement tous les animaux herbivores — sont toujours plus friands du foin développé à l'ombre que de celui qui subit l'insolation pendant sa croissance. Pour expliquer ce fait, M. Chevreul assure que le foin qui reçoit les rayons du soleil est moins aromatique que celui qui ne les reçoit pas.

La plupart des agronomes reconnaissent également qu'il y a avantage à planter des pommiers dans les terres labourées qui sont de médiocre qualité ou encore dans les terrains légers et exposés à la sécheresse, mais ils sont d'avis unanime pour les bannir des terres de première et de deuxième classe ou du moins à n'en planter qu'une bordure du côté du nord ou de l'ouest, où l'ombre portée ne pourra nuire à la récolte.

Nombre de pommiers par hectare. — Il est utile de ne pas planter les arbres trop rapprochés dans les vergers, car ils s'y gênent et n'y atteignent que rarement leur complet développement. M. de Gasparin a fait voir que pour qu'il n'en soit pas ainsi en Normandie, les pommiers de 7 mètres de hauteur ne doivent pas être au nombre de plus de *soixante-dix* par hectare, avec un écartement de 17^m,46 pour les rangées plantées d'est à ouest, et un éloignement de 8^m,11 pour celles qu'on aligne du nord au midi. Mais dans le pays de Caux, où la hauteur moyenne des arbres est moindre de 7 mètres, on plante cependant les pâturages qui sont à sol profond et fertile en pommiers distants de 15 mètres sur tous sens.

Les cours de ferme et les terrains secs et graveleux sont plus souvent plantés à 12 ou même à 10 mètres d'écartement, ce qui donne de *quatre-vingt-cinq* à *cent* arbres par hectare de superficie.

Choix des variétés. — Tout le monde sait que les pommiers sont partagés en trois grandes séries : ceux à fruits précoces, ceux à fruits de moyenne saison et ceux à fruits tardifs.

Le plus souvent toutes ces variétés se trouvent assujetties, au moment de leur floraison, à des influences climatériques différentes, et donnent, à cause de cela, chaque année et pour chaque série, des quantités inégales de fruits. Cette situation est mise à profit dans les exploitations bien dirigées ; on y plante habituellement en nombre à peu près égal, des sujets mûrissant leurs fruits à la première, à la seconde et à la troisième saison, de manière à toujours avoir une récolte moyenne dont on peut accroître encore l'intensité par la multiplication de variétés portant fruit hors année.

Pour qu'une variété soit recommandable à tous égards, il lui faut satisfaire à trois conditions :

Produire beaucoup de fruits ;

Que ces fruits présentent en proportions élevées les éléments nécessaires à la formation des bons cidres, c'est-à-dire des jus d'une densité d'au moins 1075, 10° Baumé, avec 5 millièmes de tannin ;

Que l'arbre enfin soit sain, vigoureux et porte une tête plutôt pyramidale que ronde ou déprimée ; cette dernière forme ombrageant davantage les récoltes et plaçant les branches plus à la portée des bestiaux.

Malheureusement les variétés les plus fertiles et les plus saines comme celles qui donnent une récolte abondante chaque année offrent très-souvent des fruits de qualité médiocre, d'une densité de 1040 à 1060, 6 à 8° Baumé et presque toujours dépourvus de tannin, ainsi que nous l'ont appris les analyses opérées sur un grand nombre de pommes, en vue de trouver des variétés de premier mérite dans chaque série et surtout de découvrir les types de celles qui ont le plus contribué à établir la réputation des cidres renommés.

D'un autre côté, il y a peu de variétés anciennes qui soient irréprochables; leurs fruits sont-ils parfaits, que rarement ils sont abondants; il est donc de toute nécessité, lors de la création ou même de l'entretien d'une pommeraie, de faire un choix judicieux parmi les variétés qui sont classées au nombre des meilleures.

Assortiment des variétés. — En ce moment, il ne nous est guère possible d'indiquer tous les fruits complets susceptibles d'être utilisés dans les plantations nouvelles, à cause du petit nombre de sujets greffés jusqu'à ce jour et de la difficulté qu'on rencontrerait à se les procurer; mais en attendant la vulgarisation des variétés d'élite récemment acquises, nous nous contenterons de signaler celles dont nous avons pu constater les qualités à l'égard de la fabrication du cidre.

On sait avec quelle impatience sont attendus presque toujours les fruits précoces pour le coupage des gros cidres ou des boissons, surtout encore après une année de disette; on obtiendra de bons résultats en greffant un certain nombre d'arbres en *Blanc-Mollet* et *Jaunet-Pointu*, variétés à 1075 de densité, 10° Baumé, mûres fin septembre.

La deuxième quinzaine d'octobre voit mûrir: *Amer-Doux*, *Pomme-de-Cat*, *Gros-Fréquin-d'Avranches*, à 1075 de densité.

L'assortiment prêt à cette époque pour la préparation des *cidres gracieux* se compose de: *Doux-à-Laignel* (1), *Gros-Fréquin*,

(1) Le *Doux-à-Laignel* ou *Vagnon*, variété très-répandue et très-recherchée dans le pays Caux, est aujourd'hui abandonnée par les pépiniéristes, l'arbre étant souffrant.

Muscadet, *Gros-OEil* d'Avranches; trois semaines plus tard mûrissent, *Bédan-Hélouin*, *Fréquin-Rouge* et *Paradis-Vrai*.

En saison moyenne, arrivent à maturité vers mi-novembre, *Rouge-Bruyère-Vrai*, *Fréquin-Rouge* et *Paradis-Vrai*, trois variétés à 1075 de densité courante avec 5 millièmes de tannin.

Il y a pour fin novembre, *Martin-Fessard*, *Argile* (*Rouge-Bruyère-de-Rouen*), *Jaunet-de-Bray*, *Amère-de-Berthecourt*, qui sont dans les mêmes conditions.

Il est à remarquer que les fruits dont la maturité a lieu en novembre, sont très-recherchés par les habitants des villes qui, se servant pour la plupart de pressoirs de location qui fonctionnent en plein air, craignent d'être surpris par la gelée, s'ils retardent leur brassaison jusqu'à l'époque où mûrissent les pommes tardives.

La première quinzaine de décembre offre aux grands producteurs de cidre pur trois variétés très-fertiles : *Argile-Grise*, *Binet-Blanc* et *Pomme-Bramtot*, avec une densité moyenne de 1083, 11° Baumé et 5 millièmes et 1/2 de tannin.

Enfin, la deuxième quinzaine de décembre avec *Bédan*, *Pomme-Delaplace* et *Pomme-Rouge* (*Dieusy*), vient compléter avantageusement la série des variétés tardives pourvues de fruits de haute densité.

Il est inutile de rappeler, ce nous semble, qu'il convient de réunir dans la même partie d'une plantation, les variétés dont les fruits mûrissent à la même époque, c'est-à-dire qu'on devra placer dans des lignes voisines les fruits de première saison, puis ceux de deuxième et enfin ceux de troisième. Il en résultera une certaine économie de temps et de main-d'œuvre au moment de la récolte.

Mais une précaution à prendre, par exemple, lorsqu'il s'agira de greffer un sujet, sera de ne pas intervertir les époques de végétation en plaçant une greffe précoce sur un sujet tardif, ni une greffe tardive sur un sujet précoce.

Si encore les terrains à planter présentent des expositions variées, on réservera les plus froides pour les variétés à floraison tardive.

Quant aux poiriers, dont la fleur est moins sensible que celle des pommiers, on les placera en bordure du côté du nord et de l'ouest dans les pâturages ou dans les champs plantés de pommiers.

Il est bien entendu qu'on se servira indistinctement de pommiers francs de pied ou de sujets greffés d'espèces déjà connues, pourvu que les variétés dont on aura fait choix réunissent toutes les conditions d'un arbre de premier mérite.

Produit moyen des pommiers. — Les fruits à cidre sont, à notre avis, un produit agricole très-important pour les départements du nord-ouest de la France, et on ne saurait trop en étendre la culture.

On nous objectera peut-être que cette culture n'est point la source d'une richesse constante en matière d'économie rurale, puisque la quantité de fruits récoltés varie d'année en année, quelquefois du simple au double pour deux années consécutives, et que ces écarts se trouvent encore accrus par ce fait, que les pommiers sont assujettis à une périodicité bisannuelle dans leur fécondité, et par cette autre circonstance que, plantés souvent trop rapprochés, ils n'atteignent point leur complet développement et affaiblissent ainsi les chiffres de la production.

Mais si l'on veut bien admettre — ce qui est vrai — que le pommier coûte peu à élever, que son produit dans la ferme s'obtient presque sans frais, qu'il peut être planté utilement, c'est-à-dire sans occasionner le moindre préjudice aux récoltes herbacées, soit en bordures du côté du nord ou de l'ouest, le long des terres de labour de première et de deuxième classe, en tenant les arbres éloignés de 25 mètres environ les uns des autres;

Soit en ligne au milieu des terres de troisième classe, si les terrains sont légers et exposés à la sécheresse, en ménageant un espace de 34 mètres entre les arbres;

Soit dans les pâturages, en observant la proportion de 75 à 80 sujets par hectare et plantés de préférence en quinconce pour les faire jouir d'une insolation plus régulière;

Soit enfin dans les cours et vergers au nombre d'une centaine par hectare ;

On demeurera convaincu qu'il doit résulter de ces dispositions une augmentation très-sensible des revenus de la terre.

Il est certes difficile d'arriver à la détermination, même approximative, du chiffre de moyen rendement annuel des pommiers parce qu'en raison des causes indiquées, il y a un instant, comme modificatrices de la production, l'on constate souvent dans des vergers peu éloignés, des différences très-grandes dans la quantité aliquote des fruits récoltés; malgré cela, les renseignements puisés près bon nombre de cultivateurs et ceux surtout que nous a fournis un propriétaire d'Yvetot, M. Varin-Simon, qui, depuis 1833, tient note chaque année de la récolte de son verger et qui plus est, de chaque variété qu'il y cultive, nous permettent de donner à cet égard, une évaluation très-rapprochée de la vérité.

Favorisé au-delà de toute espérance, par l'esprit d'ordre qui préside d'ordinaire aux opérations dont s'occupe cet habile et laborieux agronome, nous avons pu relever sur ses livres, le produit de 38 récoltes successives, qu'ont donné 105 arbres représentés assez exactement pendant une trentaine d'années par

40	sujets	de 5	à	20	ans de plantation
40	—	de 20	à	50	—
20	—	de 50	à	80	—
5	—	de 80	à	90	—

Ces documents, d'une valeur statistique réellement précieuse, ont établi que, durant une période non interrompue de 38 années, le rapport annuel de chaque tête d'arbre âgée de 5 à 90 ans, a été de 216 litres et s'est élevé par tête âgée de 20 à 80 ans à 307 litres.

Ce verger, planté de 105 pommiers appartenant aux variétés à fruits précoces, de moyenne saison et tardifs, en vue d'atténuer les influences climatériques qui réagissent sur les arbres au moment de leur floraison, et de s'assurer par là même de moyennes récoltes, a donné comme points extrêmes de produit :

ANNÉES.	HECTOLITRES.	ANNÉES.	HECTOLITRES.
1836..........	628	1833..........	125
1868..........	620	1839..........	110
1834..........	610	1863..........	86
1864..........	500	1853..........	85
1840..........	495	1856..........	62
1838..........	484	1837..........	60
1847..........	388	1867..........	58
1870..........	365	1835..........	40
1858..........	334	1861..........	38
1842..........	296	1865..........	33
1862..........	259	1854..........	30
1860..........	222	1866..........	25
1841..........	210	1871..........	24
1855..........	142	1859..........	19
1857..........	128	1869..........	15
TOTAL...	5681	TOTAL...	810

Ces 30 années se totalisent par un chiffre de 6491 hectolitres,

Soit par année, 216 hectolites 36 litres
Et par arbre... 2 — 6 —

De tels chiffres témoignent assez, selon nous, de l'intérêt qui doit s'attacher à la culture des fruits à cidre et s'ils ne sont pas l'entière confirmation de ce dicton populaire, à l'occasion des fonds plantés de pommiers et de poiriers : « Le dessus vaut mieux que le dessous ; » du moins prouvent-ils que ces arbres peuvent devenir la source de revenus importants.

Eau-de-vie de cidre. — Pour préparer de l'eau-de-vie de cidre qui soit réellement potable, il ne faut point distiller, comme on le fait le plus souvent, des lies ou des cidres prêts à livrer au vinaigrier et surtout encore les distiller au moyen de chaudières où le liquide subit l'action directe du feu ; les matières extractives du cidre s'attachent alors sur les parois de la chaudière, s'y brûlent et communiquent à l'eau-de-vie une saveur empyreume persistante et fort désagréable.

Les *bouilleurs* ne devraient jamais oublier ce précepte, que seuls les *bons cidres* peuvent faire les *bonnes eaux-de-vie*, de même que les appareils perfectionnés qui sont depuis longtemps en usage pour la distillation des vins permettent seuls également d'obtenir des eaux-de-vie de cidre fines, mœlleuses et parfumées, comparables, en un mot, aux bonnes eaux-de-vie de vin.

Il y a quelques années, M. Halphen, propriétaire au Castelier, près Lisieux, fit ressortir en termes si sensés et si judicieux les avantages de ces deux conditions que nous exécutâmes plusieurs expériences basées sur ses propres données (1).

On écrasa cinquante litres de pommes et le jus fut mis à fermenter à une température de 15° à 20° centigrade ; un mois plus tard le cidre obtenu pesait au densimètre 1003. Une opération semblable avait été conduite sur une même quantité de pommes dont on avait pris soin d'enlever les pépins. Chaque cidre était d'une droiture de goût très-franche avec parfum de fruit marqué ; la distillation eut lieu séparément dans un appareil muni d'un bain-marie, et lors de la réunion du Congrès, à Yvetot, en 1871, voici le jugement que porta l'assemblée sur ces produits :

« M. Hauchecorne présente trois échantillons d'eau-de-vie de cidre, un qu'il s'est procuré dans le commerce comme étant de première qualité ; deux qu'il a obtenus lui-même de la distillation au bain-marie de cidres provenant de pommes mises à fermenter avec les pépins et sans les pépins. L'eau-de-vie du commerce est trouvée bonne, les deux échantillons distillés au

(1) *Simple discours sur l'eau-de-vie de cidre*, par M. Halphen, ancien élève de l'Ecole polytechnique, 1868.

bain-marie lui sont reconnus très-supérieurs; ils ont l'un et l'autre un bouquet distinct, et l'assemblée, sans pouvoir décider auquel elle accorderait la préférence, est d'avis qu'ils sont très-agréables l'un et l'autre (1). »

Il arrive parfois dans les années d'abondance, que les fûts viennent à manquer, c'est le cas de hâter la fermentation du moût en le recevant au sortir de la presse dans de grandes cuves placées dans un local dont la température est de 15° à 20°, et en y ajoutant une certaine proportion de levure de bière. Au bout d'une semaine, la fermentation est à peu près achevée, et le liquide pèse 1005 à 1007. Il est prêt à distiller et il fournit ainsi de bonne eau-de-vie si l'on se sert d'un appareil convenable.

On peut encore recueillir de l'eau-de-vie par la fermentation directe des pommes, à l'aide de la levure de bière. En suivant les procédés usités pour la préparation de l'alcool de betteraves, M. François Delamare de Boutteville, obtint en 1868, à sa distillerie de Fontaine-le-Bourg, une eau-de-vie de qualité remarquable; plusieurs membres du Congrès ayant été invités à déguster ce produit le trouvèrent fin, mœlleux et d'un parfum aussi délicat que les bonnes eaux-de-vie de vin; pas un ne voulait croire à son origine, et de fait, cette excellente eau-de-vie ne ressemblait en rien aux eaux-de-vie de cidre les plus renommées et les plus chères (2).

Certes, quand le cidre est de bonne qualité, il vaut mieux le vendre comme cidre que le distiller, mais dans les années d'abondance des pommes ou des poires, il y a avantage à recourir à ces procédés, ne fut-ce d'ailleurs que pour s'opposer utilement à l'avilissement des prix de ces fruits.

(1) *Procès-verbaux du Congrès*, page 272.

(2) *Ibid.*, p. 272 et 273.

ANALYSE CHIMIQUE DU MOUT DES FRUITS

présentés au Congrès en nombre suffisant pour être étudiés au moment de leur maturité.

NOTA. — Les numéros qui précèdent les noms des fruits correspondent aux pages des publications qui en contiennent la description succincte :

Les chiffres suivis d'un C renvoient aux *Procès-Verbaux du Congrès;*

— — S — au supplément à ces procès-verbaux ;

— — P — au tome II de la *Pomologie,* publié par la Société d'Horticulture de la Seine-Inférieure.

Les tableaux indicatifs du rapport des degrés du pèse-sels de Baumé avec la densité des liquides se trouvent à la page 130, pour les pommes, et à la page 138. pour les poires. — Ces mêmes tableaux donnent, pour chaque densité, la quantité approximative de sucre alcoolisable contenu dans un kilogramme de moût.

Les fruits dont la description et l'analyse ont été données plus haut ne figurent pas ici.

POMMES DE 1re SAISON. — MATURITÉ AOUT-SEPTEMBRE.

Nos	NOM DES VARIÉTÉS.	PROVENANCE.	PRÉSENTATEUR	DENSITÉ	TANNIN par kil.	ACIDITÉ par kil.
274 C	Amer-Gautier faux.	Ste-Croix-s/-Buchy.	M. Pelletier.	1067	1 377	1,070
62 C	Belle-Fille-Normande. . . .	Environs de Vannes.	M. de la Hitolle.	1060	2,000	1,070
279 C	Belle-Fille.	Environs d'Yvetot.	Divers.	1056	3,443	1,070
»	Blanc-Doux.	Hugleville-en-Caux.	M. Levasseur.	1063	1,377	1,070
»	Cocherie-Flagellée.	Id.	Id.	1063	2,754	1,070
279 C	Dalle.	Roncherolles.	M. Damour.	1054	2,730	1,070
15' C	Doux-au-Gobet.	Rouen.	M. L. de Boutteville	1050	2,000	1,000
»	Fléquin-Gros.	Côtes-du-Nord.	Comice de Dinan.	1048	traces	1,070
»	Fléquin-Rouge petit. . . .	Id.	Id.	1073	2,755	1,070
281 C	Girard-Vrai.	St-Clair-d'Arcey.	M. Humelot.	1075	2,754	1,070
»	Gros-Blanc.	Ste-Croix-s/-Buchy.	M. Pelletier.	1060	1,000	1,070
283 C	Hâtive-Legrand	Yvetot.	M. Legrand.	1060	4,958	1,070
121 C?	Pomme-Blanche.	Environs d'Yerville.	M. Morlait.	1052	traces	1,070
»	Précoce-de-Romesnil. . . .	Pierrecourt.	M. Lasnier.	1060	1,000	1,070
»	Pruvotte-Petite.	Id.	Id.	1060	2,755	1,070

POMMES DE 2me SAISON. — MATURITÉ OCTOBRE-NOVEMBRE.

Nos	NOM DES VARIÉTÉS.	PROVENANCE.	PRÉSENTATEUR	DENSITÉ	TANNIN par kil.	ACIDITÉ par kil.
1 S	Amanda-Coruble.	Néville.	M. Martot.	1060	1,377	1,070
»	Amère-de-Bertreville. . . .	Environs de Cany.	M. Morlait.	1065	1,000	1,070
»	Amère-de-Bray.	Arr. de Neufchâtel.	M. Demercastel.	1063	2,000	1,070
227 C	Ameret-d'Automne.	Touffreville-la-Corbel.	M. Crevel.	1060	1,377	1,070
3 S	Ameret-St-Cosme.	Néville.	M. Martot.	1067	1,377	1,070
2 S	Amer-Doux.	Environs d'Yvetot.	Divers.	1060 à 1079	4,000	1,070
150 C	Avoine petite et grosse . .	Arrond. d'Yvetot.	Id.	1060 à 1063	1,000	1,070
112 C	Barbarie à glanes.	Départ. de l'Oise.	Id.	1060 à 1067	2,000	1,070
»	Barbarie gros.	Hénonville.	M. Alain.	1067	2,755	1,070
113 C	Basset-de-Gournay.	Beauvais.	Société d'Hort.	1063	2,755	1,070
»	Bazin.	Environs d'Yvetot.	M. Morlait.	1056	1,000	1,070
»	Bedon-Hélouin.	Néville.	M. Hélouin obt.	1067	2,755	1,070
»	Bedan rond.	Id.	M. Martot.	1073	1,377	1,070
6 S	Bedan rouge.	Id.	Id.	1058	traces	1,070
»	— semi hâtif.	Yerville.	M. Morlait.	1050	1,000	1,070
7 S	Bénard (Coudray).	Beauvais.	Société d'Hort.	1076	2,066	1,070
»	Blancarde.	Côtes-du-Nord.	Comice de Dinan.	1063	traces	0,673
»	Blanche ou coupée.	Id.	Id.	1052	traces	0,750
»	Blanchette	Hugleville-en-Caux.	M. Levasseur.	1060	1,377	1,070
»	Blanc-Tigré.	Touffreville-la-Corbel.	M. Beauvisage.	1075	1,377	1,070
»	Bonne-Ente.	Ste-Croix-s/-Buchy.	M. Pelletier.	1060	2,000	1,070
64' ?	Bonne-Sorte.	Environs d'Yvetot.	M. Caltro.	1063	1,377	1,070
7 S	Bouteille-Précoce.	Bernay.	M. Bayvel.	1065	1,000	1,070
290 C	de Buis.	Yvetot.	M. Legrand.	1063	2,000	1,070
»	de Carpentier.	Bernay.	M. Bayvel.	1067	3,443	1,070
»	Chapronnais	Côtes-du-Nord.	Comice de Dinan.	1052	traces	0,666
20 C ??	Claret.	Néville.	M. Martot.	1058	1,377	1,070
»	A clochettes	Grémonville.	M. Morlait.	1060	1,377	1,070
»	Cœur-de-Bœuf.	Côtes-du-Nord.	Comice de Dinan.	1060	traces	1,125
193 P	de Crème.	Yvetot.	M. Ducreux.	1060	1,377	1,070
181 P	Croix-de-Bouelle.	Env. de Neufchâtel.	M. L. de Boutteville	1060	traces	1,070
»	de Dame.	Yerville.	M. Morlait.	1058	1,000	1,132
116 C.	Douce-Amère.	Bertreville-St-Ouen.	M. Renaux.	1060	traces	1,070

Nos	NOM DES VARIÉTÉS.	PROVENANCE.	PRÉSENTATEUR	DENSITÉ	TANNIN par kil.	ACIDITÉ par kil.
14' C	Douce-Dame.	Env. de Bayeux.	Société d'Hort.	1063	4,407	1,070
8 S	Douce-Morelle	Néville.	M. Martot.	1056 à 1060	2,755	1,070
9 S	Doucet.	Envir. de Bernay.	M. Bayvel.	1067	2,755	1,070
»	Doucet-d'Aucalent.	Côtes-du-Nórd	Comice de Dinan.	1063	1,377	1,070
»	Doucet-Chevalier.	Id.	Id.	1070	1,377	0,750
297 C	Doux-à-Lagnel, Vagnon rouge, d'Orange, de Demoiselle	Seine-Inférieure. Eure et Calvados.	68 communes.	1060 à 1065	3,463 à 6,198	0,830 à 1,070
280 C	Doux-Martin	Touffreville-la-Corbel.	M. Beauvisage.	1067	2,755	1,070
9 S	Doux-Veret.	Pierrecourt.	M. Lasnier.	1068	3,443	1,070
»	Duchesne.	Environs d'Yvetot.	M. Legrand.	1063	1,377	1,070
»	Egaude, Tocfiche	Côtes-du-Nord.	Comice de Dinan.	1063	traces	0,066
10 S	Fauvelle	Env. de Beauvais.	M. de Maupeou.	1071	1,000	0,750
229 C	Fleur-de-Mai vraie.	Contremoulins.	M. Tesnières.	1056	traces	2,140
229 C	Id. fausse	Etoutteville.	M. Bourgeois.	1040	1,377	2,140
»	Fléquin-Blanc.	Côtes-du-Nord.	Comice de Dinan.	1069	2,066	1,070
»	Fléquin-Gane.	Id.	Id.	1067	1,377	1,125
»	Fléquin-Long des granges.	Id.	Id.	1063	1,000	1,070
269-29 C	Galopin-d'Été.	Environs d'Yvetot.	M. Varin.	1067	3,000	1,070
»	Gauvin	Id.	M. Legrand.	1059	traces	3,210
16' C	Gay-Rouge.	Env. de Bayeux.	Société d'Hort.	1060	4,132	0,830
13 S	Glanette.	Pierrecourt.	M. Lasnier.	1067	2,000	1,070
»	Grasse-à-Cidre.	Environs d'Yvetot.	M. Ducreux.	1058	1,377	1,070
13 S	Gros-Amer.	Envir. de Bernay.	M. Bayvel.	1063	1,000	1,070
»	Gros-Binet	Ste-Croix-s/-Buchy.	M. Pelletier.	1056	1,377	1,070
»	Gros-Blanc.	St-Clair-d'Arcey.	M. Humelot.	1056	1,000	1,070
17' C	Gros-Bois.	Env. de Bayeux.	Société d'Hort.	1063	1;720	1,070
282 C	Gros-Bruyère blanc	Grémonville.	M. Morlait.	1063	1,377	1,070
25 C ?	Gros-Doux	Envir. d'Ourville.	M. Samson.	1060	1,377	1,070
»	Gros-Matois.	Environs d'Yvetot.	M. Varin-Simon.	1063	2,066	1,070
18 C	Gros-Œil-d'Avranches. . .	Env. d'Avranches.	Cercle horticole.	1060	2,755	1,070
15 S	Grosse-Pruvotte	Pierrecourt.	M. Lasnier.	1067	1,375	1,070
205 P ?	Gros-Vert.	Grémonville.	M. Morlait.	1052	1,375	1,070
»	Grosse-à-Côtes.	Id	Id.	1052	traces	1,070
445 C	Hautbois.	Motteville.	M. Plouet.	1071	1,000	1,070
»	Hospice-d'Yvetot.	Yvetot.	M. Valentin.	1064	2,754	1,070
16 S	Jaunet-de-Bray.	Env. de Beauvais.	Société d'Hort.	1075	3,443	1,070
26 S	de Leblond.	Env. de Beauvais.	M. de Maupeou.	1058	4,960	0,750
26 C	Louis-Desgué.	Côtes-du-Nord.	Comice de Dinan.	1060	traces	1,070
18 S	de Lozon ou d'Outremer.	Néville.	M. Martot.	1067	1,000	1,070
18 S	de Maria	Envir. de Bernay.	M. Bayvel.	1067	3,410	1.070

Nos	NOM DES VARIÉTÉS.	PROVENANCE.	PRÉSENTATEUR	DENSITÉ	TANNIN par kil.	ACIDITÉ par kil.
»	Marin-Anfray semi hâtif. .	Grémonville.	M. Morlait.	1060	1,377	1,070
»	Mathieu.	Bertreville-St-Ouen.	M. Demercastel.	1072	2,754	1,070
»	Matois-de-Bernay.	Envir. de Bernay.	M. Bayvel.	1068	2,755	1,070
232 C ?	Mère-de-Famille.	Bertreville-St-Ouen.	M. Demercastel.	1049 à 1058	1,000	1,070
»	de Morand.	Néville.	M. Martot.	1058	1,000	1,070
189 P	Moussette.	Rouen.	M. L. de Boutteville	1067	1,377	0,666
189 P	Muscadet vrai.	Yvetot.	M. Dubuc.	1067	2,410	1,070
»	Musel-de-Brebis.	Envir. de Bernay.	M. Bayvel.	1060	1,377	0,666
190 P ?	d'Œillet	Environs d'Yvetot.	M. Ducreux.	1057	1,000	1,070
69 C ?	d'Orange.	Ste-Croix-s/-Buchy.	M. Pelletier.	1052	1,377	1,070
21' C	d'Ordre ou de Crollon . . .	Env. d'Avranches.	Cercle horticole.	1038	1,000	1,070
»	Passe-Pomme	Ourville.	M. Samson.	1065	1,377	1,070
22 S	Peau-de-Vache hâtive. . .	Grémonville.	M. Morlait.	1058	traces	1,070
288 C	de Perdrix	Environs d'Yvetot.	Divers.	1046 à 1063	2,066	1,070
207 P ?	Petit-Amer.	Envir. de Buchy.	M. Pelletier.	1056	1,377	1,070
»	Petit-Brun	Côtes-du-Nord.	Comice de Dinan.	1071	1,377	1,125
»	Petit-Citron.	Envir. de Buchy.	M. Pelletier.	1052	traces	1,070
»	Petit-Matois.	Yvetot.	M. Varin-Simon.	1063	2,066	1,070
»	Petite-Ozanne.	Ourville.	M. Samson.	1066	1,377	1,070
473 S	Petite-Rouge (M. Lacaille)		M. Lacaille.	1067	3,443	1,070
159 C ?	Pomme-Poire.	Grémonville.	M. Morlait.	1065	2,066	1,070
»	de Quevillon	Bertreville-St-Ouen.	M. Demercastel.	1063	2,066	1.070
»	Queue-Nouée.	Envir. de Buchy.	M. Pelletier.	1063	1,377	1,070
»	Rêlé.	Grémonville.	M. Morlait.	1044	1,377	1,070
294 C	Rêlot ou Rouge-Cidre . . .	Env. de Bacqueville.	M. Demercastel.	1070	1,000	1,070
»	Renouvelet-Petit.	Envir. de Bernay.	M. Bayvel.	1067	3,000	1,070
»	Roquet-d'Automne.	Bertreville-St-Ouen.	M. Demercastel.	1067	1,000	1,070
»	de Rouge.	Env. de Beauvais.	M. de Maupeou.	1063	1,000	1,070
236 C	Rouge-David.	St-Clair-s/-les-Monts.	M. David.	1056	1,377	1,070
»	Rouge-Côtelée.	Envir. de Buchy.	M. Pelletier.	1070	1,377	1,070
»	Rouge-Bruyère gris	Bayeux.	Société d'Hort.	1075	1,377	1,070
22' C	Rouge-Jérôme.	Env. d'Avranches.	Cercle horticole.	1056	2,000	1,070
»	Rouge-de-la-Ville-Hermier	Rouen.	M. L. de Boutteville	1067	traces	1,070
295 C	Rougette ou Rougine. . . .	Envir. de Buchy.	M. Pelletier.	1060	1,377	1,070
30 S	Saint-Charles.	Env. d'Avranches.	Cercle horticole.	1060	traces	1,070
296 C	Saint Martin.	Yvetot.	M. Legrand.	1063	3,443	1,070
30 S	Saint-Meu.	Envir. de Bernay.	M. Bayvel.	1067	5,509	1,070
30 S	Sauger.	Id.	Id.	1075	5,509	1,070
»	Séguin	Environs d'Yvetot.	M. Legrand.	1063	1.377	1,070

Nos	NOM DES VARIÉTÉS.	PROVENANCE.	PRÉSENTATEUR	DENSITÉ	TANNIN par kil.	ACIDITÉ par kil.
296 C	Sonnette	Roncherolles.	M. Damour.	1063	1,377	1,070
»	de Tarte	Environs d'Yvetot.	M. Legrand.	1060	1,377	1,070
»	Trancard-Doux.	Grémonville.	M. Morlait.	1060	2,000	1,070
»	Trancard-Violet.	Id.	Id.	1060	1,377	1,070
127 C	Vacandar.	Berthecourt.	M. de Maupeou.	1063	1,000	1,070
»	de Vire.	Ourville.	M. Samson.	1056	1,377	1,070

POMMES DE 3me SAISON. — Maturité Décembre-Janvier.

Nos	NOM DES VARIÉTÉS.	PROVENANCE.	PRÉSENTATEUR	DENSITÉ	TANNIN par kil.	ACIDITÉ par kil.
»	Alizon tardif.	St-Germain-en-Laye.	M. Heutte.	1060	2,750	1,070
188 P	Amelet.	Bertreville-St-Ouen.	M. Demercastel.	1063	2,750	1,070
226 C	Ameret à cul gris	Etoutteville.	M. Bourgeois.	1080	1.377	1,070
275 C	Ameret d'Enghien.	Ourville.	M. Sanson.	1065	2,755	1,070
4 S	Amère tardive.	Ste-Marie-des-Champs	M. Caltro.	1067	2,755	1,070
»	Amère verte	Environs de Buchy.	M. Pelletier.	1063	1,377	1,070
»	d'Antin.	Bertreville-St-Ouen.	M. Demercastel.	1063	2,750	1,070
227 C	Aufriche	Envir. de Bayeux.	Société d'Hort.	1067	2,746	0,830
»	Beauté.	Envir. de Bernay.	M. Bayvel.	1058	1,000	1,070
»	Belle-Normande	Bertreville-St-Ouen.	M. Demercastel.	1060	1,377	1,070
»	Bifère ou Saint-André. . .	Grémonville.	M. Morlait.	1067	2,755	1,070
»	de Blondel	Bertreville-St-Ouen.	M. Demercastel.	1067	2,754	1,070
»	Bon-Acre	Environs de Buchy.	M. Pelletier.	1067	3,443	1,125
»	Bonne-Franche	Id.	Id.	1065	2,754	1,070
»	Brount	Grémonville.	M. Morlait.	1057	1,377	1,070
115 C ?	Brulain.	Hénonville.	M. Alain.	1063	1,377	1,080
»	de Canu	Environs de Buchy.	M. Pelletier.	1075	2,754	1,070
228 C	Cardinale	Bayeux.	M. Malherbe.	1056	1,377	1,070
71 C	de Canne	Roncherolles.	M. Damour.	1063	1,000	1,132
228 C	Carpentin	Origine allemande.	M. L. de Boutteville	1083	traces	3,210
»	Casseler, reinette grosse .	Id.	M. Gervais.	1083	traces	2,666
»	Casseler, reinette petite . .	Id.	Id.	1067	traces	2.210
»	de Caumont	Environs de Buchy.	M. Pelletier.	1060	2.754	1,070
»	de Chair	Id.	Id.	1067	1,377	1,070

Nos	NOM DES VARIÉTÉS.	PROVENANCE.	PRÉSENTATEUR	DENSITÉ	TANNIN par kil.	ACIDITÉ par kil.
71 C	de Cimetière.	Envir. de Bernay.	M. Bayvel.	1060	3,443	1,070
»	Colin-Jean	Id.	Id.	1060	2 755	1,070
»	Coqueret jaune.	Touffreville-la-Corbel.	M. Beauvisage.	1058	1.377	2,210
»	de Couleuvre.	St-Clair-s/-les-Monts.	M. Dabancourt.	1047	2,755	1,070
»	de Cresson.	Environs de Buchy.	M. Pelletier.	1060	1,377	1,070
203 P	Damassé ou de Chataigne	Roncherolles.	M. Damour.	1067	1.720	0,830
228 C	Deutscher Gold-Pepping. .	Origine allemande.	M. L. de Boutteville	1083	traces	3,210
»	Doucet de Hombourg ou Vilbiry.	Côtes-du-Nord.	Comice de Dinan.	1064	traces	1,070
280 C	Doux-Martin.	Hugleville-en-Caux.	M. Levasseur.	1065	2,755	1,070
228 C	Downton pippin	Origine anglaise.	M. L. de Boutteville	1078	traces	1,070
280 C	Duret.	Environs de Buchy.	M. Pelletier.	1064	1,377	1,070
65 C	Fleur de juin.	Etoutteville.	M. Bourgeois.	1056	3,440	0,666
»	Flequin normand	Côtes-du-Nord.	Comice de Dinan.	1062	1,000	1,070
»	Forretière	Envir. de Bernay.	M. Bayvel.	1067	1,000	1,070
12 S	Fréquin tardif.	Envir. d'Yerville.	M. Morlait.	1075	1,375	1,125
20 C	Galvin	Bayeux.	Société d'Hort.	1060	4,476	0,666
204 P	Germaine	Auffay.	M. Gervais.	1067	6,886	1,070
291 C	Goudran	Hugleville-en-Caux.	M. Levasseur.	1075	2,000	1,070
»	Gros-Bédan	Ste-Marie-des-Champs	M. Caltro.	1067	2,755	1,070
177 P ?	Gros-Bédan de Rivière . .	Guerbaville.	M. Legrand.	1067	2,754	1,070
»	Gros-Blanc.	Bertreville-St-Ouen.	M. Demercastel.	1060	1.377	1.070
25 C ?	Gros-Doux.	Environs d'Yvetot.	M. Dubuc.	1060	2,066	1,070
282 C	Gros-Doux de passé	Environs de Buchy.	M. Pelletier.	1067	1,377	1,070
»	Gros-Feuillard	Motteville.	M. Plouet.	1060	1,000	1,070
»	Gros-Marin-Anfray	Environs de Buchy.	M. Pelletier.	1067	2,755	1,070
235 C	Gros-Rouge-Bruyère, P. d'Hozier	Jumièges.	M. Chanu.	1070	2,754	1,070
»	Gros-Vilbiry	Côtes-du-Nord.	Comice de Dinan.	1075	traces	1,070
»	Grosse-Amère	Environs de Buchy.	M. Pelletier.	1075	2,755	1,070
14 S ?	Groseiller de Bernay. . . .	Envir. de Bernay.	M. Bayvel.	1065	3,443	1,430
14 S	Groseiller d'Yvetot.	Environs d'Yvetot.	M. Dieppois.	1075	2.755	1,070
16 S	Guettier	Envir. de Bernay.	M. Bayvel.	1060	traces	1,070
»	Jacques-Barbe	Allouville.	M. Vieillot.	1067	1,377	1,070
»	Jannot	Envir. de Bernay.	M. Bayvel.	1065	2,443	1,430
»	Jaunet-Gris	Bertreville-St-Ouen.	M. Demercastel.	1063	2,755	1,070
»	Jean-Devaigne.	Hénonville.	M. Alain.	1063	traces	1,070
231 C	Kleiner-Fleiner	Origine allemande.	M. L. de Boutteville	1060	traces	2,210
291 C	de Laurier	Environs de Buchy.	M. Pelletier.	1063	2,755	1,070
»	Lehoue.	Bertreville-St-Ouen.	M. Demercastel.	1067	1,377	1,070
285 C	Longue-Queue.	Allouville.	M. Vieillot.	1058	2,755	1,070
»	Marchande.	Côtes-du-Nord.	Comice de Dinan.	1067	1,000	1,070
»	Marie-Auffray	Id.	Id.	1060	traces	1,125

Nos	NOM DES VARIÉTÉS.	PROVENANCE.	PRÉSENTATEUR	DENSITÉ	TANNIN par kil.	ACIDITÉ par kil.
198 P	Marin-Anfroy	Bayeux.	Société d'Hort.	1067	2 066	1,070
198 P	Roquet, Orgueil	Saint-Clair-d'Arcey.	M. Bayvel.	1079	4,443	1,070
198 P	Ameret, Marin-Anfray. . .	Yvetot.	M. Dubuc.	1067	5,166	1,070
»	Marguerite.	Côtes-du-Nord.	Comice de Dinan.	1063	traces	1,070
»	Massette	Environs de Buchy.	M. Pelletier.	1060	1,377	1,070
232 C	Messire-Jacques	Envir. de Bayeux.	Société d'Hort.	1056	6,192	1,070
285 C	Milan-Blanc	Environs de Buchy.	M. Pelletier.	1067	2,755	1,070
3 C	Monnier ou Meunier. . . .	Envir. de Bayeux.	Société d'Hort.	1067	1,720	1,070
»	Nez-de-Chat	Saint-Mards (Aube).	M. Noël.	1070	traces	4,280
»	Noir-Binet	Jersey.	M. Thorel.	1052	traces	2,333
»	Noquet.	Environs de Buchy.	M. Pelletier.	1070	1,377	1,070
190 P ?	Œillet	Id.	Id.	1056	1,000	1,070
232 C	Orange-Pippin.	Origine anglaise.	M. L. de Boutteville	1073	traces	3,210
233 C	Orpolin.	Rouen.	Id.	1070	1,377	1,333
292 C	d'Orveau.	Environs de Buchy.	M. Pelletier.	1063	1,000	1,070
233 C	Parker's-Pepping	Origine allemande.	M. L. de Boutteville	1075	1,377	3,210
206 P	Peau-de-Vache ancienne .	Cany (Seine-Infér.).	M. Martot.	1058	2,000	0,750
206 P	Id.	Yvetot.	M. Dubuc.	1067	5.509	0,666
206 P	Id.	Id.	M. Legrand.	1063	3,443	0,666
206 P	Id.	Saint-Clair-d'Arcey.	M. Bayvel.	1076	4,443	0,666
206 P	Id.	Bertrevil' -St-Ouen.	M. Demercastel.	1070	4,443	0,666
206 P	Id.	Sotteville-lès-Rouen.	M. Apvrille.	1060	1,377	0,666
»	Peau-de-Vache petite. . .	Yvetot.	M. Varin-Simon.	1067	2,066	1,070
»	Id. musquée.	Ourville.	M. Samson.	1066	2,066	1,070
»	Petite-Surette	Environs de Buchy.	M. Pelletier.	1067	traces	3,210
159 C	Pomme-Poire	Hugleville-en-Caux.	M. Levasseur.	1070	2,755	1,070
»	le Placeau	Hénonville.	M. Alain.	1060	1,377	1,430
»	Prépetit	Hugleville-en-Caux.	M. Levasseur.	1077	3,000	1,070
»	de Quenin	Environs de Buchy.	M. Pelletier.	1063	2,755	1,070
»	Rébois	Id.	Id.	1068	4,509	1,070
»	Rélot dur.	Bertreville-St-Ouen.	M. Demercastel.	1070	1,000	1,070
294 C	Rélot productif.	Id.	Id.	1060	1,377	1,070
160 C	Romril.	Jersey.	M. Thorel.	1056	traces	1,333
294 C	Roquet-Brun	Bertreville-St-Ouen.	M. Demercastel.	1063	1,375	1,070
»	Roquet-Vert.	Id.	Id.	1070	2,755	1,070
295 C	Rouge-Cidre	Id.	Id.	1070	1,000	1,070
»	Rouget-d'Angleterre. . . .	Rouen.	M. Dieusy.	1060	traces	1,070
22 C	Rousse.	Id.	M. L. de Boutteville	1071	1,377	1,070
»	Salatot	Côtes-du-Nord.	Comice de Dinan.	1060	traces	1,070
»	Sans-Œil.	Environs de Buchy.	M. Pelletier.	1052	1,377	1,070
236 C	Savatte.	Envir. de Bayeux.	Société d'Hort.	1063	3,443	0,666
»	de Suic.	Environs de Buchy.	M. Pelletier.	1067	2,755	1,070
»	Tardive-Lebourg	Etoutteville.	M. Lebourg, obt.	1070	2,754	1,125

Nos	NOM DES VARIÉTÉS.	PROVENANCE.	PRÉSENTATEUR	DENSITÉ	TANNIN par kil.	ACIDITÉ par kil.
197 P ?	Tête-de-Chat.	Environs de Buchy.	M. Pelletier.	1070	1,377	1,070
»	Têtot.	Id.	Id.	1065	2,000	1,070
»	Verte-Douce.	Id.	Id.	1071	1,000	1,070
»	Vieux-Moulin	Yvetot.	M. Varin-Simon.	1067	1,377	0,750
293 C	de Vigne.	Saint-Mards (Aube)	M. Noël.	1067	traces	3,210
27 S	de Vin	Bertreville-St-Ouen.	M. Demercastel.	1067	1,375	1,070

POMMATES.

Sous le nom de *Pommates*, on désigne, dans le département de l'Aube, tous les fruits issus de sauvageons des bois et qui sont âpres et astringents.

Consulter, à l'égard des cidres que fournissent les *Pommates*, le compte-rendu de la dégustation qui en a été faite, page 271 des *Procès-Verbaux du Congrès.*

Nos	NOM DES VARIÉTÉS.	PROVENANCE.	PRÉSENTATEUR	DENSITÉ	TANNIN par kil.	ACIDITÉ par kil.
289 C	Pommate d'Averolles . . .	Saint-Mards.	M. Noël.	1070	traces	7,490
289 C	Pommate à Boudon	Id.	Id.	1063	traces	7,490
289 C	Pommate de Nogent. . . .	Id.	Id.	1067	traces	7,490
290 C	Pommate du Valdreux. . .	Id.	Id.	1052	traces	7,490
»	Rouge d'Averolles.	Id.	Id.	1063	traces	7,490

Il est à remarquer que les fruits à cidre cultivés dans cette commune, où ils sont tenus en grande estime, offrent une acidité qui égale souvent sept fois celle que l'on rencontre habituellement dans les fruits de pressoir employés dans le pays de Caux.

POIRES.

Nos	NOM DES VARIÉTÉS.	PROVENANCE.	PRÉSENTATEUR	DENSITÉ	TANNIN par kil.	ACIDITÉ par kil.
34 S	de Blanchard	Saint-Clair-d'Arcey.	M. Humelot.	1060	traces	5,350
35 S	de Bonan.	Beaumesnil.	M. Quevilly.	1069	traces	2,140
33 S	de Caïeux	Pierrecourt.	M. Lasnier.	1063	traces	2,140
33 S	de Carizi blanc.	Néville.	M. Martot.	1050	traces	2,140
34 S	Id. gris	Id.	Id.	1060	traces	2,140
34 S	Id. vert	Id.	Id.	1060	traces	2,140
214 P	de Coq	Id.	Id.	1060	2,000	2,140
35 S	de Coudrette.	Id.	Id.	1060	traces	2,140
36 S	de la rangée Courant . . .	Envir. de Bernay.	M. Bayvel.	1044	1.000	2,140
37 S	de Dieu	Gremonville.	M. Morlait.	1065	2,000	2,140
214 P	d'Enrage (faux)	Beaumesnil.	M. Quevilly.	1063	traces	4,280
»	Id. (vrai)	Mantilly.	M. Signeux.	1075	traces	12,840
36 S	de Fer	Envir. de Bernay.	M. Bayvel.	1052	1,000	3,210
128 C ?	de Fusée.	Pierrecourt.	M. Lasnier.	1063	1,375	1,070
36 S	de Huchet	Beaumesnil.	M. Quevilly.	1071	traces	2,870
32 S	de Pauperême, bâtarde . .	Pierrecourt.	M. Lasnier.	1067	traces	2,140
»	Petit-Noir.	Saint-Mard (Aube).	M. Noël.	1060	traces	3,210
»	Petite-Sauge grise.	Id.	Id.	1074	traces	5,350
»	Sauge grosse	Id.	Id.	1060	traces	5,350
»	Saussinet.	Id.	Id.	1070	traces	2,140
»	Saussinet-d'Eroy.	Id.	Id.	1073	traces	8,560
297 C	de Sirole	Id.	Id.	1060	traces	2,140
35 S	de Vigne.	Envir. de Bernay.	M. Bayvel.	1057	traces	3,210

TABLE ALPHABÉTIQUE.

Les noms des Fruits de pressoir recommandés et décrits sont imprimés en **lettres grasses**.

A

Acide malique et tartrique, page 125; — proportions qu'en contiennent les bonnes pommes à cidre françaises, 126; — les poires de pressoir, 126; — les pommes et les poires de table, 126; — dosage de l'acidité totale des moûts, 126 et 127.

Acide sulfurique monohydraté pris pour type de l'acidité des moûts, 126.

Acidité des cidres, 329.

Afrique, y faisait-on usage du cidre, au temps de Saint-Augustin, 22 et suiv.; — affirmation du cardinal du Perron, de l'évêque Huet, du révérend Falle, de Jersey, etc., à ce sujet, 22 et 23; — erreur dans la traduction, par le cardinal du Perron, de quelques mots de Saint-Augustin, 22 à 24; — boissons fermentées que pouvait avoir en vue Saint-Augustin, 24 et 25; — fruits vineux auxquels Tertullien fait allusion, 25 et 26; conclusion, 26.

Alambic (préparation du cidre par le procédé dit à l'), 305.

Alcool produit par la décomposition du sucre dans l'acte de la fermentation, 112; — principe conservateur des cidres, 112; — proportion qu'en doivent contenir les cidres de garde, 114.

Alizon tardif, 347.

Allemagne; contrées où l'on fait usage du cidre, 63; — fruits employés pour la préparation du poiré et du cidre, 63 à 64; — Mélange de pommes et de poires, 65; — addition de vin au poiré, 66.

Amanda-Coruble, 344.

Ambrette, 225.

Amelet, 347.

Amer-Blanc, 147.

Amer-Doux, 159, 344.

Amer-Doux (petit), 159.

Amer-doux-rouge, 180.

Amère-de-Bray, 344.
Amère-de-Berthecourt, 187.
Amère-de-Bertreville, 344.
Amer-Gautier faux, 343.
Amère tardive, 347.
Ameret, 221, 349.
Ameret à cul gris, 347.
Ameret-d'Automne, 344.
Ameret d'Enghien, 347.
Ameret-St-Cosme, 344.
Amère verte, 347.
Amer-Rouge, 207, 231.
Amertume, 110 et 127.
Analyse chimique indispensable, 110.
Analyse chimique des moûts, 343.
Analyses de pommes et d'une poire, par Fresenius, 67 à 69; — de pommes par le Dr Graeger, 69; — conclusions qu'en tire le Dr Graeger 70; — par A. Hauchecorne, voir à la fin des descriptions consacrées à chacun des fruits publiés, 147 à 250, et 343 à 351.
Angleterre, nature des fruits employés pour le cidre et le poiré, 60 et suiv.; — pommes aigres, 62; — pommes à couteau, *ibidem*.
Antin (d'), 347.
Argile, 165, 189, 207.
Argile-Grise, 181, 208.
Argile nouvelle, 177.
Asie-Mineure et Grèce, faisait-on usage du cidre en ces pays, 20 et suiv.; — Plutarque ne parle pas du cidre, 21; — Huet l'affirme à tort, 21; — ce qu'était le vin de poires de Dioscoride, 21, en note; — Hippocrate, ce qu'il appelle eau de de pommes, 22, en note.
Aube, cidres fabriqués avec des pommes sauvages dites pommattes 72 et 73; — leurs qualités, *ibidem*.
Audièvre (M.), obtenteur de la pomme nouvelle : Fréquin-Audièvre, 215.
Autriche, 347.
Avoine petite et grosse, 344.

B

Barbari, 180.
Barbarie, 179, 205; — origine d'une pomme de ce nom, 34.
Barbarie-à-glanes, 344.
Barbarie gros, 344.
Barbary, 149, 180.
Barberic, 179.
Barberie, 179.
Barberie-Dur, 179.
Basques (les) n'ont pas initié la France dans l'art de faire le cidre, 33 à 34; lui ont fourni quelques variétés de pommes à cidre et une certaine quantité de cidre, 34 et 35.
Basset-de-Gournay, 344.
Baudri de Bourgueil, poëte, mort en 1130, mentionne l'usage persistant de la bière, à Lisieux, 44.
Bazin, 344.
Beaurepaire (Ch. de Robillard de), a écrit l'histoire du cidre en France, au moyen-âge, 44, en note.
Beauté, 347.
Bec-d'Ane, 221.
Bec-d'Angle, 221.
Bedan, 221.
Bédan, 221.
Bédan-des-parts, 201.
Bedane, 221.
Bedangle, 221.
Bédangue, 221.
Bédan-Hélouin, 337, 344.
Bedan rouge, 344.
Bedan semi-hâtif, 344.
Bédengue, 221.
Belle-Cauchoise, 211.
Belle-Fille, 343.
Belle-Fille-Normande, 343.
Belle-Mauvaise, 159.

Belle-Normande, 181, 347.
Bénard, 175.
Bénard (Coudray), 344.
Berdan, 221.
Berdouillère, 217.
Berjot (M.), ses analyses des pépins de pommes, 281.
Bernimones, 197.
Beudan, 221.
Bidard (M.) conseille la fermentation en vaisseaux ouverts, 84; — objections, 85; son procédé n'est point celui qui est usité à Jersey, 92.
Bière (la) ou *Ceria*, était la boisson des anciens habitants du Nord de l'Espagne, 27, 28 et 32; — de l'ancienne Lutèce, 38.
Bifère, 347.
Binet, 197.
Binet-Blanc, 197.
Binet-Gris, 185.
Binet-Rouge, 229.
Binet-Rouge (gros), 229.
Blancarde, 344.
Blanc-Doux, 147, 343.
Blanche ou coupée, 344.
Blanche-Hâtive, 147.
Blanchette, 344.
Blanc-Mollet, 147.
Blanc-Tigré, 344.
Blondel (de), 347.
Boisson par la méthode de déplacement ou de lixiviation, 305.
Boissons dont faisaient usage les Hébreux, 17 et 18, — fermentées, en usage en Afrique, au temps de St-Augustin, 24 et 25; — consommées par les Gaulois, 35 à 38; — servies à l'avénement du cardinal Georges d'Amboise, 48.
Bon-Acre, 347.
Bonne-Amère, 199.
Bonne-Ente, 344.
Bonne-Franche, 347.
Bonne-Race, 147.
Bonne-Sorte, 344.
Boquet, ancienne boisson des Gaulois, 36.
Bourse, 219.
Bouteille-Précoce, 344.
Bray (Pays de), on y fait des plants de pommiers à la fin du xve siècle et durant le xvie, 48.
Brouat, 347.
Brulain, 347.
Buis (de), [illegible]4.

C

Cachou, son emploi, 287, 300 et 315.
Calezy-Blanc, 243.
Calotte, 181.
Canne (de), 347.
Canu (de), 347.
Capitulaire (Le) *de Villis* prescrit la fabrication du cidre dans les domaines de Charlemagne, 42 et 43.
Cardinale, 347.
Carisi-Blanc, 243.
Carisi-Rouge, 243.
Carisis, 243.
Carizi-Blanc, 243 et 351.
Carizi-Gris, 351.
Carizi-Vert, 351.
Carotte (de), 208.
Carpentier (de), 344.
Carpentin, 347.
Casseler-Reinette, grosse, 347.
Casseler-Reinette, petite, 347.
Castel, a chanté le cidre dans son poëme des plantes, 46, en note.
Caumont (de), 347.
Caux (Pays de), privé de cidre, en 1484, 47 et 49; on y fait des plants de pommiers à la fin du xve siècle, 48.
Cave et cellier, 321.
Cervoise, ancienne boisson des Gaulois, 35.

Chair (de), 347.
Chapronnais, 344.
Charlemagne fait fabriquer du cidre et du poiré dans ses domaines, 42 et 43.
Chataigne (de), 348.
Chauffage des cidres, 322; — expériences, 323.
Choix des variétés de pommiers, 335; — assortiment de celles-ci, 336.
Cidre commerçable, 322.
Cidre (conservation du), 311.
Cidres d'exportation, 322.
Cidre de *Golden-Pippin*, 59; de *Stire-Apple*, 60; — de Jersey, comparé à celui de Normandie, 92.
Cidre de ménage (préparation du), 298; — par macération ou déplacement, 305.
Cidre en bouteilles, 320; — dégustation, 320.
Cidres gracieux et cidres mousseux, 302; — collage de ces cidres, 303.
Cidre (petit) de presse, 304.
Cidres renourris, 320.
Cidre royal, 104.
Cidreries industrielles, 284; — de l'institut ecclésiastique d'Yvetot, 287.
Cidresse, 310.
Cidre trouble, 330.
Cimetière (de), 348.
Claret, 344.
Clochettes (à), 344.
Cocherie-Flagellée, 343.
Cœur-de-Bœuf, 344.
Colin-Jean, 348.
Collage des cidres, 312, — à quelle epoque convient-il de les coller, 315; — préparation de la colle, 304.
Colomban (Saint-), 40 et 41.
Composition chimique du jus des bonnes pommes, 110 à 111; — des mauvaises, 111.
Concasseur Berjot, 280.
Congrès pour l'étude des fruits à cidre, son organisation, ses travaux, introd., VI.
Conservation des fruits à cidre, 272.
Conservation du cidre, 311.
Coqueret, 149.
Coqueret-Jaune, 348.
Coquery-Moyen, 165.
Couleuvre (de), 348.
Coupage du cidre, 308.
Crême (de), 344.
Cresson (de), 348.
Crollon (de), 346.
Croix-de-Bouelle, 344.
Croix-Mare (de), 247. (Le texte porte par erreur : De Croixmare.)
Culture (Ancienneté de la) du pommier et du poirier, 4.
Cuvage des pulpes de pommes, 282.

D

Dalle, 343.
Dame (de), 344.
Damassé, 348.
Delisle (M. Léopold), histoire du cidre en France, au moyen âge, 44, en note.
Demoiselle (de), 345.
Densité du jus des pommes à cidre anglaises, 60 et 61, en note; — communément cultivées en France, 141, en note, et 343 et suiv.; — des bonnes variétés, 110; — voir aussi à la suite des descriptions des fruits, 147 à 242.
Dépense de pommes, 102.
Déplacement (préparation du cidre par), 305.
Deutscher-Gold-Pepping, 348.
Dieppois (M.), obtenteur des pommes

nouvelles : Reine-des-Hâtives, 151, et Jaunet-Pointu, 153.
Dioscoride, ce qu'il appelle vin de poires, 21, en note.
Domitien en défendant la culture de la vigne a dû favoriser l'usage du cidre, 38.
Douce-Amère, 344.
Douce-Dame, 345.
Douce-Morelle, 147.
Douce-Morelle-Rouge, 235.
Doucel, 205.
Doucet, 197.
Doucet (le), 173.
Doucet-Chevalier, 345.
Doucet de Hambourg, 348.
Doucet-d'Ancalent, 345.
Doucet-Morelle, 345.
Doux-à-Lagnel, 336 et 345.
Doux-à-l'Evêque, 161.
Doux-à-Mouton, 207 et 208.
Doux-au-Gobet, 343.
Doux-Auuesque, 161.
Doux-Auvêque, 161.
Doux-aux-Vêpes, 161.
Doux-aux-Vespes, 161.
Doux-aux-Vesques, 161.
Doux-Evêque, 161.
Doux-Martin, 345 et 348.
Doux-Revel, 161.
Doux-Vairet, 208.
Doux-Véret, 207, 208 et 345.
Doux-Verret, 208.
Douv-Vert, 208.
Downton-Pippin, 348.
Duchesne, 345.
Duret, 348.

E

Eau ajoutée au cidre, influence de sa qualité, 301.
Eau-de-vie de cidre, 341 ; — ajoutée au cidre, en Angleterre, 104.
Eau-de-vie de vin ajoutée au cidre, à Jersey, 103.
Ecarlate, 193.
Ecarlatin, excellent cidre rouge, 77 et 78; — Pomme, 193.
Ecarlatine, 193.
Ecraseur Salmon, 280.
Egaude, 345.
Espagne (Histoire du cidre en), 27 et suiv.
Exposition (Influence de l') sur la qualité du cidre, 266.
Etats-Unis, nature des fruits employés pour le cidre et le poiré, 58 et 59; — addition de rhum au cidre, 103.
Etymologies des mots cidre et poiré, 7.

F

Fabrication (la) défectueuse des cidres nuit à leur conservation, 328.
Fauvelle, 345.
Fermentation (Procédés divers de), 83 et suiv.
Fermentation (Conseils sur la conduite de), 293 à 297.
Fermentation (Marche de la), tableau indicatif : pommes, 131; poires, 139.
Fermeture des fûts, 319.
Ferrand, 147.
Filasse, 219.
Flambage des fûts, 317.
Fléquin-Blanc, 345.
Fléquin-Gane, 345.
Fléquin-Long des Granges, 345.
Fléquin-Normand, 348.
Fléquin-Rouge, petit, 343.
Fleur-de-Juin, 348.
Fleur-de-Mai fausse, 345.
Fleur-de-Mai vraie, 345.
Fortière, 348.
Fraiquet, 165.
France (Histoire du cidre en), 35.

François Ier trouve excellent le cidre de pommes d'Epice, 78.
Fraisquin, 165.
Fréchin, 165.
Fréquet, 165.
Frequin, 165.
Fréquin, 165 et 167.
Fréquin-Audièvre, 215.
Fréquin-Barré, 171.
Fréquin-Barré-Rouge, 171.
Fréquin-Blanc, 167.
Fréquin-Moucheté, 167.
Fréquin-Rouge, 165.
Fréquin-Rouge (gros), 171.
Fréquin-Tardif, 348.
Fresenius, analyse chimique de pommes et d'une poire, 67 à 69.
Fresquin-Barré, 221.
Fresquin-Rouge, 208 et 227.
Frétien, 165.
Friquet, 165.
Fruits de pressoir, qualités qu'ils doivent présenter, 109 et suiv.

G

Gain de M. Varin, nº 47, 199.
Galopin, 239.
Galopin-d'Eté, 345.
Galvin, 348.
Gannel, 181.
Ganelle, 181.
Ganette, 147.
Gaulois, ne faisaient pas usage du cidre, au temps de la conquête par les Romains, 37.
Gaunet, 181.
Gauvin, 345.
Gay-Lussac, action de l'oxygène dans la fermentation, 85 et 86.
Gay-Rouge, 345.
Georges d'Amboise (l'archevesque), boissons servies à son avénement, 48.
Germaine, 348.
Girard-Vrai, 343.
Glanette, 345.
Godard (M.), obtenteur d'une pomme récompensée d'une médaille d'or et portant ce nom, 262.
Goudran, 348.
Graeger (le Dr), analyses de pommes à cidre, 69 et 70; — fermentation en vaisseaux clos, 97; — préparation du cidre, 105.
Grandes-Feuilles, 180.
Grande-Vallée, 147.
Grasse-à-Cidre, 345.
Greffe-de-Monsieur, origine de cette pomme, 34.
Gros-Amer, 159.
Gros-Amer, 345.
Gros-Amer-Doux, 159.
Gros-Barberie, 179.
Gros-Bédan, 348.
Gros-Bédan de Rivière, 348.
Gros-Berdan, 221.
Gros-Binet, 197, 345.
Gros-Binin, 197.
Gros-Blanc, 147, 343, 345, 348.
Gros-Bois, 345.
Gros-Bruyère blanc, 345.
Gros-Doux, 197, 345, 348.
Gros-Doux de Passé, 348.
Gros-Ecarlate, 205.
Groseiller, 217.
Groseiller-de-Bernay, 348.
Gros-Feuillard, 348.
Gros-Fréquin, 171.
Gros fruits, petits fruits, 134.
Gros-Gannet, 147.
Gros-Gerard ou Girard, 147.
Gros-Marin-Anfray, 348.
Gros-Matois, 345.
Gros-Muscadet, 173.
Gros-Œil-d'Avranches, 337, 345.
Gros-Pruvotte, 345.
Gros-Réthel, 197.

Gros-Rouge-Bruyère, 348.
Gros-Rouget, 205.
Grosse-à-Côtes, 345.
Grosse-Amère, 348.
Gros-Vert, 345.
Gros-Vilbiry, 348.
Guenolé (St-) et ses religieux buvaient du cidre, fin du ve ou commencement du vi^e siècle, 39.
Guettier, 348.
Guibray, 147.
Guillaume-le-Breton, mentionne le cidre de la vallée d'Auge, au xiie siècle, 45.

H

Habitat du pommier et du poirier, 2.
Hâtive-Legrand, 343.
Hautbois, 345.
Hébert, 197.
Hébreux (les) faisaient-ils usage du du cidre ou du poiré? 9 et suiv.
Histoire du cidre et du poiré, 7.
Hormilcent, 237.
Hormissent, 237.
Hospice-d'Yvetot, 345.
Huet (l'évêque), notions erronnées sur l'histoire du cidre, 15 à 27.

I

Influence du sol et des milieux sur la qualité des boissons, 264.
Isidore de Séville constate que la boisson habituelle des habitants du Nord de l'Espagne au viie siècle, était la bière *(Ceria)*, 32.

J

Jacques-Barbe, 348.
Janette, 181.
Jannot, 348.
Janvier, 217.
Jaunet, 181.
Jaunet-de-Bray, 345.
Jaunet-Dur, 181.
Jaunet-Galopin, 239.
Jaunet-Gris, 348.
Jaunet-Pointu, 153.
Jean-Devaigne, 348.
Jersey (Ile de), nature des pommes employées pour le cidre, 61 à 63; — conduite de la fermentation, 90; — comparaison des cidres avec ceux de Normandie, 92; — addition d'eau-de-vie au cidre, 104.
Julien (Une épigramme de) constate l'usage habituel de la bière à Lutèce, 38
Jus dernier sorti de la presse, 292.

K

Kleiner-Fleiner, 348.
Koch (Ch.), son opinion sur l'origine du pommier et du poirier, 2.

L

La-Blanche, 147.
Laurier (de), 348.
Lavage des tonneaux ayant contracté de l'odeur, 318.
Le-Blanc, 147.
Leblond (de), 345.
Legrand (M.), obtenteur des pommes: Argile-Nouvelle, 177; — Binet-Gris, 185; — Pomme-Ridel, 195; — Bédan-des-Parts, 201; — Belle-Cauchoise, 211; — Pomme-Bramtot, 213; — Pomme-Marabot, 223; — Ambrette, 225; — Peau-de-Vache-Nouvelle, 241; — et d'une pomme encore innommée très-riche en tannin, 262.

Lehoue, 348.
Limaçon, 165.
Long-Bois (de), 217.
Longue-Queue, 348.
Louis-Desgué, 345.
Loyon (de), 345.

M

Macération (préparation du cidre par), 305.
Marchande, 348.
Maria (de), 345.
Marie-Anfray, 348.
Marin-Anfray, 349.
Marin-Anfray, semi-hâtive, 346.
Marin-Onfroy, origine, 34, note ; — analyse, 349.
Margotton, 203.
Marguerite, 349.
Martial n'autorise pas à croire à l'usage du cidre en Espagne de son temps, 30 à 32.
Martin-Fessard, 183.
Massette, 349.
Massue, 159.
Matois-de-Bernay, 346.
Mathieu, 346.
Maturité des fruits à cidre, 76 à 84 et 276 à 278.
Maupeou (comte de), obtenteur de la pomme Amère-de-Berthecourt, 187.
Maures (les) n'ont pas appris aux Espagnols à faire le cidre, 33.
Médaille d'or, pomme de semis, 262, en note.
Medus, *Medo*, boisson faite de miel, 43, en note.
Mélange des cidres, 298.
Membres du congrès (liste des), introduction, XIV.
Merdoux, 180.
Mère-de-Famille, 346.
Messire-Jacques, 349.
Meunier, 349.
Miel, 157.
Milan-Blanc, 349.
Mimard (M.), procédé de fermentation en vaisseaux clos, 98 à 100.
Monnier, 349.
Monte-en-l'air, 179.
Morand (de), 346
Mort-Jaune, 173.
Moulin-à-vent, 235.
Moulin de Leblanc ou Moulin à noix, 279.
Morelle, 147.
Moussette, 346.
Moûts, densité moyenne des moûts, 141, en note.
Moûts (Essai pratique des), 129 ; — tableau du sucre qu'ils contiennent et de l'alcool qu'ils fourniront : pommes, 130 ; — poires, 138.
Mucilage, 63 et 122 à 125.
Muscadelle (cidre de), chanté par Olivier Basselin, 78.
Muscadet, 173.
Muscadet-Petit, 165.
Muscadet vrai, 346.
Musel, 207 et 208.
Musel-de-Brebis, 208 et 346.

N

Nez-de-Chat, 349.
Noir-Binet, 349.
Noircissement des cidres, 330.
Nombre de pommiers par hectare, 334.
Noquet, 349.
Normandie, première mention du cidre, XIIe siècle, 44 et 45.
Normandie (la Basse-) cultive le pommier avant le reste de la province, 46 et 47.

O

Œillet, 346 et 349.
Orange (d'), 345 et 346.
Orange-Pippin, 349.
Ordre (d'), 346.
Orgueil, 349.
Origine du pommier et du poirier, 2.
Or-Milcent, 237.
Orpolin, 349.
Outremer (d'), 345.
Orveau (d'), 349.

P

Parottes de hêtre, pour la clarification du cidre, 295.
Paradis, 169.
Parfum et amertume, 110 et 127.
Parkers-Pepping, 349.
Passe-Pomme, 346.
Pasteur (M.), action de l'air atmosphérique dans la fermentation, 86; — produits de la fermentation, 97, en note.
Paulmier (Julien le), remarques sur la floraison des pommiers, 144; — préfère les pommes douces et amères, 74.
Peau-de-Vache ancienne, 349.
Peau-de-Vache hâtive, 346.
Peau-de-Vache musquée, 349,
Peau-de-Vache nouvelle, 241.
Peau-de-Vache petite, 349.
Pectosine ou mucilage, v. Mucilage.
Pépins, doit-on les écraser? 281 ; — analyse par M. Berjot, 281.
Perdrix (de), 346.
Petit-Amer, 346.
Petit-Brun, 346.
Petite-Ecarlate, 193.
Petite-Ozanne, 346.
Petite-Rouge, 197 et 346.
Petite-Sauge grise, 351.
Petite-Surette, 349.
Petit-Chesné, 159.
Petit-Citron, 346.
Petit-Colin, 165.
Petit-Doucet, 173.
Petit-Fréquin, 165 et 208.
Petit-Galop, 147.
Petit-Girard, 147.
Petit-Jaunet, 147.
Petit-Matois, 346.
Petits fruits, gros fruits, 134.
Pilage des fruits, 278 et suiv.
Piron, dénigre le cidre, 46, en note.
Place des pommiers dans les cultures, 333.
Placeau (le), 349.
Pluie préjudiciable aux fruits récoltés, 272.
Pochon, 243.
Pochon-Blanc, 243.
Poids des petites et des grosses pommes, 135.
Poire de Blanchard, 351.
Poire de Bonan, 351.
Poire de Caieux, 351.
Poire de Coq, 351.
Poire de Coudrette, 351.
Poire de Croixmare, 247.
Poire de Dieu, 351.
Poire d'Enragé (faux), 351.
Poire d'Enragé (vrai), 351.
Poire de Fer, 351.
Poire de Fusée, 351.
Poire de Huchet, 351.
Poire de la rangée Courant, 351.
Poire de Navet, 249.
Poire de Petit-Noir, 351.
Poire de Paupérême bâtarde, 351.
Poire Saussinet, 351.
Poire Saussinet-d'Eroy, 351.
Poire de Sirole, 351.
Poire de Souris, 245.

Poire de Vigne, 351.
Poires à boisson, poires à eau-de-vie, 136.
Poiriers et Pommiers (espèces de), 191.
Poirés (préparation des), 309.
Poiré, ses qualités, ses défauts, 136 et 137.
Pommates de l'Aube, 72; — boissons qu'elles donnent, 72, 73 et 275.
Pommate à Boudon, 350.
Pommate d'Averolles, 350.
Pommate de Nogent, 350.
Pommate du Valdreux, 350.
Pomme à Glanes, 205.
Pomme d'Argile, 189.
Pomme de Biscaye, origine, 34.
Pomme Blanche, 167 et 343.
Pomme Bramtot, 213.
Pomme de Cat, 163.
Pomme Delaplace, 233.
Pomme d'Evêque, 161.
Pomme d'Hozier, 348.
Pomme de Freschin, 165.
Pomme de Limaçon, 165.
Pomme de Miel, 157.
Pomme de Neige, 147.
Pommes de pressoir (qualités des), 112 et suiv.
Pomme de Rouget, 205.
Pomme Marabot, 223.
Pomme (histoire de la), 4, en note.
Pomme-Poire, 346 et 349.
Pomme Ridel, 195.
Pomme Rouge, 231.
Pommes à cidre, récolte, 271; — conservation, 272.
Pommes à cidre, qualités, 140; — description des meilleures variétés, 141 et 242; — le nombre des bonnes peu considérable, classification, 143 et 145.
Pommes à couteau employées à la fabrication du cidre, aux Etats-Unis, 58; — en Angleterre, 59 à 61; — à Jersey, 61 à 62; — en Allemagne, 64; — exceptionnellement en France, 73.
Pommes des bons crus obtiennent un prix plus élevé, 52, en note; — v. *Stire-Apple*.
Pommes, maturité pour le pressurage, 76 et 77, et 276 à 278.
Pommes pourries ou blètes (emploi des), 81 à 83; — expériences établissant leur mauvaise qualité, 276 à 278.
Pommiers à cidre choisis (collections de), introd. IX.
Pommiers francs de pied, 251; — constatation de leur infériorité, 253 et 254.
Pommiers, leur place dans les cultures, 333; — nombre par hectare, 334
Pommes spéciales pour cidres d'amateurs, 128, 169, 171, 173 et 225.
Pomum, signification de ce mot, 14 et 15; — erreurs de traduction, 14, 23 et 24.
Précoce-David, 155.
Précoce-de-Romenil, 343.
Préparation du cidre en divers pays, 57 et suiv; — (conseils pour la), 271 et suiv.
Prépetit, 349.
Presse hydraulique, 286.
Pressoir à mouton, 286.
Pressurage des pulpes, 284 et suiv.
Principes utiles des fruits de pressoir, 112 et suiv.
Prix qu'obtiennent les bonnes pommes, 52, en note; — les bons cidres, 60; — le bon poiré, 60.
Produit des plantations de pommiers, 333 à 340.
Pruvotte-Petite, 343.

Q

Quemin (de), 349.
Queue-de-Rat, 217.
Queue-Nouée, 208 et 346.
Quevillon (de), 346.

R

Radegonde (Ste-) buvait du poiré, VIe siècle, 39.
Railé, 149.
Railé rouge, 149, 180.
Railé sucré, 149.
Raoul Tortaire, mentionne l'usage du cidre à Bayeux, 45.
Rébois, 349.
Récolte des fruits à cidre, 271.
Red-Streak, 59.
Reine-des-Hâtives, 151.
Rainette-Douce, 181.
Rélé, 346.
Rélet, 149.
Rélot, 346.
Rélot dur, 349.
Rélot productif, 349.
Renouvelet-Petit, 346.
Rhum ajouté au cidre, 103.
Rivière (de), 161.
Romains (les), connaissaient le cidre et le poiré, 18; — comment ils les préparaient, 19.
Romril, 349.
Roquet, 349.
Roquet (de), 159.
Roquet-Brun, 349.
Roquet-d'Automne, 346.
Roquet-Vert, 349.
Rosine, 191.
Rouen; bière, la boisson commune au commencement du XVIe siècle, 49.
Rouge (de), 346.
Rouge-Amer, 207.
Rouge-d'Avcrolles, 350.
Rouge-Brière, 208.
Rouge-Bruyère, 189.
Rouge-Bruyère, 165, 207, 208.
Rouge-Bruyère gris, 208, 346.
Rouge-Cidre, 346, 349.
Rouge-Côtelée, 346.
Rouge-David, 346.
Rouge-de-Bruyère, 207.
Rouge-de-la-Ville-Hermier, 346.
Rouge-Jérôme, 346.
Rouge-Pottier, 205.
Rouget, 205.
Rouget, 173, 193, 205.
Rouget (de), 205.
Rouget-d'Angleterre, 349.
Rouget-de-Dinan, 205.
Rougette, 193.
Rougette ou Rougine, 346.
Rousse, 349.
Ry (de), 197.

S

Saint-André, 347.
Saint-Charles, 346.
Saint-Hilaire (de), 221.
Saint-Martin, 346.
Saint-Martin (de), 221.
Saint-Riquin-Doux, 159.
Saint-Sever (Landes), usage du cidre par la population, en 1100, 43.
Salatot, 349.
Sans-Œil, 349.
Sauge grosse, 351.
Sauger, 346.
Savatte, 349.
Séguin, 346.
Semis de fruits à cidre perfectionnés, 251 et suiv.
Société d'Horticulture de la Seine-Inférieure, prend l'initiative de l'é-

tude des fruits à cidre, introd., v.
Sociétés qui ont prêté leur concours au Congrès, introd., XIII.
Sol (Influence du) sur la qualité du cidre, 264.
Sonnette, 347.
Soufrage des fûts, 317.
Soutirage, 311.
Squash Pear (prix du poiré de), 60.
Statistique du cidre en France, 53 à 56
Stire Apple (prix du cidre de), 60.
Sucre des fruits de pressoir, 112 à 115
Sucre et acide tartrique ajoutés aux pommes, 103.
Sucre et betteraves ajoutés aux pommes 106, 307.
Suie (de), 349.
Sully, 207.

T

Table analytique, XVII.
Tableau indicatif du sucre contenu dans les moûts et de l'alcool qu'ils fourniront : pommes, 130; poires, 138.
Taffu, 173.
Tannin, 116 à 121.
Tardive-Lebourg, 349.
Tarte (de), 347.
Tête-de-Chat, 350.
Tétot, 350.
Tocfiche, 345.
Tonneaux à cidre, 316 à 319.
Touffu, 173.
Toupie-Rouge, 208.
Tour-à-Auge, 280 et 286.
Trancard-Doux, 347.
Trancard-Violet, 347.

V

Vacandar, 347.
Vagnon-Rouge, 336, 345.
Varin (M.), obtenteur de la pomme : Bonne-Amère, 199.
Veret, 207.
Vergnette-Lamotte (M.), fermentation du vin en vaisseaux clos, 98.
Verrai, 207.
Verte-Douce, 350.
Verte-Reine, 197.
Vieux-Moulin, 350.
Vigne (de), 350.
Vilbiry, 348.
Vin (de), 350.
Vin de poires de Dioscoride, 21, en note.
Vin Gaulois, 36.
Vins de Bordeaux et de Bourgogne, bons cidres, richesse en tannin, 119 et 120.
Vin (l'usage habituel du) a fait négliger la préparation des cidres, 77
Vire (de), 347.
Viscosité ou graisse des cidres, 330.

Z

Zythos (le) de Strabon, bière, non cidre, 30.

Rouen. — Léon Deshays, Imprimeur de plusieurs Sociétés savantes.

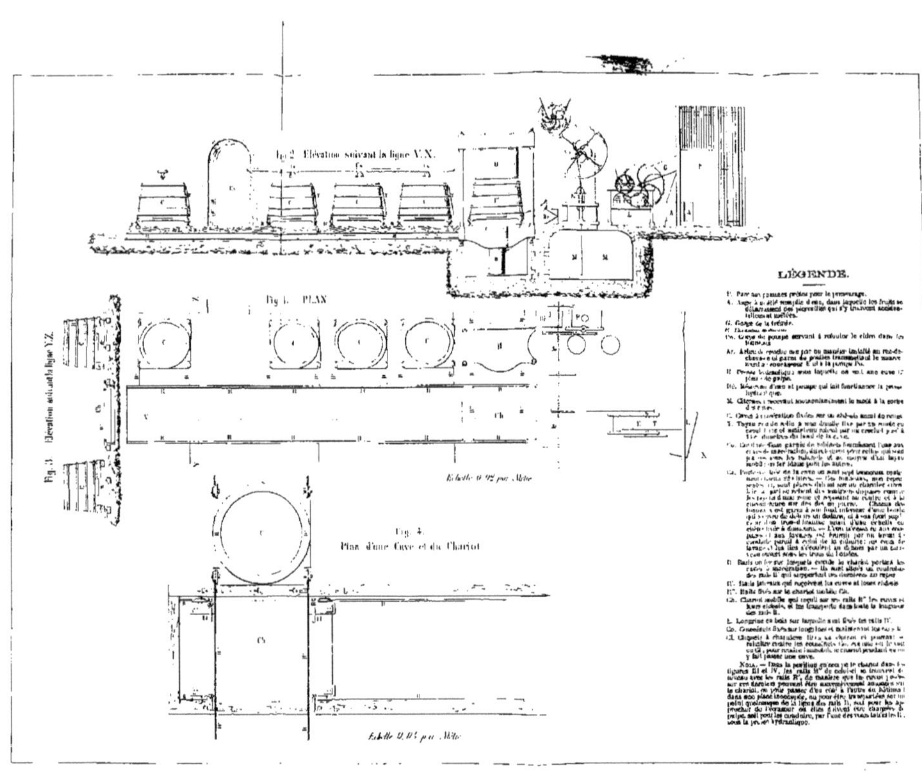

CIDRERIE DE L'INSTITUTION ECCLÉSIASTIQUE D'YVETOT.

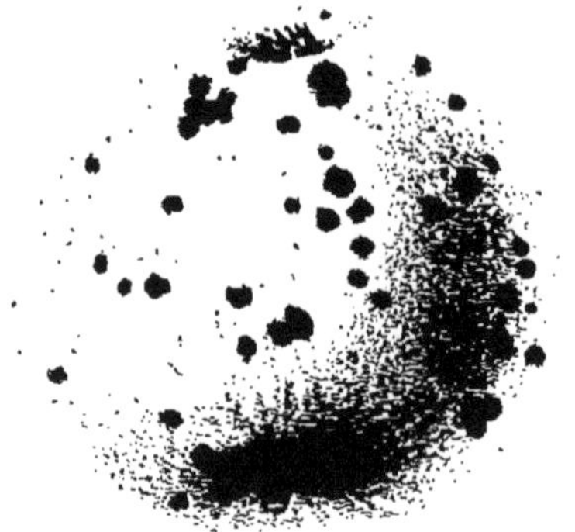

1. Blanc - Mollet

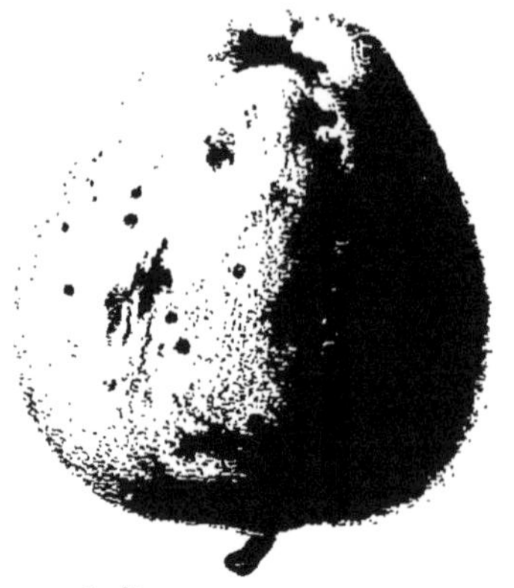

2 Reine-des-Hâtives

3 Jaunet Pointu.

4. Amer-doux

5 Doux-Evêque.

pinxit Rouen

Chromolith. G Severeyns Bruxelles

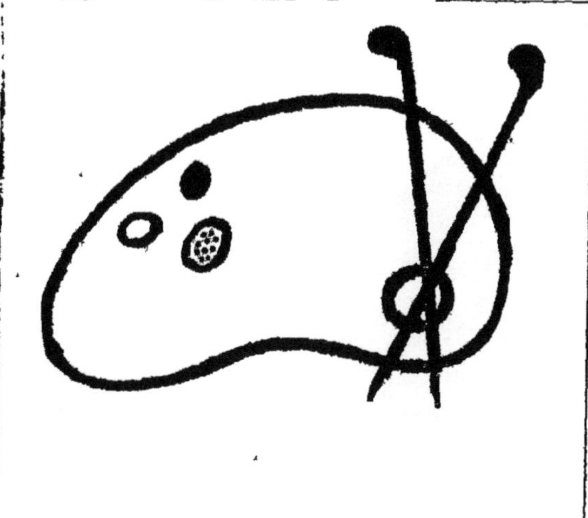

6. Pomme-de-Cat

7. Fréquin-rouge.

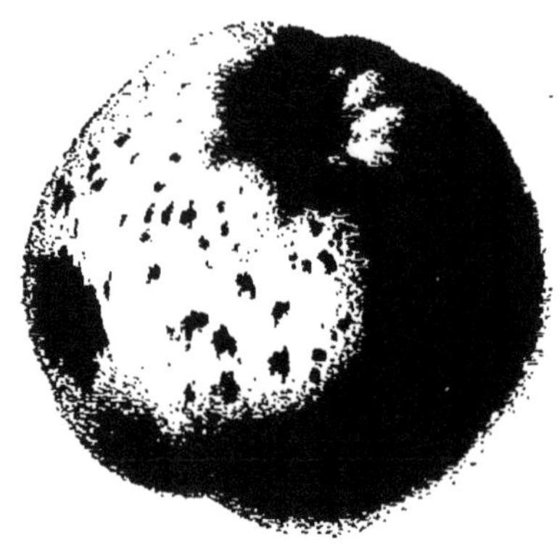

8. Fréquin-blanc.

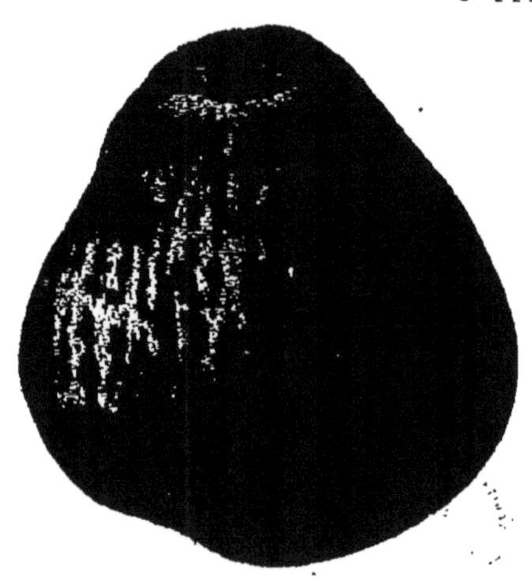

9. Paradis.

10. Bénard.

Al. Buquet pinxit Rouen

Chromolith. G. Severeyns [illegible]

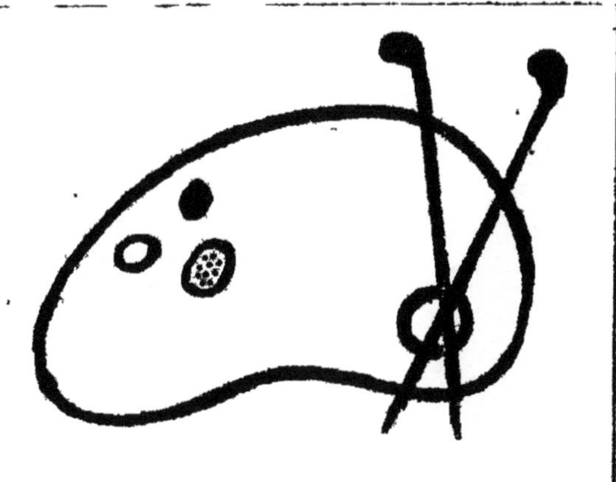

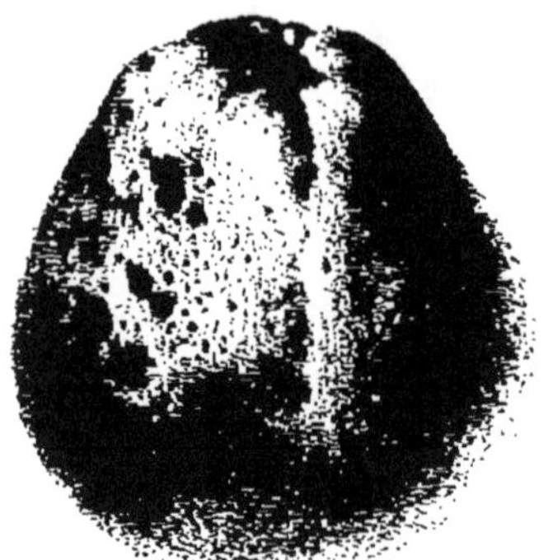

11. Argile-Nouvelle.

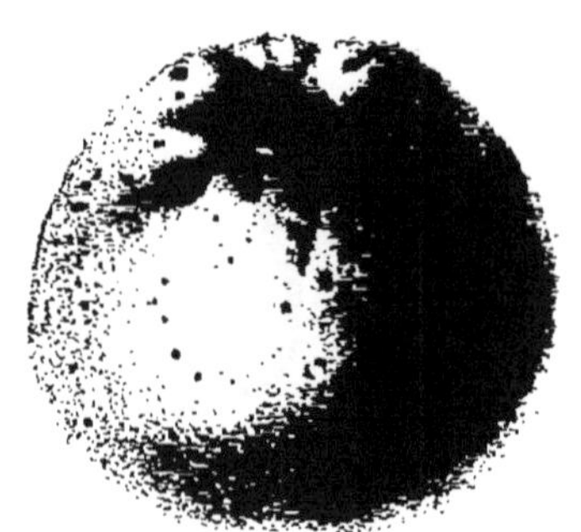

12. Jaunet.

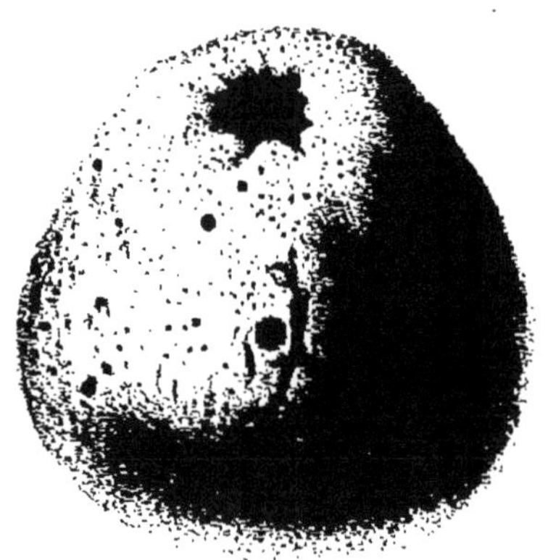

13. Martin-Fessard.

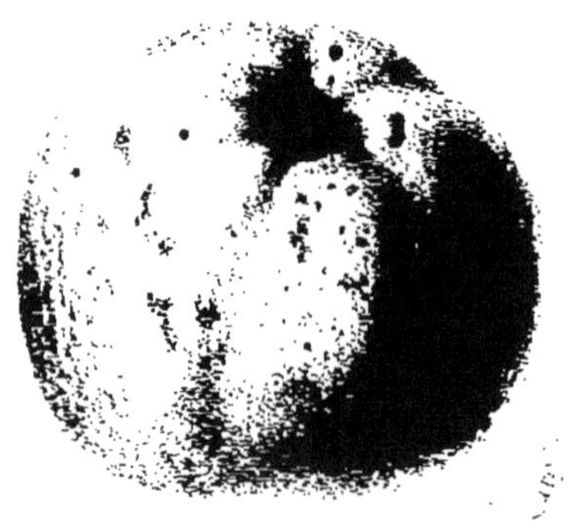

14. Amer-de-Berthecourt.

15. Rouge Bruyère.

Chromolith. G. Severeyns Bruxelles

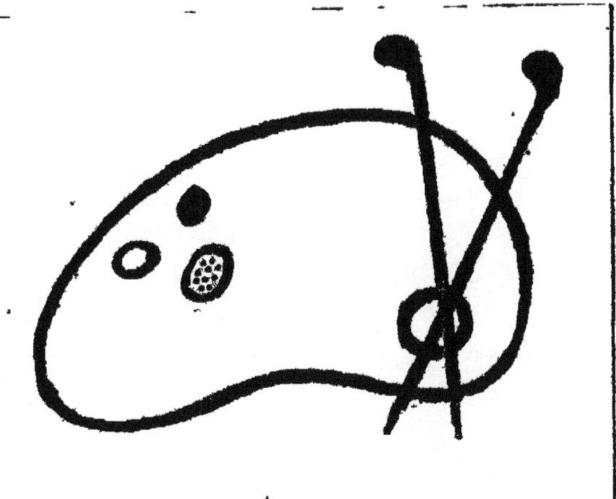

16. Rosine

17. Ecarlatine.

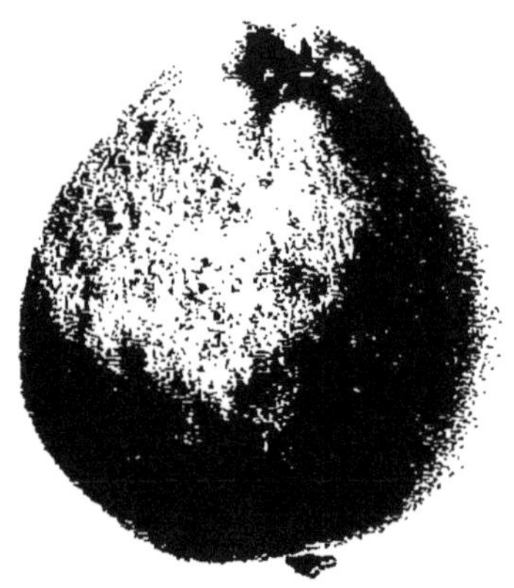

18. Pomme-Ridel

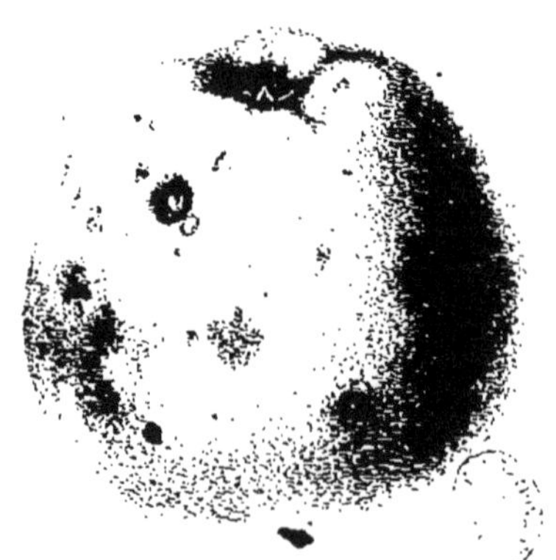

19. Binet.

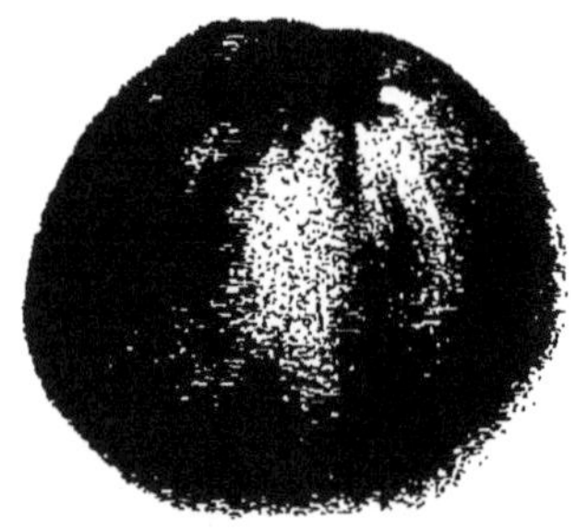

20 Bédan-des Parts.

Al Buquet pinxit Rouen Chromolith G. Severeyns, Bruxelles

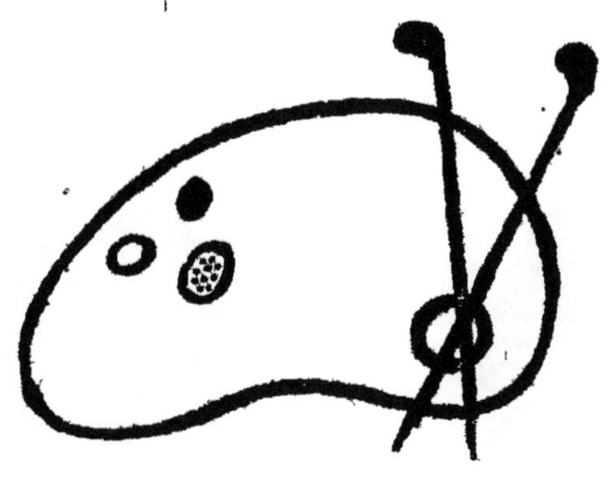

21. Mar[illegible]ton

22. Rouget.

23. Argile

24. Argile sous-variété grise

25. Belle Cauchoise

Al. Buquet pinxit. Rouen. — Chromolith. G. Severeyns Bruxelles

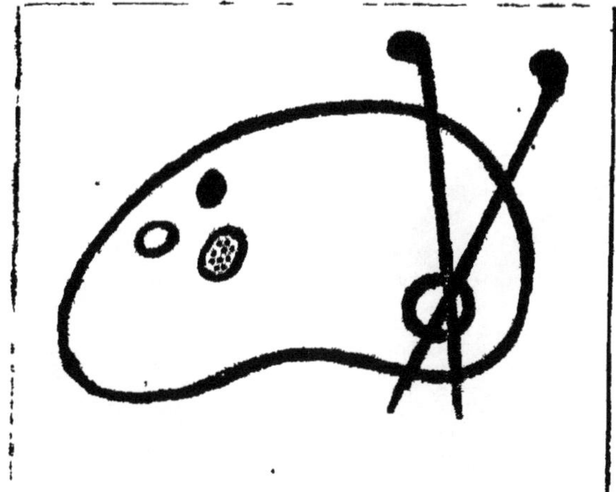

26 Pomme Bramtot

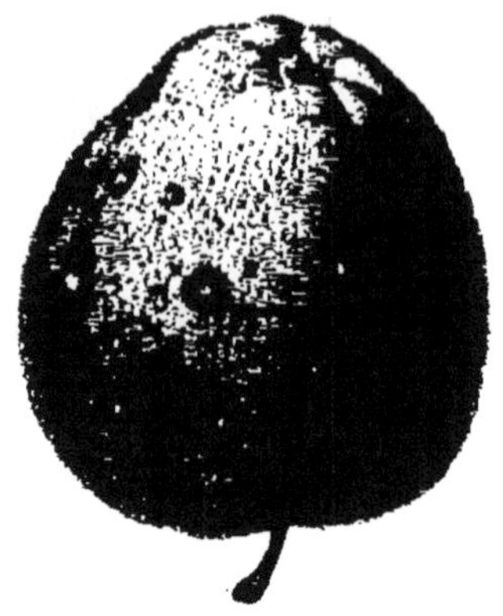

27. Frequin Audièvre

30 Pomme Marabot

29 Bédan.

28 Grosseiller.

Al Buquet pinxit. Rouen

Chromolith. G. Severeyns, Bruxelles

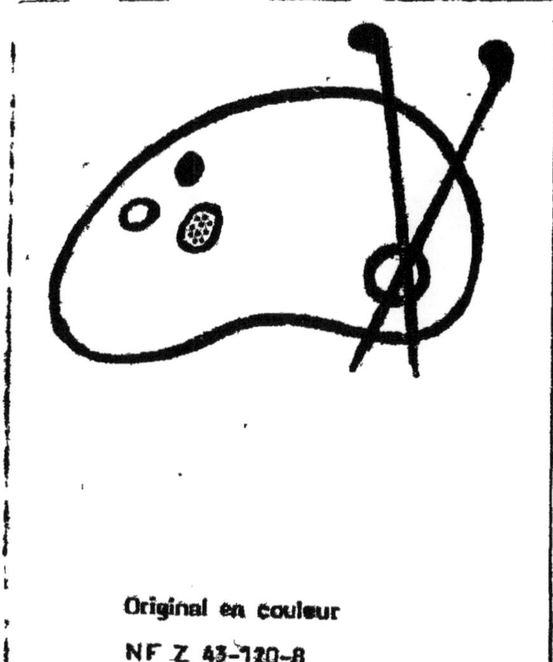
Original en couleur
NF Z 43-120-8

32. Pomme Delaplace

31. Fréquin Barré

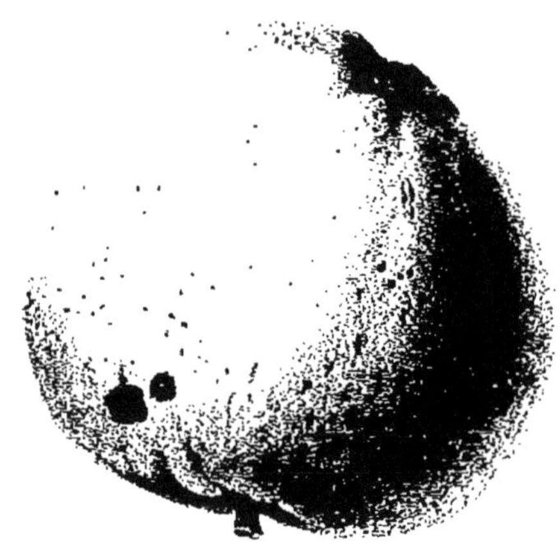

34. Or Milcent

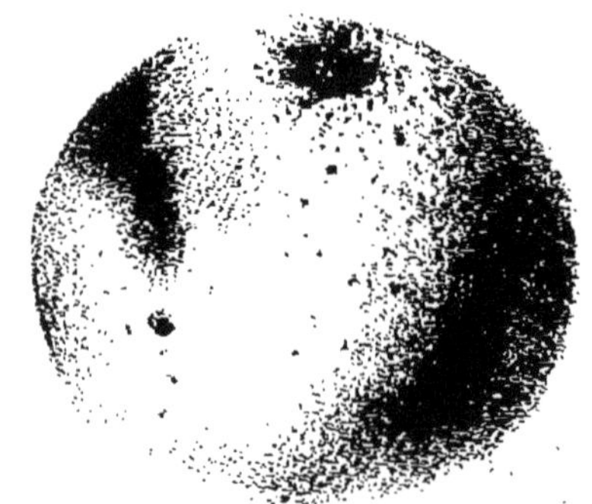

33. Moulin-à-vent

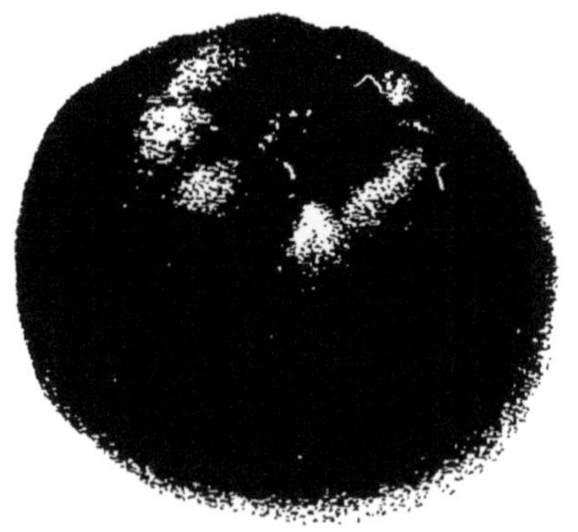

35. Golopin.

[illegible] pinxit Rouen

Chromolith. G. Severeyns Bruxelles

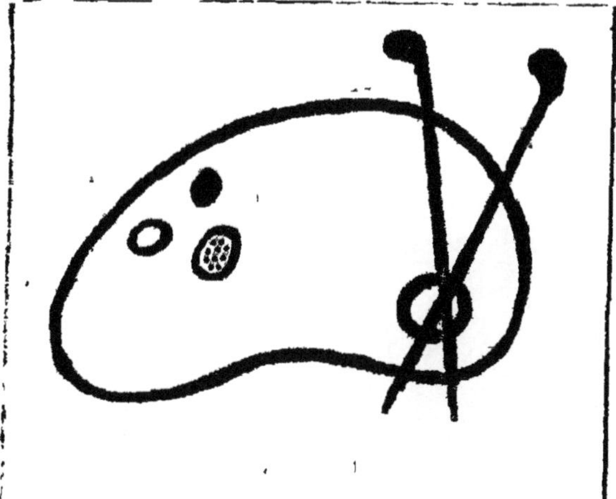

36. Peau de Vache nouvelle

37. Poire de souris.

38. Poire de Croixmare.

39. Poire de Navet.

Al. Bucquet pinxit Rouen

Chromolith. G. Severeyns, Bruxelles

www.ingramcontent.com/pod-product-compliance
Ingram Content Group UK Ltd.
Pitfield, Milton Keynes, MK11 3LW, UK
UKHW020259230726
13925UKWH00001B/125

9 782013 447546